U0228309

国家科学技术学术著作出版基金资助出版

纳米结构的非傅里叶导热

Non-Fourier Heat Conduction in Nanostructures

曹炳阳 著

科学出版社

北京

内 容 简 介

本书的核心内容定位于研究纳米结构的非傅里叶热输运规律，系统介绍纳米结构中载热子的微观热输运机理、热输运和热物性对结构的依赖性、热流-热导率-温度场之间的关系及其相关研究方法，包括弹道-扩散导热、纳米结构的等效热导率、弹道约束热阻、热波、声子水动力学与第二声、低维材料中的反常导热、声子拓扑效应，以及相关的计算模拟和实验测试方法。

本书可作为能源动力、工程热物理等相关专业的高年级本科生或研究生的专业参考用书，也可作为微纳米尺度传热、电子器件热管理、热功能材料研发等相关领域的科研人员与热设计工程师的参考书。

图书在版编目（CIP）数据

纳米结构的非傅里叶导热=Non-Fourier Heat Conduction in Nanostructures / 曹炳阳著. —北京：科学出版社，2023.12

（国家科学技术学术著作出版基金资助出版）

ISBN 978-7-03-077703-4

Ⅰ. ①纳… Ⅱ. ①曹… Ⅲ. ①纳米材料-导热-研究 Ⅳ. ①TB383
②O551.3

中国国家版本馆CIP数据核字(2023)第253217号

责任编辑：范运年 / 责任校对：王萌萌
责任印制：师艳茹 / 封面设计：陈 敬

科 学 出 版 社 出版
北京东黄城根北街 16 号
邮政编码：100717
http://www.sciencep.com

三河市春园印刷有限公司 印刷
科学出版社发行 各地新华书店经销
*
2023 年 12 月第 一 版 开本：720 × 1000 1/16
2023 年 12 月第一次印刷 印张：21 3/4
字数：438 000
定价：168.00 元
（如有印装质量问题，我社负责调换）

序

 纳米科学与技术是实现国家科技自立自强重点发展的战略领域,《国家中长期科技发展规划纲要(2006—2020 年)》和《国家中长期科技发展规划纲要(2021—2035 年)》均指出要重点研究纳米材料和纳米技术及其在能源和信息等领域的应用。微纳尺度传热研究微米至纳米尺度下的能量输运规律,是支撑微电子芯片、纳米能源材料和超快激光加工等高新技术的关键基础科学。由于微纳尺度条件下的能量输运体现出不同于常规尺度的机制和规律,从而使它也成为传热学科自身发展的驱动力。正是传热学科发展和高新技术的双重需求,使微纳尺度传热成为目前国际上的前沿研究方向。

 纳米导热是电子芯片热管理、纳米导热材料和超快激光加工等领域共同面临的科学难题。在常规宏观尺度上,热量通过大量载热子随机碰撞的扩散输运方式传递,导热遵循经典的傅里叶导热定律。但是在纳米尺度上,载热子的平均自由程与器件的特征尺寸相当,傅里叶导热定律不再适用,导热逐渐被弹道输运、热波、声子水动力学等新机制所主导,会出现多种非傅里叶导热现象。探究纳米结构材料中的非傅里叶导热的物理机制和规律,成为解决纳米器件散热和纳米材料热性能等问题的关键。

 十多年来,曹炳阳教授对非傅里叶导热进行了系统深入的研究,特别是研究了纳米结构的尺寸、形状、维数、界面等因素对导热机理和规律的影响,它们广泛涉及弹道输运、热导率及其调控、热波、声子水动力学、低维反常导热和声子拓扑效应等内容。该书与其他领域中关于纳米传热的著作有明显的不同,物理领域的著作较为注重微观载热子的作用与输运,材料领域的著作则较为注重纳米材料的工艺和性能,器件领域的著作较为注重电子或能源器件的设计和集成,该书则注重把微纳导热理论分析和工程应用相结合,导热理论中又把微观和宏观分析相结合。

 该书另一特色之处是:之前微纳传热著作通常覆盖导热、对流、辐射、相变等不同方式的传递现象,而该书更注重于揭示纳米结构中导热温度场、热流、热导率在热输运层面上的内在关系及其物理机制,并系统地介绍了纳米结构中的非傅里叶导热现象及其物理规律。

 我和曹教授一起在清华大学共同从事热质新理论研究十多年,书中很多非傅里叶导热研究是从微观和工程应用的角度对热质理论的验证和发展，相信该书能成为微纳传热和热物理领域的有益补充，促进学科和相关技术的发展。我很高兴看到曹教授作为一名青年学者对自己的研究成果以专著的形式进行系统性总结，虽然其中一些研究不一定深入和成熟，但也很值得鼓励。

过增元

中国科学院院士　清华大学教授

2023 年 5 月于清华园

前　言

近二三十年来，以原子力显微镜、扫描电子显微镜、超快激光等为代表的纳米表征和加工技术快速发展，纳米技术以极快的速度渗透到能源、电子、材料、信息、航天航空和生物等领域，涌现出大批性能卓越的纳米器件。所有微纳米器件的运行必然涉及能量的利用与转换，而实际不可逆过程的能量耗散也必然有一部分以热量的形式体现，例如，目前晶体管工作产生的热耗散已经大大超过太阳表面的热流密度，使高热流密度散热问题成为限制后摩尔时代芯片进一步发展的主要瓶颈，同样，纳米尺度传热成为诸多纳米器件中非常突出而重要的科学问题。纳米尺度传热学是纳米科学的最重要的分支之一，成为目前国际上的前沿和热点研究方向。

尽管微纳尺度传热可能涉及导热、对流、辐射、相变等不同的方式，但是由于材料和器件的内部总是仅有导热并且是传热路径中不可或缺的环节，特别是微纳电子器件中内部导热热阻已相对外部传热热阻正逐渐成为主导因素，所以本书的内容主要关注纳米导热，这也是本书和已有的大多微纳传热著作内容涵盖面比较宽有所区别的地方。常规尺度导热遵循经典的傅里叶导热定律，它是宏观尺度导热的基本本构关系，反映了热传递的扩散输运机制，但在纳米尺度上载热子(半导体中为声子)的平均自由程已经与器件或结构的特征尺寸相当,尺度减小的量变会产生科学规律的质变,傅里叶导热定律不再适用,导热为弹道输运、热波、声子水动力学等新机制所主导,导致了诸多非傅里叶导热现象的出现。

本书的核心内容定位于系统介绍纳米结构的非傅里叶导热现象与规律，共分为10章。第1章简要叙述纳米导热在电子器件热管理、热功能纳米材料、超快热过程等领域的应用背景，概括介绍经典傅里叶导热定律和非傅里叶导热的物理机制与现象。第2章关注纳米结构尺寸减小导致的弹道热输运机制，纳米结构中热输运的弹道效应体现在边界温度跳跃和热流滑移两个方面。第3章建立纳米结构的等效热导率模型，包括多约束纳米结构的等效热导率、扩展热阻、含内热源纳米结构的等效热导率、纳米线径向导热的等效热导率、纳米多孔结构的等效热导率等。第4章介绍纳米约束的弹道热阻，具体包括搭接碳纳米管的界面热阻和石墨烯纳米约束的弹道热阻模型。第5章研究瞬态弹道导热形成的热波，涵盖热波的输运机制、界面反射和折射行为、热波模型和超弹道热波现象等。第6章研究声子N散射主导的声子水动力学与第二声，涉及稳态和瞬态导热条件下的导热机制和模型、界面热阻、第二声和热波等。第 7 章关注低维材料中的反常导热，介绍反常导热的基本特征、线性响应理论和反常扩散。第 8 章介绍声子体系的拓扑效应，在回顾声子拓扑物理的基础上，以 AlGaN 为例介绍声子拓扑边界态的热输运性质。为了增强本书的可读性和对实际研究工作的参考作用，第 9 章概括介绍纳米导热的计算模拟方法，包括第一性原理、分子动力学、声子蒙特卡罗及耦合模拟方法；第 10 章介绍相关实验测试方法，包括谐波测试、单臂和双臂微器件测试、超快激光 TDTR 和 FDTR、反射热成像和拉曼探测技术等。

　　2001 年我在研究生导师过增元院士的指导下进入到纳米尺度流动与传热领域，为我的研究工作奠定了学术思路和方法上的基础，开始对纳米尺度传热越来越感兴趣并将研究工作聚焦于纳米导热，之后的研究工作也是在过增元老师的直接指导或间接影响下完成的。当听说我有志于以著作的形式对纳米导热研究作系统性的总结时，过老师给予我很大的鼓励，又抽出时间讨论本书提纲并阅读修改初稿，我深深感谢过增元老师多年来给予的指导和帮助。本书的撰写和相关研究工作，得益于十多年来我的诸多研究生的研究工作和重要贡献，他们包括华钰超、唐道胜、李含灵、聂本典、李书楠、邹济杭、杨光、杨磊、董源、姚文俊、胡帼杰、叶振强、李元伟等。

　　在本书成稿之际，我更加强烈地感受到人类科学和技术的发展奔涌向前，速度越来越快；有时技术先于科学发展，科学来解释；有时科学领先于技术发展，技术进行科学实现，现代科学和技术是在相互融合、相互促进中共同发展的。尽管我二十年来基本耕耘于微纳传热这一领域，但总感觉研究才刚开始，纳米传热领域还有很多未知的原野亟待开垦和探索，纳米导热的深入研究也必将带来纳米材料和器件的新认知、新设计和新功能。此书的完成，既是阶段性总结的节点，更是我在纳米导热研究方向继续开展研究的新起点。

　　本书涉及的研究工作得到了国家自然科学基金委员会的大力支持，获得了国家杰出青年科学基金项目（No. 51825601）、区域创新发展联合基金重点项目（No. U20A20301）、优秀青年科学基金项目（No.51322603）、面上项目（No. 51676108, No.50976052）和青年基金项目（No.50606018）等资助，在此表示衷心感谢！

　　由于作者自身水平所限，不足之处在所难免，敬请国内外同仁批评指正。

作　者

2023 年 5 月

目　　录

第1章 绪 论

近些年，信息、能源、航天、材料等战略领域中纳米科学与技术快速发展，其中电子器件的热管理、纳米热功能材料、激光超快热过程加工等都对深入了解纳米尺度下的能量输运规律提出了迫切需求。尺度减小的量变会产生科学规律的质变，基于宏观连续介质和局域平衡假定的经典傅里叶导热定律在纳米尺度上不再适用，产生了丰富的非傅里叶导热现象。傅里叶导热定律反映了热传递的扩散输运机制，但在纳米尺度上导热为弹道输运、热波、声子水动力学、波动或量子效应等机制所主导。纳米结构包括尺寸、几何、时间、维数、表面/界面和构造等因素的影响，纳米结构中会发生不同于傅里叶导热扩散机制的非傅里叶导热。这些纳米结构中典型的非傅里叶导热现象，其微观热输运机理、热输运规律和热物性对结构要素的依赖性、热流-热导率-温度场的关系和相关应用是本书讨论的重点。

1.1 纳米导热的背景

纳米结构材料中的导热问题越来越受到学术界和产业界的重视主要源于近些年纳米技术的飞速发展。纳米技术发展的历史可追溯至 1959 年著名物理学家 Feynman 在美国物理学会年会上所作的一次演讲——*There's Plenty of Room at the Bottom*[1]，他提出：如果人类能够在原子/分子尺度上来加工材料和制造装置，我们将会有许多激动人心的新发现。20 世纪 80 年代初，Feynman 所期望的纳米科技研究的重要仪器——扫描隧道显微镜(scanning tunneling microscope, STM)和原子力显微镜(atomic force microscope，AFM)等微观表征和操纵技术的发明对纳米技术的发展起到非常积极的促进作用，并使集成电路和微纳电子机械系统(micro-electro-mechanical systems/nano-electromechanical system，MEMS / NEMS)等技术得到快速发展，制备得到的具有新型功能的先进纳米材料和微纳米器件层出不穷。纳米科学与技术是当今自然科学和工程技术的主要发展方向，为能源、先进材料、航天航空、微电子和生物等诸多领域的进一步发展提供了重要推动力。尺寸减小的量变往往产生科学规律的质变,这已经成为研究者们关注最多的问题。对于热量传递而言，在不同的尺度上传热的机制和规律也不同，无论是准确地了解器件的温度场和热流场分布，以便更好地预测及调控纳米尺度材料的热物理性质和更高效地提升纳米系统的能源转换效率,还是解决微纳米器件中的散热问题,都要对纳米尺度下的热量输运规律作深入的研究[2]。

1.1.1　电子器件热管理

以晶体管和集成电路为代表的微纳电子器件技术一直在快速发展，芯片集成度也在不断提高。微电子半导体行业的发展，一直遵守摩尔定律，就是当产品的价格不变时，每隔 18～24 个月单位集成电路(IC)上可容纳的元器件数目就会增加一倍，性能和性价比也会随之提高一倍。遵循摩尔定律，从全球量产第一代 45nm 芯片开始，芯片业界不断优化推出 40nm 到 3nm，目前已经步入后摩尔时代(如图 1-1 所示)[3]。目前台积电公司和苹果公司已经能够量产 3nm 工艺制程的芯片，未来芯片的特征尺寸会进一步减小，Intel 提出在 2025 年实现 1.8nm 工艺制程。然而，随着晶体管尺寸的减小，运算速度的变快，产热和散热问题也变得日益突出。电子器件的设计热功率(thermal design power，TDP)快速增加，例如 Intel 的 10nm 工艺技术，在每平方毫米芯片上集成的晶体管高达 1 亿多个，芯片级热流密度超过 $1000W/cm^2$。另外，从第一代硅基半导体芯片，到目前信息通信领域广泛应用的宽禁带 GaAs、GaN 和 SiC 射频和功率芯片，电子器件的功率密度一直在持续增加。高功率密度将会严重影响器件运行的可靠性和寿命，因为电子器件的可靠性和寿命对温度十分敏感，当电子器件处在 70～80℃工作时，温度每增加 1℃，可靠性就会下降 5%，超过 50%的电子设备的失效是由过热引起的[4]。

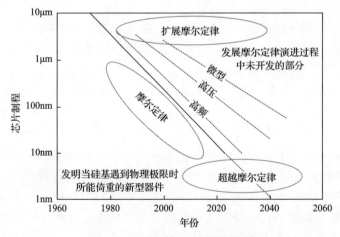

图 1-1　芯片及其尺寸的发展规律

除了单个芯片集成度提高带来的热功率密度指数趋势地快速增长，多芯片协同工作的 3D 封装技术的发展，也让电子器件热管理面临新的挑战。传统的封装方式中，通常一个封装体内包含一个裸片，3D 封装则是在不改变封装体尺寸的前提下，在同一个封装体内于垂直方向叠放两个以上芯片的封装技术。与传统的封装方式相比，它具有多功能、高效能和大容量高密度的优点。在 3D 封装中，由于包含多个芯片，封装体内的热量密度增大；此外，多个芯片"堆叠"在一起，界面密度将会增加，导致界面热阻的影响增大，也会导致换热条件的恶化[5]。

可见，随着半导体加工和封装技术的发展，器件散热问题越来越成为限制微电子器件进一步发展的瓶颈，合理的热设计对微电子器件的发展有着至关重要的意义。电子器件中的热传递是一个涉及从纳米尺度到宏观尺度多个尺度的热输运过程。在电子器件工作过程中，热量产生于纳米尺度的晶体管沟道层中，然后从晶体管热电区域扩展传出，经过缓冲层、成核层、衬底等微纳米结构和热界面材料、扩热板、散热器等宏观结构最终散出到环境中。集成电路中半导体材料的声子平均自由程一般在十纳米至百纳米量级，而晶体管的特征尺寸已经普遍小于 500nm，此时，由于结构特征尺寸与声子平均自由程相当，经典的傅里叶导热定律不再适用[6]。

1.1.2 热功能纳米材料

据世界能源组织估计，2035 年的能源使用量将从 2009 年的 120 亿 t 石油当量增长到 180 亿 t 石油当量，为了应对巨大的能源需求和严格的低碳排放要求，人们在开发以太阳能和风能为代表的可再生、无污染的新能源的同时，也将目光重点移向了低品位余热利用领域。热电转换是一种十分有效的余热利用途径，而研发高效的热电转换材料则是热电转化技术的关键。目前热电转换领域的国际的热点和难点主要集中于如何提高热电转换优值系数。优值系数是热导率和电导率等物性的函数，因此研究的主要目标是如何提高电导率和降低热导率。通过采用纳米结构调控材料的热电输运性质，可以在几乎不影响电输运性质的条件下，有效降低热导率，成为实现高效热电器件的极具前景的方法[7]。

在半导体材料中，电子的平均自由程远小于声子的平均自由程，此时，与电输运过程相比，声子导热过程更容易受到边界和界面作用的影响，这也是能够使用纳米结构在几乎不影响电输运的条件下，有效降低热导率的主要原因。对于如图 1-2(a) 所示的硅纳米线，在电输运性质与掺杂硅体材料一样的情况下，由于声子在粗糙表面上的散射，热导率会显著地变小。研究发现，在室温下直径 50nm 的硅纳米线热导率将会比硅体材料热导率(约 142W/(m·K))低将近 100 倍，硅纳米线的热电优值系数(ZT 系数)也因此提高到 0.6 左右[8]。还有研究者发现，如图 1-2(b) 所示的多孔硅纳米薄膜，同样可以显著提高材料的热电性能[9]。

为了保障电子元器件和特高压输电设备用材料在工作环境温度下运行的稳定性和可靠性，需使用热界面材料等高导热材料，迅速有效地将积聚的热量传递和释放出去，延长电子元器件和特高压输电设备的使用寿命。电子器件的制造和封

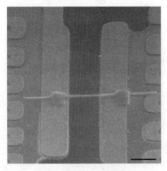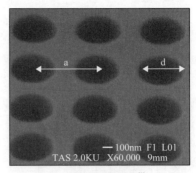

(a) 单根硅纳米线[8]　　　　　　　　　(b) 多孔硅纳米薄膜[9]

图 1-2　硅基半导体材料

装过程中需要大量使用聚合物材料,而聚合物本体材料的热导率比较低(在 0.18～0.44W/(m·K)),无法适应高功率化、高密度化和高集成化电子元器件以及特高压输电设备高效快速的散热要求。因此,研究开发高导热且力学性能优异的聚合物或聚合物基复合材料对特高压电气设备、半导体和电子、电气相关领域材料的设计和拓展具有迫切的理论意义和实际应用价值。聚合物导热材料主要分为两大类:①具有高导热率的结构聚合物,如聚乙炔、聚苯胺、聚吡咯,或具有完整结晶结构的聚合物;②填充型导热复合聚合物,如将氮化硼、碳纤维、碳纳米管、石墨等高导热材料填充环氧树脂制备导热复合材料[10]。前者涉及聚合物分子链、聚合物晶粒和晶界、聚合物纳米线等纳米尺度的导热,后者涉及纳米填充物、填充物与基体材料界面、纳米复合结构等纳米尺度的导热机理。目前,导热型纳米复合材料尽管已有数十年的研究历史,对微观尺度导热机理的认识仍然很缺乏,如何有效提升纳米复合材料的导热性能仍然是一个挑战性难题。

近年来,航天航空、电子通信、能源动力等高技术领域对提高温度控制精度和能源利用效率的要求越来越迫切,实现智能高效的热控制技术是一种具有光明前景的路线,关键是要实现材料的热物性的智能调控,制备出热导率可响应外场变化的热智能材料[11]。依赖于人们对纳米材料热调控机制的深入掌握,已逐渐实现了纳米颗粒悬浮液、相变材料、相变存储材料、软物质材料、受电化学调控的层状材料和受特定外场调控的材料等不同种类热智能材料。未来,自身热学性能优越的热智能材料将会得到更多研究关注,如高性能纳米材料、固-固相变材料等,能源动力领域的碳中和目标会对热智能材料提出很多非常迫切的需求,对纳米材料导热机理的理解和操控是将来进一步改善热智能材料综合性能的基础。

可以看到,随着纳米加工技术的发展,从早期的纳米线到后来的多孔结构、纳米复合材料、热智能材料等,用于调节材料热物性的纳米结构变得越来越复杂,涉及调控导热性能的物理机理也越来越多。此时,如何揭示微纳尺度下的传热规律,更好地预测及调控纳米材料的热物性变得越来越重要。

1.1.3　超快热过程

超快热过程的一个典型科技背景是脉冲激光加热过程。微纳器件由于其尺寸原因对器件加工技术提出了更高的要求，在航空航天领域，光学微系统器件、陶瓷基复合材料、航空发动机燃油喷嘴和航空发动机涡轮叶片微孔等重要材料和部件的加工制造具有很高的难度，需要更高精度和更高质量的加工手段。而激光具有单色性、相干性和平行性三大特点，非常适用于材料加工，特别是精细加工，包括微器件的精细加工和航空领域的微孔精细加工。

通常，根据脉冲周期的大小，将纳秒量级及更短脉宽的脉冲激光称之为短脉冲激光，同时，将周期小于电子或离子特征弛豫时间或周期小于 10ps 的短脉冲激光称之为超短脉冲激光。过去几十年，脉冲激光技术得到了飞速发展，自从研究人员采用被动锁模红宝石激光器获得皮秒量级的超短脉冲激光以来，脉冲激光周期随着激光器技术的突破而不断减小，在飞秒量级的脉冲纪录被不断刷新，目前脉冲周期已经减小至阿秒量级。在激光与半导体或绝缘体材料相互作用过程中，一方面，超短脉冲激光由于作用时间极短，极小量的激光能量输出就可以造成超高的热流密度；另一方面，作用特征时间远小于热扩散时间，使得热扩散过程来不及发生，因此加热过程不会对周围造成附加热损伤，使超短脉冲激光技术具有极高的加工精度，从而广泛应用在微纳米尺度精细加工领域[12]，如图 1-3 所示。

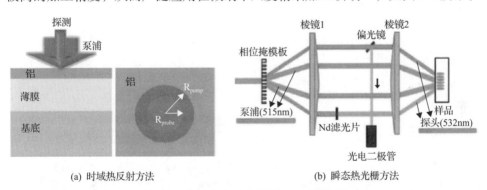

(a) 时域热反射方法　　　　　　　　　(b) 瞬态热光栅方法

图 1-3　超快激光瞬态测量方法示意图[13]

除此之外，由于超短脉冲提供了超高的时间、空间分辨率，作为一种无接触式测量技术，超短脉冲激光技术也广泛应用于微纳米材料的热物性实验测量。目前，作为两种最为主要的超快激光瞬态测量方法，时域热反射方法(time domain thermoreflectance，TDTR)和瞬态热光栅方法(transient thermal grating，TTG)不仅应用于微纳米薄膜等效热导率测量，还被拓展到研究声子自由程谱等更为基础的声子超快动力学行为[13,14]，帮助人们更深刻地理解微观过程并进行微纳米材料的应用与调控。

　　然而，脉冲激光技术的发展超前于超快时间尺度及微纳米空间尺度下的非常规物理现象的研究，这已成为限制超短脉冲激光技术应用水平的重要瓶颈。超短脉冲激光与材料(特别是半导体和绝缘体材料)的相互作用过程是一个包括一系列光子、电子和声子激发、散射和输运的复杂过程，激光加热脉冲的特征时间已经小于载热子之间作用的松弛时间，其导热过程处于强烈的局域非平衡状态，无法用经典傅里叶导热定律准确描述。

　　高频电子器件是超快热过程的另一个典型例子。由于电子器件的特征尺寸在纳米量级，而且工作频率可以达到兆赫兹到吉赫兹，一些潜在的实验室器件未来可工作于太赫兹，电子器件工作时产生热量的特征时间已处于 $1\sim100$ps，这已经和半导体中电子、光学声子和声学声子的弛豫时间相当，所以电子器件中的高频超快加热过程也处于局域非平衡状态，不能使用经典的傅里叶导热定律描述其热传递过程。电子与声子散射、声子与声子散射以及声子输运的耦合作用和超快导热过程已成为微纳米传热学中的重要课题。

　　一方面，对非常规导热现象认识不足是脉冲激光和电子器件等技术发展的瓶颈，另一方面，导热新现象的出现以及经典规律的不适用为古老的热学研究带来了发展新机遇——探索新的导热机理。在过去的一个世纪，极端情形下的研究不断为人类提供新的物理认识，包括传热的新认识。在微纳米材料和超快过程研究领域，这种表现尤为明显，比如材料热导率的尺寸效应和瞬态导热中的热波现象。经典傅里叶导热定律尽管在常规尺度下良好适用，但是其温度微分方程所预测的热扰动传递速度无穷大的问题在数学上始终存在。包括超快时间尺度、微纳米空间尺度等极端情形下的导热已展现了丰富的非傅里叶导热新现象，也使得热传导的基础理论研究焕发出新的生机活力。

1.2　热量的输运机制

　　热量的输运机制与载热子的类别密切相关，在气体和液体中，载热子主要为分子，在金属中，载热子主要是电子，而在介电固体晶体中，载热子由晶格振动能量的量子化——声子(对于无定形和非晶固体材料，基于周期性晶格的声子概念不适用，学术界已提出局域子、扩散子、传播子等概念，但总体上其导热理论现在尚不成熟)承担。在介电固体导热的声子理论框架下，对声子玻尔兹曼方程(Boltzmann transport equation，BTE)采取弛豫时间近似，热量的传递过程可以看作声子的输运过程，声子不断进行随机运动和频繁碰撞，在一个自由程后发生随机散射。基于此，可以将声子、电子、分子等热输运统一放在布朗运动理论的框架下进行研究和描述。作为最为典型的随机运动，布朗运动在过去一个多世纪得到了系统深入的研究。根据郎之万理论，假定粒子除受周围液体分子的碰撞之外

不受其他作用，则粒子运动方程可以写成

$$m\frac{\mathrm{d}v}{\mathrm{d}t}=F(t) \tag{1-1}$$

式中，m 为粒子的质量；v 为粒子的速度；$F(t)$ 为由于液体分子碰撞而作用于粒子上的力，通常可以分为与粒子运动速度成正比的黏性阻力 $-m\beta v$（β 为粒子输运指数）和随机力 $m\alpha(t)$（长时间平均值为零）。

当随机力为高斯白噪声时，粒子运动过程为标准的布朗运动。考虑粒子的系综运动或进行长时间统计，粒子位移平方的平均值（一维情形）满足

$$\left\langle x^2\right\rangle=\frac{2k_{\mathrm{B}}T}{m\beta}t \tag{1-2}$$

式中，x 为粒子的位移；k_{B} 为玻尔兹曼常数；T 为温度；β 为粒子输运指数；t 为粒子运动时间。均方位移与时间的 1 次方成正比，称之为正常扩散，这是常规扩散现象的基本物理图像，此时经典的线性扩散定律成立，例如热量扩散传递的傅里叶导热定律，质量扩散传递的菲克定律，动量扩散传递的牛顿黏性定律等。当随机力不为高斯白噪声时（如具有时间关联性），粒子位移平方的平均值（一维情形）不再随时间线性增长。其渐进行为通常用如下的幂律形式进行估计：

$$\left\langle x^2\right\rangle\propto t^{\beta} \tag{1-3}$$

这种非线性的增长行为通常被称为反常扩散，这也是由于各种因素导致经典线性扩散定律不成立的基本物理图像，根据位移平方的平均值的统计特性或 β 的数值可判断反常扩散的机理[15]。

微观粒子的随机运动通常为布朗运动，正常扩散满足通常的线性扩散定律，但是在经典物理学中，反常的布朗粒子运动是存在的。等离子物理、生物物理和金融物理，以及复杂势场或晶格中的电子输运过程等复杂过程，包含了丰富的反常输运现象。解释超弹道等反常扩散现象的理论主要包括分数阶动力学方程、连续时间随机行走的渐进描述以及广义郎之万方程等。基于广义郎之万方程，Siegle 等[16]建立了合适的势场模型（初始热源和外势场），可以描述包括超弹道在内的反常扩散现象，该势场情形下，粒子动力学过程是一个非马可夫过程，可以通过马可夫嵌入方法进行求解和分析。反常输运现象不仅存在于经典物理系统，同时也存在于量子系统和生命系统。

李保文团队[17,18]将基于布朗运动的扩散观点引入热量输运描述，并用反常扩散理论研究了低维材料中非傅里叶导热的反常热输运，建立了定量的描述关系，指出正常扩散对应傅里叶定律预测的正常导热情形，弹道输运对应一维材料的等

效热导率随长度成正比的情形,超扩散输运则对应了反常热扩散(非傅里叶导热),其对应的等效热导率在热力学极限下会发散到无穷大。在研究能量扩散规律时,定义了能量均方位移为

$$\sigma^2(t) = \frac{\int \left(E(x,t) - E_0\right)(x - x_0)^2 \, dx}{\int \left(E(x,t) - E_0\right) dx} \tag{1-4}$$

式中,E_0 为初始能量密度;$E(x, t)$ 为能量传递过程中确定时间确定位置处的能量密度。从声子观点考虑,能量均方位移时间关系即是声子扩散的位移平方的平均值。根据能量均方位移与时间的不同指数关系,可以由式(1-5)确定能量的输运机制:

$$\left\langle \sigma^2(t) \right\rangle = 2Dt^{\beta} \begin{cases} \beta < 1, & 亚扩散输运 \\ \beta = 1, & 正常扩散输运 \\ 1 < \beta < 2, & 超扩散输运 \\ \beta = 2, & 弹道输运 \\ \beta > 2, & 超弹道输运 \end{cases} \tag{1-5}$$

式中,D_{β} 为广义扩散系数(为保证量纲正确,公式中 D 需被替换为 D_{β},该系数在非扩散机制下不具有扩散系数的量纲);β 一般被称为输运指数(此处 β 与郎之万方程中的黏性系数共用同一个符号)。

声子输运与电子等粒子的输运不同,通常情况下,声子速度等状态或性质都直接由晶格本身决定,而不能直接受到外力场的作用(外力场可能通过作用于电子系统或晶格中正离子系统的方式,作为声子的等效力场来影响声子的输运。这种影响若是实时的,则力场类似于对电子作用的力场;若不是实时的,则力场的影响可以处理为新的声子散射类型和散射过程)。在声子输运中,占主导作用的是作为随机力项的声子散射。在考虑声子频谱和色散关系时,声子散射不仅作为随机力影响声子的运动方向,同时也通过散射本身改变声子的频率和所处的声子支而改变声子的速度,若采用不区分声子频谱特性的灰体近似,这种改变便不存在。因此,声子输运和典型布朗运动有一些明显区别,其输运机制和输运规律值得深入研究,尤其是瞬态非傅里叶导热过程中可能存在的局域非平衡能量输运机制及其现象仍然有相当大的研究空间。

严格来说,输运指数为 1 的输运过程并不一定是正常的扩散输运,在十余年的研究中,人们发现在满足 $\beta=1$ 的输运过程中也会出现一些与正常扩散迥然不同的行为,此类反常行为通常被称为"布朗但反常"或"布朗但非高斯"扩散[19]。为了解释这类反常行为,人们建立了超统计及扩散等统计理论。在超统计理论中

整个输运过程中具有若干个乃至无穷多个分支，每个分支都是正常的扩散输运但具有不同的扩散系数，当各个分支在整体输运过程中的权重满足一定规律时，整个输运过程就可以同时表现出输运指数为 1 的反常扩散行为。在热输运领域中，"布朗但反常"行为的相关研究还很欠缺，目前还局限于理论模型方面。

1.3 傅里叶导热定律与热导率

宏观上静止的介质(固体、液体或者气体)中，只要介质不处于热力学平衡(存在温度差)就会发生导热。尽管从微观的角度看，气体、液体、导电固体、非导电固体、无定形和非晶固体材料的载热子和导热机理是不同的，但宏观上大量的实践和经验证明，单位时间内通过单位截面积所传导的热量，都十分近似正比于当地垂直于界面方向的温度变化率，即

$$q = -k\frac{\partial T}{\partial x} \qquad (1\text{-}6)$$

式中，q 为热流密度；k 为热导率。这就是导热的基本定律——傅里叶导热定律。式中负号表示热量传递的方向指向温度降低的方向，这是满足热力学第二定律所必需的。特别需要指出，傅里叶导热定律也是热导率的定义式，在宏观上热导率是一个与温度相关的材料物性参数，但不与材料的尺寸、形状和导热过程相关。基于傅里叶导热定律热流密度和温度梯度的线性关系，在各向同性的介质中对控制体进行能量守恒分析，可以得到导热过程的微分方程，即

$$\rho c\frac{\partial T}{\partial t} + \nabla \cdot (k\nabla T) = \dot{q} \qquad (1\text{-}7)$$

式中，ρ 为物质的密度；c 为比定容热容；$\dot{q}$ 为内热源强度。这个方程常被称为抛物型热扩散方程。该方程反映了导热过程的热扩散机制，即热传递微观上是由于大量载热子的随机碰撞过程所导致的，该方程也反映了热传导过程的能量守恒，通过联立初始条件和边界条件来求解，它是解决常规导热问题的基本方程[20]。

因为本书主要讨论非傅里叶导热，所以关于傅里叶导热的基本特点需要特别注意：①热传递是通过正常的扩散输运机制进行的，这里热扩散需要经过大量微观载热子的无规则随机碰撞，而且在统计意义上服从常规统计规律，这在后面的章节中还会仔细分析；②热导率是材料的基本物性参数，可以与温度相关，但与材料的尺寸、形状、导热条件(例如热源、时间)等因素无关；③傅里叶导热定律是一个宏观的、局域的定律，需要满足局域平衡假定条件。这些特点，是我们判断和分析非傅里叶导热的认识基础。

　　进一步可以从分子动理学理论的输运理论来从微观上认识傅里叶导热。气体若处于非平衡态(但满足局域平衡条件)，即内部可能存在温度、速度或浓度差，则气体内部会产生导热、黏性和质量扩散三种对应的输运现象，三种传递现象可以统一描述[21]。假设 S 代表某一输运物理量(例如动能、动量或数密度)，若气体处于非平衡态，即 $\partial S/\partial z \neq 0$，假想气体中有一截面，自一侧通过假想截面进入另外一侧的分子携带的 S 和反方向通过截面携带的 S 必不相等，这就造成通过假想截面的 S 净流量。单位时间通过单位面积的 S 输运量可以根据气体分子的分布函数写出：

$$J_S = -\frac{1}{3}n\bar{v}l\frac{\partial S}{\partial z} \tag{1-8}$$

式中，n 为气体分子的数密度；$\bar{v}$ 为平均速度，v 为速度；l 为平均自由程。若 S 为气体分子携带的热能，则有 $S=mcT$，净流量就是热流密度，将 S 代入上式得到傅里叶导热定律：

$$q = -\frac{1}{3}nm\bar{v}lc\frac{\partial T}{\partial z} = -k\frac{\partial T}{\partial z} \tag{1-9}$$

在分子动理论中热导率为 $k = -1/3\rho cvl$。以上基于分子动理论的推导过程很简单，更精确的处理需要讨论求解输运理论中速度分布函数的玻尔兹曼输运方程的方法，但分子动理论也从载热子输运的微观层次上基本反映了傅里叶扩散导热的物理图象，温差产生的局域热流密度是源于分子自由程尺度上高温传递到低温的能量和低温传递到高温的能量有差别而导致的净能量流量，这里定义局域热平衡的尺度大约是分子自由程。

　　傅里叶导热定律和热导率的定义可以基于玻尔兹曼输运方程推导得到。玻尔兹曼输运方程是分子、原子和声子系统输运理论的基础，实际上它并不局限应用于局域平衡条件，也可以应用于小空间和小时间尺度，所以探索微纳尺度非傅里叶导热时常基于这一方程。玻尔兹曼在一百多年以前研究气体动理论建立了此方程，现在已经被推广应用到固体中声子和电子的传递以及热辐射传递。玻尔兹曼输运方程是关于粒子分布函数 f 的方程，是一个非线性积分-微分方程，其中反映粒子之间碰撞散射的碰撞项数学物理描述非常复杂，对于一般性问题很难得到解析解。对于偏离平衡态不太远(局域平衡假定成立)的条件下，弛豫时间近似法是一种简单而有效的求解玻尔兹曼输运方程的方法，采用线性弛豫时间近似的玻尔兹曼输运方程可以写为[21]

$$\frac{\partial f}{\partial t} + v \cdot \frac{\partial f}{\partial r} + a \cdot \frac{\partial f}{\partial v} = \frac{f_0 - f}{\tau} \tag{1-10}$$

式中，f_0 为粒子的平衡态分布函数；τ 为弛豫时间；a 为外力场；f 为玻尔兹曼分布函数。线性弛豫时间近似的物理意义是系统会在弛豫时间量级的时间内以线性规律达到平衡。我们讨论介质没有宏观运动速度的一维稳态导热问题，分布函数仅在 x 方向发生变化，若满足局域平衡条件，则有

$$f \approx f_0 - \tau v_x \frac{\partial f_0}{\partial x} \tag{1-11}$$

沿 x 方向的热通量，即热流密度为

$$q = \int f \varepsilon v_x \, \mathrm{d}v = \int \left(f_0 - \tau v_x \frac{\partial f_0}{\partial T} \frac{\partial T}{\partial x} \right) \varepsilon v_x \, \mathrm{d}v \tag{1-12}$$

式中，ε 代表单个粒子所携带的热能，对于分子来说主要包括分子无规则运动的动能以及分子间相互作用所产生的势能，对于声子来说则是其频率与普朗克常数的乘积。运用一些输运理论中的已有结论，如 $\int f_0 \varepsilon v_x \, \mathrm{d}v = 0$，$v_x^2 = \frac{1}{3} v^2$，定义热导率为 $k = \frac{1}{3} \int \frac{\partial f_0}{\partial T} \varepsilon \tau v^2 \, \mathrm{d}v$，则可以得到傅里叶导热定律 $q = -k \frac{\partial T}{\partial x}$。

需要说明的是，不同的载热子对应的平衡分布函数也不同，气体分子为麦克斯韦-玻尔兹曼分布，声子则服从玻色-爱因斯坦分布，电子为费米-狄拉克分布。另外，对于声子玻尔兹曼输运方程，有时应考虑不同频率声子的输运贡献不同，需要将方程写为和频率相关的输运方程并对频率进行积分求解，有时需要区分碰撞项中的声子 R 散射(声子散射时准动量不守恒)和 N 散射(声子散射时准动量守恒)，引入两个弛豫时间 τ_R 和 τ_N，采用双弛豫时间近似进行求解。

弛豫时间在热导率和热输运机制中是一个非常重要的物理量。一般来说，弛豫时间并不是一个常数。例如对于气体动力学问题，弛豫时间通常与气体分子的绝对速率(宏观上是温度参数)有关，而对于声子热输运问题，弛豫时间通常与波矢和频率有关。对于不同的载热子，即使对于相同的弛豫时间与相空间的关系，也可能会有截然不同的导热规律。一个典型的例子是弛豫时间在动量(对应于声子波矢 k 及分子速度矢量 v)空间呈幂律变化：

$$\tau \propto |k|^{-b}, \tau \propto |v|^{-b} \tag{1-13}$$

对于气体动力学问题，这种形式的弛豫时间仅仅改变了热导率随温度变化的规律，其关系式为

$$k(T) \propto T^{(5-b)/2} \tag{1-14a}$$

此时热输运过程仍然满足傅里叶导热定律。然而对于声子热输运问题，这种形式

的弛豫时间将会导致热导率将会随着系统尺寸的增加而趋于无穷大:

$$\lim_{L \to +\infty} k(L) = +\infty \qquad\qquad (1\text{-}14\text{b})$$

这意味着此时傅里叶导热定律已经失效。

1.4　纳米结构与非傅里叶导热

　　传统的宏观传热学理论前提是采用了连续介质假设,认为物质不留空隙地充满了所研究的空间,实际上,组成物质的粒子之间存在着空隙而并不连续,但这种空隙与构件的尺寸相比极其微小而可以不计,于是就认为物质在其整个体积内是连续的,即使无限分割研究对象也不会改变其物理特性。正如古代庄子所认识到的哲学,"一尺之棰,日取其半,万世不竭"。在连续介质假设的前提下,所有的强度量都可以定义为局域的和连续的,可见宏观理论中的微分方程并无须限定微元体的实际尺寸。在宏观理论的框架内,连续性附带的另外一个假设是局域平衡假设,之所以这样假设是因为只有在平衡态时才能够定义宏观物理量。在局域平衡假设成立时,如果把系统划分为许多小部分,每一小部分从宏观来看是很小的,从微观来看却包含足够多的粒子,每一小部分的弛豫时间需满足 $\tau \ll \Delta t \ll t$,其中 τ 为弛豫时间,t 为整个系统的弛豫时间,Δt 为观察的时间,于是可认为整个系统的状态是非平衡的,但是对局域来说则可近似认为仍处于平衡之中。

　　过增元总结微纳尺度传热中系统尺寸的减小可能带来两类影响[22]:一类是宏观的经典输运理论仍然适用,解决问题的方法也可使用传统的方法,但是依尺寸变化的各种影响因素的相对重要性发生了变化;另一类是器件尺寸达到宏观输运理论失效的特征尺度,导热的物理机制产生质的改变,经典理论和解决问题的方法都不再适用。在微纳米体系中,系统包含的粒子数变少,此时系统的弛豫时间减小,当系统的弛豫时间和微观粒子的弛豫时间相当时,局域平衡假定失效,微纳米体系不能再看作连续介质,当然基于连续介质假设的理论和规律也就不能再适用,此时微纳米体系所发生的现象与体系的微观性质密切相关,这属于上面提到的第二类尺寸效应。

　　在微纳米传热学的研究中,尽管 "尺寸效应(size effect)" 一词在文献中被广泛使用,但本书讨论非傅里叶导热问题并未采用"纳米尺寸"一词,而是更强调"纳米结构(nanoscale structure 或 nanostructure)"的概念。从字面上,"尺寸"指物体或距离的长短大小,正所谓"以规矩为方圆则成,以尺寸量长短则得"(出自《管子·形势解》),在科学上,"尺寸"则是用特定单位表示长度值的数字。而"结构"从字面上是指由组成整体的各部分的搭配和安排,从科学上更准确地说,"结构"是指事物自身各种要素之间的相互关联和相互作用的方式,包括构成事物要素的数量比例、排列次序、结合方式和因发展而引起的变化。可以看到，"结构"不仅含有尺寸，还含有几何(包括维数)、时间、表面/界面和构造等含义，这些因素是本书后面讨论非傅里叶导热的重点。

以载热子的平均自由程作为特征尺寸，当系统尺寸与平均自由程相当或小于平均自由程时，系统内的粒子数和粒子之间的碰撞都不够多，连续介质和局域平衡假定不再成立，宏观的输运理论也不再适用[23,24]。这种效应通常用克努森数(Kn)来表征，其定义为载热子的平均自由程 l 和系统特征尺度 H 的比值，即 $Kn=l/H$，Kn 越大则这种尺寸效应的影响越显著，这在气体动力学和流体力学中称为稀薄效应，其影响对外大气层和微小器件中物体的流动和传热非常重要。通常 $Kn<0.01$ 时可以认为连续性介质假定成立，而 $Kn>0.01$ 时需要考虑稀薄效应，需要引入速度滑移和温度跳跃边界条件或直接求解玻尔兹曼输运方程来解决问题。对于固体导热，载热子可以是声子或电子，导热通过固体中存在的声子气或电子气进行，当声子和电子的平均自由程与物体的特征长度相比很小时，$Kn\ll1$，连续性介质假定成立，热量是通过载热子之间频繁地碰撞扩散传递的，傅里叶导热定律成立，而当声子和电子的平均自由程与物体的特征长度相当时，$Kn\approx1$，连续性介质假定不再成立，一些载热子会不经历碰撞而从高温边界直接抵达低温边界传递热量，称之为弹道(ballistic)导热。当物体的特征长度进一步减小时，这种弹道导热机制会逐渐主导导热，固体中的导热会明显偏离傅里叶导热定律的预测，此时材料的热导率不再是一种材料特性，而是与材料的尺寸和几何结构有关。

对于瞬态导热过程，以载热子的弛豫时间为特征尺度，当导热时间与弛豫时间相当或者比弛豫时间还小时，局域平衡假设显然也不再成立，傅里叶导热定律也就不再适用。对于常规材料，弛豫时间的数量级在 $10^{-15}\sim10^{-10}$s，对于一般 1s～1h 量级的导热过程，这种影响是很小的，但对于超快脉冲激光和高频电子器件的热过程，其时间尺度在 1ps～1fs 量级，甚至更短，这时非傅里叶导热效应是必须要考虑的。这种时间效应仍然可以用 Kn_t 来表征，其定义为弛豫时间和导热时间的比值，即 $Kn_t=\tau/t$，Kn_t 越大则这种时间效应的影响越显著。这种时间效应在物理机理上与上面的尺寸效应并没有本质上的区别，引入载热子的平均速度 v，则有 $Kn_t=\tau v/tv=l/H=Kn$。对于超快速导热，边界上的热扰动会随着载热子的运动传递到固体内部，从温度分布随时间变化的角度，能量守恒方程表现为波动方程，称为热波现象[25,26]。因此，对于瞬态非傅里叶导热，既发生在与弛豫时间相当的时间尺度上，也发生在与平均自由程相当的空间尺度上，这是非傅里叶导热现象在时间和空间尺度上的内在机制一致的联系。

第三种非傅里叶导热是载热子的波动效应。声子的运动和传递一般依靠粒子化的物理图像来处理，常用声子气模型代替晶体中的固体原子，但声子本质上是原子振动形成的晶格波，声子是晶格波量子化的最小能量单元，但只有晶格波远小于系统尺寸时，声子才能被视为粒子。因此，在小尺寸条件下，例如超晶格材料中，有时需要考虑声子的波动的特性，特别是声子的相干性和局域化特性。另一方面，量子力学认为电子和声子等载热子也是一种物质波，系统的有限尺寸能通过改变波的特性而影响能量输运，产生不存在于体材料中的输运新模式，例如产生驻波。此外，启发于电子拓扑物态和声子霍尔效应的研究，声子体系中也会在表面和界面显示出拓扑效应，类似于拓扑电子体系中的无耗散输运边界态，拓扑声子体系中也可以实现类似的具有拓扑保护的弹道输运表面态或背散射受抑制的表面态。这种需要考虑载热子波动特性的效应，本质上是量子尺寸效应[27]。

第四种是低维系统中的反常导热[28,29]。低维系统一般可分为两类：一类是理想化的模型，如低维 Fermi-Pasta-Ulam（费米-帕斯塔-乌拉姆）模型、低维牛顿流体等；另一类是对真实材料的简化近似。一个典型的例子是聚合物链，在理论研究和数值计算中，通常认为聚合物链在垂直于轴向方向上的运动可被忽略，此时聚合物链可被近似为一维材料。类似的例子还有石墨烯、碳纳米管等。在真实的物理世界中，严格的低维材料是不存在的，此时维数指的是对输运过程有贡献的有效维数，同一系统在不同的情况下的有效维数可以是不同的。一般来说，一维系统的热导率满足幂律型尺寸效应：$k \propto L^{\alpha}$，而二维系统通常服从对数型尺寸效应，$k \propto \log L$。在低维系统反常导热问题中，热导率的尺寸效应不但与系统的维数有关，还与载热子内在的输运机制有关，研究者们发展了模耦合理论、非线性涨落水动力学、平衡态涨落的线性相应理论、平均首次到达时间理论等。

声子正规散射主导的声子水动力学导热过程也是最近几年学术界很关注的一种非傅里叶导热[30,31]。根据声子-声子散射特征，可以将其分为声子动量守恒的声子正规（normal）散射过程（简称为 N 过程）和声子动量不守恒的声子倒逆（umklapp）散射过程（简称为 U 过程），其中声子 U 过程连同介质内其他所有破坏声子动量的散射过程，例如边界散射、同位素散射和缺陷散射等，统称为声子阻力（resistive）散射过程（简称为 R 过程）。在 N 过程主导的声子水动力学导热过程中，根据声子 R 散射影响是否可以忽略，又分为 Poiseuille（泊肃叶）声子水动力学导热过程和 Ziman 声子水动力学导热过程。在 Poiseuille 声子水动力学导热过程中，N 过程散射要远强于 R 过程，并且 R 过程对于传热现象的影响可以忽略不计，声子的平均自由程满足 $\lambda_N \gg D \gg \lambda_R$，其中 λ_N、λ_R 和 D 分别为 N 过程声子平均自由程、R 过程声子平均自由程和系统特征尺度。而在 Ziman 声子水动力学导热过程中，N 过程同样要远强于 R 过程，有所不同的是，R 过程对于热量输运也有着很大的影响而不能忽略，其声子平均自由程关系为 $\lambda_N \gg \lambda_R \gg D$。在声子水动力学导热过程中，声子散射过程遵循动量守恒定律，声子群的迁移运动并不需要温度梯度驱动，所以 N 过程并不会直接产生热阻。在声子水动力学导热过程中，会产生许多独特的非傅里叶导热现象，例如第二声现象、声子 Poiseuille 流现象和声波衰减效应等。

1.5 本 章 小 结

纳米技术是纳米科学的源动力，同时纳米科学也推动着纳米技术的发展，纳米科学与纳米技术的发展融合交织在一起。在电子器件的热管理、纳米热功能材料、激光超快热过程等纳米技术领域，系统尺寸减小的量变产生了科学规律的质变，在纳米尺度上基于宏观连续介质和局域平衡假定的经典傅里叶导热定律不再适用，产生了丰富的非傅里叶导热现象。同时，非傅里叶导热的研究也推动着相关纳米技术的进展，比如准确地预测温度场和热流场分布以能科学地进行器件热设计，更好地调控纳米材料的热物理性质和开发新型热功能纳米材料，更高效地提升纳米系统的能源转换效率等。

当系统的尺寸与载热子的平均自由程相当时会产生弹道热输运，导热时间与载热子的弛豫时间相当时发生热波现象，尺寸与声子的波长相当或对于拓扑表面/界面则需考虑量子效应，低维材料体系中会存在热导率随系统尺寸趋于发散的反常热传导，在声子 N 过程主导热输运机制时导热处于声子水动力学区，这些都是纳米结构中典型的非傅里叶导热现象，其微观热输运机理、热输运规律和热物性对结构要素的依赖性、热流-温度场之间的关系和相关应用是本书讨论的重点。纳米结构中出现的非傅里叶导热也许能够说明非连续、非局域、非线性是自然界的一般规律。

参 考 文 献

[1] Feynman R P. There's plenty of room at the bottom: An invitation to enter a new field of physics[J]. Miniaturization, Reinhold, 1961: 282-296.

[2] Cahill D G, Ford W K, Goodson K E, et al. Nanoscale thermal transport[J]. Journal of Applied Physics, 2003, 93: 793-818.

[3] Waldrop M M A. The semiconductor industry will soon abandon its pursuit of Moore's law[J]. Nature, 2016, 530: 145-147.

[4] Pop E. Energy dissipation and transport in nanoscale devices[J]. Nano Research, 2010, 3: 147-169.

[5] Moore A, Li S. Emerging challenges and materials for thermal management of electronics[J]. Material Today, 2014, 283: 163-174.

[6] 刘静. 微米/纳米尺度传热学[M]. 北京: 科学出版社, 2006.

[7] Alam H, Ramakrishna S. A review on the enhancement of figure of merit from bulk to nano-thermoelectric materials[J]. Nano Energy, 2013, 2: 190-212.

[8] Hochbaum A, Chen R, Delgado R, et al. Enhanced thermoelectric performance of rough silicon nanowires[J]. Nature, 2008, 451: 163-167.

[9] Hopkins P E, Reinke C M, Su M F, et al. Reduction in the thermal conductivity of single crystalline silicon by

phononic crystal patterning[J]. Nano Letters, 2011, 11: 107-112.

[10] Chen H, Ginzburg V V, Yang J, et al. Thermal conductivity of polymer-based composites: Fundamentals and applications[J]. Progress in Polymer Science, 2016, 59: 41-85.

[11] 曹炳阳, 张梓彤. 热智能材料及其在空间热控中的应用[J]. 物理学报, 2022, 71(1): 014401.

[12] Cheng J, Liu C S, Shang S, et al. A review of ultrafast laser materials micromachining[J]. Optics & Laser Technology, 2013, 46: 88-102.

[13] Gattass R R, Mazur E. Femtosecond laser micromachining in transparent materials[J]. Nature Photonics, 2008, 2: 219-225.

[14] Hu Y J, Zeng L P, Minnich A J, et al. Spectral mapping of thermal conductivity through nanoscale ballistic transport[J]. Nature Nanotechnology, 2015, 10: 701-706.

[15] 包景东. 反常统计动力学导论[M]. 北京: 科学出版社, 2017.

[16] Siegle P, Goychuk I, Hanggi P. Origin of hyperdiffusion in generalized Brownian motion[J]. Physical Review Letters, 2010, 105: 1006021-1006024.

[17] Li N, Ren J, Wang L, et al. Colloquium: Phononics: Manipulating heat flow with electronic analogs and beyond[J]. Reviews of Modern Physics, 2012, 84(3): 1045.

[18] Li B W, Wang J. Anomalous Heat conduction and anomalous diffusion in one-dimensional systems[J]. Physical Review Letters, 2003, 91: 0443011-0443014.

[19] Wang B, Kuo J, Bae S C, et al. When brownian diffusion is not gaussian[J]. Nature Materials, 2012, 11: 481-485.

[20] 杨世铭, 陶文铨. 传热学[M]. 北京: 高等教育出版社, 2006.

[21] 黄祖洽, 丁鄂江. 输运理论[M]. 北京: 科学出版社, 1987.

[22] 过增元. 国际传热研究前沿——微细尺度传热[J]. 力学进展, 2000, 30(1): 1-6.

[23] Zhang Z M. Nano/Microscale Heat Transfer[M]. New York: McGraw-Hill, 2007.

[24] Chen G. Nanoscale Energy Transport and Conversion: A Parallel Treatment of Electrons, Molecules, Phonons, and Photons[M]. New York: Oxford University Press, 2005.

[25] Joseph D D, Preziosi L. Heat waves[J]. Review of Modern Physics, 1989, 61: 41-73.

[26] Tang D S, Hua Y C, Cao B Y. Thermal wave propagation through nanofilms in ballistic-diffusive regime by Monte Carlo simulations[J]. International Journal of Thermal Sciences, 2016, 109: 81-89.

[27] Chen G. Non-fourier phonon heat conduction at micro and nanoscales[J]. Nature Reviews Physics, 2021, 3: 555-569.

[28] Lepri S, Livi R, Politi A. Thermal conduction in classical low-dimensional lattices[J]. Physics Reports, 2003, 377: 1-80.

[29] Dhar A. Heat transport in low-dimensional systems[J]. Advances in Physics, 2008, 57: 457-537.

[30] Guyer R A, Krumhansl J A. Thermal conductivity, second sound, and phonon hydrodynamic phenomena in nonmetallic crystals[J]. Physical Review, 1966, 148(2):778-788.

[31] Huberman S, Duncan R A, Chen K, et al. Observation of second sound in graphite at temperatures above 100 K[J]. Science, 2019, 364(6438): 375-379.

第 2 章　弹道-扩散导热

在介电材料和半导体材料中，声子是主要的载热子。当结构特征尺寸与声子平均自由程相当时，热量将会以弹道-扩散方式传递，描述扩散导热的傅里叶导热定律会失效，此时将产生两种主要的非傅里叶现象：边界温度跳跃及边界热流滑移。研究纳米结构中的温度和热流分布规律对探讨傅里叶导热定律的失效机制以及指导工程中的热设计过程都有重要的意义。声子平均自由程与特征尺寸的比值是判断导热方式的重要参数，本章将首先讨论应如何定义和计算声子平均自由程。然后，基于声子玻尔兹曼方程，探讨边界温度跳跃及边界热流滑移的物理机制，重点讨论界面的影响，并给出相关预测模型。此外，本章还将证明基于界面效应和边界热流滑移效应，可以实现纳米薄膜面向热输运的双向调控。

2.1　扩散导热和弹道导热

2.1.1　扩散与弹道导热

在介电材料和典型半导体材料中，热量传递主要通过晶格振动，晶格振动可以由二次量子化转化为声子产生、消灭与传播的过程[1]。在宏观尺度下，声子的平均自由程远小于系统的尺度，如图 2-1(a) 所示，声子从热端出发将会在介质内经历充分的随机散射，热量传递是以扩散输运的方式进行的。此时，导热符合经典的傅里叶导热定律[2]。对于宏观体系，热导率是一个物性参数，不受结构的尺寸和几何形状的影响。

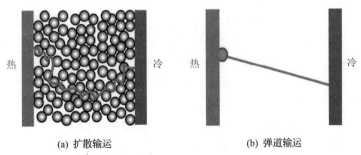

(a) 扩散输运　　　　　　　　　　　　　(b) 弹道输运

图 2-1　两种输运机制下声子的传播方式示意图

然而，在纳米尺度下，结构特征尺寸与声子平均自由程相当，如图 2-1(b) 所示，一部分声子将不经历内部散射而直接从一个边界到达其他边界，该热量传递过程被称作弹道输运，此时傅里叶导热定律不再适用，热量将会以弹道输运为主导的弹道-扩散(ballistic-diffusive)方式传递[3,4]。在纳米结构中的弹道扩散导热将会导致两种主要的非傅里叶导热现象：①弹道导热过程中局域热平衡假设不再适用，声子与边界由于碰撞次数相对减小而不能达到温度平衡，这将导致边界出现温度跳跃的现象[5-7]，如图2-2(a)所示，当边界存在声子性质不匹配时，由界面热阻引起的温度跳跃将与由弹道输运引起的温度跳跃耦合[8]，使问题变得更加复杂；②纳米结构面体比的增大使声子边界散射的影响变得更为显著，声子扩散边界散射会改变声子的输运方向，导致热流密度在边界/界面附近区域减小，产生边界热流滑移的现象[9-11]。

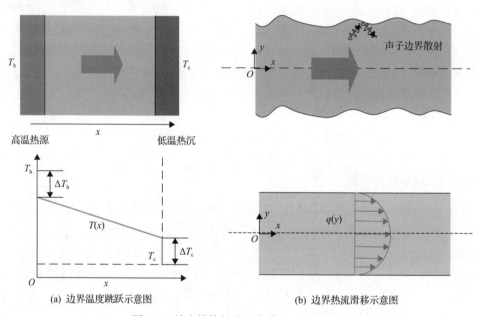

(a) 边界温度跳跃示意图   (b) 边界热流滑移示意图

图2-2　纳米结构的边界非傅里叶导热现象

　　研究纳米结构中的温度和热流分布规律对探讨傅里叶导热定律的失效机制以及指导工程中的热设计过程都有重要的意义。在弹道扩散导热区域，温度和热流密度分布都会显著地偏离傅里叶导热定律的预测——边界出现温度跳跃及热流密度滑移的现象。Yang等[12]认为，声子黑体边界上的温度跳跃是在声子玻尔兹曼输运方程求解过程中由于温度定义的不同所产生人为现象，应当通过迭代的方法从计算上将其消除。然而根据卡西米尔极限[13]，在完全弹道输运时，纳米结构内部将不能够建立温度梯度，此时边界上就会出现温度跳跃的现象。Rieder[14]理论求解一维简谐链中的温度分布，得到了与卡西米尔极限相同结论。这说明边界温度跳跃与是否使用声子玻尔兹曼方程没有必然联系。此外，边界温度跳跃导致作用在纳米结构上的真实温差减小，也是造成弹道扩散导热中等效热导率降低的重要因素。Chen[15]在弹道扩散导热方程中，提出了考虑时间弛豫的温度边界跳跃模型。Alvarez 和 Jou[16]则引入了一个边界热阻来描述边界温度跳跃。Maassen 和 Lundstrom[17]使用电子输运计算中的 McKelvey-Shockley 流方法得到了声子黑体边界的温度跳跃模型，并对色散关系的影响进行了初步的分析。

边界热流滑移是主要由边界散射所引起的非傅里叶导热现象[18-23]。Ziman[1]从玻尔兹曼输运方程出发，推导了纳米线和纳米薄膜内部的热流密度分布预测模型。在声子流体力学中，研究者们类比流体力学中的速度滑移条件，引入了描述边界热流滑移的唯象模型[24, 25]。实际中的纳米材料大多不是悬空的，而是存在很多与其他材料接触而产生的界面。在界面附近，声子散射和声子性质不匹配将同时对热流密度分布产生影响[26-37]。

纳米结构中弹道扩散导热将在边界(界面)附近表现出两种主要的非傅里叶导热现象：边界温度跳跃和边界热流滑移。纳米结构中的弹道导热效应通常用 Kn 来表征，其定义为载热子的平均自由程 l 和系统特征尺度 H 的比值，即 $Kn=l/H$，Kn 越大则弹道效应的影响越显著。分析导致这两种非傅里叶现象的物理机制，并得到相关的预测模型，可以更好地预测纳米结构内部温度和热流的分布。本章将介绍声子平均自由程的定义方式，探讨弹道扩散导热中的滑移边界条件的物理机制，并给出相关预测模型；此外，还将证明使用界面效应可以实现纳米薄膜面向等效热导率的双向调控。

2.1.2　声子平均自由程的定义

声子平均自由程和结构特征尺寸的大小关系决定了热量传递的规律，而半导体中声子通常都具有广泛的自由程谱分布，例如硅(Si)声子的模态自由程范围为 1nm～100μm，如何选择一个恰当的平均值来尽量全面地反映所有声子的特性至关重要。这里讨论 4 种常见的声子平均自由程定义方式，并以室温下的 Si 材料为例给出具体的计算结果。

声子平均自由程的计算通常基于动力学理论，即

$$l = \frac{3k_{\text{bulk}}}{C_V v_g} \tag{2-1}$$

式中，k_{bulk} 为体材料的热导率；C_V 为定容比热容；v_g 为群速度。不同的平均群速度和比热计算方式会得到不同的声子平均自由程结果。第一种声子平均自由程计算方式是在动力学理论中采用德拜(Debye)理论[38]给出的比热容和群速度值，即

$$C_{V1} = 9\rho R_g \left(\frac{T}{\Theta_D}\right)^3 \int_0^{\Theta_D/T} \frac{x^4 e^x}{(e^x - 1)^2} dx \tag{2-2}$$

$$\frac{1}{v_{g1}^3} = \frac{1}{3}\left(\frac{1}{v_{gL}^3} + \frac{2}{v_{gT}^3}\right) \tag{2-3}$$

式中，R_g 为气体常数；Θ_D 为德拜温度；v_{g1} 为第一种声子的群速度；v_{gL} 为纵向声子的群速度；v_{gT} 为横向声子的群速度。以室温下的 Si 材料为例，$C_{V1}/\rho = 715\,\text{J/(kg·K)}$，$v_{g1} = 6375\,\text{m/s}$，于是得到 $l_1 = 40.4\,\text{nm}$，此值符合文献中最常见的 Si 声子平均自由程值[6]。然而，德拜比热没有区分声学声子和光学声子对比热的贡献，后者因为群速度接近于零，对热导率所起的作用较小，所以通常在导热中可忽略。此外，计算平均群速度时采用了弹性波近似，这会高估平均群速度的值。因此，l_1 是一种偏小的声子平均自由程定义，基于 l_1 的分析会弱化尺寸效应，使计算出的热导率偏高。

第二种声子平均自由程的计算方式是在动力学理论中对德拜理论的比热和群速度进行修正。对比热，只考虑声学声子的贡献，即

$$C_{V2} = \sum_{p=1}^{3}\int_0^{\omega_m} C_{Vp\omega}\,\mathrm{d}\omega \tag{2-4}$$

式中，下脚标 p 为声子支；ω 为声子频率。对群速度，用模态比热作为权系数计算加权平均值，即

$$v_{g2} = \frac{\displaystyle\sum_{p=1}^{3}\int_0^{\omega_m} C_{Vp\omega}v_{gp\omega}\,\mathrm{d}\omega}{\displaystyle\sum_{p=1}^{3}\int_0^{\omega_m} C_{Vp\omega}\,\mathrm{d}\omega} \tag{2-5}$$

将 C_{V2} 和 v_{g2} 的表达式代入式(2-1)，得到

$$l_2 = \frac{\displaystyle\sum_{p=1}^{3}\int_0^{\omega_m} C_{Vp\omega}v_{gp\omega}l_{p\omega}\,\mathrm{d}\omega}{\displaystyle\sum_{p=1}^{3}\int_0^{\omega_m} C_{Vp\omega}v_{gp\omega}\,\mathrm{d}\omega} \tag{2-6}$$

式(2-6)可以被视作模态声子平均自由程以模态比热和模态群速度的积为权重系数的加权平均。根据室温下 Si 的色散关系，算得 $C_{V1}/\rho = 424\,\text{J/(kg·K)}$，$v_{g2} = 2463\,\text{m/s}$，$l_2 = 175.5\,\text{nm}$。由于对声子色散的处理更加精细，基于 l_2 计算的等效热导率比基于 l_1 计算的等效热导率更接近考虑色散时的结果[39]。此外，忽略光学声子的比热值 C_{V2} 大约是考虑光学声子的比热值 C_{V1} 的 2/3，也符合文献[40]

的结论。虽然这种声子平均自由程计算方式考虑了不同模态声子对热导率的贡献，但声子发生弹道输运时其近似效果可能会变差。在弹道效应作用下，不同声子模态对热导率的贡献会随着系统特征尺寸的变化而变化，式(2-6)的权重系数只考虑了模态比热和模态群速度这两个体材料性质，未能反映不同声子间尺寸效应的差别。

为了克服这一局限，本书提出了能够体现不同模态声子导热能力尺寸依赖性的第三种声子平均自由程计算方式。考虑色散时，基于动力学理论的等效热导率计算式为

$$k_{\text{eff}} = \frac{1}{3}\sum_p \int_\omega C_{Vp\omega} v_{gp\omega} \Lambda_{p\omega} F(l_{p\omega}, L)\mathrm{d}\omega \tag{2-7}$$

式中，F 为边界散射函数[41]，具体值与各模态声子的平均自由程 $l_{p\omega}$ 和系统特征尺寸 L 有关。

式(2-7)通过边界散射函数来描述受边界约束的等效声子平均自由程，能够有效预测等效热导率随系统尺寸的变化[42]。灰体近似下，热导率的尺寸效应同样可以用边界散射函数描述，此时各模态声子具有同样的性质，边界散射函数中的模态声子平均自由程退化为灰体声子平均自由程，即

$$k_{\text{eff}} = \frac{1}{3}C_V v_g l F(l, L) = k_{\text{bulk}} \cdot F(l, L) \tag{2-8}$$

已有研究显示，考虑色散时热导率随尺寸的变化具有和灰体近似下相似的规律[42]，则可以用式(2-8)来拟合式(2-7)，根据拟合结果提取出声子平均自由程，即

$$l_3 = \underset{l \in \mathbb{R}^+}{\arg\min} \sum_L \left\| \frac{\sum_p \int_\omega C_{Vp\omega} v_{gp\omega} \Lambda_{p\omega} F(l_{p\omega}, L)\mathrm{d}\omega}{3k_{\text{bulk}}} - F(l, L) \right\| \tag{2-9}$$

对不同纳米结构，边界散射函数 F 的形式不同，式(2-9)的计算结果亦不同。本书选择薄膜法向导热的边界散射函数[13]，结合 Si 色散关系得到 $l_3 = 393.7\ \text{nm}$。基于 l_3 的灰体近似理论上应该能够比 l_1 和 l_2 更准确地刻画热导率尺寸效应。实际上，式(2-9)得到的声子平均自由程仍然是某种意义上的模态声子平均自由程的加权平均，只是其权重系数不再像式(2-6)那样显式给出。

以上三种声子平均自由程计算方式都是基于模态声子对热导率的贡献，本书从统计温度的角度提出了第四种声子平均自由程计算方式。类比光子热辐射，声子的等效平衡温度与当地发射能量有关，灰体近似下写作

$$\frac{\mathrm{d}E}{\mathrm{d}V} = 4\varepsilon\sigma_{\text{ph}}T^4 \tag{2-10}$$

式中，$\varepsilon = l^{-1}$ 为声子吸收系数；σ_{ph} 为声子 Stefan-Boltzmann 参数[38]。考虑色散后，等效平衡温度的计算式为

$$\frac{\mathrm{d}E}{\mathrm{d}V} = \sum_p \int_0^{\omega_m} \varepsilon_{p\omega} e_{p\omega}(T)\mathrm{d}\omega \tag{2-11}$$

其中，$\varepsilon_{p\omega} = l_{p\omega}^{-1}$ 为模态声子吸收系数；$e_{p\omega}(T)$ 为模态声子发射强度。令灰体近似下的声子吸收系数满足 $\sum_p \int_0^{\omega_m} \varepsilon_{p\omega} e_{p\omega}(T)\mathrm{d}\omega = \varepsilon \cdot \sum_p \int_0^{\omega_m} e_{p\omega}(T)\mathrm{d}\omega$，并根据灰体声子吸收系数计算声子平均自由程，则有

$$l_4 = \varepsilon^{-1} = \left[\frac{\sum_p \int_0^{\omega_m} l_{p\omega}^{-1} e_{p\omega}(T)\mathrm{d}\omega}{\sum_p \int_0^{\omega_m} e_{p\omega}(T)\mathrm{d}\omega} \right]^{-1} \tag{2-12}$$

声子发射强度满足 $e_{p,\omega} \propto C_{Vp\omega} v_{gp\omega}$[13]，代入上式后得到

$$l_4 = \left[\frac{\sum_p \int_0^{\omega_m} l_{p\omega}^{-1} C_{Vp\omega} v_{gp\omega}\mathrm{d}\omega}{\sum_p \int_0^{\omega_m} C_{Vp\omega} v_{gp\omega}\mathrm{d}\omega} \right]^{-1} \tag{2-13}$$

对 Si 材料，计算得 $l_4 = 43.2$ nm，恰好约等于第一种声子平均自由程计算方式得到的结果 l_1，这是 Si 特定的色散关系导致的。考虑到 l_4 的计算方式基于各模态声子对当地能量的贡献，它应该能够比前三种计算方式更准确地预测温度分布（不考虑 $l_4 \approx l_1$ 的巧合）。

　　式 (2-13) 和式 (2-9) 的数学形式差异说明灰体近似下等热导率的计算精度和温度的计算精度存在矛盾（详细结果见文献[43]），这与不同的声子平均自由程计算方式密切相关。弹道扩散导热机制下，等效热导率是根据热流密度计算的，属于横截面相关的热性质。作为对比，等效平衡温度是由当地发射能量密度计算的，属于体积相关的热性质。在对各模态声子的性质进行平均计算时，无法兼顾横截面相关的热性质和体积相关的热性质。因此，基于各模态声子对热导率贡献的平均方法 (l_3) 适合计算等效热导率，而基于各模态声子对发射能量密度的平均方法 (l_4) 适合计算温度。理想的声子平均自由程取值应该能够在所有尺度下准确地预

测热导率和温度分布，但由于灰体近似自身的局限，想找到这样的值是非常困难的。值得一提的是，虽然微纳米尺度下温度也有等效平衡温度外的其他计算方式[42]，但它们都是根据某种能量密度来定义的，这种基于温度的声子平均自由程计算方式总是难以准确计算横截面相关的热性质。

2.2　边界温度跳跃

2.2.1　声子黑体边界的温度跳跃

在声子黑体边界条件下，如图 2-3(a) 所示的薄膜法向弹道扩散导热中非傅里叶导热现象的主导微观机制是弹道输运。弹道输运引起显著的局域非平衡现象[15]，宏观上表现为边界出现温度跳跃。如图 2-3(b) 所示，在完全扩散输运的情况下，傅里叶导热定律预测的边界温度应该等于与薄膜接触的声子热沉的温度；然而，在弹道扩散导热中，边界温度和声子热沉温度之间存在差异，这就是边界温度跳跃。在完全弹道的情况下，边界温度跳跃达到最大值，薄膜内部温度梯度消失，这被称为导热的卡西米尔极限[13]。

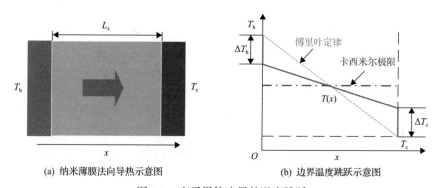

(a) 纳米薄膜法向导热示意图　　　　　(b) 边界温度跳跃示意图

图 2-3　声子黑体边界的温度跳跃

考虑 $x=0$ 处与温度为 T_h 的热沉所接触的边界上的温度跳跃。根据能量守恒定律，边界上的热流密度必须是连续的：

$$q_x = q_x^+ - q_x^- \tag{2-14}$$

式中，q_x 为通过边界的净热流密度；q_x^+ 和 q_x^- 分别为通过边界的正向和负向热流密度。

净热流密度可以被表示为当地声子分布函数 f_ω 的积分：

$$q_x = \int_0^{2\pi} d\varphi \int_{-1}^1 \mu d\mu \int \hbar \omega v_g \text{DOS}(\omega) f_\omega d\omega \tag{2-15}$$

式中，$\mu = \cos\theta$；$\hbar$ 为约化普朗克常量，$\hbar = h / (2\pi)$，$\hbar$ 比普朗克常量 h 更常用；ω 为频率；$\mathrm{DOS}(\omega)$ 为声子态密度。从介质进入边界的负向热流密度则表示为

$$q_x^- = -\int_0^{2\pi} \mathrm{d}\varphi \int_{-1}^0 \mu\mathrm{d}\mu \int \hbar\omega v_g \mathrm{DOS}(\omega) f_\omega \mathrm{d}\omega \qquad (2\text{-}16)$$

正向热流密度是从热沉发出的声子通过边界进入介质，由于采用了声子黑体边界的假设，从恒温热沉出发的声子将全部通过边界进入介质，此时边界正向热流密度表示为

$$q_x^+ = \int_0^{2\pi} \mathrm{d}\varphi \int_0^1 \mu\mathrm{d}\mu \int \hbar\omega v_g \mathrm{DOS}(\omega) f_{0\omega}(T_h) \mathrm{d}\omega \qquad (2\text{-}17)$$

式中，$f_{0\omega}(T_h)$ 为热沉发射声子的分布函数，即温度处于 T_h 时的平衡分布。

为了计算热流密度，需要知道声子分布函数。对于纳米薄膜中的法向弹道扩散导热，对应声子玻尔兹曼方程为

$$\mu v_{g\omega} \frac{\partial f}{\partial x} = \frac{f_{0\omega} - f_\omega}{\tau_\omega} \qquad (2\text{-}18)$$

式中，$v_{g\omega}$ 为声子群速度；τ_ω 为弛豫时间。

式(2-18)可以由一阶微分近似[15]化简为

$$f_\omega = f_{0\omega} - v_{g\omega}\tau_\omega\mu \frac{\partial f_{0\omega}}{\partial x} \qquad (2\text{-}19)$$

为了简化问题，本书采用灰体近似来处理声子色散关系，即只使用一个平均群速度 v_g 和平均自由程 $l_0 = v_g\tau$，则有

$$\int \hbar\omega v_{g\omega} \mathrm{DOS}(\omega)\mathrm{d}\omega f_{0\omega}(T) = \frac{C_V v_g T}{4\pi} \qquad (2\text{-}20)$$

上式建立了平衡态分布 $f_{0\omega}(T)$ 与当地温度 T、热容 C_V 和平均群速度 v_g 之间的关系。将式(2-19)和式(2-20)代入到式(2-15)中，可以得到净热流密度与当地温度之间的关系：

$$q_x = -\frac{C_V v_g l_0}{3} \frac{\partial T}{\partial x} \qquad (2\text{-}21)$$

式中，$C_V v_g l / 3 = k_0$ 为体材料的本征热导率。可以看到，在一阶微分近似的条件下，热流密度与温度梯度之间的本构关系依然是傅里叶导热定律，这是因为弹道

输运引起的声子分布函数偏离是关于传递方向反对称的，在介质内部的立体角积分中会被抵消。因此，弹道输运的影响将主要体现在边界上。结合式(2-16)、式(2-17)和式(2-19)，可以分别得到边界位置的正向和负向热流密度：

$$q_x^- = \frac{C_V v_g T}{4} + \frac{C_V v_g l_0}{6} \frac{\partial T}{\partial x} \tag{2-22}$$

$$q_x^+ = \frac{C_V v_g T_h}{4} \tag{2-23}$$

根据边界热流连续条件式(2-14)，可以得到 $x=0$ 处的边界温度跳跃模型：

$$T_h - T\big|_0 = -\frac{2l_0}{3} \frac{\partial T}{\partial x}\bigg|_0 = \frac{2}{C_V v_g} q_x\big|_0 \tag{2-24}$$

依据相同的过程也可以得到 $x=L$ 处的边界温度跳跃：

$$T\big|_{L_x} - T_c = -\frac{2l_0}{3} \frac{\partial T}{\partial x}\bigg|_{L_x} = \frac{2}{C_V v_g} q_x\big|_{L_x} \tag{2-25}$$

上述推导过程虽然是针对平面边界的，但是依据同样的热流连续条件和步骤，也可以得到曲面边界的温度跳跃模型。

结合介质内部净热流密度与温度梯度的本构关系式(2-21)及能量守恒，可以得到薄膜内部的温度分布：

$$T(x) = \frac{\left[T_h + (T_c - T_h)\dfrac{x}{L_x}\right] + \dfrac{2}{3}Kn_x(T_c + T_h)}{1 + \dfrac{4}{3}Kn_x} \tag{2-26}$$

式中，克努森数定义为 $Kn_x = l_0/L_x$。

当 $Kn_x \to 0$，式(2-26)将退化为完全扩散下的解：

$$T(x) = T_h + (T_c - T_h)\frac{x}{L_x} \tag{2-27}$$

反之，当 $Kn_x \to \infty$，式(2-26)将变为

$$T(x) = \frac{T_c + T}{2} \tag{2-28}$$

也就是卡西米尔极限。

　　图 2-4(a)所示为声子黑体边界纳米薄膜内部的温度分布。当 $Kn_x = 0.01$，弹道效应可以忽略，此时傅里叶导热定律的结果与声子 MC(Monte Carlo，蒙特卡罗)模拟的温度分布基本重合。随着克努森数的增加，边界发生温度跳跃并不断增大，导致温度分布偏离傅立叶定律的预测结果。本书给出的温度分布模型式(2-13)可以很好地预测声子 MC 模拟的结果。

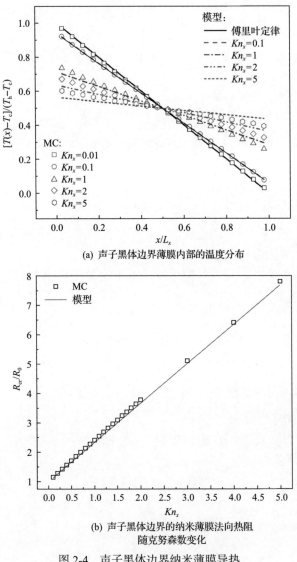

(a) 声子黑体边界薄膜内部的温度分布

(b) 声子黑体边界的纳米薄膜法向热阻
随克努森数变化

图 2-4　声子黑体边界纳米薄膜导热

　　根据式(2-21)和式(2-26)，可以得到薄膜法向等效热导率 k_{eff}：

$$\frac{k_{\text{eff}}}{k_0} = \frac{1}{1 + \frac{4}{3} Kn_x} \tag{2-29}$$

这也就是 Majumdar[13]提出的模型。实际上，等效热导率是在假设傅里叶导热定律形式的本构关系成立的基础上计算出来的。为了更好地探讨弹道输运对导热的影响，本书将分析薄膜法向总热阻，这一不依赖上述假设的物理量。同样根据式 (2-21) 和式 (2-26)，可以得到薄膜法向总热阻 R_{cr}：

$$\frac{R_{\text{cr}}}{R_0} = 1 + \frac{4}{3} Kn_x = 1 + \frac{R_{\text{ba}}}{R_0} \tag{2-30}$$

式中，$R_0 = L_x / k_0$ 为材料的本征热阻，而 R_{ba} 可以称为弹道热阻[5]：

$$R_{\text{ba}} = \frac{4}{3} Kn_x \frac{L_x}{k_0} = \frac{4}{3} Kn_x R_0 \tag{2-31}$$

图 2-4(b) 分别给出了由模型式 (2-30) 和声子 MC 模拟计算出的法向热阻随着克努森数的变化。在法向弹道扩散导热中，等效热导率与体材料值相比发生减小的现象，可以被解释为弹道输运引起了边界温度跳跃，等效于在边界上加入弹道热阻，整个系统的热阻因此增大，表现为等效热导率的降低。需要强调的是，弹道热阻并不是一个局限在边界上的现象，其与整个系统的特征长度相关。随着特征长度的增大 (克努森数的减小)，弹道输运的影响逐渐减弱，弹道热阻的影响也因此逐渐减小。模型式 (2-30) 可以很好地预测具有声子黑体边界的纳米薄膜的法向热阻，其与声子 MC 预测结果最大偏差不到 5%。

2.2.2 界面声子性质不匹配对温度跳跃的影响

声子黑体边界假设薄膜与热沉接触的边界是理想的且不反射声子。在实际中与热沉接触的边界上一般总是存在声子性质不匹配的 (即热沉与薄膜是不同的材料)。因此，本节将继续讨论界面声子性质不匹配对边界温度跳跃的影响。本节中的推导依然基于边界热流密度连续式 (2-14)，此外净热流密度 q_x 和负向热流密度 q_x^- 的表达式也并不会改变。需要讨论的是正向热流密度的变化。当考虑了边界上声子的透射和反射之后，正向热流密度可以表示为

$$q_x^+ = \int_0^{2\pi} \mathrm{d}\varphi \int_0^1 \mu \mathrm{d}\mu \int \hbar \omega v_{\text{gh}} \text{DOS}(\omega) \mathrm{d}\omega t_{\text{hf}} f_{0\omega}(T_{\text{h}})$$
$$- \int_0^{2\pi} \mathrm{d}\varphi \int_{-1}^0 \mu \mathrm{d}\mu \int \hbar \omega v_{\text{g}} \text{DOS}(\omega) \mathrm{d}\omega r_{\text{fh}} f_{\omega} \tag{2-32}$$

式中，t_{hf} 为声子从热沉到薄膜的穿透率；r_{fh} 为薄膜内部的声子被 $x=0$ 处界面反射回薄膜内部的反射率。同样还是采用微分近似和灰体近似，式(2-32)变为

$$q_x^+ = \frac{C_{Vh}v_{gh}T_h}{2}\int_0^1 t_{hf}\mu\mathrm{d}\mu - \frac{C_V v_g T}{2}\int_{-1}^0 r_{fh}\mu\mathrm{d}\mu + \frac{C_V v_g l_0}{2}\frac{\partial T}{\partial x}\int_{-1}^0 r_{fh}\mu^2\mathrm{d}\mu \qquad (2\text{-}33)$$

在室温条件，声子的穿透率和反射率通常使用扩散失配模型(DMM)来估计[44]；则有

$$\begin{aligned} t_{hf} &= \frac{C_V v_g}{C_{Vh}v_{gh} + C_V v_g} \\[2mm] r_{fh} &= \frac{C_V v_g}{C_{Vh}v_{gh} + C_V v_g} \end{aligned} \qquad (2\text{-}34)$$

此时，声子的穿透率和反射率与入射角度无关。因此，式(2-33)可以化简为

$$q_x^+ = t_{hf}\frac{C_{Vh}v_{gh}T_h}{4} + r_{fh}\frac{C_V v_g T}{4} + \frac{C_V v_g l_0}{6}r_{fh}\frac{\partial T}{\partial x} \qquad (2\text{-}35)$$

将式(2-35)与式(2-14)、式(2-21)、式(2-22)联立可以得到 $x=0$ 处的边界温度跳跃：

$$\begin{aligned} &T_h\left(\frac{C_{Vh}v_{gh}}{C_V v_g}\frac{t_{hf}}{1-r_{fh}}\right) - T\big|_0 = -\frac{2}{3}l_0\left(\frac{1+r_{fh}}{1-r_{fh}}\right)\frac{\partial T}{\partial x}\bigg|_0 \\[2mm] &\Rightarrow T_h - T\big|_0 = -\frac{2}{3}l_0\left(\frac{1+r_{fh}}{1-r_{fh}}\right)\frac{\partial T}{\partial x}\bigg|_0 \end{aligned} \qquad (2\text{-}36)$$

同样地，根据相同的步骤可以得到 $x=L_x$ 处的边界温度跳跃：

$$\begin{aligned} &T\big|_{L_x} - T_c\left(\frac{C_{Vc}v_{gc}}{C_V v_g}\frac{t_{cf}}{1-r_{fc}}\right) = -\frac{2}{3}l_0\left(\frac{1+r_{fc}}{1-r_{fc}}\right)\frac{\partial T}{\partial x}\bigg|_{L_x} \\[2mm] &\Rightarrow T\big|_{L_x} - T_c = -\frac{2}{3}l_0\left(\frac{1+r_{fc}}{1-r_{fc}}\right)\frac{\partial T}{\partial x}\bigg|_{L_x} \end{aligned} \qquad (2\text{-}37)$$

式中，t_{cf} 和 r_{fc} 为基于 DMM 计算的声子穿透率和反射率。将边界温度跳跃条件式(2-36)与式(2-37)，同本构方程及守恒方程联立，可以得到此时薄膜内部的温度分布：

$$T(x) = \frac{\left[T_h + (T_c - T_h)\dfrac{x}{L_x}\right] + \dfrac{2}{3}Kn_x\left(\dfrac{1+r_{fh}}{1-r_{fh}}T_c + \dfrac{1+r_{fc}}{1-r_{fc}}T_h\right)}{1 + \dfrac{2}{3}Kn_x\left(\dfrac{1+r_{fh}}{1-r_{fh}} + \dfrac{1+r_{fc}}{1-r_{fc}}\right)} \qquad (2\text{-}38)$$

当 $Kn_x \to 0$ ，上式同样可以退化为扩散解式 (2-27)。然而当 $Kn_x \to \infty$ ，式 (2-38) 变为

$$T(x) = \frac{\dfrac{1+r_{\text{fh}}}{1-r_{\text{fh}}}T_c + \dfrac{1+r_{\text{fc}}}{1-r_{\text{fc}}}T_h}{\dfrac{1+r_{\text{fh}}}{1-r_{\text{fh}}} + \dfrac{1+r_{\text{fc}}}{1-r_{\text{fc}}}} \tag{2-39}$$

界面声子性质不匹配将使温度分布偏离卡西米尔极限。

图 2-5(a) 给出了考虑界面声子性质不匹配后，薄膜内部的温度分布。此处，假设热沉的材料为锗 (Ge)，薄膜材料为硅 (Si)。根据 Chen 的文章[40]，Ge 和 Si 的声子性质如下：$C_{\text{VSi}} = 0.93 \times 10^6\,\text{J/(m}^3 \cdot \text{K)}$，$\rho_{\text{Si}} = 2330\,\text{kg/m}^3$，$v_{\text{gSi}} = 1804\,\text{m/s}$，$\text{MFP}_{\text{Si}} = 260.4\,\text{nm}$；$C_{\text{VGe}} = 0.87 \times 10^6\,\text{J/(m}^3 \cdot \text{K)}$；$\rho_{\text{Ge}} = 5500\,\text{kg/m}^3$；$v_{\text{gGe}} = 1042\,\text{m/s}$；$\text{MFP}_{\text{Ge}} = 198.6\,\text{nm}$。基于以上数据，可以使用 DMM 计算相应的声子界面穿透率和反射率。可以发现，弹道运输和界面阻力都会引起边界温度跳跃，随着努森数的增大，边界温度也会增加。另外，模型式 (2-38) 可以很好地预测声子 MC 模拟得到的结果。

根据式 (2-21) 和式 (2-38) 可以计算考虑界面声子性质不匹配的系统法向总热阻：

$$R_{\text{cr,interface}} = \frac{L_x}{k_0}\left[1 + \frac{2}{3}Kn_x\left(\frac{1+r_{\text{fh}}}{1-r_{\text{fh}}} + \frac{1+r_{\text{fc}}}{1-r_{\text{fc}}}\right)\right] = R_0 + R_{\text{coup}} \tag{2-40}$$

式中，R_{coup} 为弹道输运和界面声子性质不匹配共同导致的热阻。

图 2-5(b) 分别给出了由模型和声子 MC 模拟计算出的法向总热阻。由于界面声子性质不匹配的作用，与声子黑体边界假设下的热阻相比，此时热阻显著增大。此外，模型式 (2-40) 可以很好地预测声子 MC 模拟得到的结果。

在传统的热分析中，界面热阻的影响经常使用热阻叠加的方式来处理，即系统总热阻等于界面热阻和结构热阻之和：

$$R_{\text{Fo}} = R_h + R_c + \frac{L_x}{k_{\text{eff}}(L_x)} \tag{2-41}$$

式中，k_{eff} 可以由式 (2-29) 计算，界面热阻则可以使用 DMM 计算得到：

$$R_h = \frac{4}{(1-r_{\text{fh}})C_V v_g}$$
$$R_c = \frac{4}{(1-r_{\text{fc}})C_V v_g} \tag{2-42}$$

则根据热阻叠加方法计算得到的系统总热阻为

$$R_{\text{Fo}} = \frac{L_x}{k_0} \left[1 + \frac{4}{3} Kn_x + \frac{4}{3} \frac{Kn_x}{1 - r_{\text{fh}}} + \frac{4}{3} \frac{Kn_x}{1 - r_{\text{fc}}} \right] \tag{2-43}$$

可以看到，根据热阻叠加原理，系统的总热阻等于本征热阻、弹道热阻，和两个界面热阻之和。

传统的热阻叠加原理实质上认为界面热阻的影响仅局限在界面处，而且与弹道输运的影响相互独立。然而如图 2-5(b) 所示，热阻叠加原理得到的系统总热阻显著地大于由声子 MC 模拟计算出的值。事实上，根据式(2-40)，弹道输运和界面声子

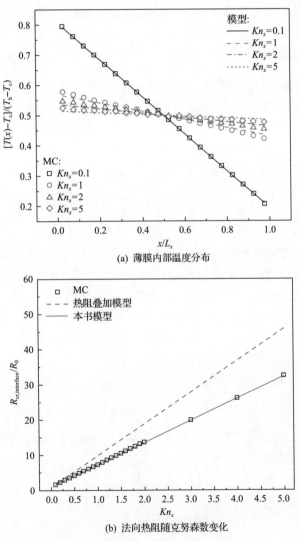

(a) 薄膜内部温度分布

(b) 法向热阻随克努森数变化

图 2-5　考虑界面声子性质不匹配法向导热

性质不匹配将发生耦合，导致弹道界面耦合热阻 R_{coup}；然而传统的热阻叠加法忽略这一耦合效应。Wilson 和 Cahill[8]的实验已经发现了两个与传统界面热阻分析理论预测不一致的现象：界面热阻对周期性加热频率的依赖性；同一种材料和 Si 之间的界面热阻与其和 $Si_{0.99}Ge_{0.01}$ 之间的界面热阻存在显著差异。Wilson 和 Cahill 提出，在弹道扩散导热中，界面热阻应该也依赖于声子平均自由程，这实际上就是弹道-界面耦合效应的作用。另外，Liang 等[45]通过分子动力学模拟发现薄膜厚度和粗糙度对界面热阻的影响，同样表明传统界面热阻叠加法在弹道扩散导热中失效。

2.3 边界热流滑移

2.3.1 薄膜边界的热流滑移

边界散射引起的边界热流滑移是弹道扩散导热中另一个重要的非傅里叶导热现象。悬空纳米薄膜中的面向弹道扩散导热由边界热流滑移主导。如图 2-6 所示，在纳米薄膜面向导热中，可以假设温度梯度施加在薄膜长度方向，同时薄膜长度远大于声子平均自由程，因此只需要考虑厚度方向(y 方向)边界散射对声子输运的影响，此时声子玻尔兹曼方程为

$$v_{g\omega y}\tau_{\omega}\frac{\partial\Delta f_{\omega}}{\partial y}+\Delta f_{\omega}=-v_{g\omega x}\tau_{\omega}\frac{\partial f_{0\omega}}{\partial T}\frac{\mathrm{d}T}{\mathrm{d}x} \tag{2-44}$$

式中，$\Delta f_{\omega}=f_{\omega}-f_{0\omega}$ 为声子分布函数相对于平衡态分布的偏离。

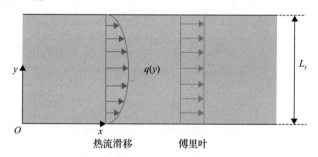

图 2-6 纳米薄膜面向导热及边界热流滑移示意图

此时相应边界条件表示为

$$\Delta f_{\omega}(0,v_{g\omega y}>0)=P_{r1}\Delta f_{\omega}(0,v_{g\omega y}<0)$$
$$\Delta f_{\omega}(L_y,v_{g\omega y}<0)=P_{r2}\Delta f_{\omega}(L_y,v_{g\omega y}>0) \tag{2-45}$$

式中，P_{r1} 和 P_{r2} 分别为下边界和上边界的镜面反射系数。联立控制方程和边界条件可以得到

$$\Delta f_\omega = \begin{cases} v_{g\omega x}\tau_\omega \dfrac{\partial f_{0\omega}}{\partial T}\dfrac{\mathrm{d}T}{\mathrm{d}x}\left[G^+\exp\left(-\dfrac{y}{v_{g\omega y}\tau_\omega}\right)-1\right], & v_{g\omega y}>0 \\[4mm] v_{g\omega x}\tau_\omega \dfrac{\partial f_{0\omega}}{\partial T}\dfrac{\mathrm{d}T}{\mathrm{d}x}\left[G^-\exp\left(\left|\dfrac{y}{v_{g\omega y}\tau_\omega}\right|\right)-1\right], & v_{g\omega y}<0 \end{cases} \tag{2-46}$$

式中

$$G^+ = \frac{1-P_{r2}\left[1-(1-P_{r1})\exp\left(-\dfrac{L_y}{l_{0\omega}\mu}\right)\right]}{1-P_{r1}P_{r2}\exp\left(-2\dfrac{L_y}{l_{0\omega}\mu}\right)} \tag{2-47}$$

$$G^- = \exp\left(-\frac{L_y}{l_{0\omega}\mu}\right)\frac{1-P_{r1}\left[1-(1-P_{r2})\exp\left(-\dfrac{L_y}{l_{0\omega}\mu}\right)\right]}{1-P_{r1}P_{r2}\exp\left(-2\dfrac{L_y}{l_{0\omega}\mu}\right)}$$

通过对 Δf_ω 的积分可以得到薄膜内部的热流密度分布函数：

$$q_x(y) = \frac{\mathrm{d}T}{\mathrm{d}x}\int_0^{\omega_m}\frac{v_{g\omega}l_{0\omega}}{4}\omega\hbar\frac{\partial f_{BE}}{\partial T}\mathrm{DOS}(\omega)\mathrm{d}\omega$$

$$\times\left\{\int_0^1\left[G^+\exp\left(-\frac{y}{l_{0\omega}\mu}\right)\right](1-\mu^2)\mathrm{d}\mu+\int_0^1\left[G^-\exp\left(\frac{y}{l_{0\omega}\mu}\right)\right](1-\mu^2)\mathrm{d}\mu-\frac{4}{3}\right\} \tag{2-48}$$

而等效热导率则可以定义为

$$k_{eff} = -\frac{1}{(\mathrm{d}T/\mathrm{d}x)L_y}\int_0^{L_y}q_x(y)\mathrm{d}y$$

$$= \frac{1}{3L_y}\int_0^{\omega_m}v_{g\omega}l_{0\omega}\omega\hbar\frac{\partial f_{BE}}{\partial T}\mathrm{DOS}(\omega)\mathrm{d}\omega\int_0^{L_y}\left\{1-\frac{3}{4}\int_0^1\left[\begin{matrix}G^+\exp\left(-\dfrac{y}{l_{0\omega}\mu}\right)+\\ G^-\exp\left(\dfrac{y}{l_{0\omega}\mu}\right)\end{matrix}\right](1-\mu^2)\mathrm{d}\mu\right\}\mathrm{d}y \tag{2-49}$$

当上下边界的镜面反射系数相等，$P_{r1}=P_{r2}=P$，并引入灰体近似，上面的热流密度分布函数和等效热导率公式就退化为 F-S 模型[19]。此时，热流密度分布和等效热导率分别为

$$\frac{q_x(y)}{q_{\text{Fo}}} = 1 - \frac{3}{4}\int_0^1 \frac{1-P}{1-P\exp\left(-\frac{1}{\mu Kn_y}\right)}\left[\begin{array}{l}\exp\left(-\frac{y/L_y}{\mu Kn_y}\right)+\\\exp\left(-\frac{1-y/L_y}{\mu Kn_y}\right)\end{array}\right](1-\mu^2)\mathrm{d}\mu \tag{2-50}$$

$$\frac{k_{\text{eff}}}{k_0} = 1 - \frac{3Kn_y(1-P)}{2}\int_0^1 \frac{1-\exp\left(\frac{-1}{\mu Kn_y}\right)}{1-P\exp\left(\frac{-1}{\mu Kn_y}\right)}(1-\mu^2)\mu\mathrm{d}\mu \tag{2-51}$$

式中，$Kn_y = l_0 / L_y$；$q_{\text{Fo}} = -k_0\,\mathrm{d}T/\mathrm{d}x$ 为相同温度梯度下傅里叶导热定律所预测的热流密度。

图 2-7(a) 给出了悬空纳米薄膜中的热流密度分布。声子 MC 模拟结果与模型式 (2-50) 符合。由于扩散声子边界散射，边界附近的热流密度减小。当声子在边界上发生完全镜面散射时 $P=1$，热流滑移现象将消失。此外，随着克努森数的增加，边界散射的影响变大，边界附近热流密度会进一步减小。

根据式 (2-51)，同样可以计算薄膜的面向热阻：

$$R_{\text{in}} = \frac{L_x}{k_0 L_y}\left[1 - \frac{3Kn_y(1-P)}{2}\int_0^1 \frac{1-\exp\left(-\frac{1}{\mu Kn_y}\right)}{1-P\exp\left(-\frac{1}{\mu Kn_y}\right)}(1-\mu^2)\mu\mathrm{d}\mu\right]^{-1} \tag{2-52}$$

式中，$L_x/k_0 L_y = R_0$ 为此时的本征热阻。

如图 2-7(b) 所示，式 (2-52) 与声子 MC 模拟得到的结果吻合。克努森数的增

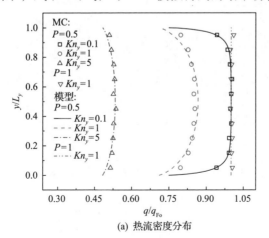

(a) 热流密度分布

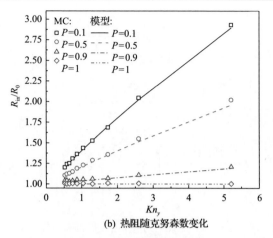

(b) 热阻随克努森数变化

图 2-7　纳米薄膜面向导热

加或者镜面反射系数的降低都会导致纳米薄膜面向热阻的增加。当 $P=1$ 时，边界上的完全镜面散射将不会引起边界热流滑移，因此，薄膜面向热阻不会因厚度的减小而增大。

2.3.2　界面声子性质不匹配对热流滑移的影响

实际中的薄膜材料大多是被放置在基底上的，如图 2-8 所示，基底所引起的界面声子性质不匹配同样会对薄膜内部的热流密度分布产生显著的影响。纳米薄膜中的声子可以在界面处发生散射；声子还可以穿过界面并进入基底，同时基底材料中的声子也会进入纳米薄膜中。此时，有两个主要因素影响纳米薄膜内的热流密度分布，即界面处的声子散射和基底导致的界面声子性质不匹配。

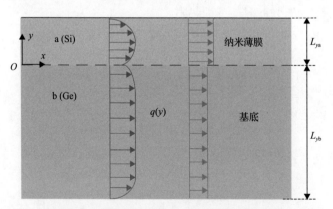

图 2-8　基底上纳米薄膜面向导热过程中热流密度分布示意图

该问题所对应的玻尔兹曼方程组为

$$v_{\text{g}\omega y\text{a}}\tau_{\omega\text{a}}\frac{\partial \Delta f_{\omega\text{a}}}{\partial y}+\Delta f_{\omega\text{a}}=-v_{\text{g}\omega x\text{a}}\tau_{\omega\text{a}}\frac{\partial f_{0\omega\text{a}}}{\partial T}\frac{\mathrm{d}T}{\mathrm{d}x} \tag{2-53a}$$

$$v_{\text{g}\omega y\text{b}}\tau_{\omega\text{b}}\frac{\partial \Delta f_{\omega\text{b}}}{\partial y}+\Delta f_{\omega\text{b}}=-v_{\text{g}\omega x\text{b}}\tau_{\omega\text{b}}\frac{\partial f_{0\omega\text{b}}}{\partial T}\frac{\mathrm{d}T}{\mathrm{d}x} \tag{2-53b}$$

式中，由下标 a 标记的是与薄膜内部声子相关的量；由下标 b 标记的是与基底内部声子相关的量。此时，相应边界及界面条件表示为

$$
\begin{aligned}
&\Delta f_{\omega\text{a}}(L_{y\text{a}},v_{\text{g}\omega y\text{a}}<0)=P_{\text{a}}\Delta f_{\omega\text{a}}(L_{y\text{a}},v_{\text{g}\omega y\text{a}}>0)\\
&\Delta f_{\omega\text{a}}(0,v_{\text{g}\omega y\text{a}}>0)=P_{\text{ab}}\left[r_{\text{aa}}\Delta f_{\omega\text{a}}(0,v_{\text{g}\omega y\text{a}}<0)+t_{\text{ba}}\Delta f_{\omega\text{b}}(0,v_{\text{g}\omega y\text{b}}>0)\right]\\
&\Delta f_{\omega\text{b}}(0,v_{\text{g}\omega y\text{b}}<0)=P_{\text{ab}}\left[r_{\text{bb}}\Delta f_{\omega\text{b}}(0,v_{\text{g}\omega y\text{b}}>0)+t_{\text{ab}}\Delta f_{\omega\text{a}}(0,v_{\text{g}\omega y\text{a}}<0)\right]\\
&\Delta f_{\omega\text{b}}(-L_{y\text{b}},v_{\text{g}\omega y\text{b}}>0)=0
\end{aligned}
\tag{2-54}
$$

式中，r_{aa} 和 r_{bb} 为界面声子反射率；t_{ab} 和 t_{ba} 为界面声子透射率；P_{a} 及 P_{ab} 为镜面反射(透射)系数。一般而言，基底材料(例如二氧化硅)的声子自由程较短，而且比纳米薄膜厚，所以界面/边界效应对基底声子热输运的改变并不显著。因此，需要主要关注纳米薄膜内的热流密度分布，同时为了简化模型，可以假设基底的下边界(远端边界)是完全漫反射的。

联立控制方程和边界条件可以得到

$$
\Delta f_{\omega\text{a}}=
\begin{cases}
v_{\text{g}\omega x\text{a}}\tau\dfrac{\partial f_{0\omega\text{a}}}{\partial T}\dfrac{\mathrm{d}T}{\mathrm{d}x}\left[G_{\text{a}}^{+}\exp\left(-\dfrac{y}{v_{\text{g}\omega y\text{a}}\tau_{\omega\text{a}}}\right)-1\right], & v_{\text{g}\omega y\text{a}}>0\\[4mm]
v_{\text{g}\omega x\text{a}}\tau\dfrac{\partial f_{0\omega\text{a}}}{\partial T}\dfrac{\mathrm{d}T}{\mathrm{d}x}\left[G_{\text{a}}^{-}\exp\left(\dfrac{y}{v_{\text{g}\omega y\text{a}}\tau_{\omega\text{a}}}\right)-1\right], & v_{\text{g}\omega y\text{a}}<0
\end{cases}
\tag{2-55}
$$

式中

$$
G_{\text{a}}^{+}=\frac{1+P_{\text{ab}}\left\{\left[\exp\left(-\dfrac{L_{y\text{a}}}{l_{\omega\text{a}}\mu}\right)(1-P_{\text{a}})-1\right]r_{\text{aa}}+\left[\exp\left(-\dfrac{L_{y\text{b}}}{l_{\omega\text{b}}\mu}\right)-1\right]\gamma t_{\text{ba}}\right\}}{1-P_{\text{a}}P_{\text{ab}}r_{\text{aa}}\exp\left(-2\dfrac{L_{y\text{a}}}{l_{\omega\text{a}}}\right)}
$$

$$
G_{\text{a}}^{-}=\exp\left(-\frac{L_{y\text{a}}}{l_{\omega\text{a}}\mu}\right)\frac{1-P_{\text{a}}+P_{\text{a}}\exp\left(-\dfrac{L_{y\text{a}}}{l_{\omega\text{a}}\mu}\right)\left[\begin{array}{l}1-P_{\text{ab}}(r_{\text{aa}}+\gamma t_{\text{ba}})\\+\exp\left(-\dfrac{L_{y\text{b}}}{l_{\omega\text{b}}\mu}\right)\gamma P_{\text{ab}}t_{\text{ba}}\end{array}\right]}{1-P_{\text{a}}P_{\text{ab}}r_{\text{aa}}\exp\left(-2\dfrac{L_{y\text{a}}}{l_{\omega\text{a}}\mu}\right)}
$$

$$\tag{2-56}$$

以及

$$
\Delta f_{\omega b} = \begin{cases}
v_{g\omega xb}\tau \dfrac{\partial f_{0\omega b}}{\partial T}\dfrac{\mathrm{d}T}{\mathrm{d}x}\left[G_{b}^{+}\exp\left(-\dfrac{y}{v_{g\omega yb}\tau_{\omega b}}\right)-1\right], & v_{g\omega yb}>0 \\[4mm]
v_{g\omega xb}\tau \dfrac{\partial f_{0\omega b}}{\partial T}\dfrac{\mathrm{d}T}{\mathrm{d}x}\left[G_{b}^{-}\exp\left(\dfrac{y}{v_{g\omega yb}\tau_{\omega b}}\right)-1\right], & v_{g\omega yb}<0
\end{cases}
\tag{2-57}
$$

式中

$$
G_{b}^{+} = \exp\left(-\frac{L_{yb}}{l_{\omega b}\mu}\right)
$$

$$
G_{b}^{-} = \frac{1-P_{ab}\begin{bmatrix}
r_{bb}+\gamma^{-1}t_{ab}+\exp\left(-2\dfrac{L_{ya}}{l_{\omega a}\mu}-\dfrac{L_{yb}}{l_{\omega b}\mu}\right)P_{a}P_{ab}(r_{aa}r_{bb}-t_{ab}t_{ba}) \\[3mm]
-\exp\left(-\dfrac{L_{ya}}{l_{\omega a}\mu}\right)\gamma^{-1}(1-P_{a})t_{ab} \\[3mm]
-\exp\left(-2\dfrac{L_{ya}}{l_{\omega a}\mu}\right)P_{a}\left[\gamma^{-1}t_{ab}-r_{aa}+P_{ab}(r_{aa}r_{bb}-t_{ab}t_{ba})\right] \\[3mm]
-r_{bb}\exp\left(-\dfrac{L_{yb}}{l_{\omega b}\mu}\right)
\end{bmatrix}}{1-P_{a}P_{ab}r_{aa}\exp\left(-2\dfrac{L_{ya}}{l_{\omega a}\mu}\right)}
\tag{2-58}
$$

其中，$l_{\omega a}=v_{g\omega a}\tau_{\omega a}$；$l_{\omega b}=v_{g\omega b}\tau_{\omega b}$；$\gamma=l_{\omega b}/l_{\omega a}$ 为基底与纳米薄膜的自由程之比。使用灰体近似，可以得到薄膜内部的热流密度分布（$0\le y<L_{ya}$）：

$$
\frac{q_{a}(y)}{q_{0a}}=1-\frac{3}{4}\int_{0}^{1}\left[G_{a}^{+}\exp\left(-\frac{y/L_{ya}}{\mu Kn_{ya}}\right)+G_{a}^{-}\exp\left(\frac{y/L_{ya}}{\mu Kn_{ya}}\right)\right](1-\mu^{2})\mathrm{d}\mu
\tag{2-59}
$$

式中，$Kn_{ya}=l_{0a}/L_{ya}$；l_{0a} 为薄膜声子平均自由程；$q_{0a}=-k_{0a}\,\mathrm{d}T/\mathrm{d}x$。假定纳米薄膜和基底的材料分别是 Si 和 Ge，则自由程比 $\gamma=\mathrm{MFP}_{Ge}/\mathrm{MFP}_{Si}=0.77$，$r_{aa}$、$r_{bb}$、$t_{ab}$ 和 t_{ba} 也可以根据上文的 Si 和 Ge 平均声子性质计算得到。对于界面处声子的镜面反射和透射，通常采用声学失配模型（acoustic mismatch model，AMM）来计算与入射角度相关的透射率和反射率[38]。实际上，界面处的声子反射和透射是一个复杂的过程，例如声子模式转换[46]的影响和界面间的键合强度[47]都有可能会对声子透射和反射发生影响。本书使用 Prasher 的方法[47]来计算一个与角度无关的积分平均透射率和反射率：

$$\bar{t}_{\text{SiGe (GeSi)}} = 2\int_0^{\theta_c} t_{\text{SiGe (GeSi)}} \cos\theta \text{d}\cos\theta \tag{2-60}$$

$$\bar{r}_{\text{SiGe (GeSi)}} = 1 - \bar{t}_{\text{SiGe (GeSi)}}$$

式中

$$t_{\text{SiGe (GeSi)}} = \frac{4z_{\text{Si}}z_{\text{Ge}}\cos\theta_{\text{Si}}\cos\theta_{\text{Ge}}}{\left(z_{\text{Si}}\cos\theta_{\text{Si}} + z_{\text{Ge}}\cos\theta_{\text{Ge}}\right)^2}$$

$$z_{\text{Si}} = \rho_{\text{Si}}v_{\text{gSi}} \tag{2-61}$$

$$z_{\text{Ge}} = \rho_{\text{Ge}}v_{\text{gGe}}$$

$$\sin\theta_{\text{Si}}/v_{\text{gSi}} = \sin\theta_{\text{Ge}}/v_{\text{gGe}}$$

此外，根据 Chen 的文章[39]，当使用 AMM 时，为了满足能量平衡，必须对进行一定的修正 $\bar{t}'_{\text{SiGe}} = \bar{t}_{\text{GeSi}}(v_{\text{gGe}}C_{\text{VGe}}/v_{\text{gSi}}C_{\text{VSi}})$，$\bar{r}'_{\text{SiGe}} = 1 - \bar{t}'_{\text{SiGe}}$。

图 2-9(a) 给出了基底上薄膜内部的热流密度分布。边界和界面附近热流密度减小，这种滑移现象随着克森数的增大而加剧。但是，由于界面声子性质不匹配的影响，热流密度分布变得不对称。如果将自由程比从 0.77 降到 0.2，界面附近的热流密度会进一步减小。在悬空薄膜中，当镜面反射等于 1 时，边界发生完全镜面反射导致边界热流滑移现象消失；但是在基底上的纳米薄膜中，仅仅界面声子性质不匹配也会导致热流密度的变化。此外，与声子 MC 模拟相比，本书的模型可以很好地描述基底上纳米薄膜内的热流密度分布。

同样可以计算出基底上纳米薄膜的面向等效热导率和面向热阻：

$$k_{\text{in,interface}} = k_{0a}\left\{1 - \frac{3Kn_{ya}}{4}\int_0^1 (G_a^+ + G_a^-)\left[1 - \exp\left(-\frac{1}{\mu Kn_{ya}}\right)\right](1-\mu^2)\mu\text{d}\mu\right\} \tag{2-62}$$

$$R_{\text{in,interface}} = R_{0a}\left\{1 - \frac{3Kn_{ya}}{4}\int_0^1 (G_a^+ + G_a^-)\left[1 - \exp\left(-\frac{1}{\mu Kn_{ya}}\right)\right](1-\mu^2)\mu\text{d}\mu\right\}^{-1} \tag{2-63}$$

在弹道扩散热热中，边界散射和界面声子性质不匹配都会影响面向热阻。F-S 公式很好地描述了边界散射对面内悬浮纳米薄膜热阻的影响，但是无法考虑界面声子性质不匹配的影响。如图 2-9(b) 所示，纳米薄膜的厚度在 100～500nm 的范围内，而基底的厚度设定为 500nm。纳米薄膜的克努森数增加，镜面反射率减小，或者自由程比减小，都会导致面向热阻增加。重要的是，即使当 $P=1$ 时，仅仅界面声子性质不匹配也会导致面向热阻的增加。

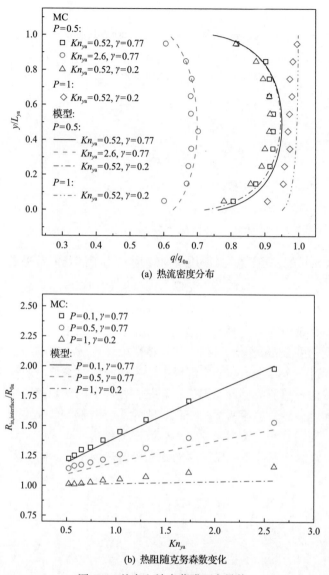

(a) 热流密度分布

(b) 热阻随克努森数变化

图 2-9　基底上纳米薄膜面向导热

2.4　界面声子热输运的双向调控

一般而言，界面的存在会导致热阻的增加。然而，Yang 等[29]的实验证明，两个相同材料的纳米薄膜之间的范德瓦耳斯界面可以提高纳米薄膜的等效热导率。在这之后，有学者通过分子动力学模拟也发现了相同的现象[26,31,35,36]。实际上，界面通常都是存在于两个不同材料之间的，这也意味着声子性质的不匹配也会对热输运产生显著影响。基于分子动力模拟，Zhang 等[34]发现，通过改变基底的性质，可以增强或抑制基底上硅烯的热导率。但是，在界面处存在声子性质不匹配的情况下，界面声子性质不匹配是否能够增强热导率仍然是一个悬而未决的问题。更重要的是，由于缺乏统一而严格的分析模型，即使对已经广泛研究的支持石墨烯中的热传输，一些问题仍然存在争议。例如，Ong 和 Pop[28]的 MC 模拟结果表明，随着石墨烯与基底之间结合强度的增加，石墨烯的热导率会逐渐增加；然而，Qiu 和 Ruan[30]则得出了相反的结论，更强的界面结合强度将会更进一步地降低石墨烯热导率。界面声子性质不匹配对热输运影响主要涉及三个因素：①界面黏附能；②界面粗糙度；③界面附近的声子性质不匹配。如图 2-10 所示，本书将以双层纳米薄膜中的面向导热为对象，研究界面声子性质不匹配对薄膜等效热导率的双向(增强或抑制)调控现象。

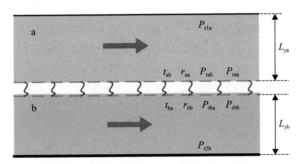

图 2-10　双层纳米薄膜中的面向导热示意图

此时，如图 2-10 所示的双层薄膜的控制方程仍然是式(2-53a)和式(2-53b)。但是，在此问题中，需要对边界和界面条件有更细致的讨论。界面和边界条件如下：

$$\Delta f_{\omega\_a}(L_{ya}, v_{g\omega ya} < 0) = P_{r1a}\Delta f_{\omega a}(L_{ya}, v_{g\omega ya} > 0)$$
$$\Delta f_{\omega a}(0, v_{g\omega ya} > 0) = P_{raa}r_{aa}\Delta f_{\omega a}(0, v_{g\omega ya} < 0) + P_{tba}t_{ba}\Delta f_{\omega b}(0, v_{g\omega yb} > 0)$$
$$\Delta f_{\omega b}(0, v_{g\omega yb} < 0) = P_{rbb}r_{bb}\Delta f_{\omega b}(0, v_{g\omega yb} > 0) + P_{tab}t_{ab}\Delta f_{\omega a}(0, v_{g\omega ya} < 0)$$
$$\Delta f_{\omega b}(-L_{yb}, v_{g\omega yb} > 0) = P_{r2b}\Delta f_{\omega b}(L_{ya}, v_{g\omega yb} < 0)$$

$$(2\text{-}64)$$

式中，由于考虑到界面上声子反射和穿透的模式是不同的，所以分别设置了对应的镜面(弹道)系数。P_{raa} 和 P_{rbb} 分别为薄膜 a 和薄膜 b 内的声子在界面上的镜面反射系数；P_{tab} 描述了薄膜 a 内的声子穿透到薄膜 b 的模式(弹道穿透不改变传播方向，扩散穿透则传播方向随机)；P_{tba} 描述了薄膜 b 内的声子穿透到薄膜 a 的模式。联立式(2-53)和式(2-64)可以得到薄膜 a 和薄膜 b 内的热流密度分布：

当 $0 \leqslant y < L_{ya}$ 时:

$$q_{xa}(y) = \frac{dT}{dx} \int_0^{\omega_{ma}} \frac{v_{ga} l_{0\omega a}}{4} \omega \hbar \frac{\partial f_{BE}}{\partial T} \mathrm{DOS}(\omega) d\omega$$

$$\left\{ \int_0^1 \left[G_a^+ \exp\left(-\frac{y}{l_{0\omega a}\mu} \right) \right] (1-\mu^2) d\mu + \int_0^1 \left[G_a^- \exp\left(\frac{y}{l_{0\omega a}\mu} \right) \right] (1-\mu^2) d\mu - \frac{4}{3} \right\} \tag{2-65}$$

当 $-L_{yb} \leqslant y < 0$ 时:

$$q_{xb}(y) = \frac{dT}{dx} \int_0^{\omega_{mb}} \frac{v_{gb} l_{\omega 0b} \omega \hbar}{4} \frac{\partial f_{BE}}{\partial T} \mathrm{DOS}(\omega) d\omega$$

$$\left\{ \int_0^1 \left[G_b^+ \exp\left(-\frac{y}{l_{\omega 0b}\mu} \right) \right] (1-\mu^2) d\mu + \int_0^1 \left[G_b^- \exp\left(\frac{y}{l_{\omega 0b}\mu} \right) \right] (1-\mu^2) d\mu - \frac{4}{3} \right\} \tag{2-66}$$

式中

$$G_a^+ = \frac{\left\{ \begin{array}{l} (1-P_{r1a})P_{raa}r_{aa}\exp\left(-\dfrac{L_{ya}}{l_{0\omega a}\mu} \right) + \exp\left(-\dfrac{L_{yb}}{l_{0\omega b}\mu} \right)\gamma(1-P_{r2b})P_{tba}t_{ba} \\[2mm] +(1-P_{raa}r_{aa}-\gamma P_{tba}t_{ba}) \\[2mm] -(1-P_{r1a})P_{r2b}(P_{raa}P_{rbb}r_{aa}r_{bb}-P_{tab}P_{tba}t_{ab}t_{ba})\exp\left(-2\dfrac{L_{yb}}{l_{0\omega b}\mu} - \dfrac{L_{ya}}{l_{0\omega a}\mu} \right) \\[2mm] +\exp\left(-2\dfrac{L_{yb}}{l_{0\omega b}\mu} \right)P_{r2b}(\gamma P_{tba}t_{ba}-P_{rbb}r_{bb}+P_{raa}P_{rbb}r_{aa}r_{bb}-P_{tab}P_{tba}t_{ab}t_{ba}) \end{array} \right\}}{\left\{ \begin{array}{l} 1-\exp\left(-\dfrac{2L_{ya}}{l_{0\omega a}\mu} \right)P_{r1a}P_{raa}r_{aa}-\exp\left(-\dfrac{2L_{yb}}{l_{0\omega b}\mu} \right)P_{r2b}P_{rbb}r_{bb} \\[2mm] +P_{r1a}P_{r2b}(P_{raa}P_{rbb}r_{aa}r_{bb}-P_{tab}P_{tba}t_{ab}t_{ba})\exp\left(-\dfrac{2L_{ya}}{l_{0\omega a}\mu} - \dfrac{2L_{yb}}{l_{0\omega b}\mu} \right) \end{array} \right\}} \tag{2-67a}$$

$$G_a^- = \frac{\exp\left(-\dfrac{L_{yb}}{l_{0\omega b}\mu}\right)\left[\begin{array}{l}(1-P_{r1a})-\exp\left(-2\dfrac{L_{yb}}{l_{0\omega b}\mu}\right)(1-P_{r1a})P_{r2b}P_{rbb}r_{bb}\\[2mm] +\exp\left(-\dfrac{L_{ya}}{l_{0\omega a}\mu}-\dfrac{L_{yb}}{l_{0\omega b}\mu}\right)\gamma P_{r1a}(1-P_{r2b})P_{tba}t_{ba}\\[2mm] +\exp\left(-\dfrac{L_{ya}}{l_{0\omega a}\mu}-2\dfrac{L_{yb}}{l_{0\omega b}\mu}\right)P_{r1a}P_{r2b}\left(\begin{array}{l}\gamma P_{tba}t_{ba}-P_{rbb}r_{bb}+\\ P_{rbb}P_{raa}r_{aa}r_{bb}-P_{tab}P_{tba}t_{ab}t_{ba}\end{array}\right)\\[2mm] +\exp\left(-\dfrac{L_{ya}}{l_{0\omega a}\mu}\right)P_{r1a}(1-P_{raa}r_{aa}-\gamma P_{tba}t_{ba})\end{array}\right]}{\left\{\begin{array}{l}1-\exp\left(-\dfrac{2L_{ya}}{l_{0\omega a}\mu}\right)P_{ra}P_{raa}r_{aa}-\exp\left(-\dfrac{2L_{yb}}{l_{0\omega b}\mu}\right)P_{r2b}P_{rbb}r_{bb}\\[2mm] +P_{r1a}P_{r2b}(P_{raa}P_{rbb}r_{aa}r_{bb}-P_{tab}P_{tba}t_{ab}t_{ba})\exp\left(-\dfrac{2L_{ya}}{l_{0\omega a}\mu}-\dfrac{2L_{yb}}{l_{0\omega b}\mu}\right)\end{array}\right\}}$$

$$(2\text{-}67b)$$

$$G_b^+ = \frac{\exp\left(-\dfrac{L_{yb}}{l_{0\omega b}\mu}\right)\left[\begin{array}{l}(1-P_{r2b})-\exp\left(-2\dfrac{L_{ya}}{l_{0\omega a}\mu}\right)P_{r1a}P_{raa}(1-P_{r2b})r_{aa}\\[2mm] +\exp\left(-\dfrac{L_{ya}}{l_{0\omega a}\mu}-\dfrac{L_{yb}}{l_{0\omega b}\mu}\right)\gamma^{-1}(1-P_{r1a})P_{r2b}P_{tab}t_{ab}\\[2mm] +P_{r1a}P_{r2b}\left(\begin{array}{l}\gamma^{-1}P_{tab}t_{ab}-P_{raa}r_{aa}\\ +P_{raa}P_{rbb}r_{aa}r_{bb}-P_{tab}P_{tba}t_{ab}t_{ba}\end{array}\right)\exp\left(-2\dfrac{L_{ya}}{l_{0\omega a}\mu}-\dfrac{L_{yb}}{l_{0\omega b}\mu}\right)\\[2mm] +\exp\left(-\dfrac{L_{yb}}{l_{0\omega b}\mu}\right)P_{r2b}(1-P_{rbb}r_{bb}-\gamma^{-1}P_{tab}t_{ab})\end{array}\right]}{\left\{\begin{array}{l}1-\exp\left(-\dfrac{2L_{ya}}{l_{0\omega a}\mu}\right)P_{r1a}P_{raa}r_{aa}-\exp\left(-\dfrac{2L_{yb}}{l_{0\omega b}\mu}\right)P_{r2b}P_{rbb}r_{bb}\\[2mm] +P_{r1a}P_{r2b}(P_{raa}P_{rbb}r_{aa}r_{bb}-P_{tab}P_{tba}t_{ab}t_{ba})\exp\left(-\dfrac{2L_{ya}}{l_{0\omega a}\mu}-\dfrac{2L_{yb}}{l_{0\omega b}\mu}\right)\end{array}\right\}}$$

$$(2\text{-}67c)$$

$$
G_{b}^{-} = \frac{\begin{bmatrix} \exp\left(-\dfrac{L_{yb}}{l_{0\omega b}\mu}\right)(1-P_{r2b})P_{rbb}r_{bb} \\[3mm] +\exp\left(-\dfrac{L_{ya}}{l_{0\omega a}\mu}\right)\gamma^{-1}(1-P_{r1a})P_{tab}t_{ab}+(1-P_{rbb}r_{bb}-\gamma^{-1}P_{tab}t_{ab}) \\[3mm] -P_{r1a}(1-P_{r2b})(P_{raa}P_{rbb}r_{aa}r_{bb}-P_{tab}P_{tba}t_{ab}t_{ba})\exp\left(-2\dfrac{L_{ya}}{l_{0\omega a}\mu}-\dfrac{L_{yb}}{l_{0\omega b}\mu}\right) \\[3mm] +\exp\left(-2\dfrac{L_{ya}}{l_{0\omega a}\mu}\right)P_{r1a}(\gamma^{-1}P_{tab}t_{ab}-P_{rab}r_{aa}+P_{raa}P_{rbb}r_{aa}r_{bb}-P_{tab}P_{tba}t_{ab}t_{ba}) \end{bmatrix}}{\left\{\begin{array}{l} \left[1-\exp\left(-\dfrac{2L_{ya}}{l_{0\omega a}\mu}\right)P_{ra}P_{raa}r_{aa}-\exp\left(-\dfrac{2L_{yb}}{l_{0\omega b}\mu}\right)P_{rb}P_{rbb}r_{bb}\right. \\[3mm] \left.+P_{r1a}P_{r2b}(P_{raa}P_{rbb}r_{aa}r_{bb}-P_{tab}P_{tba}t_{ab}t_{ba})\exp\left(-\dfrac{2L_{ya}}{l_{0\omega a}\mu}-\dfrac{2L_{yb}}{l_{0\omega b}\mu}\right)\right] \end{array}\right\}}
$$

(2-67d)

进一步可以得到薄膜的等效热导率:

$$
k_{\text{effa}} = -\frac{1}{(\mathrm{d}T/\mathrm{d}x)L_{ya}}\int_{0}^{L_{ya}} q_{xa}(y)\mathrm{d}y
$$

$$
= \frac{1}{3L_{ya}}\int_{0}^{\omega_{ma}} v_{g\omega a}l_{0\omega a}\omega\hbar\frac{\partial f_{\text{BE}}}{\partial T}\text{DOS}(\omega)\mathrm{d}\omega\int_{0}^{L_{ya}}\left\{1-\frac{3}{4}\int_{0}^{1}\left[\begin{array}{l} G_{a}^{+}\exp\left(-\dfrac{y}{l_{0\omega a}\mu}\right) \\[3mm] +G_{a}^{-}\exp\left(\dfrac{y}{l_{0\omega a}\mu}\right) \end{array}\right](1-\mu^{2})\mathrm{d}\mu\right\}\mathrm{d}y
$$

(2-68)

$$
k_{\text{effb}} = -\frac{1}{(\mathrm{d}T/\mathrm{d}x)L_{yb}}\int_{0}^{L_{yb}} q_{xb}(y)\mathrm{d}y
$$

$$
= \frac{1}{3L_{ya}}\int_{0}^{\omega_{mb}} v_{g\omega\_b}l_{0\omega b}\omega\hbar\frac{\partial f_{\text{BE}}}{\partial T}\text{DOS}(\omega)\mathrm{d}\omega\int_{0}^{L_{yb}}\left\{1-\frac{3}{4}\int_{0}^{1}\left[\begin{array}{l} G_{b}^{+}\exp\left(-\dfrac{y}{l_{0\omega b}\mu}\right) \\[3mm] +G_{b}^{-}\exp\left(\dfrac{y}{l_{0\omega b}\mu}\right) \end{array}\right](1-\mu^{2})\mathrm{d}\mu\right\}\mathrm{d}y
$$

(2-69)

可以看到，考虑界面声子性质不匹配及声子在界面穿透和反射的不同模式之后，模型变得更为复杂。

模型中的界面参数取决于界面粗糙度、界面黏附能和界面的声子性质不匹配。一般而言，镜面反射系数会随着界面粗糙度的减小而增加。根据 Li 和 McGaughey 的论文[20]，反射声子的镜面系数通常要小于穿透声子的镜面系数。声子透射率由界面处的黏附能和声子性质不匹配决定。参考 Prasher[47]改进的声学不匹配模型，增加界面黏附能可以增强声子透射率，而声子性质的不匹配将阻碍声子透射。

2.4.1　同质界面

同质界面指的是界面两侧材料相同的情况。同质界面一般是由于相同材料间的范德瓦尔斯接触所导致的。此时，声子穿透率主要由界面黏附能所决定的。同样地，假设 a 和 b 层都是单晶 Si 材料，仍然采用 Chen 论文中[39]给出的物性参数。同时考虑到结构的对称性，则有 $P_{r1a}=P_{r2b}$，$P_{raa}=P_{rbb}$，$P_{taa}=P_{tbb}$，$t_{ab}=t_{ba}$，$r_{aa}=r_{bb}$，和 $k_{effa}=k_{effb}$。

图 2-11(a) 比较了具有完全光滑界面的双层薄膜与悬空单层薄膜(厚度为 L_y) 的面向等效热导率。设置 $L_{ya}=L_{yb}=L_y$，定义克努森数 $Kn=l_0/L_y=l_0/L_{ya}$。完全光滑界面意味着弹道透射系数和镜面反射系数都等于 1。首先，模拟和模型的预测结果能够很好地吻合，验证了本书模型的可靠性。

模拟和模型都表明，具有完全光滑界面的双层薄膜与悬空单层薄膜的面向等效热导率相等，即声子在同质界面上的弹道穿透和镜面反射不会对等效热导率产生影响。Chen 等[35]在 MD 模拟中也得出了相同的结论。实际上，如图 2-11(b) 所

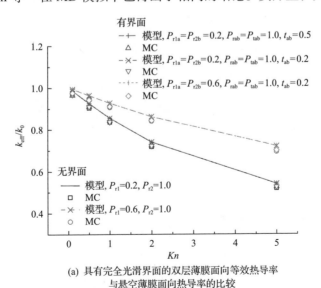

(a) 具有完全光滑界面的双层薄膜面向等效热导率
与悬空薄膜面向热导率的比较

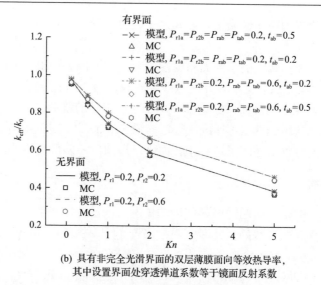

(b) 具有非完全光滑界面的双层薄膜面向等效热导率，
其中设置界面处穿透弹道系数等于镜面反射系数

图 2-11　双层薄膜面向等效热导率

示，只要界面上的镜面反射系数等于弹道穿透系数，即使是非完全光滑界面也不会改变薄膜的面向等效热导率。

　　如图 2-12 所示，要观察到由界面引起的双层薄膜等效热导的变化，界面处的弹道透射系数必须不同于镜面反射系数。界面处的镜面反射系数设为 0.2，而界面弹道透射系数为 1，即声子将弹道地穿过界面。模拟和模型都表明，此时界面对导热有增强作用：包含界面的双层纳米薄膜的面向等效导热率将高于悬空纳米薄膜，并且等效热导率的增强效果随着声子透射率的增加而增强。

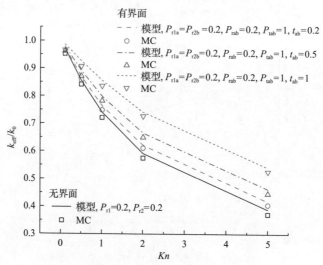

图 2-12　具有部分光滑界面的情况(透射率分别为 0.2、0.5 和 1)

　　界面可以提供两层之间的耦合。在声子透射率等于 1 的极端情况下，声子将弹道地穿过界面而不经历任何散射。此时，双层纳米薄膜就是一个双倍厚度的悬空单层薄膜。厚度的增大就会导致等效热导率的增加。虽然实际中界面声子透射率很难到达 1，但两层之间的耦合也可以一定程度增加等效热导率。如在图 2-13 所示，镜面反射系数为 0.5，声子透射率为 0.5，界面弹道透射系数分别设为 0、0.2、0.8 和 1。当弹道透射率系数大于镜面反射系数时，界面将增加等效热导率。反之，双层纳米薄膜的面向热导率将比悬空单层薄膜要低。

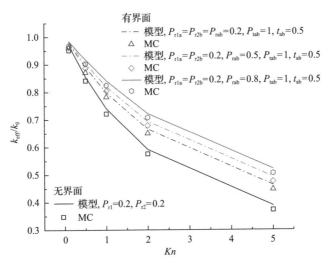

图 2-13　具有部分光滑界面的情况（设置镜面反射系数为 0.5，
透射率 0.5，弹道穿透系数分别为 0、0.2、0.8 和 1）

2.4.2　异质界面

　　异质界面指的是界面两侧材料不同，存在声子性质的不匹配。根据本书推导的模型式 (2-68)，界面处声子性质的不匹配主要通过材料之间的自由程比 γ 来体现。在此，为了更好地阐明自由程比对等效热导率的影响，假设层 b 与层 a 的构成材料仅有自由程有显著差异，从而忽略比热的差异；可以将 a 层的本征自由程给定，改变 b 层的自由程，来实现自由程比的改变，以考察界面对 a 层面向等效热导率 k_{effa} 的影响。在图 2-14(a) 中，克努森数设为 1，声子透射率为 0.5，自由程比分别为 0.5、1 和 1.5。即使自由程比不同，面向等效热导率总随着界面处镜面反射系数的增大而增加。在图 2-14(b) 中，面向等效热导率也总随着弹道透射系数的增大而增加。可以得到结论：无论存在声子性质的不匹配与否，界面光滑度的增加总能增强导热。

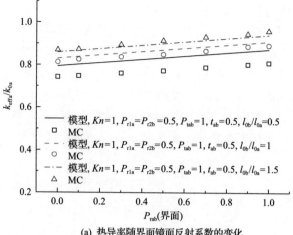

(a) 热导率随界面镜面反射系数的变化

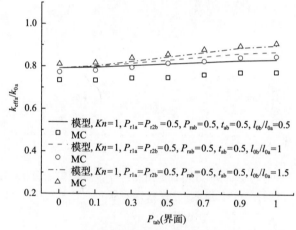

(b) 热导率随界面弹道透射系数的变化

图 2-14 具有部分光滑界面的纳米薄膜面向热导率

界面声子穿透率也是导热调控中的重要参数。Yang 等[29]和 Sun 等[31]都认为，界面效应能否增强导热的关键在于界面声子穿透率是否足够大。图 2-15 给出了薄膜面向等效热导率随界面声子穿透率的变化。如图 2-15(a)所示，克努森数为 1，弹道透射系数为 1，镜面反射系数为 0.5，自由程比分别为 0.5、1、1.5。当自由程比大于等于 1 时，界面将会增强导热，增强效应会随着声子透射率的增大而变得更为显著。然而，当自由程比小于 1 时，面向等效热导率随声子穿透率的变化规律将会变得更为复杂。在图 2-15(b)中，自由程比设为 0.5，镜面反射系数分别为 0.2、0.5、0.8。当镜面反射系数较小时(0.2)，等效热导率随着透射率的增大而增大；然而，当镜面反射系数较大时(0.8)，等效热导率则随着透射率的增大而减小。

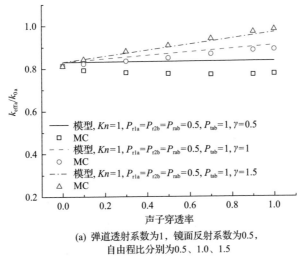

(a) 弹道透射系数为1, 镜面反射系数为0.5,
自由程比分别为0.5、1.0、1.5

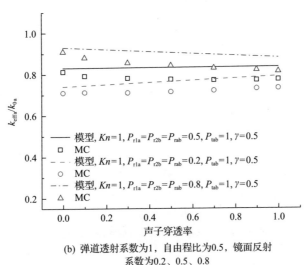

(b) 弹道透射系数为1, 自由程比为0.5, 镜面反射
系数为0.2、0.5、0.8

图 2-15 具有部分光滑界面的双层纳米薄膜面向热导率随声子穿透率的变化

这是因为此时存在着两个竞争性的因素共同影响等效热导率：弹道穿透界面的声子将会增强导热；由于自由程比小于 1，界面处的声子性质不匹配将会阻碍导热。当界面镜面反射系数较小时，一旦不能穿过界面，声子就有很大的可能性在界面处发生漫反射；此时，第一个因素占主导，等效热导率随着穿透界面的声子数的增加(即，透射率增加)而增大。相反，当界面镜面反射系数较大时，第二个因素占主导，声子透射率的增大导致层间耦合强度增强，等效热导率也随之下降。此处的结论可以用来解释 Ong 和 Pop[28]、Qiu 和 Ruan[30]模拟结果之间的差异，石墨烯与二氧化硅基底之间界面条件的不同就会导致石墨烯(a 层)热导率随界面

结合强度(决定了声子穿透率)变化规律的不同。

2.5　本章小结

(1)弹道输运会引起纳米结构中的边界温度跳跃,等效于在边界上加入了弹道热阻,整个系统的热阻因此增大,表现为等效热导率的降低。但是弹道热阻并不是一个局限在边界上的现象,其与整个系统的特征长度直接相关。随着系统特征尺度的增大,弹道输运的影响减弱,弹道热阻的影响也因此逐渐减小。

(2)考虑界面声子性质不匹配对边界温度跳跃的影响,推导了相应的预测模型。声子性质不匹配将导致边界温度跳跃的进一步增大;弹道输运和界面声子性质不匹配会发生耦合,导致弹道界面耦合热阻;传统的热阻叠加法忽略这一耦合效应,认为界面热阻的影响仅局限在界面处并且与弹道输运的影响相互独立,因此传统的热阻叠加方法此时不再适用。

(3)边界散射引起边界热流滑移现象。边界镜面反射系数越小,热流滑移越显著,当边界镜面反射系数等于1(完全镜面反射),热流滑移现象将会消失。边界上的声子性质不匹配同样会导致热流滑移现象,此时,即使边界镜面反射系数为1,热流滑移现象依然存在。推导了能够反映声子性质不匹配影响的边界热流滑移的预测模型;并在此基础上,证明了使用界面效应可以实现纳米薄膜面向等效热导率的双向调控。

参 考 文 献

[1] Ziman J. Electrons and Phononsed[M]. London: Oxford University Press, 1961.

[2] Fourier J. The Analytical Theory of Heated[M]. New York: Dover, 1955.

[3] Chen G. Nanoscale Energy Transport and Conversion: A Parallel Treatment of Electrons, Molecules, Phonons, and Photonsed[M]. New York: Oxford University Press, 2005.

[4] 侯泉文, 曹炳阳, 过增元. 碳纳米管的热导率: 从弹道到扩散输运[J]. 物理学报, 2009, 58(11): 7809-7814.

[5] Sellan D P, Turney J E, Mcgaughey A J H, et al. Cross-plane phonon transport in thin films[J]. Journal of Applied Physics, 2010, 108(11): 113524.

[6] 华钰超, 董源, 曹炳阳. 硅纳米薄膜中声子弹道扩散导热的蒙特卡罗模拟[J]. 物理学报, 2013, 62(24): 244401.

[7] Maassen J, Lundstrom M. Steady-state heat transport: Ballistic-to-diffusive with Fourier's law[J]. Journal of Applied Physics, 2015, 117(3): 11305.

[8] Wilson R B, Cahill D G. Anisotropic failure of Fourier theory in time-domain thermoreflectance experiments[J]. Nature Communications, 2014, 5: 5075.

[9] Sellitto A, Alvarez F X, Jou D. Temperature dependence of boundary conditions in phonon hydrodynamics of smooth and rough nanowires[J]. Journal of Applied Physics, 2010, 107(11): 114312.

[10] Turney J E, Mcgaughey A J H, Amon C H. In-plane phonon transport in thin films[J]. Journal of Applied Physics, 2010, 107(2): 24317.

[11] Péraud J P M, Hadjiconstantinou N G. Efficient simulation of multidimensional phonon transport using energy-based variance-reduced Monte Carlo formulations[J]. Physical Review B, 2011, 84(20): 1555-1569.

[12] Yang R G, Chen G, Laroche M, et al. Simulation of nanoscale multidimensional transient heat conduction problems using Ballistic-Diffusive equations and phonon boltzmann equation[J]. Journal of Heat Transfer, 2005, 127(3): 298-306.

[13] Majumdar A. Microscale heat conduction in dielectric thin films[J]. Journal of Heat Transfer, 1993, 115(1): 7-16.

[14] Rieder Z. Properties of a harmonic crystal in a stationary nonequilibrium state[J]. Journal of Mathematical Physics, 1967, 8(5): 1073-1078.

[15] Chen G. Ballistic-diffusive heat-conduction equations[J]. Physical Review Letters, 2001, 86(11): 2297-2300.

[16] Alvarez F X, Jou D. Boundary conditions and evolution of ballistic heat transport[J]. Journal of Heat Transfer, 2010, 132(1): 12404.

[17] Maassen J, Lundstrom M. A simple Boltzmann transport equation for ballistic to diffusive transient heat transport[J]. Journal of Applied Physics, 2015, 117(13): 11305.

[18] Fuchs K, Mott N F. The conductivity of thin metallic films according to the electron theory of metals[J]. Mathematical Proceedings of the Cambridge Philosophical Society, 1938, 34(1): 100.

[19] Sondheimer E H. The mean free path of electrons in metals[J]. Advances in Physics, 1952, 50(1): 499-537.

[20] Li D Y, McGaughey A J H. Phonon dynamics at surfaces and interfaces and its implications in energy transport in nanostructured materials-an opinion paper[J]. Microscale Thermophysical Engineering, 2015, 19(2): 166-182.

[21] Hua Y C, Cao B Y. Ballistic-diffusive heat conduction in multiply-constrained nanostructures[J]. International Journal of Thermal Sciences, 2016, 101: 126-132.

[22] Kaiser J, Feng T L, Maassen J, et al. Thermal transport at the nanoscale: A Fourier's law vs. Phonon Boltzmann equation study[J]. Journal of Applied Physics, 2017, 121(4): 44301-44302.

[23] Malhotra A, Kothari K, Maldovan M. Spatial manipulation of thermal flux in nanoscale films[J]. Nanoscale and Microscale Thermophysical Engineering, 2017, 21(3): 145-158.

[24] Alvarez F X, Jou D, Sellitto A. Phonon hydrodynamics and phonon-boundary scattering in nanosystems[J]. Journal of Applied Physics, 2009, 105(1): 14317.

[25] Xu M T. Slip boundary condition of heat flux in Knudsen layers[J]. Proceedings of the Royal Society A: Mathematical Physical and Engineering Sciences, 2014, 470(470): 20130578.

[26] Guo Z X, Zhang D, Gong X G. Manipulating thermal conductivity through substrate coupling[J]. Physical Review B, 2010, 84(7): 75470.

[27] Seol J H, Jo I, Moore A L, et al. Two-dimensional phonon transport in supported graphene[J]. Science, 2010, 328(5975): 213-216.

[28] Ong Z Y, Pop E. Effect of substrate modes on thermal transport in supported graphene[J]. Physical Review B, 2011, 84(7): 75471.

[29] Yang J, Yang Y, Waltermire S W, et al. Enhanced and switchable nanoscale thermal conduction due to van der Waals interfaces[J]. Nature Nanotechnology, 2012, 7(2): 91-95.

[30] Qiu B, Ruan X L. Reduction of spectral phonon relaxation times from suspended to supported graphene[J]. Applied Physics Letters, 2012, 100(19): 193101.

[31] Sun T, Wang J, Kang W. Van der Waals interaction-tuned heat transfer in nanostructures[J]. Nanoscale, 2013, 5(1): 128-133.

[32] Sadeghi M M, Jo I, Shi L. Phonon-interface scattering in multilayer graphene on an amorphous support[J].

Proceedings of the National Academy of Sciences, 2013, 110(41): 16321-16326.

[33] Chen J, Zhang G, Li B W. Substrate coupling suppresses size dependence of thermal conductivity in supported graphene[J]. Nanoscale, 2013, 5(2): 532-536.

[34] Zhang X L, Bao H, Hu M. Bilateral substrate effect on the thermal conductivity of two-dimensional silicon[J]. Nanoscale, 2015, 7(14): 6014-6022.

[35] Chen W Y, Yang J K, Wei Z Y, et al. Effects of interfacial roughness on phonon transport in bilayer silicon thin films[J]. Physical Review B, 2015, 92(13): 134113.

[36] Su R X, Yuan Z Q, Wang J, et al. Enhanced energy transport owing to nonlinear interface interaction[J]. Scientific Reports, 2016, 6(1): 1-12.

[37] Hua Y C, Cao B Y. Slip boundary conditions in ballistic-diffusive heat transport in nanostructures[J]. Nanoscale and Microscale Thermophysical Engineering, 2017, 3(21): 159-176.

[38] Peterson R B. Direct simulation of phonon-mediated heat transfer in a Debye crystal[J]. Journal of Heat Transfer, 1994, 116(4): 815-822.

[39] Chen G. Size and interface effects on thermal conductivity of superlattices and periodic Thin-Film structures[J]. Journal of Heat Transfer, 1997, 119(2): 220-229.

[40] Chen G. Thermal conductivity and ballistic-phonon transport in the cross-plane direction of superlattices[J]. Physical Review B, 1998, 57(23): 14958-14973.

[41] Liu W, Etessam-Yazdani K, Hussin R, et al. Modeling and data for thermal conductivity of ultrathin Single-Crystal SOI layers at high temperature[J]. IEEE Transactions On Electron Devices, 2006, 53(8): 1868-1876.

[42] Hao Q, Chen G, Jeng M S. Frequency-dependent Monte Carlo simulations of phonon transport in two-dimensional porous silicon with aligned pores[J]. Journal of Applied Physics, 2009, 106(11): 114321.

[43] Li H L, Shiomi J, Cao B Y. Ballistic-Diffusive heat conduction in thin films by phonon Monte Carlo method: Gray medium approximation versus phonon dispersion[J]. Journal of Heat Transfer, 2020, 142(11): 112502.

[44] Pohl R O, Swartz E T. Thermal boundary resistance[J]. Reviews of Modern Physics, 1989, 61(3): 605-668.

[45] Liang Z, Sasikumar K, Keblinski P. Thermal transport across a substrate-thin-film interface: Effects of film thickness and surface roughness[J]. Physical Review Letters, 2014, 113(6): 65901.

[46] Auld B A. Acoustic Fields and Waves in Solids[M]. 2nd ed. Florida: Krieger Publishing Company, 1990.

[47] Prasher R. Acoustic mismatch model for thermal contact resistance of van der Waals contacts[J]. Applied Physics Letters, 2009, 94(4): 41905.

第3章 纳米结构的等效热导率

在纳米结构的导热过程中，由于弹道输运和边界散射的作用，声子输运会被显著抑制并表现出强烈的尺寸效应，使纳米结构的等效热导率会大幅低于体材料的热导率。以往对于纳米结构等效热导率的研究主要集中于受到单一几何约束的简单体系，如结构两端分别与恒温热沉接触的纳米薄膜，而实际应用中的纳米结构常常会受到多个几何约束的共同影响，且热源加热方式也具有热源加热和温差加热等多种形式，这些都会对纳米结构的等效热导率产生显著影响。本章采用声子玻尔兹曼输运方程分析及蒙特卡罗模拟方法，系统研究多种实际条件下纳米结构的等效热导率，包括多几何约束、热扩展、内热源、径向导热和存在多孔结构等情况，并给出相关预测模型。

3.1 多约束纳米结构的等效热导率

目前大多数等效热导率模型都只能考虑单一几何约束的影响，在实际的纳米结构中声子输运过程通常会受到多个几何约束的共同影响，此时等效热导率也将与多个尺寸同时相关。如图 3-1 所示为一个典型的悬空多约束纳米结构，温差作用于 x 方向(结构两端分别与具有声子黑体边界的恒温热沉接触)，声子在侧面边界发生散射;轴向的长度 L_x 与侧面几何约束的特征尺寸都与声子平均自由程相当，因此等效热导率将同时依赖多个特征尺寸。直接求解玻尔兹曼方程是难以得到解析的等效热导率模型的。由于该多约束纳米结构中并未涉及界面声子性质不匹配，可以使用热阻叠加与分解的方法来导出等效热导率模型。

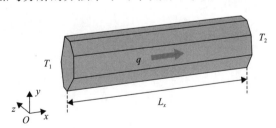

图 3-1 多约束纳米结构示意图

图 3-1 所示纳米结构的总热阻 R_t 可以表示为

$$R_t = \frac{L_x}{S k_{eff}} = R_0 + R_x + R_l \tag{3-1}$$

式中，S 为截面积；k_{eff} 为等效热阻率；R_0 为本征热阻；R_x 为 x 方向约束导致的热阻；R_l 为侧面约束导致的热阻。R_0 可以用体材料热导率计算，而 R_x 和 R_l 则可以使用热阻分解的方法得到。

单独考虑 x 方向约束的影响，不考虑侧面约束的影响，因此纳米结构的热阻 R_{cr} 就等于本征热阻与 x 方向约束的热阻之和：

$$R_{\text{cr}} = R_0 + R_x \tag{3-2}$$

此时，图 3-1 所示的多约束结构退化为声子黑体边界的薄膜法向导热，其热阻为

$$R_{\text{cr}} = R_0 + R_{\text{ba}} = R_0 + \frac{4}{3}\frac{L_x}{Sk_0}Kn_x \tag{3-3}$$

通过对比式(3-2)和式(3-3)，可以得到 x 方向约束导致的热阻就是弹道热阻：

$$R_x = R_{\text{ba}} = \frac{4}{3}\frac{L_x}{Sk_0}Kn_x \tag{3-4}$$

只考虑侧面约束的影响，纳米结构热阻 R_{in} 是本征热阻与侧面约束导致的热阻之和：

$$R_{\text{in}} = \frac{L_x}{Sk_{\text{in}}} = R_0 + R_l \tag{3-5}$$

此时，图 3-1 所示的多约束纳米结构退化为一个面向导热问题。需要指出的是，此处面向导热并不局限于薄膜，无限长纳米线中的热输运也属于这种情况。该问题对应的声子玻尔兹曼方程的解[1,2]为

$$\Delta f = l_0\mu\frac{\partial f_0}{\partial T}\frac{\partial T}{\partial x}\left[\frac{(1-P)\exp\left(-\dfrac{|\boldsymbol{r}-\boldsymbol{r}_B|}{l_0\sqrt{1-\mu^2}}\right)}{1-P\exp\left(-\dfrac{|\boldsymbol{r}-\boldsymbol{r}_B|}{l_0\sqrt{1-\mu^2}}\right)}-1\right] \tag{3-6}$$

式中，矢量 $\boldsymbol{r}_B$ 表示截面边界上的点；$|\boldsymbol{r}-\boldsymbol{r}_B|$ 表示截面内一点到截面边界的距离。面向等效热导率表示为

$$\frac{k_{\text{in}}}{k_0} = 1 - \frac{3}{2\pi S}\int_S \mathrm{d}S \int_0^{2\pi}\int_{\pi/2}^{0}\left[\frac{(1-P)\exp\left(-\dfrac{|\boldsymbol{r}-\boldsymbol{r}_B|}{l_0\sqrt{1-\mu^2}}\right)}{1-P\exp\left(-\dfrac{|\boldsymbol{r}-\boldsymbol{r}_B|}{l_0\sqrt{1-\mu^2}}\right)}\right]\mu^2\mathrm{d}\mu\mathrm{d}\varphi = \frac{1}{G(l_0)} \tag{3-7}$$

其中，为了便于后续的推导，设 $k_{in}/k_0=1/G(l_0)$，k_{in} 为面向热导率，k_0 为本征热导率。则结合式 (3-5) 和式 (3-7) 可以得到侧面几何约束对应的热阻 R_I：

$$R_I = R_0(G(l_0)-1) \tag{3-8}$$

再根据式 (3-1) 可以得到多约束结构的总热阻和等效热导率：

$$R_t = \frac{L_x}{Sk_{in}} = R_0 + \frac{4}{3}Kn_x R_0 + R_0(G(l_0)-1) = R_0\left(\frac{4}{3}Kn_x + G(l_0)\right) \tag{3-9}$$

$$\frac{k_{in}}{k_0} = \frac{1}{\frac{4}{3}Kn_x + G(l_0)} \tag{3-10}$$

式中，$4Kn_x/3$ 描述了温度梯度方向尺寸的影响；$G(l_0)$ 则可以描述面向纳米薄膜和各种形状等截面纳米线的侧面约束的影响。

虽然以上的模型推导过程是在灰体近似下进行，但是模型式 (3-10) 同样可以被应用于考虑声子色散关系的场合。当考虑声子色散关系及频率依赖的自由程时，多约束纳米结构的等效热导率可以表示为[3-6]

$$k_{eff} = \frac{1}{3}\sum_j \int_0^{\omega_{mj}} \hbar\omega \frac{\partial f_{BE}}{\partial T} v_{g\omega j} l_{Bj}(\omega) DOS_j(\omega) d\omega \tag{3-11}$$

式中

$$l_{Bj} = \frac{l_{int\,j}}{\frac{4l_{int\,j}}{3L_x} + G(l_{int\,j})} \tag{3-12}$$

式中，l_{intj} 为 j 声子支的本征自由程。

本书将同时使用声子 MC 模拟和多约束等效热导率模型计算如图 3-2 所示的纳米薄膜、有限长圆形纳米线和有限长方形纳米线的等效热导率，以验证本书模型的可靠性。数值实验中为了简化，设侧面声子镜面反射系数为 0，并使用灰体近似。

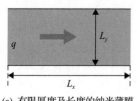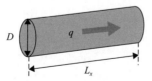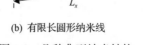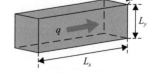

(a) 有限厚度及长度的纳米薄膜　　　(b) 有限长圆形纳米线　　　(c) 有限长方形纳米线

图 3-2　几种典型纳米结构

对图 3-2(a) 中的纳米薄膜，式(3-10)中的函数 G 退化为

$$G_{\text{film}}^{-1} = 1 - \frac{3}{2} Kn_y \int_0^1 \left[1 - \exp\left(-\frac{1}{Kn_y \sqrt{1-\mu^2}} \right) \right] \mu^3 \mathrm{d}\mu \tag{3-13}$$

式中，$Kn_y = l_0/L_y$，L_y 为薄膜厚度。

对图 3-2(b) 中的圆形纳米线，式(3-10)中的函数 $G(l_0)$ 退化为

$$G_{\text{cir}}^{-1} = 1 - \frac{12}{\pi} \int_0^{1/2} r\mathrm{d}r \int_0^{2\pi} \mathrm{d}\varphi \int_0^1 \mu^2 \mathrm{d}\mu \exp\left\{ -\frac{\sin\left[\varphi - \arcsin\left(2r\sin\varphi \right) \right]}{2\sin\varphi Kn_D \sqrt{1-\mu^2}} \right\} \tag{3-14}$$

式中，$Kn_y = l_0/D$，D 为圆纳米线的直径。

对图 3-2(c) 中的方形纳米线，式(3-10)中的函数 G 退化为

$$G_{\text{sq}}^{-1} = 1 - \frac{3}{\pi} \int_0^1 \mathrm{d}y \int_0^1 \mathrm{d}z \int_0^1 \mu^2 \mathrm{d}\mu \left\{ \begin{array}{l} \int_{\varphi_1}^{\varphi_2} \exp\left(-\frac{1-y}{Kn_L \sin\varphi \sqrt{1-\mu^2}} \right) \mathrm{d}\varphi + \\ \int_{\varphi_2}^{\varphi_3} \exp\left(-\frac{z}{Kn_L \cos\varphi \sqrt{1-\mu^2}} \right) \mathrm{d}\varphi \end{array} \right\} \tag{3-15}$$

式中，$Kn_L = l_0/L$，L 为方形纳米线截面边长；$\varphi_1 = \arctan\left[(1-y)/(1-z) \right]$；$\varphi_2 = \pi/2 + \arctan\left[z/(1-y) \right]$；$\varphi_3 = \pi + \arctan\left[y/z \right]$。

Alvarez 等[7]也提出过考虑多个几何约束的等效热导率模型：

$$\frac{k_{\text{eff}}}{k_0} = \frac{L_{\text{eff}}^2}{2\pi^2 l_0^2} \left(\sqrt{1 + \frac{4\pi^2 l_0^2}{L_{\text{eff}}^2}} - 1 \right) \tag{3-16}$$

式中，L_{eff} 为 Alvarez 和 Jou[7]提出的等效特长度。纳米薄膜：$L_{\text{eff}}^{-2} = L_x^{-2} + L_y^{-2}$；有限长圆纳米线：$L_{\text{eff}}^{-2} = L_x^{-2} + 8D^{-2}$；有限长方纳米线：$L_{\text{eff}}^{-2} = L_x^{-2} + 2L^{-2}$。

图 3-3(a) 给出了多约束纳米薄膜的等效热导率。当 Kn_x 给定，薄膜等效热导率随着 Kn_y 的增大而减小，反之亦然。本书模型可以很好地与声子 MC 模拟的结果符合，而 Alvarez 和 Jou[7]提出的模型则有显著的偏差。这是因为在 Alvarez 和 Jou[7]提出的模型中的等效特征长度假定不同约束对等效热导率的影响是相同，这一假定将会造成忽略了纳米结构中热传递的各向异性，将会导致显著的误差。图 3-3(b) 则给出了有限长圆形和方形纳米线的等效热导率。本书模型同样可以很好地与声子 MC 的结果符合，以上结果都证明了本书模型的可靠性，同时也得到

了一个重要的结论：对于不涉及界面声子性质不匹配情况，可以使用热阻分解及加和的方法计算等效热导率。

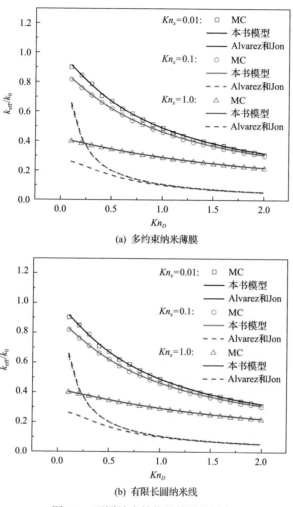

(a) 多约束纳米薄膜

(b) 有限长圆纳米线

图 3-3　不同纳米结构的等效热导率

3.2　扩 展 热 阻

3.2.1　宏观尺度的扩展热阻

在电子器件传热过程中，总会遇到扩展热阻的问题。扩展热阻是当热量通过具有不同横截面积的热源和热汇之间时产生的热阻[8,9]。例如，如图 3-4 所示的 GaN 高电子迁移率晶体管(high electron mobility transistor，HEMT)中，在二维电子气层电子与声子作用产生极窄的线热源(热源宽度一般在 100~500nm),当热量从该极窄的热源区传递到基底的过程中会产生显著的扩展热阻,其作用远大于一维法向热阻:

$$R_{1D0} = \frac{t_{\text{device}}}{w_{\text{hs}}k_0} \tag{3-17}$$

式中,t_{device} 为器件层厚度; w_{hs} 为线热源的宽度; k_0 为器件层的本征热导率。

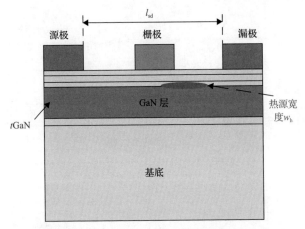

图 3-4　GaN HEMT 器件中的扩展热阻示意图

对于包含热扩展效应(thermal spreading effect)的热传递过程,结构总热阻计算为产热区平均温度与产热功率之比:

$$R_{\text{hstot}} = \frac{\int_S \Delta T \mathrm{d}S}{Q_{\text{hs}}} = R_{\text{sp0}} + R_{1D0} \tag{3-18}$$

式中,S 为产热区面积; Q_{hs} 为热点的加热功率。因此,扩展热阻可以计算为总热阻与一维法向热阻之差:

$$R_{\text{sp0}} = R_{\text{hstot}} - R_{1D0} \tag{3-19}$$

研究者对扩展热阻进行了深入研究。然而,目前绝大多数现有的模型和模拟都是基于经典的傅里叶导热定律。Muzychka 等[9]推导了矩形板上非中心热源的扩展热阻的一般解。此后,Muzychka 等[10]和 Gholami 和 Bahrimi[11]将上述模型扩展到涉及界面热阻,导热各向异性和任意热点位置的情况。此外,基于傅里叶定律,Darwish 等[12]考虑了更实际的情况下,开发了针对 HEMT 扩散热阻模型,并将热导率的温度依赖性考虑到其中。作为例子,针对如图 3-5 所示的器件层热扩展输运的情况,基于傅里叶定律的总热阻模型为

$$\frac{R_{\text{hstot (F)}}}{R_{1D0}} = 1 + \left(\frac{w}{w_g}\right)^2 \left(\frac{w}{t}\right) \sum_{n=1}^{\infty} \frac{8\sin^2\left(\frac{w_g n\pi}{zw}\right)\cos^2\left(\frac{n\pi}{z}\right)}{(n\pi)^3 \coth\left(\frac{tn\pi}{w}\right)} \tag{3-20}$$

式中，$R_{\text{hstot(F)}}$ 为结构总热阻 R_{1D0} 为采用体材料热导率计算得到的一维热阻；w_g 为热源宽度；w 为总宽度；t 为厚度。

3.2.2　弹道效应对扩展热阻的影响

在实际器件中，声子的平均自由程经常与器件层的厚度以及热源宽度相当，这将会导致显著的弹道效应，从而影响扩展热阻。以 GaN 器件为例，Ziade 等[13] 实验发现在 300～600K 的温度范围内，厚度范围从 10～1000nm 的 GaN 薄膜热导率具有显著的尺寸效应；Ma 等[14]则使用 MC 模拟发现当 GaN 样品的特征尺寸小于 10μm 时，就应当考虑非傅里叶效应；Freedman 等[15]则发现 MFP 大于 1000nm ±230nm 的声子在室温附近贡献了 50%的 GaN 热导率。因此，GaN 的声子平均自由程与器件层厚度和热点宽度相当的。本节使用声子 MC 模拟研究了弹道效应对扩展热阻的影响，通过与有限元结果的对比，重新检验基于傅里叶定律的扩展热阻模型，并发展新的能考虑弹道效应的扩展热阻模型。

模拟结构如图 3-5 所示，图 3-6 给出了分别使用有限元计算和 MC 的无量纲温度分布，kn_x、kn_y 分别表示 x 方向和 y 方向的克努森数。

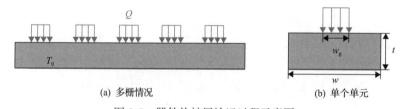

(a) 多栅情况　　　　　　　　　　　(b) 单个单元

图 3-5　器件热扩展输运过程示意图

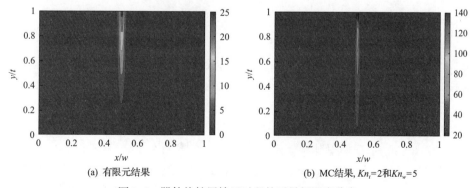

(a) 有限元结果　　　　　　　(b) MC 结果，$Kn_t=2$ 和 $Kn_w=5$

图 3-6　器件热扩展输运过程的无量纲温度分布

无量纲温度(θ_{hs})定义为

$$\theta_{hs} = \frac{\Delta T}{Q_{hs} R_{1D0}} \qquad (3\text{-}21)$$

式中，ΔT 为温升；Q_{hs} 为热点的加热功率。

　　有限元方法计算的无量纲温度分布表明热扩展效应将导致无量纲温度峰值的显著增加。如图 3-6(a)所示，当 $w/t=40$ 和 $w_g/w=0.01$ 时，温度峰值将会达到一维法向导热情况温度峰值的约 25 倍。此外，如 MC 模拟结果所示(图 3-6(b))，弹道效应会改变无量纲温度分布，进一步增加无量纲温度的峰值。弹道输运导致内部声子散射的缺乏，因此 MC 模拟预测高温区域会变得更长更窄。例如，当克努森数为 $Kn_t=2$ 和 $Kn_w=5$，MC 模拟预测的无量纲温度峰值将达到约 140。因此，由于在弹道扩散区无量纲温度分布的变化，结构的总热阻与傅里叶定律预测相比会产生显著的增加。

　　图 3-7 比较由声子 MC 方法、有限元和基于傅里叶定律的模型(式(3-20))计算得到的无量纲总热阻。

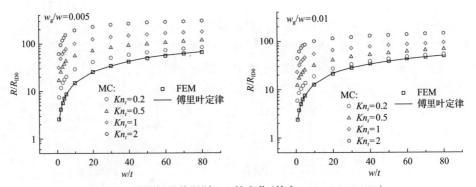

图 3-7　无量纲总热阻随 w/t 的变化(其中 $w_g/w=0.005,0.01$)

无量纲热阻定义为

$$\frac{R_{hstot}}{R_{1D0}} = \frac{R_{1D} + R_{sp}}{R_{1D0}} \qquad (3\text{-}22)$$

式中，下标加 0 表示给定长度 w 和宽度 t 的热阻，不加 0 表示任意长度和宽度的热阻；R_{1D} 表示一维法向热阻；R_{sp} 表示扩展热阻。

　　可以发现，当仅考虑热扩展效应时，无量纲总热阻只依赖于 w_g/w 和 w/t。无量纲总热阻随着 w_g/w 的减小而增加。同时随着 w/t 的增加，无量纲总热阻增加并接近常值 w_g/w。基于傅里叶导热定律的模型与有限元计算结果符合，表明该模型很好地描述了热扩展效应。此外，根据 MC 模拟结果，可以发现，在弹道扩散区，无量纲总热阻随 w_g/w 和 w/t 的变化规律与基于傅里叶定律模型所预测规律几乎是相同的。因此，可以假设即使在弹道扩散区中也可以利用傅里叶定律推导的表达式来近似表征热扩展效应。与扩散导热区的结果相比，无量纲总热阻在弹道扩散区显著增加，Kn_w 并未在图中标出，因为其并不是独立的：

$$Kn_w = Kn_t \Big/ \Big[(w_g/w)(w/t) \Big] \tag{3-23}$$

可以用蒙特卡罗预测值与傅里叶定律预测值之间的比值 R_{MC}/R_F 来研究热阻随 Kn_w 的变化关系。如图 3-8 所示，该热阻比大于 1 并且随着 Kn_w 的增加而增加。这意味着当热点宽度与自由程相当时，与傅里叶定律预测值相比，弹道效应显著增强了总热阻。

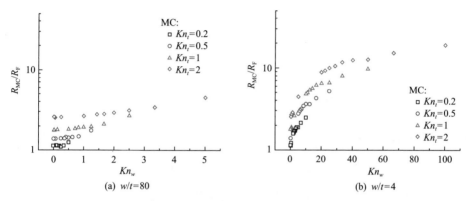

图 3-8　蒙特卡罗预测值与傅里叶定律预测值的比值

结合玻尔兹曼方程和拟合模拟结果可以得到一个考虑热扩展效应和弹道效应的热阻预测模型：

$$\frac{R}{R_{1D0}} = \frac{R_F}{R_{1D0}} \left(1 + \frac{2}{3} Kn_t \right) r_w \tag{3-24}$$

式中，$r_w = (1 + A_w Kn_w)$，A_w 为拟合参数，可以通过模拟或者实验得到。进一步，可以定义此种情况下的等效热导率[16]：

$$\frac{k_{eff}}{k_0} = \frac{1}{\left(1 + A_w(w_g/w, w/t) Kn_w \right)\left(1 + \frac{2}{3} Kn_t \right)} \tag{3-25}$$

3.2.3　色散关系对扩展热阻的影响

上节的等效热导率模型是基于灰体近似得到的，而实际半导体材料的声子分布范围很广，Freedman 等[15]发现分别对于 GaN、AlN 和 4H-SiC，MFP 大于 1000nm、

2500nm 和 4200nm 的声子在室温附近对热导率的贡献超过了 50%，因此有必要重新检验在考虑色散后灰体模型的可靠性。本节采用色散声子蒙特卡罗方法研究了多种典型宽禁带半导体包括 GaN、SiC、AlN 和 Ga_2O_3 在弹道-扩散区域的扩展热阻，采用 Born-Von Karman 色散关系来描述所有材料的色散关系。在灰体模型的基础上，发展了能够更好考虑声子色散的扩展热阻模型[17]。

在灰体模型中考虑色散时，可以对整个声子频谱进行积分来考虑不同声子的贡献：

$$k_{\text{eff}} = \frac{1}{3} \sum_j \int_0^{\omega_j} \hbar\omega \frac{\partial f_0}{\partial T} v_{g\omega j} l_{j,m} \text{DOS}_j(\omega) \mathrm{d}\omega \tag{3-26}$$

对不同频率的声子采用不同的等效自由程，在扩展热阻问题中等效自由程的表达式为

$$l_{mj} = \frac{l_{0j}}{\left(1 + A_w(w_g / w, w / t) Kn_{w\omega j}\right)\left(1 + \frac{2}{3} Kn_{t\omega j}\right)} \tag{3-27}$$

式中，l_{0j} 为第 j 个声子支对应频率的声子本征自由程；$Kn_{w\omega j} = l_{0j} / w_g$ 和 $Kn_{t\omega j} = l_{0j} / t$ 为对应模式声子的克努森数。在得到了等效热导率后，可以采用傅里叶定律来计算体系的总热阻。需要注意的是，式(3-26)是用来考虑不同模式声子对系统热流的贡献，在扩展热阻问题中，这种处理仅是一种近似。

图 3-9 为采用 MC 模拟和灰体模型计算得到的 GaN 无量纲总热阻随 w / t 的变化，其中 $w_g / w = 0.01$，t 分别为 0.2μm 和 4μm。可以看到，灰体模型虽然可以近似反映体系总热阻随热源宽度、长宽比等的变化规律，但预测结果与模拟结果的

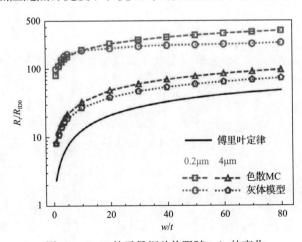

图 3-9　GaN 的无量纲总热阻随 w / t 的变化

最高偏差超过了30%。在体系中，存在两种弹道效应，包括跨平面的弹道效应以及热源宽度和自由程相当引起的弹道效应，可以对这两种弹道效应进行单独考察。

通过将式(3-27)中的$\left(1+2/3Kn_{t\omega j}\right)$替换为采用 MC 模拟得到的$r_w$，如式(3-28)所示，可以消除热源宽度与自由程相当引起的弹道效应的影响：

$$l_{mj1} = \frac{l_{0j}}{\left(1+\dfrac{2}{3}Kn_{t\omega j}\right)r_{w\text{dispersion}}} \tag{3-28}$$

进而将 MC 模拟得到的总热阻与基于l_{mj1}的模型计算得到的热阻之比定义为热阻比r_t，用以描述模型对跨平面弹道效应的低估。由于不同材料的色散关系不同，为统一描述模型对于不同材料弹道效应低估的尺寸依赖性，可通过拟合等效热导率得到不同材料的平均自由程，如式(3-29)所示：

$$\mathcal{L}(l_{\text{ave}}) = \sum_t \left| \frac{1}{3}\sum_j \int_0^{\omega_j} \hbar\omega\frac{\partial f_0}{\partial T}\text{DOS}_j(\omega)v_{g\omega j}\frac{1}{1+\dfrac{4}{3}\dfrac{l_j}{t}} - \frac{1}{1+\dfrac{4}{3}\dfrac{l_{\text{ave}}}{t}} \right|^2 \tag{3-29}$$

图 3-10 展示了不同材料的热阻比r_t随Kn_t的变化，可以看到，不同色散下的模型预测结果和模拟值的偏差均随着体系平均克努森数的增加近似呈对数线性增加。不同材料r_t对Kn_t的依赖关系基本重合，这源自不同材料频谱的相似性[18]。

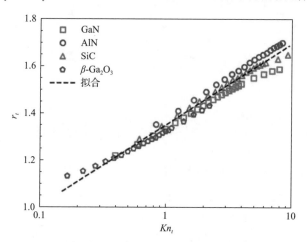

图 3-10　不同材料r_t随Kn_t的变化

通过将得到的r_t引入到原始模型中的等效自由程后，如式(3-30)所示，模型预测值和 MC 模拟值之间由跨平面弹道效应引起的偏差被抵消，此时偏差完全由热源宽度和自由程相当引起的弹道效应引起。同样，可将 MC 模拟得到的总热阻与基于式 (3-30) 计算得到的热阻之比定义为热阻比 r_{wg}，用以描述模型对由热源宽度和声子自由程相当引起的弹道效应的预测情况。

$$l_{mj2} = \frac{l_{0j}}{(1 + A_w Kn_{w\omega j})\left(1 + \frac{2}{3} Kn_{t\omega j}\right) r_t} \tag{3-30}$$

图 3-11 描述了不同材料 r_{wg} 随 Kn_w 的变化，在 Kn_w 较小时，r_{wg} 的值始终保持在 1 附近。而随着 Kn_w 的增加，r_{wg} 的值基本呈对数线性的关系减小。这说明线性近似关系仅在 Kn_w 较小的时候近似成立，在 Kn_w 较大的时候，线性近似失效。同样，由于所采用材料频谱的相似性，不同材料 r_{wg} 对 Kn_w 的依赖关系基本重合。

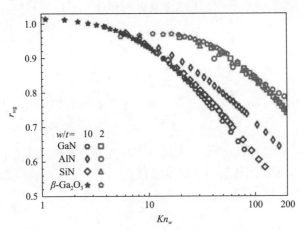

图 3-11　不同材料 r_{wg} 随 Kn_w 的变化

$$l_{mjr} = \frac{l_{0j}}{(1 + A_w Kn_{w\omega j})\left(1 + \frac{2}{3} Kn_{t\omega j}\right) r_t r_{wg}} \tag{3-31}$$

基于以上的分析，在灰体模型中引入 r_t 和 r_{wg} 两个修正系数，以分别反映灰体模型预测法向弹道效应以及热源宽度和自由程相当引起的弹道效应的偏差，其中修正系数并不依赖于材料种类。图 3-12 展示了 MC 模拟和修正后模型预测的无量纲热阻，结果表明热阻值与材料种类显著相关，而所构建的模型的预测结果与 MC 模拟结果吻合良好，可以对不同材料、具有不同几何参数的体系的热阻值有着很好的估计。

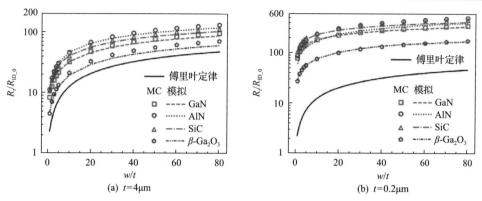

图 3-12　修正后模型预测和 MC 模拟得到的不同材料的无量纲热阻
随 w/t 的变化(其中 $w_g = 0.01$)

3.3　内热源纳米结构的等效热导率

内热源问题广泛存在电子器件热设计中，此外，施加温差[18]和施加内热源[19]
也是实验中测量等效热导率最常用的两种方法。如图 3-13(a)所示，再使用温差法，
等效热导率表示为通过结构的热流密度与温度梯度之比：

$$k_T = \frac{qL_x}{\Delta T} \tag{3-32}$$

如图 3-13(b)所示的热源法中，施加均匀内热源，然后通过结构的平均温升得
到等效热导率：

$$k_I = \frac{L_x^2 \dot{S}}{12\Delta \overline{T}} \tag{3-33}$$

式中，$\dot{S}$ 为热源强度，平均温升 $\Delta \overline{T}$ 为

$$\Delta \overline{T} = \frac{1}{L_x} \int_{L_x} \Delta T \mathrm{d}x \tag{3-34}$$

对于傅里叶导热过程，同一个结构使用不同的加热方式得到的热导率是相等
的，然而在纳米结构中，由于弹道输运的作用这一结论不再成立。本节将以法向
纳米薄膜中的弹道扩散导热为研究对象，探讨加热方式对等效热导率的影响。
图 3-13(b)所示的含内热源的纳米薄膜法向导热对应的玻尔兹曼方程为

$$v_g\mu\frac{\partial f}{\partial x}=\frac{f_0-f}{\tau}+\dot{S}_\Omega \tag{3-35}$$

式中，$\dot{S}_\Omega$ 为内部发射的声子源强度。在此问题中，声子分布函数可以被分为源引起(source-induced)项 f_s 和扩散(diffusive)项 f_d：

$$f=f_s+f_d \tag{3-36}$$

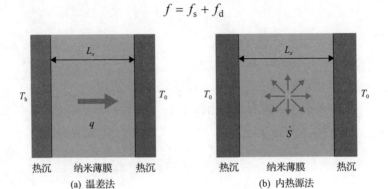

图 3-13　不同加热方式示意图

源引起项的控制方程为

$$v_g\mu\frac{\partial f_s}{\partial x}=-\frac{f_s}{\tau}+\dot{S}_\Omega \tag{3-37}$$

式(3-37)可以使用双通量近似方法(two-flux approximation method)求解：

$$
\begin{aligned}
-\frac{1}{2}l_0\frac{\partial f_s^-}{\partial x}=\tau\dot{S}_\Omega-f_s^-,\qquad -1<\mu<0\\
\frac{1}{2}l_0\frac{\partial f_s^+}{\partial x}=\tau\dot{S}_\Omega-f_s^+,\qquad 0<\mu<+1
\end{aligned}
\tag{3-38}
$$

式中，自由程为 $l_0=v_g\tau$。

根据式(3-38)，源引起项 f_s 可以表示为

$$
\begin{aligned}
f_s^+(x)=\tau\dot{S}_\Omega\left[1-\exp\left(-2\frac{x}{l_0}\right)\right]\\
f_s^-(x)=\tau\dot{S}_\Omega\left[1-\exp\left(-2\frac{L_x-x}{l_0}\right)\right]
\end{aligned}
\tag{3-39}
$$

则源引起所对应的热流密度为

$$q_s = 2\pi \int_{-1}^{1} \mu \mathrm{d}\mu \int v_g \hbar \omega \mathrm{DOS}(\omega) \mathrm{d}\omega f_s$$
$$= \frac{\dot{S}}{4} \left[\exp\left(-2\frac{L_x - x}{l_0}\right) - \exp\left(-2\frac{x}{l_0}\right) \right] \qquad (3\text{-}40)$$

式中，$\dot{S} = 4\pi \int \hbar \omega \tau \dot{S}_\Omega D(\omega) \mathrm{d}\omega$ 为声子源强度对应的热源强度。

扩散项 f_d 的控制方程为

$$v_g \mu \frac{\partial f_d}{\partial x} = \frac{-f_d + f_0}{\tau} \qquad (3\text{-}41)$$

式 (3-41) 可以使用傅里叶形式的本构关系结合修正边界条件很好地求解:

$$q_d = -\frac{1}{3} l_0 \frac{\partial F_d}{\partial x} \qquad (3\text{-}42)$$

式中，F_d 为扩散项对应的局部声子能量密度:

$$F_d = 2\pi \int_{-1}^{1} \mathrm{d}\mu \int v_g \hbar \omega \mathrm{DOS}(\omega) f_s \mathrm{d}\omega \qquad (3\text{-}43)$$

修正边界条件为

$$\frac{F_d(0)}{4} + \frac{1}{2} q_d(0) = 0$$
$$\frac{F_d(L_x)}{4} - \frac{1}{2} q_d(L_x) = 0 \qquad (3\text{-}44)$$

根据能量守恒方程，$\partial q / \partial x = \dot{S}$，可以导出以下关系:

$$\frac{\partial q}{\partial x} = \frac{\partial q_s}{\partial x} + \frac{\partial q_d}{\partial x} = \frac{\partial q_s}{\partial x} - \frac{1}{3} l_0 \frac{\partial^2 F_d}{\partial x^2} = \dot{S} \qquad (3\text{-}45)$$

可以得到

$$F_d = \frac{3l_0}{8} \dot{S} \left[\exp\left(-2\frac{L_x - x}{l_0}\right) + \exp\left(-2\frac{x}{l_0}\right) \right] - \frac{3l_0}{2} \dot{S} \left(\frac{x}{l_0}\right)^2$$
$$+ \frac{3l_0}{2} \dot{S} \frac{L_x}{l_0} \frac{x}{l_0} - \frac{7l_0}{8} \dot{S} + \frac{l_0}{8} \dot{S} \exp\left(-2\frac{L_x}{l_0}\right) + l_0 \dot{S} \frac{L_x}{l_0} \qquad (3\text{-}46)$$

同时可以计算源引起项对应的局部声子能量密度：

$$F_{s} = \frac{\dot{S}}{2}\left[2 - \exp\left(-2\frac{x}{l_0} \right) - \exp\left(-2\frac{L_x - x}{l_0} \right) \right] \tag{3-47}$$

可以得到局部声子能量密度：

$$F = F_{d} + F_{s} = -\frac{\dot{S}l_0}{8}\left[\exp\left(-2\frac{L_x - x}{l_0} \right) + \exp\left(-2\frac{x}{l_0} \right) \right] + \frac{\dot{S}l_0}{8}\left[1 + \exp\left(-2\frac{L_x}{l_0} \right) \right]$$
$$+ \frac{3\dot{S}}{2l_0}(L_x - x)x + L_x\dot{S} \tag{3-48}$$

根据局域能量平衡假设，可以建立局部声子能量密度与温度之间的联系：

$$T = \frac{F}{C_V \nu_g} \tag{3-49}$$

则可以得到薄膜内无量纲温度分布：

$$\Delta T_{Kn_x}^{*}(\eta) = \frac{T - T_0}{(\dot{S}L_x^2 / 8\kappa_0)}$$
$$= 4(1 - \eta)\eta + \frac{8}{3}Kn_x \tag{3-50}$$
$$- \frac{Kn_x^2}{3}\left[\exp\left(-2\frac{1 - \eta}{Kn_x} \right) + \exp\left(-2\frac{\eta}{Kn_x} \right) \right] + \frac{Kn_x^2}{3}\left[1 + \exp\left(-\frac{2}{Kn_x} \right) \right]$$

式中，$\eta = x / L_x$ 为无量纲坐标。当 $Kn_x = 0$ 时，式(3-50)退化为傅里叶定律预测的完全扩散条件下的解：

$$\Delta T_{Kn_x=0}^{*}(\eta) = 4(1 - \eta)\eta \tag{3-51}$$

如图 3-14(a)所示，本书模型可以很好地与声子 MC 模拟的结果符合，在施加内热源的条件下，纳米薄膜的法向等效热导率也是随着克努森数的增加而减小。Majumdar[20]提出如图 3-13(b)所示的施加温差条件下的薄膜法向等效热导率模型：

$$\frac{k_{eff}}{k_0} = \frac{1}{1 + \frac{4}{3}Kn_x} \tag{3-52}$$

可以发现，由于弹道输运的作用，同一个纳米薄膜在不同的加热方式下得到的等

效热导率是不同。图 3-14(b)中的模拟和模型计算结果都表明含内热源纳米结构的
等效热导率比温差条件下的低。这是因为在内热源问题中，声子从薄膜内部发射，
更容易受到边界的影响。

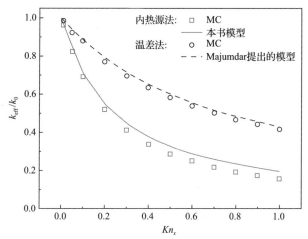

(a) 不同加热方式下纳米薄膜法向等效热导率随努森数的变化

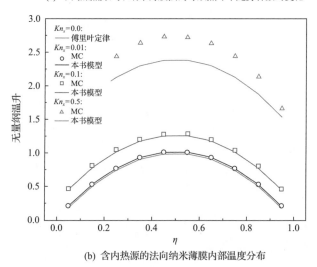

(b) 含内热源的法向纳米薄膜内部温度分布

图 3-14　薄膜的温度分布和等效热导率

3.4　纳米线径向导热的等效热导率

纳米线是常见的典型纳米结构之一，在电子和能量转换设备中有诸多应用。
与纳米薄膜相比，纳米线的横截面面积更小，表面积和体积之比更大，因而声子-
边界散射的相对强度更高，非傅里叶效应更强。实验测试表明，直径在 10nm 量

级的硅纳米线，其等效热导率可比体材料值低两个数量级[21]。纳米线通常被视作一维材料，认为热量在纳米线内主要沿着轴向传导，而忽略横截面内的导热。但对用于可折叠半导体设备和电池或电容中的表面封装纳米线，沿着纳米线半径方向的导热会显著影响纳米线内的最高温度[22,23]，从而影响其使用时的可靠性和寿命。这样的热量沿着半径方向的传导过程也存在于平面点热源加热的应用场景中，如晶体管中的纳米薄膜、石墨烯片，以及以 TDTR 为代表的激光加热测试技术。因此，研究纳米尺度下热量在平面沿半径方向传导的径向导热过程[24]，有助于更好地使用纳米线等结构，并完善实验测试技术。

　　如第 2 章所述，声子-边界散射和弹道输运是微纳米尺度下傅里叶定律失效的重要原因之一，此时热导率存在尺寸效应，即系统的等效热导率随着尺寸的减小而降低。这点在一维导热中有较为详细的研究，反常扩散理论[25]、扩展不可逆热力学[26]、声子水动力学[27]和 Landauer 方法[28]均可描述热导率的尺寸效应。以反常扩散理论为例，热导率 k 和系统特征尺寸L的关系为

$$k = cL^{\beta} \tag{3-53}$$

式中，不同的 β 值对应着不同的导热机制，$\beta = 0$ 对应扩散导热，傅里叶定律成立；$\beta = 1$ 对应弹道导热；β 介于 0 和 1 之间则对应弹道-扩散导热。

　　在 3.1 节和 3.3 节，介绍了一维体系中纳米结构的等效热导率。但在更符合实际的多维导热过程中，由于热量沿多个方向传导，影响导热过程的因素比一维导热更为复杂。以二维导热为例，对非简谐晶体，理论研究表明其热导率会随着系统尺寸的增大而发散，即 $k \sim \ln(L)$[29]。根据声子水动力学和热质理论，当平面内距离点热源的距离小于声子平均自由程时，温度沿半径方向可能出现反常的上升[30]。在纳米尺度的石墨烯片中，分子动力学模拟的结果显示，当外径小于声子平均自由程时，沿着半径方向的热导率是变化的。TDTR 的实验测试结果则表明，点热源的半径对测试结果有着决定性的影响[31]，使用考虑径向导热的理论模型能够提高实验结果的准确度[32]。在 3.2 节中，侧向的扩散热阻对二维导热作用明显。这些结果都表明，多维导热会受到多个几何参数的作用。此时，轴对称的径向导热因为既具备多维导热的特点，又不至于太过复杂，所以成为了研究微纳米尺度下多维非傅里叶导热的有效途径。

　　采用和本章前几节相同的思路，通过纳米结构的等效热导率来刻画径向导热中的非傅里叶效应。径向导热的示意图如 3-15 (a) 所示，圆环状的材料被温差加热，内侧是半径为 r_1、温度为 T_h 的高温热沉，外侧是半径为 r_2、温度为 T_c 的低温热沉，垂直纸面方向无限大。对于这样的问题，可建立如图 3-15 (b) 所示的柱坐标系，包括描述空间方位的固定坐标系 (r, ψ, z) 和描述声子运动方向的随体坐标系

(e_r, e_ψ, e_z)。热量在平面内沿半径方向均匀传导，则温度 T、热流密度 q 等热性质只和径向坐标 r 有关，而与角度坐标 ψ、轴向坐标 z 无关。

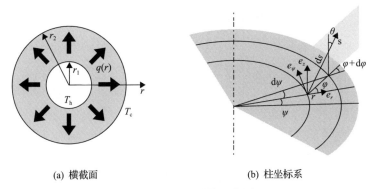

(a) 横截面　　　　　　　　　(b) 柱坐标系

图 3-15　径向导热示意图

如前文所述，声子 BTE 可以较好地描述纳米结构内的非傅里叶导热过程。灰体近似下的声子 BTE 可写作 $v_{\mathrm{g}} \cdot \nabla f = \dfrac{f_0 - f}{\tau}$，其中 v_{g} 是群速度。假设声子群速度的大小不随空间变化，在随体坐标系内用声子运动方向的极角 θ 和圆周角 φ 写出梯度算符的具体表达式，得到径向导热的声子 BTE 为

$$\sin\theta\cos\varphi\,\frac{\partial f}{\partial r^*} - \sin\theta\sin\varphi\,\frac{1}{r^*}\frac{\partial f}{\partial \varphi} = f_0 - f \qquad (3\text{-}54)$$

式中，$r^* = r / v_{\mathrm{g}}\tau$ 为用声子平均自由程无量纲化的径向坐标。

与一维系统中的声子 BTE（$\cos\theta\,\dfrac{\mathrm{d}f}{\mathrm{d}x^*} = f_0 - f$，$x^* = x / v_{\mathrm{g}}\tau$）相比，式 (3-54) 中多出了关于 φ 的导数项，这源自角度关系 $\mathrm{d}\psi + \mathrm{d}\varphi = 0$，如图 3-15(b) 所示。虽然热性质在固定坐标系内只和 r 有关，但在随体坐标系中，$\partial f / \partial \varphi \neq 0$，必须考虑对圆周角的导数。此附关于 φ 的附加项既使径向导热的规律明显不同于一维系统中的导热，又让式 (3-55) 的解析求解变得十分困难，此时数值模拟是更好的解决方案。在不同的数值模拟方法中，声子跟踪蒙特卡罗模拟方法对复杂结构适应性较好、且易于充分考虑不同的散射过程，适合用于径向导热过程。声子跟踪蒙特卡罗方法的具体介绍将在 9.4 节给出。

多维导热过程可能受到多个几何参数的影响。对径向导热，其几何构型由两个独立的参数决定，如图 3-15(a) 中的 r_1 和 r_2。但直接使用内径和外径不利于直观地体现尺寸和形状的影响，因而采用另一种几何参数的组合。仿照一维导热过程的研究，用内外径之差 $L = r_2 - r_1$ 作为径向导热的特征尺寸，并定义克努森数为

$Kn = \dfrac{l_{av}}{r_2 - r_1}$，其中 l_{av} 是声子平均自由程。几何形状则由半径比 $r_{12} = r_1 / r_2$ 来刻画，此参数反映了径向导热和一维导热的差异程度，当 $r_{12} \to 1$ 时，径向导热退化为一维导热。这样定义后，系统尺寸对导热过程的影响可以与一维导热中的情况相类比，并通过 Kn 来反映；而径向导热数值模拟结果中出现的新现象，则主要与系统形状参数 r_{12} 有关。

径向导热中，等效热导率用傅里叶定律下径向总热流和等效热导率的关系来计算，即

$$k_{\mathrm{eff}} = \frac{\ln(r_2 / r_1)}{2\pi} \frac{Q / L_z}{T_{\mathrm{h}} - T_{\mathrm{c}}} \tag{3-55}$$

式中，Q / L_z 为 z 方向单位长度下的径向总热流，由数值模拟得到。

声子跟踪 MC 模拟得到的径向导热等效热导率随声学长度($1/Kn$)的变化如图 3-16 所示，线段表示按式(3-54)的拟合结果。为方便比较，图中也给出了 $r_{12} = 1$ 所对应的一维导热的结果，并使用体材料热导率 k_0 进行了无量纲化。整体来看，径向导热的等效热导率随声学长度的变化表现出和一维导热相同的规律。随着声学长度降低，声子弹道输运增强，等效热导率和体材料热导率的比值 k_{eff} / k_0 从 1 开始逐渐下降，到 $Kn = 100$ 时降低到 0.01 的量级。但是，除了声学长度，半径比 r_{12} 的变化也会显著改变径向导热的等效热导率。$r_{12} = 0.9$ 时，径向导热与一维导热十分接近，等效热导率也基本相当。随着 r_{12} 的降低，相同声学长度对应的 k_{eff} / k_0 值减小，表明弹道效应增强。到 $r_{12} = 0.1$ 时，由于几何形状差别较大，相

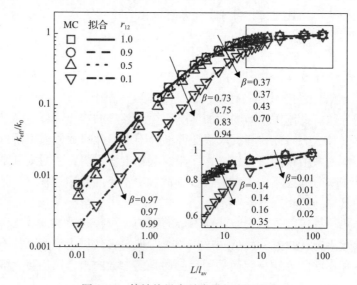

图 3-16   等效热导率随声学长度的变化

同声学长度下径向导热的等效热导率和一维导热的差别已十分明显。在 $r_{12}=1$ 时，等效热导率可由式(3-54)来预估，其中系数 β 与 Kn 有关。采用此公式进行分段拟合的结果如图 3-16 中的实线所示，β 的值随着声学长度的减小而增大，表明声子弹道输运相对扩散输运的强度增强。当 $Kn \leqslant 0.05$（$L/l_{av} \geqslant 20$）时，β 的值十分接近于 0，等效热导率基本上与系统尺寸无关，接近纯扩散导热；$Kn \geqslant 10$（$L/l_{av} \leqslant 0.1$）时，弹道效应较强，等效热导率几乎随系统尺寸线性变化（$\beta=0.97$），接近纯弹道导热。注意到 r_{12} 的变化不影响 k_{eff} 随声学长度变化的定性规律，可将径向导热视作柱坐标系下的"一维导热"，并假设 $k_{eff} \propto L^{\beta}$ 仍然成立，对 $r_{12} \neq 1$ 的结果也进行拟合，以定量分析径向导热中弹道效应的强弱。这样拟合的结果如图 3-16 所示，均与模拟值符合较好，验证了假设的合理性。更重要的是，相同的声学长度区间内，随着 r_{12} 的减小，拟合得到的 β 值增大，再次说明弹道输运的强度增强。

　　为了解释模拟得到的这种等效热导率和 r_{12} 的相关性，对径向导热中声子和边界间的相互作用进行分析。图 3-17 绘制了内外径相等时，改变 r_{12} 的值对径向导热几何结构的影响，实线、长虚线、短虚线分别对应的 r_{12} 值为 0.1、0.5、0.9。（$r_{12}=0.9$ 的结构只画出一部分）。

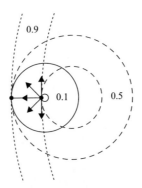

图 3-17　L 相同 r_{12} 不同时所对应的几何结构

　　从图 3-17 中可以清楚地看到，降低 r_{12} 会强化边界约束对声子输运的影响。当 $Kn \ll 1$ 时，声子在被边界吸收前会充分地发生声子间散射，大部分声子都以扩散方式导热，边界约束的影响可以忽略，因而图 3-16 中 $Kn=0.01$ 时 k_{eff}/k_0 的值总是接近于 1。随着声学长度逐渐减小，声子-边界散射所起的作用越来越重要，r_{12} 的减小会使从内侧高温边界发射的声子不经历声子间散射便被外侧低温边界吸收的概率增大，产生更强的弹道效应，结果是图 3-16 中 k_{eff}/k_0 的降低和 β 的增大。此外，图 3-17 还显示了 r_{12} 的降低会减小内部边界的尺寸 r_1，这也会导致更强的弹道效应[33]。在热源尺寸与声子平均自由程相当或更小时，传热过程是非平衡、非局域的，此时携带能量的热声子和周围介质的冷声子散射不充分，会让系统整体导热能力变差，等效热导率降低。在径向导热中，r_{12} 既影响着系统的形状，也和 L 一起决定着系统的尺寸，而纳米结构中，尺寸和形状都会显著地影响导热过程。这种受到两个几何参数影响的特点，体现了径向导热二维导热过程的本质。

在数值模拟的基础上，可以建立径向导热等效热导率的半经验理论模型。对一维温差加热的导热过程，Majumdar[20]在灰体近似下提出了等效热导率模型 $k_{\text{eff}}/k_0 = (1+4/3Kn)^{-1}$。前文已经介绍了多约束纳米结构的等效热导率可以统一写作 $k_{\text{eff}}/k_0 = 1/(1+\alpha Kn)$，参数 α 反映了不同条件下的尺寸效应。因为图 3-17 等效热导率的尺寸效应在相同 Kn 下也会随 r_{12} 的改变而变化，所以径向导热的 α 不为常数，而是与 r_{12} 有关的函数。对等效热导率使用公式 $k_{\text{eff}}/k_0 = 1/(1+\alpha Kn)$ 拟合的结果如图 3-18(a)示，在图 3-16 的基础上增加了更多的 r_{12} 值对应的结果，符号表示声子跟踪蒙特卡罗模拟的结果，曲线表示按 $k_{\text{eff}}/k_0 = 1/(1+\alpha Kn)$ 拟合的结果。拟合曲线与模拟得到的原始数据吻合较好，相关系数均大于 0.999，表明确实可以用此公式来估算等效热导率。拟合得到的 α 的结果如图 3-18(b) 所示，其值几乎与 $1/r_{12}$ 呈线性关系。在图 3-17 中，单位长度的内侧边界能够直接"看到"的外侧边界的长度是 $r_2/r_1 = 1/r_{12}$，随着 $1/r_{12}$ 的增大，更多的声子能够直接被外侧边界吸收而不经历声子间散射，这会加强弹道输运，使得即使在 Kn 相等的条件下，热导率的尺寸效应也会增强，因而 α 的值更大。对图 3-18(b)的结果进行线性拟合，得到 $\alpha = 1.11+0.29/r_{12}$，于是径向导热的等效热导率预测模型为

$$\frac{k_{\text{eff}}}{k_0} = \frac{1}{1+(1.11+0.29/r_{12})Kn} \tag{3-56}$$

式(3-56)在 $r_{12} = 1$ 时与 Majumdar[20]的结果相当。利用参数 α，还可以计算反映声子-边界散射强度的边界约束自由程 $l_{\text{bdy}} = L/\alpha$。当 $Kn = 0.01$ 时，即使 $r_{12} = 0.1$，l_{bdy} 也是 l_{av} 的 25 倍左右，声子间散射的强度远大于声子-边界散射的强度，导热过程近似扩散导热，故而在 Kn 较小时，改变 r_{12} 的值对导热过程的影响较小。

除了基于整个系统的总热流和总温差计算的等效热导率，径向导热中也可用当地热流密度和当地温差计算当地热导率，即

$$k_{\text{local}}(r) = |q(r)/\nabla T(r)| \tag{3-57}$$

利用声子跟踪蒙特卡罗模拟，可以得到 $q(r)$ 和 ∇T，然后计算得到 k_{local}。在不同 Kn 和 r_{12} 下，k_{local} 沿着半径方向的变化规律如图 3-19 所示。径向坐标被无量纲化为 $R_{\log} = \dfrac{\ln(r/r_1)}{\ln(r_2/r_1)}$，这样的好处是傅里叶定律下的温度分布是线性的，消除了沿着半径方向横截面积变化对温度的影响，相应地，k_{local} 值是与 $R_{\log}$ 无关的常

数。在图 3-19 中，如前面的分析，$Kn = 0.01$ 时导热过程接近纯扩散导热，对应的 k_{local} 为常数且和体材料热导率十分接近。但对其他努森数，k_{local} 会随着 R_{log} 发生变化。整体来看，沿着半径方向，k_{local} 的值逐渐增大，但具体的变化规律受到 r_{12} 值的影响较大。对一维非傅里叶导热过程，弹道效应主要体现为边界温度跳跃(第 2 章)和等效热导率的降低(第 3 章)，但在径向导热中，由于导热过程是二维的，声子弹道输运还会产生导致热导率的非均匀性。如果想用式(1-6)这样的傅里叶定律形式的方程来计算径向导热的温度分布，除了考虑边界温度跳跃和等效热导率的尺寸效应，还必须用到随着径向坐标变化的 $k_{local}(r)$。需要明确的是，纳米尺度下的热传导过程是非局域的，使用 $k_{local}(r)$ 这样的局域参数来描述此非局域过程，其合理性值得进一步讨论。

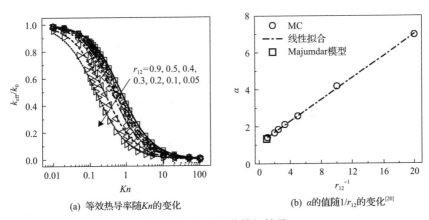

(a) 等效热导率随 Kn 的变化　　　　　(b) α 的值随 $1/r_{12}$ 的变化[20]

图 3-18　径向导热模拟结果

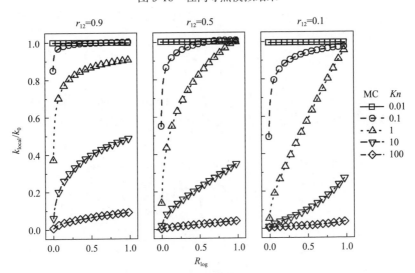

图 3-19　当地热导率沿着径向的变化

3.5　纳米多孔结构的等效热导率

3.5.1　纳米孔结构中声子边界散射的各向异性

研究发现，在半导体薄膜上蚀刻周期性的纳米孔阵列，可以在有效地降低热导率的同时，不显著影响材料的电学性质，从而提高材料的热电优值系数(ZT coefficient)[34-37]。因此，关于周期性纳米孔薄膜中热传导的研究成为学界关注的热点，对发展高效热电转化器件具有十分重要的意义。多孔材料等效热导率的降低首先来源于材料去除的影响。然而，材料去除并不能增强其热电性能，因为材料的电学性质也会等比例地下降。在纳米孔薄膜中，由于结构的特征尺寸与声子平均自由程相当，边界散射将会主导声子输运过程，从而导致其热导率的进一步下降[34]。重要的是，与电子相比，声子对边界散射的影响更为敏感，因此可以利用声子边界散射的作用来实现在不影响电输运性质的条件下调控热导率的目的。

对如图 3-20 所示的二维纳米孔结构，其柱状微观结构意味着其内部热输运过程将会表现出强烈的各向异性效应——法向和面向热导率将表现出显著的差异以及不同的变化规律。这种各向异性效应首先表现在材料去除因子的不同。根据等效介质理论(effective medium theory, EMT)，法向和面向导热对应的材料去除因子分别为[38]

$$H_{\mathrm{cr}} = 1 - \varepsilon \tag{3-58}$$

$$H_{\mathrm{in}} = \frac{1 - \varepsilon}{1 + \varepsilon} \tag{3-59}$$

式中，ε 为孔隙率。在宏观尺度下，当声子边界散射的作用不显著时，图 3-20(a) 中的二维多孔结构的等效热导率可以计算为

$$k_{\mathrm{eff,cr(in)}} = H_{\mathrm{cr(in)}} k_0 \tag{3-60}$$

然而，在纳米多孔结构中，声子自由程与孔间距 $L_{\mathrm{p}} - 2R_{\mathrm{p}}$ 相当，边界散射对声子输运的影响将变得十分显著[39, 40]。此时需要关注边界散射的各向异性。

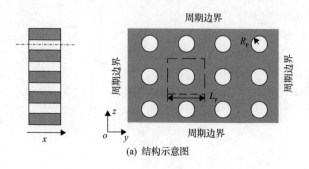

(a) 结构示意图

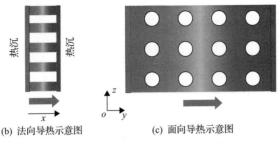

(b) 法向导热示意图　　　　　　　(c) 面向导热示意图

图 3-20　二维纳米孔的导热过程示意图

3.5.2　二维纳米孔结构中声子边界散射的各向异性

对于图 3-20(a) 所示的二维纳米孔结构,并不易直接从玻尔兹曼方程推导得到解析的等效热导率模型。因此,本书使用 Matthiessen 准则来考虑边界散射对等效热导的影响:

$$\frac{1}{l_{Bj}} = \frac{1}{l_{\text{int}\,j}} + \frac{1}{\alpha L_{\text{ch}}} \tag{3-61}$$

式中,L_{ch} 为结构特征长度,对于图 3-20(a) 所示的二维纳米孔结构,特征长度可以设置为孔间距离 $L_p - 2R_p$;α 为形状因子,不同的取值可以用来反映声子边界散射的各向异性;l_{Bj} 同时考虑了背景散射和边界散射的总自由程。本书首先考虑纳米孔边界镜面反射系数等于 0 的情况($P=0$),所以式(3-62)中并没包含镜面反射系数 P。实际上在室温附近,以 Si 为例,主导的声子波长一般在纳米量级,很小的边界粗糙度就会导致几乎完全边界漫散射,所以 $P=0$ 对于室温附近的声子边界散射是一个很好的近似。

在得到总自由程之后,二维纳孔结构的等效热导率可以表示为

$$k_{\text{eff,in(cr)}} = H_{\text{in(cr)}}(\varepsilon) \frac{1}{3} \sum_j \int_0^{\omega_{mj}} \hbar\omega \frac{\partial f_{\text{BE}}}{\partial T} v_{g\omega j} l_{Bj}(\omega) \text{DOS}_j(\omega) \text{d}\omega \tag{3-62}$$

式(3-63)考虑声子的色散关系。本书以 Si 为例,给出声子色散关系及考虑频率依赖性的自由程的常用计算方法。Si 中的热输运过程是由三支声学声子所主导的,同时,计算热导率时可以采用色散关系的各向同性假设[41]。BZBC 模型可以很好地给出 Si[001]晶向的声学声子色散关系[42]:纵向声学声子($j=L$)色散关系可以表示为

$$\omega = v_{0L} k_m k^* + (\omega_L - v_{0L} k_m k^*)^2 \tag{3-63}$$

横向声学声子($j=T$)色散关系可以表示为

$$\omega = v_{0T} k_m k^* + (3\omega_T - 2v_{0T} k_m) k^{*2} + (v_{0T} - 2\omega_T) k^{*3} \tag{3-64}$$

式中,k_m 为布里渊区边界对应的波矢;$k^* = k / k_m$ 为无量纲波矢;布里渊边界处

的横向声学声子的色散关系为 $\omega_{mL} = 570\dfrac{k_B}{\hbar}\,\mathrm{rad/s}$；布里渊边界处的纵向声学声子

的色散关系为 $\omega_{mT} = 210\dfrac{k_B}{\hbar}\,\mathrm{rad/s}$；$v_{0L} = 8480\mathrm{m/s}$；$v_{0T} = 5860\mathrm{m/s}$。此时，考

虑频率依赖的本征自由程表示为

$$\frac{1}{l_{\mathrm{int}\,j}(\omega)} = \frac{1}{v_{g\omega j}\tau_{Ij}(\omega)} + \frac{1}{v_{g\omega j}\tau_{3\mathrm{ph}j}(\omega)} \tag{3-65}$$

式中，τ_{Ij} 和 $\tau_{3\mathrm{ph}j}$ 分别为 j 声子支的杂质散射和三声子散射弛豫时间[43]。Si 的本征弛豫时间已经有了充分的理论及实验研究，可以采用一系列已经被广泛应用的半经验公式很好地进行计算。所以本书不在此赘述，详细参数可以参考文献[44]。

图 3-21 给出了使用两步声子 MC 方法计算的室温下二维纳米孔硅结构的面向及法向等效热导率随孔隙率的变化。表 3-1 给出了 Prasher[42]、Alaie 等[43] 和 Hopkins

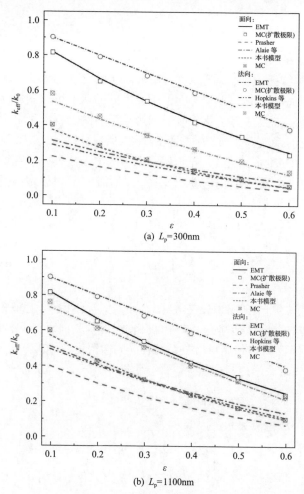

(a) $L_p = 300\mathrm{nm}$

(b) $L_p = 1100\mathrm{nm}$

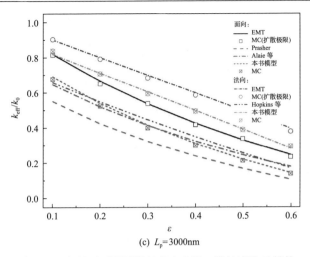

图 3-21　室温下不同周期长度(L_{p})的二维纳米孔硅结构
的面向及法向等效热导率随孔隙率的变化

表 3-1　二维纳米孔硅结构的等效热导率模型

作者	研究对象	考虑边界散射对本征自由程的修正
Prasher[42]	面向导热	$l_{Bj} = \dfrac{l_{\mathrm{int}\,j}}{\dfrac{1+\varepsilon}{1-\varepsilon} + \dfrac{4}{3}\dfrac{l_{\mathrm{int}\,j}}{L_{\mathrm{p}}}\dfrac{1}{F}}$ $F = 1 - 2r_{\mathrm{p}}\bigg/ L_{\mathrm{p}} \left\{ \begin{array}{l} \pi/2 - \arcsin\left[L_{\mathrm{p}}/(2r_{\mathrm{p}})\right] \\ -((2r_{\mathrm{p}}/L_{\mathrm{p}})^2 - 1)^{1/2} - L_{\mathrm{p}}/(2r_{\mathrm{p}}) \end{array} \right\}$
Alaie 等[49]	面向导热	$\dfrac{1}{l_{Bj}} = \dfrac{1}{l_{\mathrm{int}\,j}} + \dfrac{1}{\alpha\sqrt{L_{\mathrm{p}}^2 - \pi R_{\mathrm{p}}^2}}$
Hopkins 等[10]	法向导热	$\dfrac{1}{l_{Bj}} = \dfrac{1}{l_{\mathrm{int}\,j}} + \dfrac{1}{L_{\mathrm{p}} - 2R_{\mathrm{p}}}$

等[44]提出的考虑边界散射后对本征自由程的修正模型，代入式(3-61)就可以得到
等效热导率。对于面向等效热导率，与模拟结果相比，Prasher[42]的模型显著低估
了等效热导率，最大偏差可以达到约 40%；Alaie 等[43]模型的预测结果在孔隙率
小于 0.3 时低于模拟预测值，反之，其预测结果将高于模拟值，最大偏差约为 30%，
这表明 Alaie 等[43]选择的特征长度和形状因子并不合适。对于法向等效热导率，
Hopkins 等[44]模型的预测结果显著低于模拟值，最大偏差达到约 40%，所以 Hopkins
等的形状因子选择并不合理。根据声子 MC 模拟的结果，使用本书模型式(3-61)，
可以分别得到法向和面向导热所对应的形状因子，$\alpha_{\mathrm{cr}} = 2.25$，$\alpha_{\mathrm{in}} = 4.65$。形状
因子的不同反映了二维纳米孔结构中声子边界散射的各向异性。可以发现，面向
导热中的材料去除和边界散射对等效热导率的影响都比法向更强，所以面向等效

热导率也更低。

3.5.3　等效热导率边界粗糙度依赖关系的各向异性

上一小节主要讨论了在室温下具有完全漫反射孔边界条件的情况。本节中，将研究边界镜面反射系数对等效热导率的影响。边界镜面发射系数实际上反映了边界粗糙度对声子输运的影响。在低温下，Si 主导声子波长变长，边界上镜面反射的作用变得显著；此外，对于硅锗合金(SiGe)等导热主导声子波长很长的材料，即使在室温下边界镜面散射也起着重要的作用。如图 3-22(a)所示，随着镜面反射系数 P 的增大，法向等效热导率显著地增加。

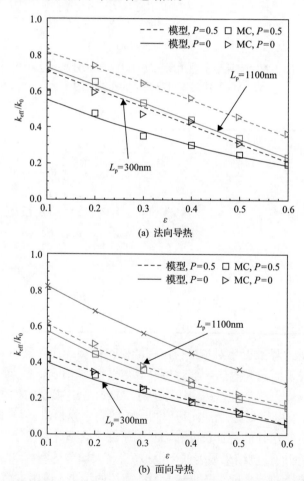

图 3-22　具有不同镜面反射系数 $(P=0,0.5)$ 的二维纳米孔结构等效热导率随孔隙率的变化

此时，二维纳米结构的等效热导率依赖于空隙率，可以很好地使用 EMT 模型来计算——即使周期长度 (L_p) 不同，只要孔隙率相同，等效热导率就相等。相同

的等效热导率镜面反射系数依赖关系其实已经在纳米线中被发现。Ziman[1]类比管内稀薄气体流动理论，提出部分光滑边界的形状因子 α_{wire} 与完全粗糙边界的形状因子间的关系：

$$[\alpha_{\text{wire}}]_P = \frac{1-P}{1+P}[\alpha_{\text{wire}}]_{P=0} \tag{3-66}$$

如图 3-23(a) 和(b) 所示，二维纳米孔结构法向导热与纳米线中的导热过程是十分相似的：边界上的漫反射导致声子输运方向的随机化，使边界附近的热流密度减小；边界上的镜面反射则不会改变声子输运的方向矢量沿温度梯度方向的分量，所以影响不会热流密度。因此，法向二维纳米孔结构应该具有与纳米线相同的镜面反射系数依赖关系：

$$[\alpha_{\text{cr}}]_P = \frac{1-P}{1+P}[\alpha_{\text{cr}}]_{P=0} \tag{3-67}$$

式中，α_{cr} 为二维纳米孔形状的法向导热的形状因子。

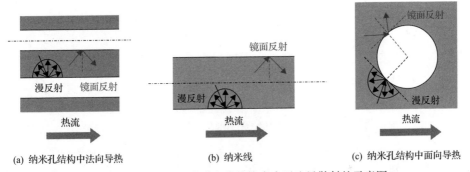

(a) 纳米孔结构中法向导热   (b) 纳米线   (c) 纳米孔结构中面向导热

图 3-23 纳米线及二维纳米孔结构中声子边界散射的示意图

联立式(3-59)、式(3-61)和式(3-63)可以得到考虑了边界镜面反射系数的等效热导率模型。如图 3-22(a) 所示，对于不同的周期长度和边界镜面反射系数，本书模型都可以很好地与声子 MC 模拟得到的法向等效热导值符合，最大偏差仅为10%左右，表明了本书模型的可靠性。

图 3-22(b) 给出了具有不同镜面反射系数的二维纳米孔结构的面向等效热导率随孔隙率的变化。虽然面向等效热导率也随着镜面反射系数的增大而增加，但与法向导热相比增加并不显著。当孔隙率较小时，镜面系数的影响甚至可以被忽略。此外，即使当 $P=1$，声子在边界上完全镜面反射同样会导致等效热导率的降低，这与法向导热有着显著的区别，边界完全镜面反射并不会造成法向等效热导率的降低。如图 3-23(c) 所示，尽管在面向导热中，镜面反射不会使声子输运方向随机化，但它却能改变声子输运的方向矢量沿温度梯度方向的分量，所以完全镜面反射边界也会阻碍声子热输运。为了描述镜面反射系数对面向等效热导率的影

响，本书引入两个拟合参数(B_1和B_2)以改进式(3-66)：

$$[\alpha_{\text{in}}]_P = \frac{1 - B_1 P^{B_2}}{1 + B_1 P^{B_2}}[\alpha_{\text{in}}]_{P=0} \tag{3-68}$$

　　结合式(3-62)和式(3-68)，可以得到能够考虑镜面反射系数影响的二维纳米孔结构的等效热导率模型。根据声子 MC 模拟结果，有 B_1=0.15，B_2=0.2。为了便于比较，表 3-2 总结了二维纳米孔结构面向及法向等效热导率计算所需的相关参数，可以看到二维纳米孔结构的导热具有显著的各向异性。此外，通过上面的研究，发现一个重要的结论：纳米结构等效热导率的边界粗糙度(镜面反射系数)的依赖关系受到结构几何形状的影响。

表 3-2　二维纳米孔结构面向及法向等效热导率计算所需的相关参数

	材料去除因子	特征长度	形状因子	镜面反射率依赖关系
面向	$\dfrac{1-\varepsilon}{1+\varepsilon}$	$L_p - 2R_p$	2.25	$\dfrac{1+0.15P^{0.2}}{1-0.15P^{0.2}}$
法向	$1-\varepsilon$	$L_p - 2R_p$	4.65	$\dfrac{1+P}{1-P}$

3.6　本 章 小 结

　　(1)对于多约束纳米结构，可以使用热阻分解及加和的方法计算等效热导率；基于这一结论，推导了多约束纳米结构等效热导率模型。该模型能够描述多个几何约束对等效热导率的影响，并可以退化为纳米薄膜(包括法向和面向)与有限长度纳米线的等效热导率模型。

　　(2)在热扩展传递中，弹道效应的存在，会使得总热阻显著高于傅里叶定律的预测值。基于玻尔兹曼方程和蒙特卡罗模拟结果的拟合给出了考虑热扩展效应和弹道效应的等效热导率预测模型。

　　(3)讨论了加热方式对等效热导率的影响。从声子玻尔兹曼方程出发，可以推导含有均匀内热源的法向薄膜的等效热导率模型。模型和模拟都发现：对于同一个纳米薄膜，内热源条件下的等效热导率值将显著低于温差条件下的等效热导率值。

　　(4)分析了纳米线径向的弹道-扩散导热过程，发现径向导热的等效热导率受两个参数控制。在努森数相同的情况下，内外径之比越小，等效热导率越低，弹道效应越强。根据声子蒙特卡罗模拟的结果拟合形状因子，建立了径向导热的等效热导率模型。

　　(5)对多孔结构中的弹道扩散导热进行了讨论,发现材料去除及边界散射的各向异性会导致等效热导率显著的各向异性效应,基于 Matthiessen 准则得到了可以反映各向异性及镜面反射系数依赖性的纳米孔结构等效热导率模型。更重要的是,通过对纳米孔结构中导热过程的研究,发现等效热导率对粗糙度(镜面反射系数)的依赖性与几何形状相关。

参 考 文 献

[1] Ziman J. Electrons and Phonons[M]. London: Oxford University Press, 1961.

[2] Lv X, Shen W, Chu J. Size effect on the thermal conductivity of nanowires[J]. Journal of Applied Physics, 2002, 91: 1542-1552.

[3] Mingo N. Calculation of Si nanowire thermal conductivity using complete phonon dispersion relations[J]. Physical Review B, 2003, 68:113308.

[4] de Tomas C, Cantarero A, Lopeandia A F, et al. Thermal conductivity of group-iv semiconductors from a kinetic-collective model[J]. Proceedings of the Royal Society A, 2014, 470: 2169.

[5] de Tomas C, Cantarero A, Lopeandia A, et al. From kinetic to collective behavior in thermal transport on semiconductors and semiconductor nanostructures[J]. Journal of Applied Physics, 2014, 115:164314.

[6] Broido D A, Malorny M, Birner G, et al. Intrinsic lattice thermal conductivity of semiconductors from first principles[J]. Applied Physics Letters, 2007, 91: 231922.

[7] Alvarez F, Jou D. Size and frequency dependence of effective thermal conductivity in nanosystems[J]. Journal of Applied Physics, 2008, 103: 094321.

[8] Sarua A, Ji H, Hilton K P, et al. Thermal boundary resistance between GaN and substrate in AlGaN/GaN electronic devices[J]. IEEE Transactions on Electron Devices, 2007, 54(12): 3152-3158.

[9] Muzychka Y S, Culham J R, Yovanovich M M. Thermal spreading resistance of eccentric heat sources on rectangular flux channels[J]. Journal of Electronic Package, 2003, 125(2): 178-185.

[10] Muzychka Y S, Bagnall K R, Wang E N. Thermal spreading resistance and heat source temperature in compound orthotropic systems with interfacial resistance[J]. IEEE Transactions on Components, Packaging and Manufacturing Technology, 2013, 3(11): 1826-1841.

[11] Gholami A, Bahrami M. Thermal spreading resistance inside anisotropic plates with arbitrarily located hotspots[J]. Journal of Thermophysics and Heat Transfer, 2014, 28(4): 679-686.

[12] Darwish A, Bayba A J, Hung H A. Channel temperature analysis of GaN HEMTs with nonlinear thermal conductivity[J]. IEEE Transactions on Electron Devices, 2015, 62(3): 840-846.

[13] Ziade E, Yang J, Brummer G, et al. Thickness dependent thermal conductivity of gallium nitride[J]. Applied Physics Letters, 2017, 110(3): 031903.

[14] Ma J, Wang X J, Huang B, et al. Effects of point defects and dislocations on spectral phonon transport properties of wurtzite GaN[J]. Journal of Applied Physics, 2013, 114(7): 074311.

[15] Freedman J P, Leach J H, Preble E A, et al. Universal phonon mean free path spectra in crystalline semiconductors at high temperature[J]. Scientific Reports, 2013, 3(1): 2963.

[16] Hua Y C, Li H L, Cao B Y. Thermal spreading resistance in ballistic-diffusive regime for GaN HEMTs[J]. IEEE Transactions on Electron Devices, 2019, 66(8): 3296-3301.

[17] Shen Y, Hua Y C, Li H L, et al. Spectral Thermal Spreading Resistance of Wide-Bandgap Semiconductors in

Ballistic-Diffusive Regime[J]. IEEE Transactions on Electron Devices, 2022, 69(6): 3047-3054.

[18] Hsiao T K, Chang H K, Liou S C, et al. Observation of room-temperature ballistic thermal conduction persisting over 8.3 μm in SiGe nanowires[J]. Nature Nanotechnology, 2013, 8: 534-538.

[19] Liu W, Asheghi M. Phonon-boundary scattering in ultrathin single crystal silicon layers[J]. Applied Physics Letters, 2004, 84: 3819-3821.

[20] Majumdar A. Microscale heat conduction in dielectric thin films[J]. Journal of Heat Transfer, 1993, 115: 7-16.

[21] Li D, Wu Y, Kim P, et al. Thermal conductivity of individual silicon nanowires[J]. Applied Physics Letters, 2003, 83(14): 2934-2936.

[22] Mehta R, Chugh S, Chen Z. Enhanced electrical and thermal conduction in graphene-encapsulated copper nanowires[J]. Nano Letters, 2015, 15(3): 2024-2030.

[23] le Thai M, Chandran G T, Dutta R K, et al. 100k cycles and beyond: Extraordinary cycle stability for MnO2 nanowires imparted by a gel electrolyte[J]. ACS Energy Letters, 2016, 1(1): 57-63.

[24] Li H L, Cao B Y. Radial ballistic-diffusive heat conduction in nanoscale[J]. Nanoscale and Microscale Thermophysical Engineering, 2019, 23(1): 10-24.

[25] Li B W, Wang J. Anomalous Heat Conduction and Anomalous Diffusion in One-Dimensional Systems[J]. Physical Review Letters, 2003, 91(4): 044301.

[26] Alvarez F X, Jou D. Memory and nonlocal effects in heat transport: From diffusive to ballistic regimes[J]. Applied Physics Letters, 2007, 90(8): 083109.

[27] Alvarez F X, Jou D, Sellitto A. Phonon hydrodynamics and phonon-boundary scattering in nanosystems[J]. Journal of Applied Physics, 2009, 105(1): 014317.

[28] Jeong C, Datta S, Lundstrom M. Thermal conductivity of bulk and thin-film silicon: A Landauer approach[J]. Journal of Applied Physics, 2012, 111(9): 093708.

[29] Lepri S, Livi R, Politi A. Thermal conduction in classical low-dimensional lattices[J]. Physics Reports, 2003, 377(1): 1-80.

[30] Sellitto A, Jou D, Bafaluy J. Non-local effects in radial heat transport in silicon thin layers and graphene sheets[J]. Proceedings of the Royal Society A-Mathematical Physical and Engineering Sciences, 2012, 468(2141): 1217-1229.

[31] Wilson R B, Cahill D G. Anisotropic failure of Fourier theory in time-domain thermoreflectance experiments[J]. Nature Communications, 2014, 5: 5075.

[32] Schmidt A J, Chen X, Chen G. Pulse accumulation, radial heat conduction, and anisotropic thermal conductivity in pump-probe transient thermoreflectance[J]. Review of Scientific Instruments, 2008, 79(11): 114902.

[33] Chen G. Nonlocal and Nonequilibrium Heat Conduction in the Vicinity of Nanoparticles[J]. Journal of Heat Transfer, 1996, 118(3): 539-545.

[34] Galli G, Donadio D. Silicon stops heat in its tracks[J]. Nature Nanotechnology, 2010, 5(10): 701-702.

[35] Lee J H, Galli G. Grossman J C. Nanoporous Si as an efficient thermoelectric material[J]. Nano Letter, 2008, 15: 3750-3754.

[36] Lee J, Lim J, Yang P. Ballistic phonon transport in holey silicon[J]. Nano Letter, 2015, 15: 3273-3279.

[37] Liu W, Yan X, Chen G, et al. Recent advances in thermoelectric nanocomposites[J]. Nano Energy, 2012, 1(1): 42-56.

[38] Nan C W, Birringer R, Clarke D R, et al. Effective thermal conductivity of particulate composites with interfacial thermal resistance[J]. Journal of Applied Physics, 1997, 81: 6692-6699.

[39] Hsieh T Y, Lin H, Hsieh T J, et al. Thermal conductivity modeling of periodic porous silicon with aligned cylindrical

pores[J]. Journal of Applied Physics, 2012, 111: 124329.

[40] Romano G, Grossman J C. Toward phonon-boundary engineering in nanoporous materials[J]. Applied Physics Letters, 2014, 105: 033116.

[41] Baillis D, Randrianalisoa J. Prediction of thermal conductivity of nanostructures: Influence of phonon dispersion approximation[J]. International Journal of Heat and Mass Transfer, 2009, 52: 2516-2527.

[42] Prasher R. Transverse thermal conductivity of porous materials made from aligned nano- and microcylindrical pores[J]. Journal of Applied Physics, 2006, 100: 064302.

[43] Alaie S, Goettler D F, Su M, et al. Thermal transport in phononic crystals and the observation of coherent phonon scattering at room temperature[J]. Nature Communications, 2015, 6(1): 7228.

[44] Hopkins P E, Reinke C M, Su M F, et al. Reduction in the thermal conductivity of single crystalline silicon by phononic crystal patterning[J]. Nano Letters, 2011, 11(1): 107-112.

第4章 纳米约束的弹道热阻

约束结构广泛存在于材料内部或物体间的接触处，给导热引入额外的约束热阻。根据约束结构特征尺寸与声子自由程的相对大小，约束热阻可分为扩散约束热阻和弹道约束热阻。对于扩散约束热阻，麦克斯韦公式可给出合理的预测。而对于弹道约束热阻，相应的理论模型仍有待完善。本章 4.1 节简要介绍约束热阻的定义，以及扩散约束热阻和弹道约束热阻的经典模型。4.2 节以单壁碳纳米管为对象，分析搭接碳纳米管间约束热阻随几何参数的变化规律，给出理论模型，并讨论弹道效应的影响。4.3 节以单层石墨烯为对象，展示约束通道几何参数等因素的影响，推导了二维材料弹道热阻模型，证明石墨烯的纳米约束处以弹道导热为主。此外，4.3 节还介绍串、并联热阻网络中弹道热阻所满足的叠加关系，为石墨烯热导率调控提供新的理论依据。

4.1 约 束 热 阻

在纳米尺度下，当材料内部或者两物体间的接触处形成收缩结构时，收缩处会产生额外的热阻，即约束热阻，并且由于弹道效应的影响，约束热阻会主要表现出弹道热阻的特性。如图 4-1 所示，如果将一个热导率为 k 的导热体分为 1、2 两个区域，在其接触界面上只有以 a 为半径的圆孔(面积记为 A_c)是导热的，其他区域绝热。那么，热量仅能从几何收缩的圆孔处通过，载热子输运行为会受到几何形状的约束而引入额外的热阻，该热阻即为约束热阻。

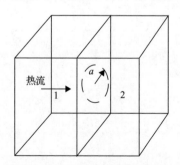

图 4-1 几何约束结构导热示意图

根据几何约束特征尺寸与载热子平均自由程之间的关系，通过几何约束的载热子可以以扩散输运或弹道输运两种方式传递，所产生的约束热阻分别为扩散约束热阻和弹道约束热阻，简称扩散热阻或弹道热阻。

4.1.1　扩散约束热阻

前人已经对固体材料中的三维约束热阻问题进行了大量的理论研究工作，主要涉及两个重要参数，分别是声子平均自由程 l 和几何约束特征尺寸 a。

研究发现，在如图 4-1 所示的约束结构中，当几何约束特征尺寸 a 远大于材料的声子平均自由程 l，即克努森数 $Kn = l/a \ll 1$ 时，宏观输运理论成立，此时可认为微通道内从区域 1 向区域 2 的导热过程为声子的扩散输运过程，局部约束热阻为扩散热阻。

为导出扩散热阻的数学模型，仅考虑图 4-1 所示的区域 1，求解其稳态导热微分方程：

$$\nabla^2 T = 0 \tag{4-1}$$

区域 1 所满足的边界条件[1]如下，并且解析解需要满足 $r = 0$ 处无奇点。

$$
\begin{cases}
T = \text{常数}, & 0 < r < a, z = 0 \\
k\dfrac{\partial T}{\partial z} = 0, & a < r < b, z = 0 \\
k\dfrac{\partial T}{\partial z} \to \dfrac{Q}{\pi b^2}, & z \to \infty \\
k\dfrac{\partial T}{\partial r} = 0, & r = b
\end{cases}
\tag{4-2}
$$

式中，constant 为常数；k 为材料热导率；b 为导热体等效外径。

根据后两个边界条件，可知微分方程解析解需满足如下形式：

$$T = \frac{Q}{k\pi b^2} z + \sum_{n=1}^{\infty} \left\{ C_n \mathrm{e}^{-\alpha_n z} J_0(\alpha_n r) \right\} + C_0 \tag{4-3}$$

式中，J 为第一类贝塞尔函数，根据第四个边界条件可得式中特征值 α_n 同时满足

$$J_1(\alpha_n b) = 0 \tag{4-4}$$

注意到，式 (4-2) 中前两个在 $z = 0$ 处的边界条件为第一类和第二类边界条件构成的混合边界条件，这给数学上的解析求解带来很大的困难，为了解决这一问题，保持其余边界条件不变，考虑将第一个边界条件替换为如下热流边界条件[1]：

$$k\frac{\partial T}{\partial z} = \frac{Q}{2\pi a\sqrt{a^2 - r^2}}, \quad 0 < r < a, z = 0 \tag{4-5}$$

可以证明该热流边界条件基本可满足约束半径 a 区域内温度均匀，此时导热微分方程可解。

利用贝塞尔函数的正交性，综合式 (4-4) 和式 (4-5) 以及如下积分关系：

$$\int_0^a \frac{r J_0(\alpha r)}{\sqrt{a^2 - r^2}} \mathrm{d}r = \frac{\sin(\alpha a)}{\alpha} \tag{4-6}$$

解得

$$C_n \alpha_n \frac{b^2}{2} J_0^2(\alpha_n b) = \frac{Q}{2\pi ka} \frac{\sin(\alpha_n a)}{\alpha_n} \tag{4-7}$$

将式 (4-7) 代回式 (4-3)，可得温度分布解析解：

$$T = C_0 + \frac{Q}{\pi k b^2} z + \frac{Q}{\pi ka} \sum_{n=1}^{\infty} \mathrm{e}^{-\alpha_n z} \frac{\sin(\alpha_n a) J_0(\alpha_n r)}{(\alpha_n b)^2 J_0^2(\alpha_n b)} \tag{4-8}$$

于是当 $z \to \infty$，有

$$T \to \left(C_0 + \frac{Q}{\pi k b^2} z \right) \tag{4-9}$$

该温度场表示不存在几何约束时的导热体内温度分布，这种情况下温度场与径向坐标 r 无关，并且当 $z = 0$，T 的平均值为 C_0。与此同时，再基于式 (4-8) 计算 $z = 0$、$r < a$ 范围内的温度平均值：

$$T_0 = \frac{1}{\pi a^2} \int_0^a (T)_{z=0} 2\pi r \mathrm{d}r = C_0 + \frac{Q}{4ka} \psi\left(\frac{a}{b}\right) \tag{4-10}$$

式中

$$\psi\left(\frac{a}{b}\right) = \frac{8}{\pi} \left(\frac{b}{a}\right) \sum_{n=1}^{\infty} \frac{\sin(\alpha_n a) J_1(\alpha_n a)}{(\alpha_n b)^3 J_0^2(\alpha_n b)} \tag{4-11}$$

当 $\frac{a}{b} \to 0$ 时 $\psi(0) \to 1$[1]。通过对比式 (4-9) 和式 (4-10)，即可得到由于几何约束的存在，而在半径为 a 的约束范围内引入的额外温差：

$$\Delta T_{\mathrm{a}} = \frac{Q}{2ka} \psi\left(\frac{a}{b}\right) \tag{4-12}$$

基于上式即可定义扩散热阻 $R_{d3D} = \dfrac{\Delta T_a}{Q} = \dfrac{1}{2ka}\psi\left(\dfrac{a}{b}\right)$，通常情况下几何约束区域远小于导热体截面积，即 $\dfrac{a}{b} \to 0$，此时可得扩散热阻的常见形式(Maxwell 公式)[1,2]：

$$R_{d3D} = \frac{1}{2ka} \tag{4-13}$$

4.1.2 弹道约束热阻

当几何约束半径 a 远小于声子平均自由程 l，即 $Kn = l/a \gg 1$ 时，微通道内的导热过程为声子的弹道输运过程，局部约束热阻为弹道热阻，式(4-13)将不再适用。能量在穿过尺寸远小于声子平均自由程的导热通道时会受到很大阻力。假定声子群速度与声子频率无关(灰体近似)，对通过几何约束的声子在空间进行积分，即可得到图 4-1 中声子从区域 1 发射并通过约束结构到达区域 2 的热流表达式[2]：

$$Q_1 = \frac{A_c}{2\pi}\left[\sum_3 \int_0^{\omega_m}\int_0^{2\pi}\int_0^{\pi/2} \frac{\hbar\omega}{\exp\left(\dfrac{\hbar\omega}{k_B T_1}\right)-1} D(\omega)v_g(\omega)p(\omega,\theta)\sin\theta d\theta d\varphi d\omega\right] = \frac{A_c U(T_1) v_g}{4} \tag{4-14}$$

式中，A_c 为约束通道导热面积；ω 为声子频率；$\hbar$ 为约化普朗克常数；$D(\omega)$ 为声子态密度；T_1 为区域 1 内约束结构附近的温度；$1/[\exp(\hbar\omega/k_B T_1)-1]$ 为平衡态声子的分布函数，即玻色-爱因斯坦分布函数；$v_g(\omega)$ 为声子群速度；$p(\omega,\theta)=\cos\theta$ 为声子散射率；θ 为声子运动方向的极角；φ 为声子运动方向的圆周角；$U(T_1)$ 为 T_1 温度下单位体积内的声子内能。

与式(4-14)同理，可得声子从区域 2 发射并通过约束结构到达区域 1 的热流表达式：

$$Q_2 = \frac{A_c}{2\pi}\left[\sum_3 \int_0^{\omega_m}\int_0^{2\pi}\int_0^{\pi/2} \frac{\hbar\omega}{\exp\left(\dfrac{\hbar\omega}{k_B T_2}\right)-1} D(\omega)v_g(\omega)p(\omega,\theta)\sin\theta d\theta d\varphi d\omega\right] = \frac{A_c U(T_2) v_g}{4} \tag{4-15}$$

因此通过几何约束结构的净热流为

$$Q = Q_1 - Q_2 = \frac{A_c v_g}{4}\left[U(T_1) - U(T_2)\right] \tag{4-16}$$

由于区域 1 和区域 2 的材料相同，当接触界面两侧的温差较小时，可认为两侧区域比热容 C_V 相等，因此[2]

$$Q = \frac{A_c v_g C_V}{4}(T_1 - T_2) = \frac{A_c v_g C_V}{4}\Delta T \tag{4-17}$$

于是根据热阻的定义，得到弹道热阻的计算式：

$$R_b = \frac{\Delta T}{Q} = \frac{4}{A_c v_g C_V} \tag{4-18}$$

对比式(4-13)和式(4-18)可以看出，扩散热阻与弹道热阻体现的热量传递机理不同，揭示的变化规律也不同。扩散热阻与几何收缩半径成反比，而弹道热阻则与几何收缩面积成反比。

对于三维导热情况，热导率满足

$$k_{3D} = \frac{1}{3} C_V v_g l \tag{4-19}$$

此时弹道热阻可进一步表示为

$$R_{b3D} = \frac{4}{A_c v_g C_V} = \frac{4l}{3kA_c} \tag{4-20}$$

而对于碳纳米管等一维材料导热，其热导率为

$$k_{1D} = C_V v_g l \tag{4-21}$$

此时弹道热阻可表示为

$$R_{b1D} = \frac{4}{A_c v_g C_V} = \frac{4l}{kA_c} \tag{4-22}$$

4.2 搭接碳纳米管间的界面热阻

当两物体的接触处形成纳米尺寸收缩结构时，接触处会产生约束热阻，并且由于弹道效应的影响，该约束热阻将主要表现出弹道热阻的特性。本节以单壁碳纳米管为例，讨论搭接碳纳米管间的热量传递行为及弹道效应的影响。

本节主要分析单壁碳纳米管间的导热过程。基于上一节中的讨论，管间热阻

可定义为[3]

$$R_c = \frac{\Delta T}{Q} \tag{4-23}$$

式中，ΔT 为管间的温度降；Q 为管间的热流量。

4.2.1　搭接碳纳米管间热阻的变化规律

以图 4-2 所示系统为例，研究单壁碳纳米管间稳态导热，T_c 为冷端温度，T_h 为热端温度。系统由互成角度间隔排列的三根单壁碳纳米管组成，取碳纳米管的径向方向为 y 方向，设定沿 y 方向的第一根碳纳米管和第三根碳纳米管分别为冷端和热端。管间夹角、管间距和管长均为可调参数。管间夹角定义为相邻碳纳米管管轴的夹角，假设两组相邻碳纳米管的夹角相同。管间距定义为相邻碳纳米管管壁之间的最小距离。

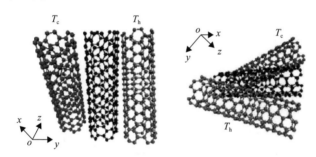

图 4-2　搭接单壁碳纳米管系统

研究表明，碳纳米管间热阻会随着管间夹角 θ、初始管间距 D 及管长 L 改变。图 4-3 所示为管长 2.5nm 的单壁碳纳米管间热阻随管间夹角和初始管间距的变化[4]。从图中可以看到，管间热阻在 $10^9 \sim 10^{11}$ K/W 量级[4-7]。

图 4-3(a) 所示为三组初始管间距设定（$D = 0.5\sigma$，$D = 0.75\sigma$，$D = 1.0\sigma$，σ 为范德瓦耳斯直径）的碳纳米管间热阻随管间夹角的变化。在 $0 \sim 90°$ 范围内管间热阻随夹角的增加而增大。管间夹角为 90°时的管间热阻约是 0°时管间热阻的四至五倍。此外，管间热阻随着初始管间距的增加而增大，图 4-3(b) 中给出的结果更清晰地显示了初始管间距对管间热阻的影响。如前所述，对于不同的初始管间距设定，稳态系统中接触处的实际管间距均接近范德瓦耳斯直径，不过由于固定边界条件的作用，边界处仍然保持初始设定的管间距。因此管间作用(LJ 势能描述的范德瓦耳斯力)会随初始管间距的增加而减小。此外，较小的初始管间距会使碳纳米管在接触处发生更明显的变形，碳纳米管在此处会更加扁平，从而增大了管间的相互作用面积进而减小管间热阻。

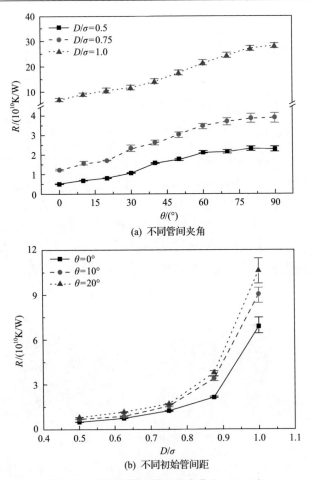

(a) 不同管间夹角

(b) 不同初始管间距

图 4-3　碳纳米管间热阻的变化（L=2.5nm）

从图 4-3（b）还可以看到，当初始管间距接近范德瓦耳斯直径时，管间热阻急剧增大。初始管间距为 σ 时的管间热阻比间距为 0.5σ 时至少大一个数量级，而管间距从 0.5σ 增加到 0.75σ 时管间热阻仅增大不到一倍。Ghosh 等[6]在对平行排列的单壁碳纳米管管间热阻的模拟中也发现了相似的规律，即管间热阻随管间距的增加而增大，而在管间距约为 0.2nm 时管间热阻发生显著增加（其模拟中范德瓦耳斯直径的设定值为 0.228nm）。

管间热阻随管长的变化如图 4-4 所示[4]。图中给出了管间夹角为 20°，四组初始管间距设定（$D=0.5\sigma$，$D=0.75\sigma$，$D=1.0\sigma$，$D=1.125\sigma$）的碳纳米管间热阻随管长的变化。

从图中可以看到，对于四组初始管间距设定，管间热阻均随管长的增加而减小，并收敛于定值[4-6]，在插入图中更清晰地显示了 $D=0.5\sigma$ 和 $D=0.75\sigma$ 时管间热阻随管长的上述变化规律。一般可以认为，管间热阻的降低是由于碳纳米管长度的增加使得低频声子模式增多，从而导致了管间耦合增强。

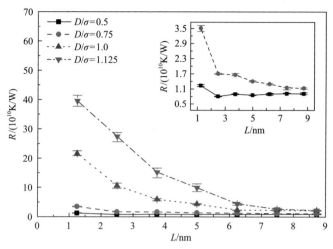

图 4-4　碳纳米管间热阻随管长的变化（$\theta = 20°$）

综合以上研究结果，降低管间夹角及初始管间距，增加管长(收敛值之前)会明显减小碳纳米管管间热阻。明确碳纳米管管间热阻的影响因素和变化规律对改善搭接碳纳米管体系整体导热性能有重要的意义。下面将基于热阻理论模型分析碳纳米管管间导热的机理，更进一步探讨管间导热的规律。

4.2.2　管间热阻理论模型

在成角度的碳纳米管间，声子仅能通过接触处进行传输，即在碳纳米管间的接触处形成了纳米尺度的几何收缩，接触面积即是几何收缩的面积。由于热流仅能在几何收缩处通过，基于存在几何收缩结构的导热过程理论分析可以得到，在几何收缩处会产生温度降，即存在约束热阻。

前人已经对固体材料之间的约束热阻[8-11]做了大量的研究。当收缩半径 a 远大于材料的声子平均自由程 l，即克努森数 $Kn = l/a \ll 1$ 时，宏观输运理论成立，约束热阻为扩散热阻[8]，其表达式符合式(4-13)。

对于各向同性材料，式(4-13)中使用的体材料热导率 k 没有疑义。而对于一维材料，如本书研究的单壁碳纳米管，式(4-13)中使用的热导率的含义需要通过进一步分析几何收缩处的传热过程来确定。如前文所述，单根碳纳米管内横向导热的热阻很小，即碳纳米管具有典型的准一维结构特性，因此在传热分析中可将碳纳米管看作线结构。在通过几何收缩的传热过程中，热流仅能在几何收缩处通过，从而在接触点处形成对温度较低的碳纳米管的加热。考虑到碳纳米管的准一维结构特性，温度较低的碳纳米管中的传热过程为含内热源的轴向导热。因此，对于一维材料，式(4-13)中使用的热导率是轴向热导率 k。

当 $Kn = l/a \gg 1$ 时，声子处于弹道输运阶段，此时约束热阻为弹道热阻。对于三维材料，弹道热阻表达式[9]即为式(4-20)。

而对于一维材料，将 $k = C_V v_g l$ 代入式(4-20)可得

$$R_{b1D} = \frac{4l}{kA_c} \tag{4-24}$$

式中，k 为一维材料的轴向热导率。

除了 $Kn = l/a \gg 1$ 和 $Kn = l/a \ll 1$ 的约束热阻表达式，前人还给出了一维材料约束热阻的一般表达式[10,11]：

$$R_c = R_{d1D} + R_{b1D} = \frac{1}{2ak} + \frac{4l}{kA_c} = \frac{1}{2ak}\left(1 + \frac{8}{\pi}Kn\right) \tag{4-25}$$

式中，R_{d1D} 为一维扩散热阻。

不过约束热阻的理论模型是基于具有相同晶相结构的同种材料之间的几何收缩建立的。对于碳纳米管间接触形成的几何收缩，两根碳纳米管在接触处为弱的化学结合，互成角度的碳纳米管间也存在由晶格结构不匹配引起的晶格振动性质差异，因此声子在穿过碳纳米管间的接触界面时会在界面处发生散射，进而引入了界面热阻[12]。因而碳纳米管间热阻应包括约束热阻和界面热阻两部分，即总的管间热阻的表达式为

$$R_{tot} = R_c + R_i = \frac{1}{2ak}\left(1 + \frac{8}{\pi}Kn\right) + R_i \tag{4-26}$$

式中，R_i 为界面热阻。

基于管间热阻的上述理论模型，首先要确定接触处形成的几何收缩面积，即接触面积。目前碳纳米管间的接触面积如何定义还没有确定的结论。Xie 等[13]取两根管的直径的乘积为相互交叉的两根管的接触面积。Sadeghi 等[14]将管长与管直径的乘积定义为平行排列的碳纳米管的接触面积。不过，本书在计算中发现碳纳米管的结构发生了变形，因此上述的定义方法不能准确反映实际的接触情况。Pettes 等[5]以单位面积平行石墨烯片之间的范德瓦耳斯能为归一化单位，通过计算碳纳米管间的范德瓦耳斯能求得接触面积。这种方法不受接触处材料形状的影响，并且能更准确地体现管间的相互作用，因此本书采用该定义方法。

图 4-5(a)所示为管长为 2.5nm，初始管间距为范德瓦耳斯直径 σ 的碳纳米管间几何收缩面积随管间夹角的变化[4]。从图中可以看到，几何收缩面积随管间夹角的增加而减小，结合式(4-26)即可解释前面得到的管间热阻与管间夹角的关系。

图 4-5(b) 所示为管间夹角为 20°，初始管间距为 σ 的碳纳米管间几何收缩面积随管长的变化[4]。结果表明，几何收缩面积随着管长的增加而增大，并收敛于定值。结合式 (4-26) 即可解释前面得到的管间热阻随管长的变化规律。

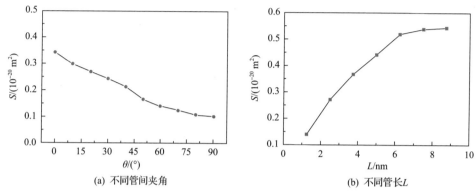

(a) 不同管间夹角　　　　　　　　(b) 不同管长 L

图 4-5　碳纳米管间几何收缩面积的变化

为了核实得到的几何收缩面积随管长的变化规律，下面简单地讨论成角度的碳纳米管间的投影面积与管长的关系。

由于管间相互作用会随着管间投影面积的增加而增强，所以书中方法定义的几何收缩面积与投影面积成正比关系。基于简单的几何分析可以得到，对于成角度的两根碳纳米管，存在特征长度 $d/\tan(\theta/2)$（d 为碳纳米管直径，θ 为管间夹角），当管长小于此长度时投影面积随管长的增加而增大，当管长大于此长度时面积不变。这即从侧面验证了图 4-5(b) 给出的几何收缩面积随长度的变化规律。

4.2.3　碳纳米管间的弹道热阻

在管间热阻的理论模型中，扩散热阻及弹道热阻分别是管间热量扩散输运及弹道输运的体现。在本节的讨论中，单壁碳纳米管几何收缩半径均为 10^{-10}m 量级，远小于 (5,5) 单壁碳纳米管的声子平均自由程，因此 $Kn \gg 1$，弹道热阻远大于扩散热阻，总热阻可写为

$$R_{\text{tot}} = R_{\text{c}} + R_{\text{i}} = R_{\text{b1D}} + R_{\text{i}} = \frac{4l}{kA_{\text{c}}} + R_{\text{i}} \tag{4-27}$$

即管间导热以弹道输运为主导。

现有研究已经了验证上述分析，图 4-6(a) 给出了管长为 2.5nm，初始管间距为 σ，不同管间夹角的碳纳米管间热阻与几何收缩面积的倒数的关系；图 4-6(b) 给出了管间夹角为 20°，初始管间距为 σ，不同长度的碳纳米管间热阻与几何收

缩面积的倒数的关系[4]。从图中可以看到，两组管间热阻均与几何收缩面积的倒数近似呈线性关系。

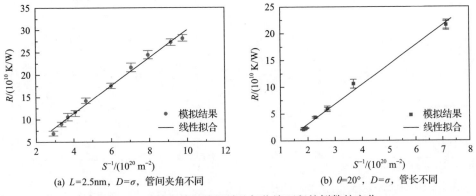

(a) $L=2.5\mathrm{nm}$，$D=\sigma$，管间夹角不同　　　　　(b) $\theta=20°$，$D=\sigma$，管长不同

图 4-6　碳纳米管间热阻随几何收缩面积的倒数的变化

根据式(4-13)和式(4-22)，扩散热阻与几何收缩面积的 0.5 次方近似成反比关系，而弹道热阻与几何收缩面积成反比关系，图 4-7 也给出了扩散热阻、弹道热阻、界面热阻及模拟研究得到的管间总热阻的定量对比[4]，进一步确定了管间热阻的性质，表明弹道热阻在管间热阻中占主导。其中扩散热阻和弹道热阻分别为根据式(4-1)和式(4-24)得到的理论值，总热阻为管长 $L=2.5$ nm，初始管间距 $D=\sigma$，不同管间夹角的分子动力学模拟结果，界面热阻则根据式(4-25)由总热阻减去扩散热阻和弹道热阻得到。这一方面表明在成角度的碳纳米管间，约束热阻是管间热阻的主要部分，界面热阻的贡献较小，也说明碳纳米管管间热量主要通过声子弹道输运传递。

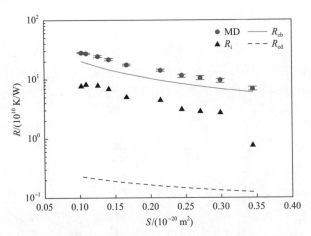

图 4-7　弹道热阻、扩散热阻、界面热阻及分子动力学模拟
得到的管间总热阻的对比（$L=2.5$ nm，$D=\sigma$）

4.3　石墨烯纳米约束的弹道热阻

　　上一节讨论了搭接碳纳米管间的约束热阻,本节将以单层石墨烯为研究对象,详细讨论多种因素对单层石墨烯内部弹道热阻的影响,以及串、并联网络中的弹道热阻特性。

　　图 4-8 为单层石墨烯中几何约束的四种基本形式。图 4-8(a) 表示只含有一个几何约束结构的最简单的情况,系统中的“约束区”由两条线型空位缺陷和一条纳米尺度的导热通道构成。热流在经过约束区时,导热通道的突然收缩使热流线被限制在更窄的范围内,从而人为地引入了对导热过程的几何约束。本节中约束通道宽度 w 的变化范围是 0.65~8.42nm,比石墨烯声子平均自由程小两到三个数量级。图 4-8(b) 给出的是约束区两侧纳米带角度可调节的几何约束系统,顶角的变化范围是 0~180°,当 φ=180°时,图 4-8(b) 退化为图 4.8(a) 所示的简单系统。进一步地,利用简单系统可构造出热阻网络的两个基本组成单元,分别是如图 4-8(c) 所示的并联热阻系统和图 4-8(d) 所示的串联热阻系统。图 4-8(d) 中两处约束之间的横向间距 w_1 和纵向间距 w_w 均可调节。

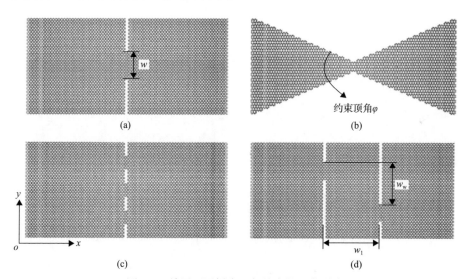

图 4-8　单层石墨烯中几何约束的基本形式

　　需要说明的是,石墨烯的德拜温度很高(约 1000K)[15-18],如果采用分子动力学模拟方法研究低温条件下石墨烯约束热阻的温度特性,需要引入量子修正[19]。具体方法是,根据气体动理论和模型,假设模拟温度为 T_{MD} 的总动能等于量子温度 T_q 下声子总能量的 1/2,即

$$\frac{3}{2}Nk_{\mathrm{B}}T_{\mathrm{MD}} = \frac{1}{2}\int_{0}^{k_{\mathrm{B}}T_{\mathrm{D}}/\hbar}\hbar\omega D(\omega)n(\omega,T_{\mathrm{q}})\mathrm{d}\omega \tag{4-28}$$

由此得到德拜模型下修正热阻 R_{q} 和模拟得到的热阻 R_{MD} 的关系：

$$\frac{R_{\mathrm{q}}}{R_{\mathrm{MD}}} = \frac{\partial T_{\mathrm{q}}}{\partial T_{\mathrm{MD}}} \tag{4-29}$$

式中，声子态密度为 $D(\omega)=3\omega^2 V/\left(2\pi^2 v_{\mathrm{g}}{}^3\right)$；$n(\omega,T_{\mathrm{q}})$ 为声子玻色-爱因斯坦分布函数；积分上限 T_{D} 为德拜温度，取决于最高声子频率 $\omega_{\mathrm{m}}=v_{\mathrm{g}}\left(6\pi^2 N/V\right)^{1/3}$。声子最高频率可以根据声子群速度的计算式 $1/v_{\mathrm{g}}{}^3=(1/v_{\mathrm{l}}{}^3+1/v_{\mathrm{t}}{}^3+1/v_{\mathrm{z}}{}^3)/3$ 以及横向、纵向和法向声子的群速度 v_{l}=21.04km/s，v_{t}=14.9km/s，v_{z}=2.5km/s[20]计算得到，将计算结果代入德拜温度的计算式 $T_{\mathrm{D}}=\hbar\omega_{\mathrm{m}}/k_{\mathrm{B}}$ 得到 $T_{\mathrm{D}}=1035\,\mathrm{K}$，这一数值与前人研究[15-18]给出的计算结果相近，再代入式(4-28)和式(4-29)最终得到图4-9所示的量子修正系数 $\partial T_{\mathrm{q}}/\partial T_{\mathrm{MD}}$ 与模拟温度的关系。

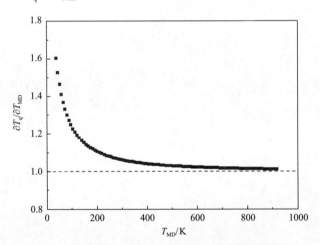

图4-9　分子动力学模拟弹道热阻的量子修正系数

从图 4-9 可以看出，随着温度的升高，修正参数迅速减小。在高温段逐渐收敛至 1。因此在温度低于 1000K 时，如果采用分子动力学方法研究热阻的温度特性，需要对模拟结果进行量子修正。

4.3.1　石墨烯中弹道热阻的特性

本节将详细讨论系统热流、约束通道宽度、约束通道顶角、温度等因素对单层石墨烯中弹道热阻的影响。

图 4-10(a) 所示为几何约束石墨烯系统的典型温度分布[19]，显然系统截面尺寸的突变引入了一个额外的约束热阻，接下来将重点关注该约束热阻的特性。类似上一节中搭接碳纳米管间约束热阻的定义，单层石墨烯约束区的热阻可通过式 (4-30) 计算[21]：

$$R_{c2D} = \frac{\Delta T}{Q} \tag{4-30}$$

式中，R_{c2D} 为约束热阻；ΔT 为约束区的温度降(如图 4-10(a) 所示)；Q 为通过约束区的热流量。

图 4-10(b) 所示为分别施加热流 Q 为 0.21μW、0.28μW、0.35μW、0.42μW 时，石墨烯系统的温度分布[19]。从图中可以看出，在约束区以外的区域，变截面系统的导热过程与等截面系统类似，温度分布的趋势不随热流强度的增大发生变化，表明局部几何约束的引入不会影响其他区域的热输运性质以及材料的本征热导率。在约束区，如图 4-10(b) 中插图所示，同一系统约束区域的温度跳跃 ΔT 随热流的增加线性增大，表明纳米尺度约束结构引入的热阻与导热条件或热流强度无关。此外需要说明的是，图中所施加的热流均远小于激发机械振动导热机制的临界热流值，因而系统中不存在机械波，热量的传递完全通过晶格振动实现。

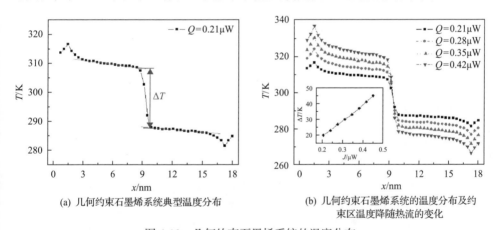

(a) 几何约束石墨烯系统典型温度分布　　(b) 几何约束石墨烯系统的温度分布及约
　　　　　　　　　　　　　　　　　　　　束区温度降随热流的变化

图 4-10　几何约束石墨烯系统的温度分布

接下来讨论约束区域两侧的几何形状对弹道热阻的影响。图 4-11 所示为约束区两侧顶角为 38.2°、60°、81.7°、120° 及 180° 的变截面石墨烯系统(形如图 4-8(a))的温度分布。当顶角等于 60° 和 180° 时，约束区两侧石墨烯边界为扶手椅型边界；当顶角等于 120° 时，边界类型为锯齿型。变截面石墨烯弹道热阻与顶角的关系如图 4-11 插图所示，插图中直线表示五组结果的平均值。

从图 4-11 中可以看出，系统顶角 φ 越大，温度分布的线性段越平稳，线性段温度梯度越小，这是因为在相同热流下，石墨烯纳米带的宽度越宽，其热流密度必然越小。但是从中间约束段的温度跳跃以及插图中弹道热阻随顶角的变化关系均可以看出，对于约束宽度等其他参数均相同的系统，弹道热阻几乎不随纳米带顶角的变化而变化，这一现象间接证明，弹道热阻是局部特性，只与经过约束区域的声子有关，因此不受约束区以外系统形状的影响，弹道热阻的这一特性在一定程度上降低了对加工精度的要求，为推广应用提供了便利。

将顶角设置为180°，改变约束通道的宽度，可得如图4-12所示的弹道热阻与约束通道宽度的关系，图中横坐标 w 表示约束通道宽度。从该图中可以看出，弹道热阻表现出不同于常规体材料热阻的尺度相关性。宽度越小即约束通道越窄，几何约束强度越大，弹道热阻越大，更特别的是，由纳米尺度几何约束形成的弹道热阻最大可达几百开尔文每微瓦，并且随着约束通道宽度的增大，弹道热阻从 $4.12×10^8$K/W 降低到 $3.00×10^7$K/W，两者基本符合倒数关系。

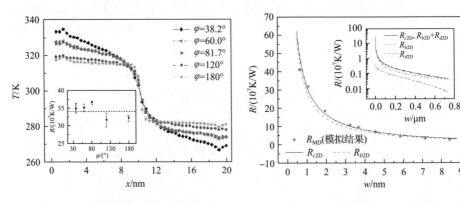

图4-11　石墨烯弹道热阻随约束区　　　图4-12　石墨烯弹道热阻随约束
　　　　两侧顶角的变化　　　　　　　　　　　通道宽度的变化

最后讨论石墨烯中弹道热阻的温度特性。对于含有一个宽度为7.13nm矩形约束的单层石墨烯系统，可得到如图4-13中黑色点所示的约束热阻随温度的变化关系[19]。从图中可以发现，随着系统温度由100K增加到900K，约束热阻单调减小，这是由于在高温下，更多高频模式的声子被激发，穿过约束通道的声子数增加，因此石墨烯导热能力增强，约束热阻减小。

图4-13中的曲线为二维弹道热阻理论模型[19]的预测结果，式中的比热容也是非常重要的热物性之一，采用德拜模型进行计算：

$$C_V(T) = \frac{1}{V}\int_0^\infty \hbar\omega D(\omega)\frac{\partial\langle n(\omega, T)\rangle}{\partial T}\mathrm{d}\omega \tag{4-31}$$

从图4-13中的曲线可以看出，理论模型与模拟结果符合较好，一方面说明了该模型可以准确预测石墨烯约束热阻，同时也互证了石墨烯中纳米量级约束所产生的约束热阻主要为弹道热阻，针对这一问题，下文中还将给出详细的介绍。

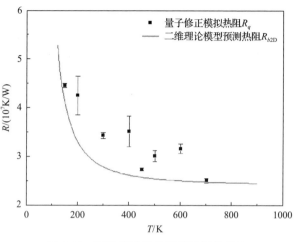

图 4-13　石墨烯弹道热阻随温度的变化

4.3.2　二维弹道热阻理论模型

前人已经对三维扩散热阻和弹道热阻理论模型进行了大量的研究，但是由于石墨烯中的约束具有特殊的二维特性，三维模型并不适用。为了定量描述上述几何约束在石墨中形成的约束热阻，本节将推导二维弹道热阻理论模型[19]，并结合二维扩散热阻理论模型，对石墨烯中约束热阻的热阻特性以及微观输运机制进行系统的分析。

首先，类比三维约束通道的弹道输运热流公式，在二维空间积分声子能量流，得到经过二维约束通道的热流：

$$Q = \frac{2A_c}{\pi} \int_0^\infty \int_0^{\pi/2} \frac{\hbar\omega}{\exp\left(\dfrac{\hbar\omega}{k_B T}\right) - 1} D(\omega) v_g(\omega) p(\theta) \,\mathrm{d}\theta \,\mathrm{d}\omega \tag{4-32}$$

忽略声子的瑞利散射，声子散射率 $p(\omega, \theta) = \cos\theta$。另外，假设声子群速度与声子频率及声子模式无关，式(4-32)可简化为

$$Q = \frac{2wh v_g U}{\pi} \tag{4-33}$$

式中，内能 $U = C_V T$。可以看出，系统热流正比于温差和约束通道导热面积。然后进一步简化，得到二维弹道热阻理论模型：

$$R_{b2D} = \frac{\Delta T}{Q} = \frac{\pi}{2whC_V v_g} \tag{4-34}$$

式中，$h=0.335\text{nm}$ 为单层石墨烯厚度[22]。

从式(4-34)可以看出，理论预测的弹道热阻与系统热流等导热条件无关，与约束以外的系统结构无关，同时式中比热受温度影响显著，约束热阻与约束宽度成反比例关系，可见，该模型可以很好地定性描述 4.3.1 节中所给出的结论。

另外，此前 Veziroglu 和 Chandra[23]提出了二维扩散热阻模型：

$$R_{d2D} = \frac{2}{\pi k h} \ln \left[\left(\sin \frac{\pi w}{2 l_y} \right)^{-1} \right] \tag{4-35}$$

式中，热导率为 $k=128.40\text{W}/(\text{m·K})$。

以上是两种极端情况下的约束热阻理论模型，约束热阻的一般表达式为[24,25]：

$$R_{c2D} = R_{b2D} + R_{d2D} \tag{4-36}$$

式(4-36)与描述电子运动的玻尔兹曼方程的解有很好的一致性。

对于经典分子动力学模拟，在没有考虑量子修正时，杜隆-珀蒂定律给出了高温下比热计算式：$C_V = 3Nk_B / V$，其中 N 和 V 分别为系统的总原子数和系统体积。结合式(4-34)~式(4-36)可以得到图 4-12 中所示的总热阻 R_{c2D} 及二维弹道热阻 R_{b2D} 的预测结果。

从图 4-12 中可以看出，弹道热阻与总热阻相差不大，并且均与模拟研究的结果[19]符合得很好。表明在本节中，由于单个约束通道尺寸范围为 0.65~8.42nm，远小于石墨烯声子平均自由程，因此约束区域的导热主要为弹道导热，在该模拟系统中产生的扩散热阻可以忽略。

另外，图 4-12 插图中给出了根据式(4-36)计算得到的宽度为 1μm、热导率为 3082W/(m·K)的体材料石墨烯片的总约束热阻随约束宽度的变化关系。从图中可以看出，即使在体材料石墨烯中，当约束尺寸接近或小于声子平均自由程时，弹道热阻仍然比扩散热阻大一到两个数量级，因此在微纳尺度的单约束系统中，忽略扩散热阻，采用弹道热阻模型预测总约束热阻是合理的，下文中不再特意区分总约束热阻和弹道约束热阻的概念。另外，图 4-13 中曲线为考虑量子修正后该理论模型的预测结果，可见该模型与模拟结果符合得很好，表明二维弹道热阻理论模型对热阻的温度特性也有很好的预测效果。

4.3.3　弹道热阻网络

对单一约束热阻的热阻特性、微观输运机制以及理论模型进行系统研究之后，本节将继续关注工程实际中更常见的、更具应用意义的热阻网络中的约束热阻特性，即约束热阻在热阻网络中遵循的叠加规律。图 4-8(c) 和 (d) 分别展示了热阻网络简化出的两个最基本的组成单元，根据约束之间的排列方式，分别将其称为并联约束热阻网络和串联约束热阻网络。

　　并联约束热阻网络是指，系统中同时存在多处约束，且多处约束沿垂直于热流方向随机分布的热阻网络，系统结构如图 4-8(c) 所示。图 4-14 为总弹道热阻与约束通道数量之间的关系[19]。

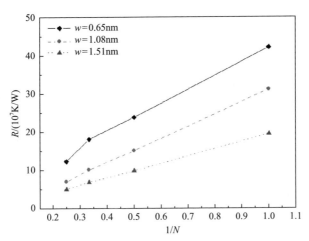

图 4-14　石墨烯并联热阻网络中总弹道热阻随并联约束通道数量的变化

　　从图 4-14 中可以看出，对于约束宽度均相等的并联网络，其总弹道热阻与约束通道总数的倒数成正比，说明垂直于热流方向上的多处热阻之间符合并联关系。对于不同宽度的约束并联排列的系统，研究结果表明，总弹道热阻仅与约束通道总宽度成反比，不受分布情况影响[19]，因此可将式 (4-34) 进一步改写为

$$R_{b2D} = \frac{\pi}{2hv_g C_V \sum\limits_{i=1}^{N} w_i} \tag{4-37}$$

式中，w_i 为第 i 个约束的宽度。

　　串联约束热阻网络是指，系统中同时存在多处约束，且多处约束沿热流方向随机排列的热阻网络。本节仅讨论最简单的串联热阻网络，即串联系统中仅包含两处约束，且两处约束的宽度 w 相等，该体系结构示意图如图 4-8(d) 所示，图中两处约束之间沿长度方向的横向间距 w_l 和沿宽度方向的叉排间距 w_w 均可调节，图 4-15 所示为石墨烯串联热阻网络中无量纲串联热阻随横向间距 w_l、纵向间距 w_w 及约束通道宽度 w 的变化关系。

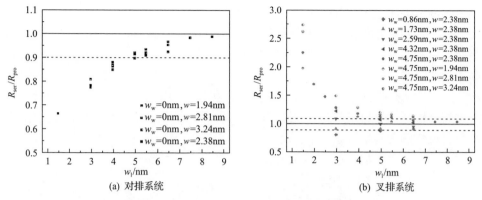

图 4-15　石墨烯串联热阻网络中，无量纲串联热阻随横向间距 w_l、
纵向间距 w_w 以及约束通道宽度 w 的变化关系

在图 4-15 中，纵坐标中 R_{pro} 表示系统中只有一处约束存在时，该约束产生的弹道热阻，即串联前的弹道热阻；R_{ser} 表示当系统中有两处约束串联排列时，其中任一约束所产生的弹道热阻，即串联后的弹道热阻。需要特别注意的是，R_{pro} 和 R_{ser} 均为一处约束通道所引入的热阻，因此采用无量纲化方法，以 R_{pro} 为特征值，R_{ser}/R_{pro} 的大小可以反映弹道热阻之间的串联叠加效应。

图 4-15 中实线表示 $R_{ser}/R_{pro}=1.0$，即串联前后弹道热阻不变；当数据点落在 $R_{ser}/R_{pro}=0.9$ 和 $R_{ser}/R_{pro}=1.1$ 两条线之间时，表示在串联前后，弹道热阻的变化范围在 10%以内，串联排列产生的影响较小。对于由扩散输运声子主导的一般导热问题，串联叠加后的总热阻与叠加前的热阻之间符合简单的线性叠加关系。但从图 4-15 中可以发现，当约束通道特征尺度降低到纳米量级，串联网络中的弹道热阻之间表现出复杂的非线性叠加关系。

具体地，根据两处约束之间的叉排距离，将串联网络进一步细分为叉排间距 $w_w=0$ 的对排串联网络和 $w_w>0$ 的叉排串联网络。

从图 4-15(a)可以看出，在对排系统中，无量纲热阻 R_{ser}/R_{pro} 只与横向间距 w_l 有关，几乎不受约束宽度 w 的影响；并且 R_{ser}/R_{pro} 始终小于 1，说明对排叠加后的弹道热阻始终小于叠加前，尤其当横向间距小于 5nm 时，R_{ser}/R_{pro} 显著小于 1，说明在对排系统中，约束之间的叠加作用使弹道热阻显著减小，但随着横向间距的逐渐增大，无量纲热阻 R_{ser}/R_{pro} 逐渐趋近于 1，表明约束之间的相互影响逐渐减小直到消失。

从图 4-15(b)可以看出，在叉排系统中，除了横向间距 w_l 之外，叉排间距 w_w 也是影响弹道热阻的重要参数。当叉排间距小于 2nm 时，弹道热阻随横向间距的变化规律与对排系统完全相同，串联后的弹道热阻小于串联之前，并且随着横向间距的增加，串联的叠加效应逐渐减弱直至消失。当叉排距离增加后，无量纲热阻呈现出增大的趋势，并且最终在数值上大于 1，也就是说，随着叉排程度的增大，串联后的总热阻逐渐增大，直至大于串联前热阻。说明叉排间距较大的叉排串联形式对通过约束区域的声子输运行为起到了进一步的阻碍作用。但是同样地，随着横向间距的增加，两处约束之间的相互影响逐渐减小直至最终无量纲热阻趋近于 1，即影响消失。除此之外，约束宽度的变化也会对无量纲热阻产生影响。

综合上文的分析可以得知，串联热阻网络中的弹道热阻是由约束通道本身的参数，例如约束通道宽度、温度以及热阻之间的排列方式、横向间距、纵向间距等因素共同决定，所以串联系统中的弹道热阻在一定程度上会偏离式(4-34)的预测。参照图 4-15 中的虚线可以看出，当横向间距 $w_l>5$nm 时，串联前后热阻的差值在 10%范围以内，在工程实际中可以忽略；但当横向间距较小，即 $w_l<5$nm 时，串联排列的叠加效应可以显著地降低或增加弹道热阻，利用这一特性可以更加有效地调节石墨烯材料的热导率。

接下来将进一步探讨热阻网络中非线性叠加效应的微观机理。图 4-16 所示为单约束系统的热流矢量图[19]。

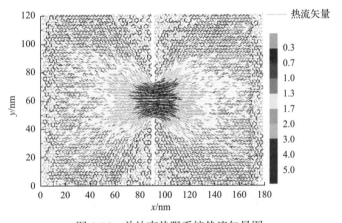

图 4-16 单约束热阻系统热流矢量图

图 4-16 中颜色深浅表示无量纲热流 q_i/q_{total} 的大小，即局部热流密度占总热流密度的比重。从图中给出的物理图像可以直观地看出，约束系统的导热过程显著受到几何形状的约束，经过约束通道的声子及距离约束通道较近的声子是该系统导热过程的主要载热子，而远离约束通道区域的声子热流密度较小，这些区域的声子对导热的贡献几乎可以忽略，这种局部晶格振动对导热失去贡献的现象被称为声子局域化现象[26,27]。

图 4-17 为对排串联约束系统的热流矢量图[19]。从图中可以看出，对于两处约束对排串联的系统，两处约束之间的大部分声子被局域化，其余的声子径直穿过两处约束通道相对的区域，而很少甚至不与其他区域的声子发生散射，也就是以

弹道输运的方式传递能量，同时声子的传播方向平行于热流方向，声子的透射角接近零度。因此，相对于单约束系统中的几何约束，对排串联方式降低了约束通道对热流的约束力，即减小了弹道热阻。并且对比图 4-17(a) 和 (b) 可以发现，两处约束的横向间距越小，声子局域化现象越显著，对排串联方式对弹道热阻的影响越显著，因此弹道热阻越小。

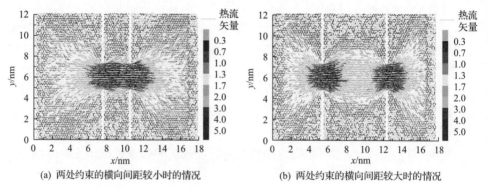

(a) 两处约束的横向间距较小时的情况　　　　　　(b) 两处约束的横向间距较大时的情况

图 4-17　对排串联弹道热阻网络热流矢量图

　　图 4-18 为叉排串联约束系统的热流矢量图[19]。与对排不同的是，由于热流道的改变，声子局域化程度显著降低，更多的声子参与到导热过程，并伴随产生更多的散射过程。同时，随着纵向间距的增大，声子的透射角逐渐增大，甚至可以接近 90°，从而进一步增强了约束通道对热流的约束力，因此弹道热阻增大。最后对比图 4-18(a) 和 (b) 可以发现，两处热阻的横向间距越大，声子局域化越显著，叉排串联方式对弹道热阻的影响越弱，因此弹道热阻越小。

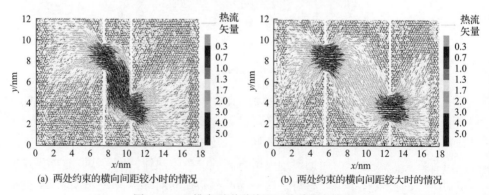

(a) 两处约束的横向间距较小时的情况　　　　　　(b) 两处约束的横向间距较大时的情况

图 4-18　叉排串联弹道热阻网络热流矢量图

　　综上所述，通过合理利用约束通道宽度、约束通道数量及排列方式这三个重要参数，可以显著改变热阻网络中的弹道热阻的大小，在工程中容易实现石墨烯乃至其他二维材料在较大范围内的热导率调控，为石墨烯在热电材料等领域的应用提供了更多的可能。

4.4　本 章 小 结

引入了约束热阻的概念，并根据声子通过几何约束的运动方式将约束热阻分为扩散热阻和弹道热阻两种类型。在此基础上，以单壁碳纳米管为研究对象，分析了搭接碳纳米管间的约束热阻随管长、初始管间距、管间夹角等因素的变化规律，推导了管间约束热阻的理论模型，并讨论了弹道效应的影响。

以单层石墨烯为研究对象，介绍了单层石墨烯中几何约束的基本结构，详细讨论了约束通道几何参数、系统热流与温度等因素对弹道热阻的影响，总结了石墨烯中弹道热阻的特性，推导了二维材料弹道热阻理论模型，证明了在石墨烯中声子通过纳米尺度约束通道时的导热以弹道导热为主。

本章进一步研究了弹道热阻在热阻网络中的表现，分析了串、并联热阻网络中弹道热阻所满足的叠加关系，为合理利用弹道热阻网络，进一步扩大石墨烯热导率的调控范围提供了理论依据。

参 考 文 献

[1] Cooper M G, Mikic B B, Yovanovich M M. Thermal contact conductance[J]. International Journal of Heat & Mass Transfer, 1969, 12: 279-300.

[2] Prasher R. Predicting the thermal resistance of nanosized Constrictions[J]. Nano Letters, 2005, 5: 2155-2159.

[3] Tzou D Y. A unified field approach for heat conduction from macro-to micro-scales[J]. Journal of Heat Transfer, 1995, 117: 8-16.

[4] 胡帼杰. 能量的非纯扩散传递现象研究[D]. 北京：清华大学, 2014.

[5] Pettes M T, Jo I, Yao Z, et al. Influence of polymeric residue on the thermal conductivity of suspended bilayer graphene[J]. Nano Letters, 2011, 1: 1195-1200.

[6] Ghosh S, Bao W, Nika D L, et al. Dimensional crossover of thermal transport in few-layer graphene[J]. Nature Materials, 2010, 9: 555-558.

[7] Cai W, Moore A L, Zhu Y, et al. Thermal transport in suspended and supported monolayer graphene grown by chemical vapor deposition[J]. Nano Letters, 2010, 10: 1645-1651.

[8] Dimitrakakis G K, Tylianakis E, Froudakis G E. Pillared graphene: A new 3-D network nanostructure for enhanced hydrogen storage[J]. Nano Letters, 2008, 8(10): 3166-3170.

[9] Huang X, Yin Z, Wu S, et al. Graphene-based materials: Synthesis, characterization, properties, and applications[J]. Small, 2011, 7: 1876-1902.

[10] Gupta S S, Siva V M, Krishnan S, et al. Thermal conductivity enhancement of nanofluids containing graphene nanosheets[J]. Journal of Applied Physics, 2011, 110: 084302.

[11] Yan J, Wei T, Shao B, et al. Preparation of a graphene nanosheet/polyaniline composite with high specific capacitance[J]. Carbon, 2010, 48: 487-493.

[12] Shen B, Zhang P. Notable physical anomalies manifested in non-Fourier heat conduction under the dual-phase-lag

mode[J]. International Journal of Heat and Mass Transfer, 2008, 51: 1713-1727.

[13] Xie H, Chen L, Yu W, et al. Temperature dependent thermal conductivity of a free-standing graphene nanoribbon[J]. Applied Physics Letters, 2013, 102: 666-1979.

[14] Sadeghi M M, Jo I, Shi L. Phonon-interface scattering in multilayer graphene on an amorphous support[J]. Proceedings of the National Academy of Sciences of the United States of America, 2013, 110: 16321-16326.

[15] Tohei T, Kuwabara A, Oba F, et al. Debye temperature and stiffness of carbon and boron nitride polymorphs from first principles calculations[J]. Physical Review B, 2006, 73: 064304.

[16] Falkovsky L A. Unusual field and temperature dependence of the Hall effect in graphene[J]. Physical Review B, 2006, 75: 03340.

[17] Yang N, Zhang G, Li B. Thermal rectification in asymmetric graphene ribbons[J]. Applied Physics Letters, 2009, 95: 033107.

[18] Cocemasov A I, Nika D L, Balandin A A. Engineering of the thermodynamic properties of bilayer graphene by atomic plane rotations: The role of the out-of-plane phonons[J]. Nanoscale, 2015, 7: 12851-12859.

[19] 姚文俊. 石墨烯中非傅里叶导热的分子动力学研究[D]. 北京：清华大学, 2017.

[20] 叶振强, 曹炳阳, 过增元. 石墨烯的声子热学性质研究[J]. 物理学报, 2014(63)：154704.

[21] Swartz E T, Pohl R O. Thermal boundary resistance[J]. Review of Modern Physics, 1989, 61: 605-668.

[22] Hu J, Ruan X, Chen Y P. Thermal conductivity and thermal rectification in graphene nanoribbons: A molecular dynamics study[J]. Nano letters, 2009, 9: 2730-2735.

[23] Veziroglu T N, Chandra S. Thermal conductance of two-dimensional constrictions[J]. Thermal Design Principles of Spacecraft & Entry Bodies, 1969: 591-615.

[24] Nikolic B, Allen P B. Electron transport through a circular constriction[J]. Physical Review B, 1998, 60: 3963-3969.

[25] de Jong M J. Transition from Sharvin to Drude resistance in high-mobility wires[J]. Physical Review B Condensed Matter, 1994, 49: 7778-7781.

[26] Wang Y, Qiu B, Ruan X. Edge effect on thermal transport in graphene nanoribbons: A phonon localization mechanism beyond edge roughness scattering[J]. Applied Physics Letters, 2012, 101: 013101.

[27] Wang Y, Vallabhaneni A, Hu J, et al. Phonon lateral confinement enables thermal rectification in asymmetric single-material nanostructures[J]. Nano Letters, 2014, 14: 592-596.

第5章 弹道热波

超快导热过程普遍存在于超短脉冲激光加工和高频电子器件的测量应用等领域中,其导热特征时间与声子弛豫时间相当,热量以波动形式传递,即热波现象,此时傅里叶定律描述失效。针对此非傅里叶导热,需要建立宏观热波模型,研究热波传递过程的基本规律,同时借助热输运理论揭示热波的物理机制。本章首先介绍三种经典的宏观热波模型,进而基于经典 CV 模型讨论热波传递过程的波动行为及矢量特性。基于声子蒙特卡罗模拟,系统讨论热波传递过程的物理图像与基本规律。研究表明,超快导热过程中的热波源于声子的弹道输运,弹道热波传递过程中的温度和热流分布主要取决于边界声子发射条件,CV 模型只能描述边界声子定向发射时的弹道热波;考虑脉冲的有限长度,弹道热波传递过程中的能量均方位移时间关系会表现出超弹道特征。

5.1 傅里叶导热定律的缺陷与热波模型

5.1.1 傅里叶导热定律的缺陷

傅里叶导热定律是宏观导热的基本定律:

$$q = -k\nabla T \tag{5-1}$$

式中,k 为材料的热导率,是基本物性,与材料属性和温度相关。联立傅里叶导热定律和能量守恒方程,可以得到关于温度的导热微分方程:

$$\nabla^2 T = \frac{\rho C_V}{k} \frac{\partial T}{\partial t} \tag{5-2}$$

该方程是一个扩散方程,属于抛物型方程,意味着系统中任意位置的温度扰动会即时影响到无穷远处,即傅里叶导热定律中含有热扰动传播速度无穷大的假设,该假设是非物理的。在宏观时空尺度下,非物理假设带来的影响很小,可以忽略;在纳米尺度和超快时间尺度下,非物理假设将带来显著影响,比如基于傅里叶定律的导热方程在预测超快导热过程时失效,此时热量以波动的方式传递,称之为热波。在经典声子理论框架下,存在两种可能的热波机制,分别为弹道输运主导的弹道热波和声子正态散射过程主导的第二声现象。本章重点讨论弹道输运在瞬态导热过程中占主导的弹道热波。

5.1.2 CV 热波模型

为了解决傅里叶定律预测热扰动传递速度无穷大的问题，Cattaneo 和 Vernotte 各自独立地提出了包含热流对时间导数项的模型[1,2]，称之为 CV 热波模型：

$$q + \tau_{CV} \frac{\partial q}{\partial t} = -k\nabla T \tag{5-3}$$

式中，τ_{CV} 为模型弛豫时间。该方程表明热流密度变化滞后于温度梯度的变化，热流密度和温度梯度不再是简单的线性关系。结合能量守恒方程可以得到温度的波动方程（以一维情形为例）：

$$\frac{\partial^2 T}{\partial t^2} + \frac{1}{\tau_{CV}} \frac{\partial T}{\partial t} = \frac{k}{\tau_{CV}\rho C_V} \frac{\partial^2 T}{\partial x^2} \tag{5-4}$$

式(5-4)预测了热扰动以 $\sqrt{k/\tau_{CV}\rho C_V}$ 的有限速度进行传递。该方程在数学上解决了热扰动传递无穷大的问题，同时预言了新的热传递现象——热量的波动传递。模型弛豫时间 τ_{CV} 很小，因此只有在极短时间的瞬态导热过程中才会出现不同于傅里叶定律预测的新现象。然而，由于该修正过于简单，方程本身存在缺陷，会出现比如负温度和熵产悖论等违背热力学定律的结果。

5.1.3 双相弛豫模型

为进一步改进 CV 热波模型，建立在数学修正基础上的 Jeffery 模型、单相迟滞模型和双相迟滞模型相继被提出。其中，Jeffery 模型[3]可以视为 CV 模型和傅里叶定律的结合：

$$q + \tau_J \frac{\partial q}{\partial t} + \kappa_T \nabla T + \kappa_F \tau_J \frac{\partial}{\partial t}(\nabla T) = 0 \tag{5-5}$$

式中，τ_J 为模型弛豫时间；κ_F 为傅里叶热传导部分的热导率矢量；κ_T 为总的热导率矢量。

单相迟滞模型[4]直观表达了热流密度对温度梯度的迟滞效应：

$$q(t + \tau_s) = -\kappa_s \nabla T(t) \tag{5-6}$$

式中，τ_s 为模型弛豫时间；κ_s 为模型热导率矢量。该模型进行泰勒展开并取一级近似可以得到 CV 模型，因此 CV 模型通常被认为可以由单相迟滞模型概括，但两者在数学描述和热力学性质方面也存在不同。双相迟滞模型[4]认为热流和温度梯度对时间的迟滞响应是相互独立的，在单相迟滞模型基础上增加了温度梯度对热流的迟滞项：

$$q\left(r,t+\tau_{\mathrm{q}}\right)=-\kappa_{\mathrm{d}}\nabla T\left(r,t+\tau_{\mathrm{T}}\right) \tag{5-7}$$

式中，τ_{q} 和 τ_{T} 分别为热流和温度梯度的弛豫时间；κ_{d} 为模型热导率矢量。当 $\tau_{\mathrm{T}}=0$ 时，DPL 模型退化为 CV 模型，当 $\tau_{\mathrm{q}}=\tau_{\mathrm{R}}$ 且 $\tau_{\mathrm{T}}=9\tau_{\mathrm{N}}/5$ 时，DPL 模型即转化为 Guyer 等求解线性化玻尔兹曼方程得到的 Guyer-Krumhansl 水动力学模型，简称 GK 模型[5,6]：

$$\tau_{\mathrm{R}}\frac{\partial q}{\partial t}+q=-\kappa\nabla T+\frac{\tau_{\mathrm{R}}\tau_{\mathrm{N}}v_{\mathrm{g}}}{5}\left(\nabla^{2}q+2\nabla\nabla\cdot q\right) \tag{5-8}$$

式中，τ_{N} 和 τ_{R} 分别为声子正态散射和倒逆散射的特征时间；κ 为热导率矢量；v_{g} 为声子的群速度。

此外，还有通过拓展热弹性模型考虑热位移的三相迟滞模型。上述修正模型都通过加入热流时间导数项或时间迟滞项来表达热流的惯性。由于相关弛豫时间数值极小，模型所预测的非傅里叶现象应该发生在超快导热过程中。如上文所述，超快时间尺度和微纳米空间尺度总是相互关联的，因此，时间上的热流惯性应该和空间上的非局域特性同时考虑。以双相迟滞模型为例，考虑非局域特性则发展为[7]

$$q\left(r+L_{\mathrm{q}},t+\tau_{\mathrm{q}}\right)=-\kappa_{\mathrm{d}}\nabla T\left(r+L_{\mathrm{T}},t+\tau_{\mathrm{T}}\right) \tag{5-9}$$

式中，L_{q} 和 L_{T} 分别为热流密度和温度梯度非局域化程度。

5.1.4　普适导热定律

无论是通过增加时间迟滞项来表达热流惯性，还是通过增加空间迟滞项以表达空间非局域化，物理意义上的阐释总是落后于或基于数学修正。过增元等[8,9] 从热的本质出发，基于爱因斯坦质能关系提出了"热质"的概念，将导热过程视为有质量的热质流体的输运过程，并通过建立热质运动方程得到系统的导热模型，即普适导热定律：

$$q+\tau_{\mathrm{TM}}\frac{\partial q}{\partial t}-\tau_{\mathrm{TM}}\frac{q}{t}\frac{\partial T}{\partial t}+\tau_{\mathrm{TM}}\frac{q}{\rho C_{\mathrm{V}}T}\nabla\cdot q-\tau_{\mathrm{TM}}\frac{q}{\rho C_{\mathrm{V}}T}\frac{q}{t}\cdot\nabla T=-\kappa\nabla T \tag{5-10}$$

式中，τ_{TM} 为特征时间，定义为 $k/2\gamma\rho C_{\mathrm{V}}^{2}T$，这里 γ 是格留艾森常数。

由普适导热定律可以看出，在热质惯性可以忽略的条件下，式(5-10)退化为傅里叶导热定律，但在热扰动特征时间与弛豫时间相近的有限时间尺度下，热质惯性不能忽略，导热过程不再符合傅里叶导热定律，热量将以波动形式传递，即出现瞬态非傅里叶导热现象——热波现象。在常规导热情形下，上述模型都可以退化到傅里叶定律。

5.2　热波的典型波动行为

5.2.1　热波的反射与折射

　　非傅里叶导热模型预测了热量传递的诸多有趣性质,其中最引人注目的便是热量的波动特性。傅里叶导热定律描绘了热流与温度梯度的线性关系,热量只能从高温区域传递到低温区域,而不能反向传递,这是经典传热学的基本推论。但是,热量的波动性表明,热流的变化需要时间,而热流的传递方向并不完全由温度梯度方向所决定,还会受到历史效应的影响[3]。这种热流传递的历史效应也被称为热量的惯性[10]。热量惯性的存在使得热传导方程从抛物线型的扩散方程转变为了双曲型的波动方程。CV 模型就是最典型的波动方程,CV 方程与能量守恒方程的联立,会得出电报方程,即式(5-4)。该方程指出,热流在介质中的传递过程类似于电磁波在空间中的传递和耗散过程。更进一步,热量在传递过程也会产生反射、折射、衍射和干涉等现象。界面间的热量传递是传热换热领域的热点问题。热量传递的波动特性会使得热脉冲在界面处产生反射与折射现象[11]。

　　1. 行进波模型与热波能量

　　本节将建立热脉冲在界面处反射与折射现象的行进波理论模型。若不考虑热量在传递过程中的耗散,可以使用行进波方程描述热流在空间中的传递行为:

$$q = A\exp(\mathrm{i}\omega t - \mathrm{i}\boldsymbol{k} \cdot \boldsymbol{r}) \tag{5-11}$$

式中, A 为脉冲幅值; ω 和 $\boldsymbol{k}$ 分别为热波的频率和波矢; $\boldsymbol{r}$ 为位置矢量。介质中传递的热波(入射热波)在界面处会产生反射热波与折射热波,其空间分布如图 5-1 所示。

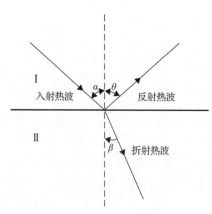

图 5-1　入射热波、反射热波和折射热波的空间分布关系示意图

定义入射热流、反射热流和折射热流分别为

$$q_i = A_i \exp(i\omega t - i\boldsymbol{k}_1 \cdot \boldsymbol{r}) \tag{5-12}$$

$$q_r = A_r \exp(i\omega t - i\boldsymbol{k}_1 \cdot \boldsymbol{r}) \tag{5-13}$$

$$q_t = A_t \exp(i\omega t - i\boldsymbol{k}_2 \cdot \boldsymbol{r}) \tag{5-14}$$

同时定义热波能量密度 I_{heat}：

$$I_{heat} = \frac{q}{v} \tag{5-15}$$

式中，v 为热波的传递速度：

$$v = \sqrt{\alpha / \tau} \tag{5-16}$$

随着热波在介质中的传递，介质中的温度也会发生波动。温度 T 的变化可以分为 3 部分[13]：

$$T = T_{ini} + \Delta T_{diff} + \Delta T_{wave} \tag{5-17}$$

式中，T_{ini} 为环境的初始温度；ΔT_{diff} 为由于扩散导热产生的温度变化；ΔT_{wave} 表示由于热量的波动传递特性而产生的温度变化：

$$\Delta T_{wave} = \frac{q}{\rho C_V v} \tag{5-18}$$

实际上，波动温度变化量 ΔT_{wave} 与热波能量密度 I_{heat} 存在如下关系：

$$I_{heat} = \rho C_V \Delta T_{wave} \tag{5-19}$$

定义空间中的热波能量 E_{wave}：

$$E_{wave} = \int_L \rho C_V \Delta T_{wave} dx = \int_L I_{heat} dx = \int_L \frac{q}{v} dx \tag{5-20}$$

热波能量代表着介质中随着热波的传递而传递的能量总量。热波能量对于研究热波在界面处的行为具有重要意义。

从研究中可以发现，界面热阻会影响穿过界面的能量大小，但是对于热波反射和折射的基本行为规律影响不大。故在本节的研究中，界面热阻被忽略，而热波在界面处的行为定性描述是研究的重点。在不考虑界面热阻的情况下，两种介质界面处的边界条件可以表示为

$$\begin{cases} T\mid_{x\to x-} = T\mid_{x\to x+} \\ q\mid_{x\to x-} = q\mid_{x\to x+} \end{cases} \tag{5-21}$$

将式(5-12)~式(5-14)代入边界条件式(5-21)中，得到

$$\frac{q_{\mathrm{i}}}{(\rho C_{\mathrm{V}})_1 v_1} + \frac{q_{\mathrm{r}}}{(\rho C_{\mathrm{V}})_1 v_1} = \frac{q_{\mathrm{t}}}{(\rho C_{\mathrm{V}})_2 v_2} \tag{5-22}$$

$$q_{\mathrm{i}} \cos\alpha - q_{\mathrm{r}} \cos\theta = q_{\mathrm{t}} \cos\beta \tag{5-23}$$

$$q_{\mathrm{i}} \sin\alpha + q_{\mathrm{r}} \sin\theta = q_{\mathrm{t}} \sin\beta \tag{5-24}$$

求解上述方程，可以得到如下结果：

$$\alpha = \theta \tag{5-25}$$

$$\frac{\sin\beta}{\sin\alpha} = \frac{v_2}{v_1} \tag{5-26}$$

$$\frac{q_{\mathrm{t}}}{q_{\mathrm{i}}} = \frac{2(\rho C_{\mathrm{V}})_2 v_2 \cos\theta}{(\rho C_{\mathrm{V}})_2 v_2 \cos\beta + (\rho C_{\mathrm{V}})_1 v_1 \cos\theta} \tag{5-27}$$

$$\frac{\Delta T_{\mathrm{t,wave}}}{\Delta T_{\mathrm{i,wave}}} = \frac{2(\rho C_{\mathrm{V}})_1 v_1 \cos\theta}{(\rho C_{\mathrm{V}})_2 v_2 \cos\beta + (\rho C_{\mathrm{V}})_1 v_1 \cos\theta} \tag{5-28}$$

在分析中发现，热波在两种介质中的波速之比是一个很重要的物理量，将其定义为材料速率比，表示热波透射介质中的波速与热波入射介质中的波速比值：

$$m = v_2 / v_1 = \sqrt{(\alpha_2 \tau_1) / (\alpha_1 \tau_2)} \tag{5-29}$$

热波能量透射比描述穿过界面继续传递的热波能量与入射热波能量的比值。这一物理量代表了瞬态导热过程中界面的能量传递效率：

$$r = \frac{E_{\mathrm{t}}}{E_{\mathrm{i}}} = \int_{L_2} \frac{q_{\mathrm{t}}}{v_2} \mathrm{d}x \Big/ \int_{L_1} \frac{q_{\mathrm{i}}}{v_1} \mathrm{d}x = \frac{2(\rho C_{\mathrm{V}})_2 v_2 \cos\theta}{(\rho C_{\mathrm{V}})_2 v_2 \cos\beta + (\rho C_{\mathrm{V}})_1 v_1 \cos\theta} \tag{5-30}$$

通过上述方程，可以将热波的反射与折射定律表述如下。

(1)热波在经过界面时会发生反射与折射现象，入射热波会分裂为反射热波和折射热波，遵循不同的传递规则继续传递。

(2)反射热波的反射角等于入射热波的入射角，折射热波的折射角正弦值与入射热波入射角正弦值之比总是等于材料速率比。

(3)界面处的热波能量透射比与材料的介质速率比、入射角度和材料的热容等因素有关。

2. 正入射热波的反射与折射行为

当热波以 90°的入射角垂直入射时，产生正入射现象。在正入射时，热波的传递方向并不发生变化，反射热波与折射热波在同一条直线上。为了方便表述，将界面两侧材料中热波波速较慢的介质称为热密介质，热波波速较快的介质称为热疏介质。材料的热扩散率与弛豫时间都会影响热波波速。

在热波的传递过程中，热波能量不断被耗散，对热波能量在空间上的统计结果体现了界面效应和耗散效应的综合影响。为了能够表现界面效应，利用热波的波动性质，将热波能量进行空间(G_{space})-时间(G_{time})转换，即利用空间上某一点热波能量密度在时间上的积分来统计空间上分布的热波能量：

$$G_{\text{time}} = \int_T \frac{A\exp(\mathrm{i}\omega t - \mathrm{i}kx)}{c}\mathrm{d}t = \frac{\omega}{k}\int_L \frac{A\exp(\mathrm{i}\omega t - \mathrm{i}kx)}{c}\mathrm{d}x = \frac{\omega}{k}G_{\text{space}} \qquad (5\text{-}31)$$

热波能量透射比方程给出了界面处热波能量转换的理论模型：

$$r = \frac{E_{\text{t}}}{E_{\text{i}}} = \frac{2(\rho C_V)_2 v_2}{(\rho C_V)_2 v_2 + (\rho C_V)_1 v_1} \qquad (5\text{-}32)$$

从上式中可以观察得到，透射(折射)热波的热波能量与界面两侧介质的介质速率比和材料热容相关。利用基于交错网格的交替方向隐式差分方法可以进行热波模型的数值模拟仿真，并根据热波能量的空间-时间转换方程式(5-31)进行热波能量的统计。

图 5-2 显示了热波能量透射比 r 随界面的介质速率比 m 的变化关系，随着介质速率比的提升，热波能量透射比 r 单调升高。当介质速率比 $m>1$ 时，$r>1$。这表明，透射热波的能量要高于入射热波的能量，这一点将会在下面温度分布形状的讨论中进一步说明。通过改变介质的热扩散率和弛豫时间都可以改变材料中的热波波速。图中实线代表理论模型对于变化趋势的预测，星号代表模拟仿真中改变材料热扩散率而改变的介质速率比对于热波能量透射比的影响，三角形符号表

示了弛豫时间的影响。理论模型与数值模拟仿真结果可以很好地符合，并且热扩散率与弛豫时间产生的介质速率比 m 的变化对于最终结果的影响具有一致性，说明热波的波速及界面两侧波速的比值是很重要的物理量。

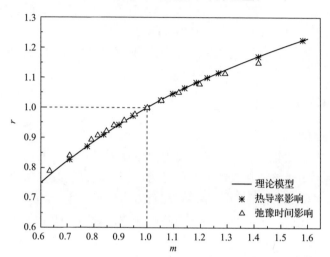

图 5-2　正入射热波的热波能量透射比数值模拟仿真结果与理论模型对比

　　热波的传递可以使用温度分布波形表征，也可以使用热流波形表征，其中温度波形表征是最常用、最易理解的表现方式。图 5-3（a）、(b) 分别表示了热波从热疏介质传递到热密介质时温度波形峰值与热流波形峰值的演化过程。其中 x 坐标表示时间演化，y 坐标表示界面法线方向的空间，z 坐标代表归一化之后的温度。峰值随着时间的衰减是热波传递过程中的耗散所产生的。当热波从热疏介质传递到热密介质时，透射热波的温度峰值要高于原热波（入射热波）的温度峰峰值，与此同时，产生反向传递的正的反射热波。需要明确的是，温度峰峰值的高低并不意味着热波能量的高低，热波能量是热波能量密度在空间上的积分。实际上，当热波从热疏介质传递到热密介质时，$r<1$，透射热波的热波能量要小于入射热波的热波能量，剩余的能量以反射热波的形式反方向传递。而热流分布波形则表现出不同的行为，透射热波的热流峰值减小，同时产生反向传递的反射热流，反射热流的负号表示热流方向是从界面指向边缘的。

　　图 5-3（c）、(d) 则表示了热波从热密介质传递到热疏介质过程的温度峰值与热流峰值演化过程。随着热波波速的提升，介质对于热波能量的输运能力增强，从而使温度峰值降低，与此同时，产生反向传递的负的反射热波。温度峰值的负号表示反射热波的温度要低于环境温度，将其称为"冷波"。冷波的产生是能量守恒规律的必然要求。当 $m>1$ 时，$r>1$，透射热波的热波能量高于入射热波的热波能量，由此需要从环境中吸收能量，致使产生能量"空穴"，周围的热能为了弥补

空穴而产生流动, 故产生"冷波"的传递现象。"冷波"的传递实际上是能量"空穴"的传递。热流峰值在经过界面后增大, 同时产生了正的反射热波热流峰值, 这说明热流传递方向是从边缘指向界面的, 与反射热波的传递方向正好相反。

3. 斜入射热波的反射与折射行为

热波以一定的角度入射时, 会产生斜入射现象。在斜入射时, 折射热波与反射热波不在同一条直线上, 需要考虑折射角与反射角的变化。

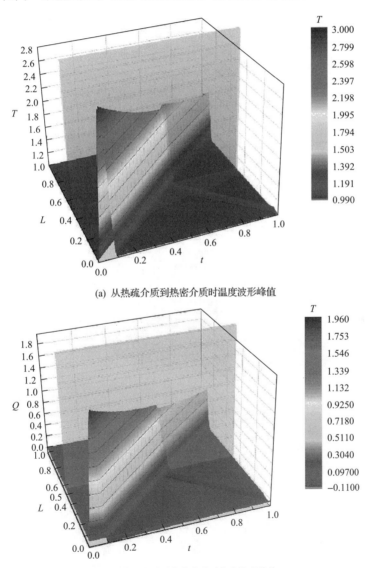

(a) 从热疏介质到热密介质时温度波形峰值

(b) 从热疏介质到热密介质时热流波形峰值

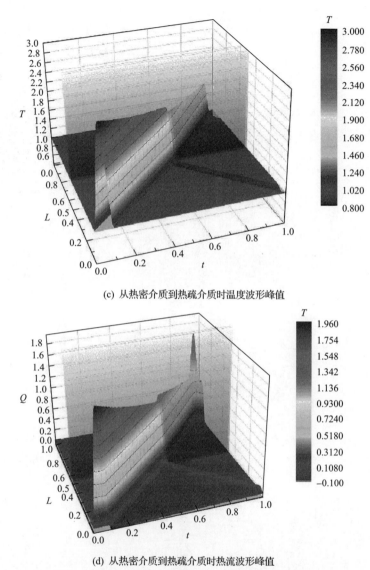

(c) 从热密介质到热疏介质时温度波形峰值

(d) 从热密介质到热疏介质时热流波形峰值

图 5-3　温度分布波形峰值与热流分布波形峰值的演化图

　　图 5-4 给出了热波在不同的界面处的反射与折射行为，图 5-4(a)～(c)为热波从热疏介质传递到热密介质，图 5-4(d)～(f)为从热密介质传递到热疏介质。在经过界面后，热波的波阵面会发生偏折，同时产生峰值的转变。反射热波已经在图中标出。关于峰值的变化已经在上一节中进行了说明，现研究经过界面时的角度变化。定义热波的温度分布波形的法线方为其传递方向，可以对于角度信息进行统计。

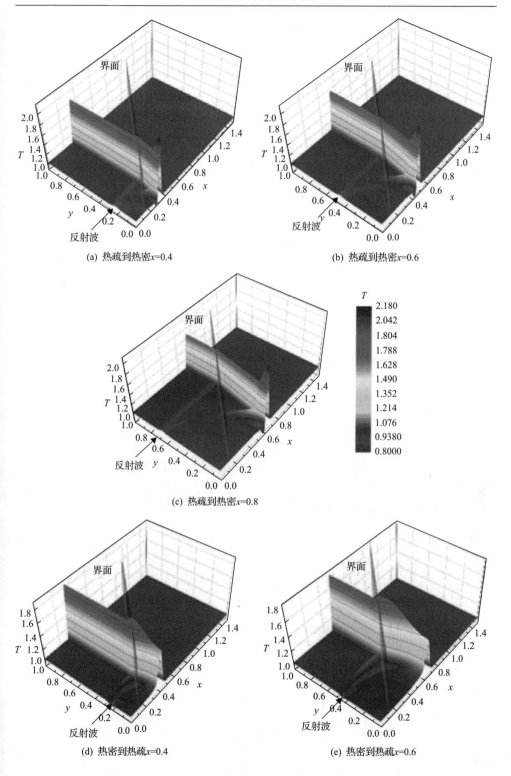

(a) 热疏到热密x=0.4

(b) 热疏到热密x=0.6

(c) 热疏到热密x=0.8

(d) 热密到热疏x=0.4

(e) 热密到热疏x=0.6

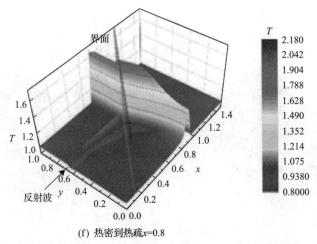

(f) 热密到热疏$x=0.8$

图 5-4　热波时间演化示意图(入射角 45°)

　　根据理论模型，热波在穿过界面时，反射角等于入射角，折射角的正弦值与入射角的正弦值之比等于界面的介质速率比。数值模拟结果与理论模型预测相符，如图 5-5 和图 5-6 所示。热波是一种定向传递的能量流，通过界面作用可以改变能量传递方向，从而实现微观热管理。

　　根据热波能量透射比的理论模型，透射热波的能量与入射热波的角度，界面的介质速率比和材料热容有关。现分析上述三种因素对于 r 的影响。

　　入射角对热波能量透射比的影响与介质速率比 m 有关(图 5-7)。当 $m<1$ 时，r 随着入射角的增大而减小，即若要抑制热波能量在界面处的传递，需要增大入射角。当 $m>1$ 时，r 随入射角的增大而增大，并且入射角存在极值，当入射角大于阈值时，会产生全反射现象。介质速率比对于热波能量透射比的影响表现出一致性(图 5-8)。随着介质速率比的升高，r 单调增大。在不同的入射角下，其变化

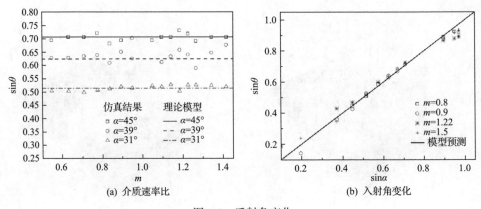

(a) 介质速率比　　　　　　　　　　　(b) 入射角变化

图 5-5　反射角变化

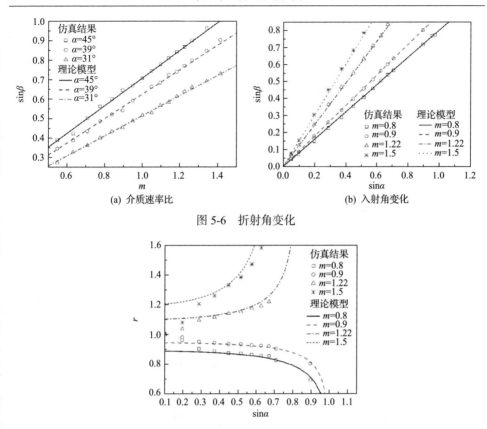

(a) 介质速率比

(b) 入射角变化

图 5-6 折射角变化

图 5-7 入射角对热波能量透射比的影响(m=0.8, 0.9, 1.22, 1.5)

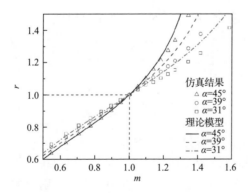

图 5-8 介质速率比对热波能量透射比的影响(α=31°, 39°, 45°)

趋势相同，各条曲线相交于 m=1 处。在介质速率比为 1，即界面不存在时，折射热波能量等于入射热波能量，这是显而易见的。介质的热容对于 r 也有影响(图5-9)，热容比 C_{V2}/C_{V1} 为热波透射介质中的定容热容与热波入射介质中的定容热容比值。随着介质热容比的增加，r 先减小后增加，其极值点在处取得。在不同的入射角情况下，各条曲线相交于 $C_{V2}/C_{V1}=1$ 处。

$$r_{\min} = \tan^2 \alpha \tag{5-33}$$

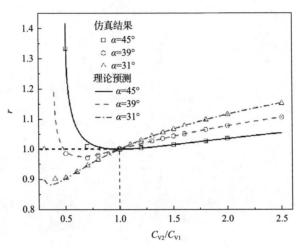

图 5-9　热容比对于热波能量透射比的影响($\alpha=31°, 39°, 45°$)

　　在热波能量透射比研究中并未考虑界面热阻因素。实际上，界面热阻的存在及表现形式对于定量化的描述具有很大影响，故上述理论模型和仿真结果只提供对于热波能量穿过界面的定性描述。

4. 全反射

　　光从光密介质传递到光疏介质时会发生全反射现象。类似地，热波在从热密介质传递到热疏介质时也会有类似现象发生。上一节中讨论到，介质速率比 $m<1$ 时，热波的入射角存在阈值，当入射角大于该阈值时，全反射现象发生。

$$\theta_{\text{critical}} = \arcsin \frac{v_1}{v_2} \tag{5-34}$$

阈值的定义源于折射角与入射角的关系式。

　　图 5-10 显示了热波的全反射现象。实际上，热波在介质中的全反射与其他波的全反射具有很大差异。在光的传递过程中，由于折射角大于 90°而使折射光线消失，反射光线增强，反射光线存在半波损失。在热波传递过程中，入射角大于阈值时，折射热波的热波能量急剧减少，但是并未消失，而是失去了统一的波阵面，以波纹的形式向前传递。同时反射热波也发生剧烈变化。当入射角小于阈值时，反射波表现为负温度峰值的"冷波"，而发生全反射现象后，折射热波对于热波能量的传递能力急剧降低，多余的热波能量以反射波的形式传递，表现为正温

度峰值的"热波"。这种差异源于热波与传统波中能量的不同定义。在传统机械波和光波中，波动能量与振幅的平方成正比，波动的相位变化并不会直接引起波动能量的变化。而在热波中，热波能量与温度振幅成正比，其相位与能量直接相关。在全反射中，虽然折射热波并未完全消失，但是其热波能量密度得到了极大的削减，是一种较为有效的隔热手段。

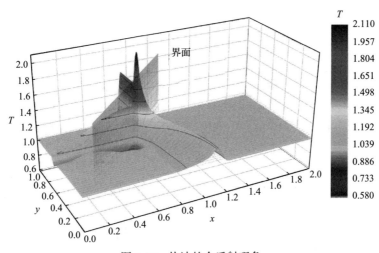

图 5-10　热波的全反射现象

5.2.2　热波的矢量特性

在波动传热方程中，热流的本构方程具有自己的时间演化特性，使热流成为相对独立的参量。不同于扩散传热方程，热流不再仅仅由温度梯度所决定，而且与热流的历史效应有关。当然，在声子水动力学方程及热质方程中，包含了更多非局域项和非线性效应项。这些项使热量传递的规律更加复杂。热流的本构方程从梯度方程转变为时间演化方程，对于传热规律的影响是巨大的。其中之一就是使得热流具有了矢量特性[13]。在 CV 方程中，有

$$\tau \frac{\partial \boldsymbol{q}}{\partial t} = -\kappa \nabla T - \boldsymbol{q} \tag{5-35}$$

热流的变化率方向不仅仅取决于温度梯度方向，也受热流方向的影响。其结果就是，仅仅知道区域的温度分布信息是不够的，其热流并非由温度场唯一确定，还需要获取初始热流信息。下面一个例子来说明初始热流对于温度演化的影响。考虑薄膜的面向导热问题，由于薄膜厚度与其他两个维度相比很小，可以看作二维导热问题。其初始温度条件为

$$T(t = 0, x, y) = T_0(x, y) \tag{5-36}$$

$$\frac{\partial T}{\partial t}(t=0,x,y)=A\sin\left(\pi\frac{x}{L_x}\right)\sin\left(\pi\frac{y}{L_y}\right) \tag{5-37}$$

采用两种不同的热流初始状态,

状态 1:

$$q_x(t=0,x,y)=-A\frac{L_x}{\pi}\sin\left(\pi\frac{x}{L_x}\right)\sin\left(\pi\frac{y}{L_y}\right) \tag{5-38}$$

$$q_y(t=0,x,y)=0 \tag{5-39}$$

状态 2:

$$q_x(t=0,x,y)=0 \tag{5-40}$$

$$q_y(t=0,x,y)=-A\frac{L_y}{\pi}\sin\left(\pi\frac{x}{L_x}\right)\sin\left(\pi\frac{y}{L_y}\right) \tag{5-41}$$

可以证明,初始热流条件与初始温度变化率条件是相容的,即两个状态都可以产生如式(5-37)所示的温度变化率。

图 5-11 和图 5-12 分别演示了两种不同的初始状态下温度分布随时间的变化过程。由于绝热边界条件的存在,热量将会在导热区域内不断地传递震荡,直至热流完全耗散为止。不同的初始热流方向导致了不同的热量震荡方向,从而也产生了不同的导热现象。而这些信息的获得,单纯只知道系统的温度分布及初始温度变化率是不够的。也就是说,在波动传热中,温度描述会损失部分的系统信息。

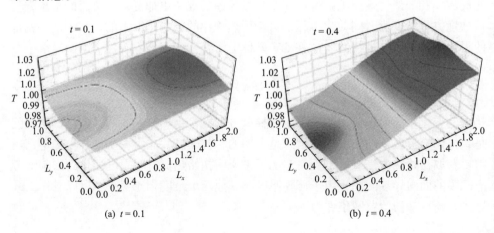

(a) $t=0.1$ (b) $t=0.4$

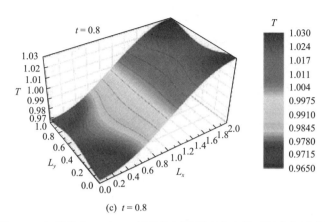

图 5-11 初始状态 1 时，二维导热区域温度分布随时间变化示意图

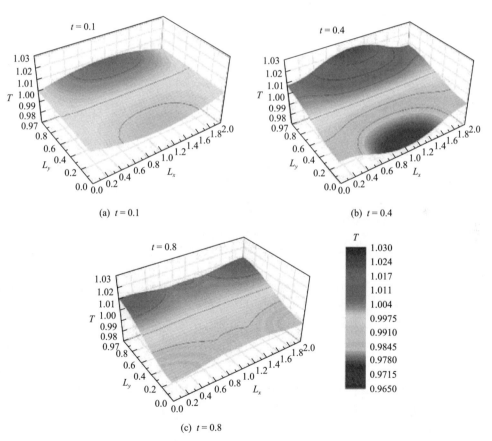

图 5-12 初始状态 2 时，二维导热区域温度分布随时间变化示意图

1. 波动传热方程的 3 种数学表述

温度和热流是波动传热方程的两个状态变量，可以用来描述传热过程。在用数学模型构建波动传热问题时，通常有 3 种表述方式：温度表述、热流表述和混合表述。温度表述是通过热流的本构方程和能量守恒方程消去其中的热流参量，获得只由温度描写的导热方程：

$$\frac{\partial^2 T}{\partial t^2} + \frac{1}{\tau}\frac{\partial T}{\partial t} = \frac{\alpha}{\tau}\Delta T \tag{5-42}$$

这是最常用的表述方式。状态变量合并更有利于进行解析求解，而温度变量又能够直观地表现区域传热特征，因此在之前的研究中被广泛采用。但是，在二维和多维导热问题中，变量的合并会导致系统信息损失。为了能够得到适定的导热模型，需要给出合理的初始条件和边界条件，在温度表述中，需要给定初始温度和初始温度变化率条件：

$$T(\boldsymbol{x}, t = 0) = f_1(\boldsymbol{x}) \tag{5-43}$$

$$\frac{\partial T}{\partial t}(\boldsymbol{x}, t = 0) = g_1(\boldsymbol{x}) \tag{5-44}$$

由于没有热流的显性定义，$\boldsymbol{x}=\boldsymbol{l}$ 处的绝热边界条件通过温度梯度来表示：

$$\frac{\partial T}{\partial x}(\boldsymbol{x} = \boldsymbol{l}, t) = 0 \tag{5-45}$$

等温边界条件则可以简单表述为

$$T(\boldsymbol{x} = \boldsymbol{l}, t) = T_0 \tag{5-46}$$

热流表述与温度表述类似，只不过通过变量代换，消去温度变量而保留热流变量：

$$\frac{\partial^2 \boldsymbol{q}}{\partial t^2} + \frac{1}{\tau}\frac{\partial \boldsymbol{q}}{\partial t} = \frac{\alpha}{\tau}\nabla(\nabla \cdot \boldsymbol{q}) \tag{5-47}$$

这是一个矢量方程，在 n 维导热问题中由 n 个相互关联的式子组成，借助爱因斯坦求和约定，可将其分量写为

$$\frac{\partial^2 q_i}{\partial t^2} + \frac{1}{\tau}\frac{\partial q_i}{\partial t} = \frac{\alpha}{\tau}\frac{\partial^2 q_j}{\partial x_i \partial x_j} \tag{5-48}$$

式中，q_i 为热流矢量的分量。热流表述中并不显含温度信息，为了获取温度分布，必须要得到初始温度分布信息，还需要计算温度演化过程。由于各分量之间存在相互影响，所以这种表述方式很难得到解析解。但是，其优点是，系统的传热信息被完整保留了下来，而不会出现示例中的情况。同样，给定热流表述的初始条件和边界条件：

$$q(\boldsymbol{x}, t = 0) = f_3(\boldsymbol{x}) \tag{5-49}$$

$$\frac{\partial \boldsymbol{q}}{\partial t}(\boldsymbol{x}, t = 0) = g_3(\boldsymbol{x}) \tag{5-50}$$

除了热流的初始信息之外，还需要获得温度的初始分布信息：

$$T(\boldsymbol{x}, t = 0) = m_3(\boldsymbol{x}) \tag{5-51}$$

绝热的边界条件中，没有热流的法向传递，故

$$q(\boldsymbol{x} = \boldsymbol{l}, t) = 0 \tag{5-52}$$

等温边界中，边界温度保持不变，即热流通量为零：

$$\nabla \cdot \boldsymbol{q}(\boldsymbol{x} = \boldsymbol{l}, t) = 0 \tag{5-53}$$

混合表述在数值计算中经常采用。这种表述方式不进行变量合并，直接将热流的本构方程和能量守恒方程联立成为方程组，使用温度 T 和热流 $\boldsymbol{q}$ 作为变量。在这种表述中，n 维导热模型中会包含 $(n+1)$ 个方程，传热问题的所有系统信息都会得以保留。混合表述的另一个优点是，方程仅含时间导数的一阶项，非常适合数值求解。为了给定初始条件，需要定义初始温度和初始热流：

$$T(\boldsymbol{x}, t = 0) = f_2(\boldsymbol{x}) \tag{5-54}$$

$$q(\boldsymbol{x}, t = 0) = g_2(\boldsymbol{x}) \tag{5-55}$$

由于温度和热流变量的显式存在，绝热边界条件和等温边界条件也可以很容易地分别写为

$$q(\boldsymbol{x} = \boldsymbol{l}, t) = 0 \tag{5-56}$$

$$T(\boldsymbol{x} = \boldsymbol{l}, t) = T_0 \tag{5-57}$$

3 种不同的表述方式具有不同的优点和局限性，应该根据具体问题分析。被应用最广泛的温度表述具有变量简单、图像直观和便于解析求解的优点。但是由于热流的相对独立性，它会损失包括热流方向在内的一些系统信息。例如，在绝热边界条件的温度表述中，只能够定义温度梯度为 0，而无法定义热流大小：

$$q_i + \tau \frac{\partial q_i}{\partial t} = 0 \tag{5-58}$$

在热流的时间导数不为零的情况下，热流也可以不为零，不符合绝热的设定。

热流表述关注介质中的热量传递现象，热流的矢量特性信息得以保留。在给定热流的情况下，热流表述可以更加清晰地描述能量传递过程。但是，由于各分量方程的相互耦合，解析求解热流表述方程极为困难。方程中不显含温度变量，如果需要获得温度信息需要进行额外的计算，这也是它的局限性之一。

混合表述则以简单、完整和易拓展为主要优势。研究不同的波动传热方程时，只需要把热流的本构方程进行替换即可，使其易于拓展。因为方程组中往往只有一阶时间导数项，使得数值求解变得简单。在混合表述中，没有进行变量合并，系统信息未出现损失。但是，在这种表述中，各种变量相互影响，获得单一变量变化规律变得困难，解析求解难度也很大。

2. 初始热流对系统能量传递的影响

在本节中，将基于混合表述，举例说明初始热流对系统能量传递行为的影响。考虑薄膜面向导热问题，建立 1×1 的导热区域模型，在模型的部分区域$(x, y) \in$ D[0,0.5]×[0,0.5]中存在不为零的初始温度分布：

$$T(t=0,x,y)$$
$$= \begin{cases} (T_1 - T_0)\sin\left(2\pi\dfrac{x}{L_x}\right)\sin\left(2\pi\dfrac{y}{L_y}\right) + T_0, & (x,y) \in \text{D} \\ T_0, & (x,y) \notin \text{D} \end{cases} \tag{5-59}$$

分别考虑两种情况下的能量分布的时间演化过程，初始状态 1，有某一方向上的初始热流：

$$q_x(t=0,x,y) = \begin{cases} q_0\sin\left(2\pi\dfrac{x}{L_x}\right)\sin\left(2\pi\dfrac{y}{L_y}\right), & (x,y) \in \text{D} \\ 0, & (x,y) \notin \text{D} \end{cases} \tag{5-60}$$

$$q_y(t=0,x,y) = 0 \tag{5-61}$$

初始状态 2，无初始热流：

$$q_x(t=0,x,y) = 0 \tag{5-62}$$

$$q_y(t=0,x,y) = 0 \tag{5-63}$$

导热区域的边缘设置为绝热边界条件。

　　图 5-13 中以温度波形的变化过程来表示热波能量在区域中的传递过程。图 5-13 (a)～(c) 表示以初始状态 1 为基础的热波能量传递演化过程，图 5-13 (d)～(f) 表示初始状态 2 的时间演化过程。随着时间的推进，两种初始条件产生越来越不相同的能量传递现象。在无初始热流存在的情况下，热波循温度梯度进行传递，其温度波形变化类似于涟漪，热波能量向各个方向上均匀传递。当存在 x 方向上的热流时，初始热流明显改变了热量的传递途径，热波能量不再是向各个方向上均匀传递，而是具有一定的偏向性，同时热量传递过程表现出更加明显的波动性，热波的波谷能够达到更低的温度。

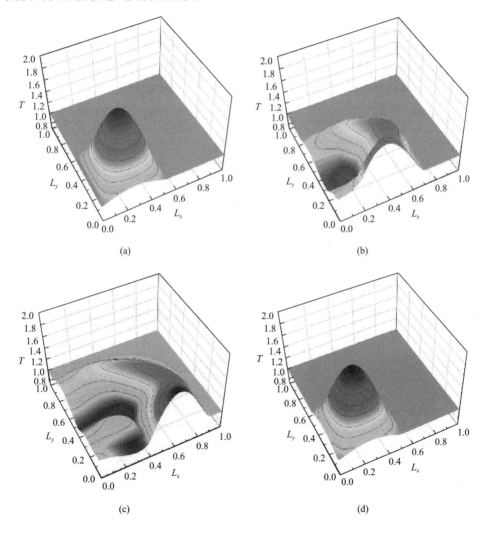

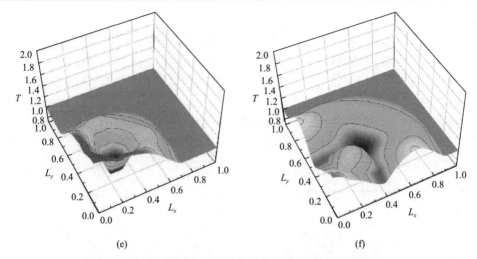

图 5-13　两种初始状态下热波能量传递路径对比(温度波形)：
(a)～(c)为初始状态 1，(d)～(f)为初始状态 2

　　在大部分情况下，初始热流是不存在的，热流的时间导数方向是由温度梯度所确定的。在界面热量传递过程中，当热波通过界面进入另一种介质中，且该介质存在温度梯度，则会产生热流方向与温度梯度方向不一致的情况，这种不一致会影响热量的原有传递途径，产生不同的导热现象。在声子系统中，热流的矢量特性与声子准动量守恒密切相关。声子传递方向与声子密度梯度方向不一致时，既会存在由于声子动量迁移而引起的波动热流，也会存在由于声子密度不均匀而引起的扩散热流。在波动传热中，仅仅调控温度分布已经略显不足，热流分布也是需要考虑在内的因素。

5.3　弹道热波及其热输运机制

5.3.1　弹道热波的物理图像

　　在经典声子理论框架下，存在两种可能的热波机制，分别为弹道输运主导的弹道热波和声子正态散射过程主导的第二声[14]。若是热量以波动形式传递，一方面，需要在传递过程中保持声子准动量守恒或不被耗散，即声子输运的方向性；另一方面，需要保持声子能量单色传递，否则会发生能量色散而将波动效应掩盖。对应声子的准动量保持，有声子的弹道输运和声子的正态散射过程，如图 5-14 所示，与之对应的弹道热波和第二声如图 5-15 所示。在弹道输运过程中，声子不发生散射，因此准动量可以得到保持，能量色散与否则依赖于边界条件。声子散射过程中能量守恒，但是只有在正态散射过程中，声子准动量才是守恒的。在时间尺度上，弹道输运应当要求热脉冲周期及传递时间小于声子弛豫时间，以保证声子准动量的主要部分不被散射耗散；正态散射主导的第二声要求脉冲周期和热传递特征时间远大于正态散射弛豫时间而小于边界散射和阻尼散射的弛豫时间，一方面是声子之间进行充分的信息交换达到能量的均匀分布状态，另一方面尽可能减少声子准动量损失。本章研究内容均为弹道热波，第二声内容将在下一章讨论。

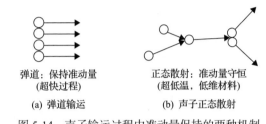

图 5-14　声子输运过程中准动量保持的两种机制

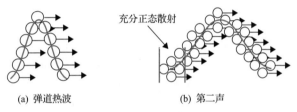

图 5-15　两种热波的原理示意图

本小节首先采用声子蒙特卡罗方法，求解瞬态的声子玻尔兹曼方程，系统研究弹道热波在纳米薄膜中的传递现象，进一步展示弹道热波的物理图像和基本规律。所模拟的瞬态问题是一个超短脉冲加热问题，脉冲形式即边界条件为

$$q_1 = \begin{cases} q_{max} \times \dfrac{1}{2}\left[1 - \cos(\omega_{p0}t)\right], & t < t_p \\ 0, & t \geqslant t_p \end{cases} \tag{5-64}$$

$$q_2 = \begin{cases} q_{max} \times \dfrac{1}{2}, & t < t_p \\ 0, & t \geqslant t_p \end{cases} \tag{5-65}$$

式中，$q_{max}=5\times10^{11}$ W/m^2；$t_p=2$ ps；$\omega_{p0}=3.14$ rad/ps。问题的初始条件为

$$\begin{aligned} T &= T_0, \\ q &= 0, \end{aligned} \qquad t = 0, 0 \leqslant x \leqslant L \tag{5-66}$$

式中，$T_0=300$K。脉冲和模拟结构如图 5-16 所示。

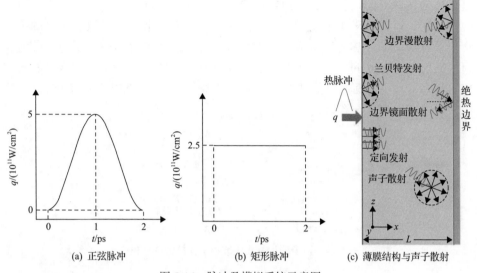

图 5-16　脉冲及模拟系统示意图

(a) 正弦脉冲　　　　(b) 矩形脉冲　　　　(c) 薄膜结构与声子散射

在模拟中，热脉冲沿垂直于边界方向(x轴正方向)传递。在y和z方向上没有热传导和边界约束。在$t=0$时刻周期为 2ps 的热脉冲从薄膜左侧边界发射并开始传递。模拟过程中，对声子散射采取弛豫时间近似。在边界处，设置两种不同的边界声子发射方式：定向发射，即所有的声子发射方向相同，发射角度θ定义为发射方向和边界法向的夹角；兰贝特发射，即声子按照兰贝特余弦定理规定的角度分布进行发射。对于两种边界声子发射情形下的 MC 模拟分别称为兰贝特发射 MC 模拟和定向发射 MC 模拟。对声子进行跟踪并记录声子散射位置和散射时间，通过计算给定区域给定时刻声子散射的数目来进行温度分布的计算。边界处的热流密度按其定义进行设置：单位时间穿过单位面积的能量(声子)。不同边界声子发射蒙特卡罗模拟中热流密度的定义式分别为

$$E_{\mathrm{LE}} = \sum_{p=1}^{3} \iint_{\Omega\ \omega} \hbar\omega f_{\mathrm{LE}} v_{\mathrm{LE}} \cos\theta \mathrm{DOS}(\omega)\mathrm{d}\omega\mathrm{d}\Omega \tag{5-67}$$

$$E_{\mathrm{DE}} = \sum_{p=1}^{3} \iint_{\Omega\ \omega} \hbar\omega f_{\mathrm{DE}} v_{\mathrm{DE}} \mathrm{DOS}(\omega)\mathrm{d}\omega\mathrm{d}\Omega \tag{5-68}$$

式(5-67)和式(5-68)中，$\cos\theta$为兰贝特发射形式下的投影表示；v_{LE}和v_{DE}分别为两种发射情形中声子穿过边界时的速度；f_{LE}和f_{DE}分别为对应情形下的声子分布函数边界条件。在模拟中设置相同时间间隔内发射相同数目的声子束来保证宏观边界条件相同，即$E_{\mathrm{LE}} = E_{\mathrm{DE}}$。声子进入薄膜后的运动速度为声子群速度。MC 模拟中的边界声子发射与声子玻尔兹曼方程边界条件的对应关系如下：

$$G(\theta) = \int_0^\theta \rho(\theta')\cos\theta'\sin\theta'\mathrm{d}\theta' \tag{5-69}$$

式中，$\rho(\theta')$ 为边界分布函数中只和角度相关的部分；$G(\theta)$ 是在 $0\sim1$ 之间随机分布的随机数，也即 MC 模拟中的随机发射函数。兰贝特边界声子发射对应平衡态声子分布函数边界条件 $f=f_0$，定向边界声子发射对应狄拉克函数形式的声子分布函数边界条件 $f=F\delta(\boldsymbol{q}-\boldsymbol{q}_0)$（$F$ 是总的声子数，$\boldsymbol{q}$ 和 $\boldsymbol{q}_0$ 分别为声子波矢和定向发射中指定的声子波矢）。需要说明的是，本书中设置的两种边界声子发射以实验结果为背景，但更多是基于理论研究层面的考虑，即两种设置是理想化的。声子在边界处的反射等同于边界吸收再发射，其中再发射按照兰贝特发射方式设置，即边界漫散射。

模拟中对声子采用灰体近似，且不考虑单晶硅晶格的各向异性。声子群速度 v_g 和声子平均自由程 l 分别设置为 5000m/s 和 56.2nm。由此计算得到声子弛豫时间为 11.2ps。硅纳米薄膜的比热容 C_V 和密度 ρ 均采用室温下硅体材料的数值。本小节模拟中热波没有传递到对侧边界，因此可以不考虑对侧边界的影响，将图 5-16 的模拟结构视为半无穷大物体，导热是一维的。

如图 5-17 和图 5-18 所示分别为兰贝特发射和定向发射 MC 模拟得到的热脉冲传递过程中薄膜内部的温度分布。热脉冲的传递时间为 2~20ps，与声子阻尼散射弛豫时间 τ_R(11.2ps)相当，热波传递过程中的声子准动量条件基本得到满足。为了考查并直观显示不同边界声子发射情形下温度分布结果的不同，模拟中设置了两种不同函数形式的热脉冲，分别为正弦脉冲和矩形脉冲。兰贝特发射和定向发射 MC 模拟都预测了热脉冲以有限速度传递，即热波波前速度为声子群速度 v_g。不同的是，定向发射 MC 模拟预测了无色散的耗散波，热脉冲的形状在传递过程中能够得到良好保持，热波波前速度和波峰速度都等于声子群速度 v_g；而兰贝特发射 MC 模拟预测了严重色散的耗散波，热脉冲的形状在传递中很快弥散而不能

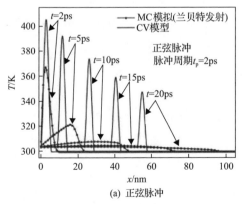

(a) 正弦脉冲

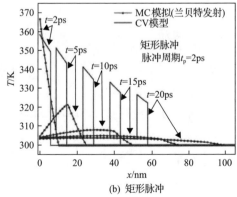

(b) 矩形脉冲

图 5-17　MC 模拟(兰贝特发射)脉冲传递的温度结果及与 CV 模型的比较

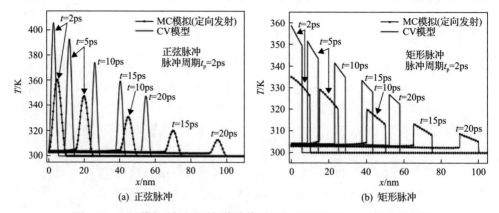

图 5-18　MC 模拟(定向发射)脉冲传递的温度结果及与 CV 模型的比较

得到保持。定向发射情形下的热波传递由于能够保持热脉冲的形状,相应的温度分布对边界发射的热脉冲函数非常敏感。兰贝特发射情形中,热波传递过程温度分布很快发生色散,热脉冲函数形式的影响很弱且只表现在热波传递的初期(约前 10ps)。

在图 5-17 和图 5-18 中,同时也将热波传递过程中兰贝特发射和定向发射($\theta=0°$)MC 模拟预测的温度结果和经典热波模型 CV 模型的数值计算结果进行了对比。经典热波模型预测的热波传递结果和定向发射 MC 模拟预测的结果类似,定性上相同,差别只表现在热波波速、温度峰值和热波宽度上,但是和兰贝特发射MC 模拟的结果差别很大。兰贝特蒙特卡罗模拟预测的温度峰值在传递初期(约前 10ps)迅速衰减,并且峰值远低于 CV 模型的预测结果。这是因为兰贝特情形下热量以色散波传递,在传递空间中分散得更为均匀而不是集中。相反,CV 模型的预测中,能量明显地集中在热波波峰附近,造成了更大的温度峰值。

为了解析地表达模拟中边界声子发射对热波传递的决定性影响,突出微观模拟和宏观模型的差异,基于热波传递过程中的不同色散情形,对热脉冲传递过程中热波的色散关系和波矢谱进行了分析。CV 模型预测了无色散的耗散波,其热波色散关系为

$$\omega_t = \frac{\sqrt{3}}{3} v_g \boldsymbol{k}_t \tag{5-70}$$

式中,ω_t 和 $\boldsymbol{k}_t$ 分别为热波角频率和波矢;热波波峰和波前温度都等于 $\sqrt{3}v_g / 3$。CV 模型预测的热波的色散关系可以从基于 CV 模型的温度方程得到,该温度方程为波动方程:

$$\frac{\partial^2 T}{\partial t^2} + \frac{1}{\tau_R} \frac{\partial T}{\partial t} = \frac{k}{\tau_R \rho C_V} \frac{\partial^2 T}{\partial x^2} \tag{5-71}$$

式中

$$k = \frac{1}{3}v_g{}^2\tau_R\rho C_V \qquad (5\text{-}72)$$

式 (5-71) 预测了单色的耗散波，波速为 $\sqrt{3}v_g/3$，式 (5-70) 可以通过式 (5-71) 进行时空傅里叶变换得到。对于 MC 模拟的温度结果，其热波色散关系求解如下。考虑不含散射项的声子玻尔兹曼方程：

$$\frac{\partial f}{\partial t} + v_g\frac{\partial f}{\partial x}\cos\theta = 0 \qquad (5\text{-}73)$$

分布函数的色散关系为

$$\omega_t = v_g\boldsymbol{k}_t\cos\theta \qquad (5\text{-}74)$$

则可以从该方程的形式解，即波动解 $f(x-v_g\cos(\theta)t)$ 中得到。由于对方程和声子频谱做了线性近似和灰体近似，并在模拟中假设了比热容为常数，所有温度和分布函数具有线性关系，两者的色散关系是相同的，即式 (5-74) 同时也是热波传递过程中温度曲线的色散关系。弹道输运过程中，色散关系的具体情形取决于分布函数边界条件，即边界声子发射方式。对于兰贝特发射情形，热波色散关系为

$$\omega_t = v_g\boldsymbol{k}_t\cos\theta, \qquad 0° < \theta < 90° \qquad (5\text{-}75)$$

式中，θ 在取值范围内的分布情况依据兰贝特余弦定律确定。作为一个特殊情形，定向发射情形下的热波色散关系为

$$\omega_t = v_g\boldsymbol{k}_t\cos\theta, \qquad \theta = \theta_0 \qquad (5\text{-}76)$$

在本节的模拟中，θ_0 设置为 0。在兰贝特情形中，角度按兰贝特余弦定律分布，而对于定向发射情形，角度分布函数为狄拉克函数形式。两种情形下的波矢谱差异明显：对于兰贝特发射情形，波矢没有上界限，波矢主要集中在小波矢区间，整体具有大范围分布；定向发射情形中波矢既有上界限又有下界限，波矢没有分布，只有一个确定值。正是兰贝特发射中热波波矢更广的分布范围，才造成了该情形下热量的波动性减弱。总而言之，两种波矢谱分布及其对应的温度分布结果表明，热量的良好波动传递对能量情况的要求为热脉冲传递过程中不能有能量的色散。

将模拟中声子群速度设置为 $\sqrt{3}v_g/3$，定向发射 ($\theta=0°$) MC 模拟便可以得到和 CV 模型预测相同的温度分布曲线，如图 5-19 所示。为了在 MC 模拟中得到和 CV 模型相同的预测结果，需要非常苛刻的条件，即边界声子的定向发射以及声子速

度设置为特定值。这些苛刻的条件表明，经典热波模型和宏观边界条件在描述弹道输运或热波时的物理局限性。

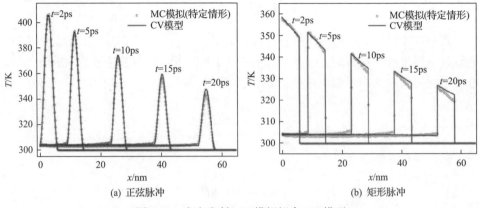

图 5-19　定向发射 MC 模拟拟合 CV 模型

图 5-20 所示的温度分布对应的导热过程中，热传递特征时间为 200ps 远大于声子弛豫时间。声子输运基本接近完全扩散机制，不同发射情形下的 MC 模拟结果和经典热波模型 (CV 模型) 的计算结果趋于一致。此时，模拟中的发射设置不再影响温度分布。图 5-20 中的结果说明，在扩散情形下经典热波模型和宏观边界条件可以很好地描述导热过程，同时，由于长时间情形下 CV 模型已经趋同于傅里叶定律，所以图 5-20 中的结果也可以作为本书声子 MC 模拟方法正确性的检验。

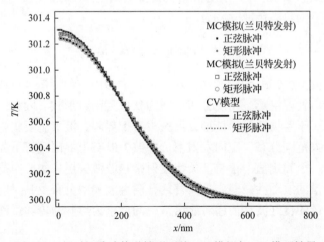

图 5-20　长时间脉冲传递情形下的 MC 模拟与 CV 模型结果

如前文所提到的，目前已有一些著名的宏观热波模型，包括双相迟滞模型[4]、热质模型[8,9]和 GK 模型[5,6]。作为唯象模型，双相迟滞模型和热质模型没有明确热波的物理机制。双相迟滞模型中含有声子正态散射弛豫时间，热质模型和声子正态散射主导的声子水动力学相关联，因此，这两种模型更倾向于描述第二声的传递，关于第二声和本章所研究弹道热波的区别，引言中已做介绍，不再赘述。GK模型是直接从包含声子阻尼散射和声子正态散射的声子玻尔兹曼方程推导得到的，因此也是描述第二声的传递。另外，超短脉冲激光加热方面的相关应用和实验测量通常使用双温度方程来分析和拟合数据，该方程包含双曲一步/两步和抛物一步/两步模型，表达了实际中脉冲激光加热的两个过程：材料中电子系统吸收光子而被激发；声子系统通过电子声子相互作用被激发。在本节的工作中，MC 模拟和基于声子玻尔兹曼方程的理论分析只是针对声子系统的导热过程，并且只考虑声子阻尼散射过程而不考虑声子正态散射过程，在此基础上模拟瞬态声子弹道扩散输运来探究超快导热过程中的弹道热波现象。对于室温下半导体硅中的导热过程，只考虑声子阻尼散射是合理的。由于模拟与上述所介绍的几个宏观热波模型在物理基础上不同，因此本节中的结果只和经典热波模型(CV 模型)进行了比较研究，而没有和其他宏观热波模型以及超短脉冲激光测量的实验结果进行对比。

上述模拟得到的温度结果以及模拟和经典模型的对比结果表明了经典热波模型(CV 模型)描述弹道输运的局限性。同时，上述讨论也表达了对超快导热研究新的理解，即微观边界条件对弹道热波传递的决定性影响。模拟和模型之间的结果差异不是因为计算方法对边界条件数值处理上的不同，而是由于微观和宏观边界条件对物理图像反映的不同。不同的边界条件(宏观和微观)反映了边界处不同的物理图象，而微观层面的边界物理图象在 CV 模型的宏观边界条件中无法准确和完整地表达。

下面，基于宏观边界条件的微观定义对弹道输运中宏观边界条件的物理图像进行分析。只考虑弛豫时间近似和声子阻尼散射过程，一维玻尔兹曼方程可以写为

$$\frac{\partial f}{\partial t} + v_x \frac{\partial f}{\partial x} = \frac{f_0 - f}{\tau_R} \tag{5-77}$$

式中，$f_0 = 1/[\exp(\omega/k_B T) - 1]$ 为平衡态声子分布函数，ω 为声子角频率；v_x 为声子群速度在 x 轴方向上的分量。

为了从声子玻尔兹曼方程推导得到 CV 方程，需要对分布函数的矩在波矢空间积分。方程两边同时乘以 $\omega\tau_R v_x \mathrm{DOS}(\omega)/4\pi$ 并在波矢空间和频率空间积分，则方程左边第二项变化为

$$\tau_R \sum_{p=1}^{3} \iint_{\Omega\ \omega} \hbar\omega v_x^2 \frac{\partial f}{\partial x} \frac{\mathrm{DOS}(\omega)}{4\pi} d\omega d\Omega \tag{5-78}$$

式中，Ω 为波矢空间的立体角。对声子分布函数做扩散近似 $f\text{-}f_0 \ll f_0$ 或 $f \approx f_0$，式(5-30)可以简化为

$$
\begin{aligned}
\tau_R \sum_{p=1}^{3} \iint_{\Omega\ \omega} \hbar\omega v_x^2 \frac{\partial f}{\partial x} \frac{\mathrm{DOS}(\omega)}{4\pi} \mathrm{d}\omega\mathrm{d}\Omega \\
= \tau_R \sum_{p=1}^{3} \iint_{\Omega\ \omega} \hbar\omega v_x^2 \frac{\partial f_0}{\partial x} \frac{\mathrm{DOS}(\omega)}{4\pi} \mathrm{d}\omega\mathrm{d}\Omega \\
= k \frac{\partial T}{\partial x}
\end{aligned}
\tag{5-79}
$$

式中，$k = C_V \rho v^2 \tau_R / 3 = C_V \rho v l / 3$。式中的近似 $v_x^2 = v^2 / 3$ 是扩散近似下的结果，表明声子分布函数在声子波矢空间是各向同性的。但是，这个近似对处于高度非平衡态的超快导热过程并不适用，在该过程中，由于声子源(初始分布)的非均匀性和输运过程的高度非平衡特性，声子分布函数是高度各向异性的。

从基于宏观边界条件的微观定义对弹道输运中宏观边界条件的物理图像进行分析将看到，CV 模型在超快导热过程的描述中不是声子玻尔兹曼方程好的近似。在声子系统中不区分声子支的情况下，声子模式由声子角频率和声子波矢唯一确定。灰体近似下的声子平均角频率由下式计算：

$$
\omega_0 = \frac{\displaystyle\sum_{p=1}^{3} \int_{\omega} \omega f\, \mathrm{DOS}(\omega)\mathrm{d}\omega}{N_p}
\tag{5-80}
$$

式中

$$
N_p = \sum_{p=1}^{3} \int_{\omega} f\, \mathrm{DOS}(\omega)\mathrm{d}\omega
\tag{5-81}
$$

式中，N_p 为总声子数。在对频率取平均后，声子频率谱函数被简化为 $N_p \delta(\omega-\omega_0)$。对于热流密度矢量：

$$
\begin{aligned}
\boldsymbol{q} &= \sum_{p=1}^{3} \iint_{\Omega\ \omega} \hbar\omega f v_x \mathrm{DOS}(\omega)\mathrm{d}\omega\mathrm{d}\Omega \\
&= \boldsymbol{v}_{av} \sum_{p=1}^{3} \int_{\omega} \hbar\omega f\, \mathrm{DOS}(\omega)\mathrm{d}\omega \\
&= N_p \hbar\omega_0 \boldsymbol{v}_{av}
\end{aligned}
\tag{5-82}
$$

式中，$\boldsymbol{v}_{av} = v_{av}\boldsymbol{q}_0/|\boldsymbol{q}_0|$。

式 (5-82) 中对微观量的矩进行积分等同于对声子波矢 (包括绝对值和方向) 求平均，造成声子在波矢空间的分布信息丢失。积分后，声子的频谱和波矢谱函数简化为 $N_p\delta(\omega-\omega_0)\delta(\boldsymbol{q}-\boldsymbol{q}_0)$。在这种简化下，对于任意一个给定声子，其模式总是 $(\omega_0,\boldsymbol{q}_0)$，因此，以声子弹道输运为基础的热运动被解耦为具有固定频率和波矢的单色高频机械波，即单色声子。

在弹道输运过程中，确定波矢的单色波 (声子) 在传递过程中不发生散射，准动量保持不变；对于扩散情形，单色波 (声子) 在传递过程中会散射，所考察的物理无穷小微元中声子数足够多、特征时间相比于声子弛豫时间足够长以至于可以使声子发生充分散射。考查一个从边界发射的声子运动过程中在 x 方向上的均方位移，对声子不发生散射和发生充分散射情形，其分别为

$$\overline{x^2}=\overline{(vt\cos\theta)^2}=\frac{1}{2}v^2t^2\sim t^2 \tag{5-83}$$

$$\overline{x^2}=\overline{\left(\sum_i^n l\cos\theta_i\right)^2}=\frac{1}{3}nl^2=\frac{1}{3}lvt\sim t \tag{5-84}$$

不同机制的输运过程对应不同的均方位移时间关系 $\overline{x^2}-t$，即声子弹道输运对应 $\overline{x^2}\sim t^2$，声子扩散输运对应 $\overline{x^2}\sim t$，而 $\overline{x^2}\sim t^\alpha (1<\alpha<2)$ 则处在两者之间，对应声子弹道扩散输运。弹道情形和扩散情形的不同除了表现在均方位移时间关系的差异外，还表现在单个声子的时间平均是否能够代表大量声子的系综平均。对于给定的声子或相同运动方向的声子束，弹道情形下其位移时间关系取决于时间和初始传递方向，其时间平均和声子的系综平均并不相同，为

$$x^2=(vt\cos\theta)^2 \tag{5-85}$$

因此，在描述声子弹道输运过程时，需要更多的信息 (声子方向分布信息)。

5.3.2　纳米结构中的弹道热波传递

上一节阐释了弹道热波的物理图像，并以一维弹道热波传递为例介绍了其基本规律以及经典模型描述的局限性。在弹道输运过程中，声子边界散射的影响极为重要，常常对热过程起到决定性的作用[15,16]。因此，弹道热波本构方程的提出以及方程的拓展应用，都需要建立在对边界散射影响的充分了解之上。下面系统介绍弹道热波在纳米薄膜和纳米线两种受限空间中的传递过程，包括反射边界造成的温度过冲现象以及纳米线特征参数和热脉冲时间分辨率对弹道热波传递的影响。

弹道热波在纳米结构中传递时，主要受到以下几个因素的影响：①边界声子

发射；②热脉冲的特征参数(特别是脉冲周期)；③热脉冲传递时间；④声子本征散射弛豫时间 τ(包括声子正态散射弛豫时间 τ_N、声子阻尼散射弛豫时间 τ_R 和声子同位素散射弛豫时间 τ_i)；⑤绝热边界光滑系数 p；⑥克努森数 Kn 或径向克努森数 Kn_r(对于纳米线和纳米薄膜)；⑦边界的空间分布(特别是边界形状和边界与热流的方向关系)。边界声子发射的相关研究已在本节的前半部分进行了详细介绍和讨论。脉冲传递时间 t 通常是和脉冲周期 t_p 处在相同的量级。由于脉冲周期是脉冲更为重要的参数，所以研究中对于脉冲函数选取了一种具有普遍意义的简单函数形式——正弦函数。对于声子本征散射机制，在给定温度下的给定类型晶体中，通常会存在一个主导的声子散射机制。对常温下的半导体单晶硅而言，声子阻尼散射主导热输运过程而声子正态散射可以忽略。在灰体近似下，声子阻尼散射弛豫时间 τ_R 是一个常数。光滑系数 p 和克努森数 Kn(对纳米线为径向克努森数 Kn_r)共同决定声子边界散射弛豫时间 τ_B。对于纳米薄膜和纳米线，其声子边界散射弛豫时间分别是在完全漫散射边界纳米薄膜和完全漫散射边界纳米线中计算的。这是因为镜面散射边界不能使声子分布函数的非平衡部分完全弛豫到平衡态声子分布函数，从而使边界散射弛豫时间为无穷大。纳米薄膜法向导热中，热流方向与边界方向总是垂直的。对纳米线，纳米线截面选取为简单的圆截面；脉冲传递过程中，热流沿轴向传递，方向和纳米线侧面边界是平行的。

　　基于上述的讨论，在经典边界处理框架下，影响纳米结构中热波传递的关键因素包括边界光滑系数、克努森数(包括径向克努森数)、热流边界关系(对应纳米薄膜和纳米线)、热脉冲周期及热波传递时间。这 5 种因素的影响又可以分为两类：纳米结构特征参数的影响(前三者)和脉冲时间分辨率的影响(后两者)。下面将针对弹道热波在纳米薄膜和纳米线中的传递做详细讨论。

　　本节首先讨论弹道热波传递过程中反射边界的影响。模拟中设置的脉冲参数、模拟系统以及声子性质和 5.3.1 节类似，故在此只叙述不同的部分。分别模拟了弹道热波在厚度为 24nm 和 56nm 的薄膜中传递的情形，其中薄膜的发射和反射边界设置分为两组不同的情形，分为兰贝特发射加漫反射和定向发射加镜面反射，如图 5-16 所示。其中对应声子反射的边界条件为

$$g(x = L, \boldsymbol{k})_{v_n} = pg(x = L, \boldsymbol{k}')_{-v_n} \tag{5-86}$$

式中，g 为声子分布函数中偏离平衡态的部分 $(f - f_0)$，f 为声子分布函数，f_0 为平衡态的声子分布函数；$\boldsymbol{k}'$ 和 $\boldsymbol{k}$ 分别为边界入射和反射声子的波矢；L 为薄膜厚度；边界光滑系数 p 定义为

$$p = \exp(-16\pi^3\delta^2 / \lambda^2) \tag{5-87}$$

式中，δ 为边界粗糙度的均方根；λ 为声子波长。

式(5-86)表示所有碰撞到边界上的声子中，有 $p\times100\%$ 的声子被边界镜面散射，其余部分声子被边界漫散射。对于纳米薄膜中的热波传递，由于兰贝特声子发射过程已经使声子在波矢空间均匀分布，并且声子在弹道输运过程中极少发生散射而使声子方向分布基本不发生改变，所以镜面发射边界对非定向入射声子基本不会产生影响；定向发射与漫散射边界的组合中，漫散射的反射效果则会类似于兰贝特发射的效果。因此，在本节的讨论中选取了兰贝特发射加漫反射和定向发射加镜面反射两组组合形式。两种不同厚度薄膜中声子边界散射的特征时间 τ_B 分别为 4.8ps 和 9.6ps(计算方式为 $\tau_B=l/v_g$，l 为声子平均自由程)。两者均小于声子阻尼散射弛豫时间 τ_R(11.2ps)，和计算中脉冲传递时间相当。因此，温度和热流结果不仅受到声子阻尼散射的影响，而且会受到声子边界散射的影响。

图 5-21 所示为兰贝特发射加漫反射 MC 模拟计算得到的温度曲线，模拟预测了反射边界处的温度过冲现象。其中，温度过冲现象在本书中主要是指温度峰值相对于前一时刻出现突然升高或较大升高或温度峰值高于之前时刻最大温度峰值的现象。在纳米薄膜中，声子以弹道扩散方式输运，薄膜内部发生的声子散

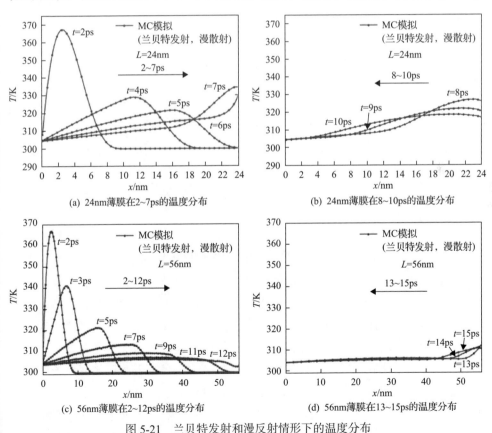

(a) 24nm薄膜在2~7ps的温度分布

(b) 24nm薄膜在8~10ps的温度分布

(c) 56nm薄膜在2~12ps的温度分布

(d) 56nm薄膜在13~15ps的温度分布

图 5-21 兰贝特发射和漫反射情形下的温度分布

射并不充分，温度过冲现象伴随着显著的热波现象而发生在声子的弹道扩散输运机制下。对于 24nm 薄膜和 56nm 薄膜，分别在时刻 t=6ps 和 t=12ps 前后，热波传递到反射边界上产生温度过冲现象：反射边界处出现新的温度峰值，该峰值明显高于周围的温度，甚至高于之前部分时刻的温度峰值。相应地，负的热流值也出现在反射边界处，如图 5-22 所示。被界面反射后，热波向反方向传递，温度过冲现象逐渐减弱并消失。从图 5-21 可以看出，24nm 薄膜中的热波温度过冲现象比56nm 薄膜中的过冲现象更为显著，这是因为相比于 24nm 薄膜中的热波传递，56nm 薄膜中弹道输运部分减少，扩散输运部分增加，使得热量传递的波动性降低。负的热流密度表明了热量传递方向的改变，源于反射边界对热流的限制。在初始时刻发射的声子碰撞到反射边界之前，瞬态情形下的弹道输运总是增强导热，然而，一旦声子碰撞到反射边界，边界对声子平均自由程的限制便表现出来。声子-反射边界散射对于碰撞到反射边界上的声子的输运是起完全阻碍作用的。理论上，温度过冲现象是热量波动传递的结果。热波在传递过程中碰到边界则被反射回来，由于热波周期长度不可忽略，所以热波的反射部分便和后面的传递部分发生叠加，造成温度值的升高，此时反向热流很小。

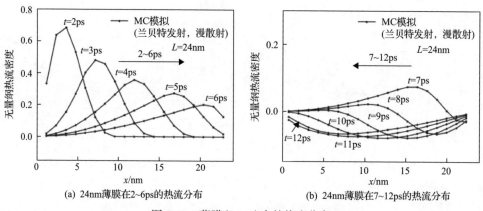

(a) 24nm薄膜在2~6ps的热流分布　　　　(b) 24nm薄膜在7~12ps的热流分布

图 5-22　薄膜(24nm)中的热流分布

　　下面介绍弹道热波在纳米线中的传递。热脉冲和圆截面纳米线结构如图 5-23所示。热脉冲从纳米线左侧边界(x=0)进入并沿 x 方向（轴向方向）传递。纳米线径向由径向参数 r 描述，周向由周向角 φ 来描述。声子在左侧发射边界按照兰贝特余弦定律发射。声子和纳米线侧面边界相互作用并被反射回纳米线内部。通常，当纳米线或纳米薄膜等纳米结构的侧面边界是平的，且其表面粗糙度小于声子波长时，式(5-87)作为一种经典描述，是合理适用的。在本小节的讨论中，首先在光滑系数表示的经典框架下研究声子边界散射的影响，对于框架之外侧面边界的处理也做了相应定性模拟研究。在经典框架下，纳米线中侧面边界的边界条件为

$$g(\boldsymbol{k}, r_{\mathrm{B}})_{v_{\mathrm{n}}} = pg(\boldsymbol{k}', r_{\mathrm{B}})_{-v_{\mathrm{n}}} \tag{5-88}$$

式中，r_{B} 为边界上声子散射的位置，该式的物理意义和式(5-86)相同。镜面边界散射保持了声子准动量和分布函数中的非平衡部分，而漫散射则相反，其耗散了声子准动量并将分布函数弛豫到该位置该温度下的平衡态分布函数。对纳米线，圆截面的半径设置为 R，纳米线粗细程度由径向克努森数 Kn_{r} 表示，定义为 $Kn_{\mathrm{r}}=l/R$（其中 l =56nm 是声子阻尼散射的平均自由程）。将边界声子散射平均自由程简单选取为纳米线直径，对于径向克努森数分别为 0.2、1.0 和 4.0 的完全漫散射纳米线，平均自由程则分别为 560nm、112nm 和 28nm，则弛豫时间分别为 112ps、22.4ps 和 5.6ps。脉冲周期 t_{p} 根据研究情形和研究问题的不同设置为 0.2ps、2ps 和 20ps 三种。

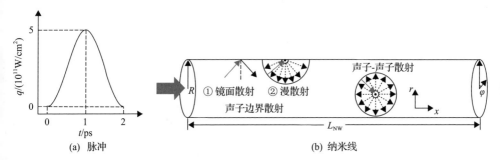

图 5-23　脉冲及纳米线模拟系统示意图

在之前的介绍中，边界的光滑系数表述将纳米结构界面的处理局限在经典的框架下。对于非常粗糙的边界，其粗糙度可能与声子波长相当甚至大于声子波长，此时，声子反向散射(声子被边界向后散射的概率超过完全漫散射时的 50%)的影响便不可忽略。比如，镜面散射和尖锐粗糙表面组合便可能使声子完全向后散射。实际上，声子的运动空间是经过简正坐标变化的空间，而不是三维实空间。因此，声子边界散射复杂而抽象，已有的声子边界相互作用研究多集中在对该现象的唯象描述和处理，或是基于分子动力学模拟的定量分析，目前还没有比较成熟、普适的规律。对于非常粗糙的边界，文献中已有实验报道[17]，比如纳米线锯齿形侧面边界，利用侧面边界造成反向散射来解释异常低的纳米线热导率的研究也都是建立在这种观测的基础上。Moore 等[18]类比稀薄气体动力学研究了锯齿形边界中的声子反向散射并以此解释了纳米线的超低热导率。在本小节中，借鉴稀薄气体动力学中对反向散射的处理，在模拟中对声子边界散射设置如下：50%的声子被边界漫散射，其余 50%的声子被边界向原方向的相反半空间(x 轴负方向半球)漫散射，并令其对应的光滑系数为 $p = -0.5$。通过这种处理，可以对锯齿形边界及其造成的声子反向散射做定性的研究。

　　纳米线的特征参数会对热波传递产生影响。理论上，声子边界散射只有当纳米结构特征尺寸与声子平均自由程相当时才需要特别考虑。另外，由于声子边界镜面散射的性质，该散射通常不会造成声子平均自由程的降低，进而不会造成纳米结构热导率的尺寸效应。基于上述两条考虑，热脉冲在径向克努森数很小或边界完全光滑的纳米线中的传递现象，应该和热脉冲在纳米薄膜中的传递现象接近或相同。图 5-24 所示为热脉冲在纳米薄膜和纳米线中传递过程中的温度分布，图 5-24(a) 显示了热脉冲长时间传递(处在扩散输运机制)的结果，图 5-24(b)则显示了热脉冲在弹道扩散机制下传递的结果。两种情况下，热脉冲在纳米线中和纳米薄膜中的传递结果都相同，表明上述讨论的合理性以及模拟结果的准确性。在下面的讨论中，光滑边界或小径向克努森数纳米线中的热波传递结果可以与纳米薄膜中的传递结果互为近似。

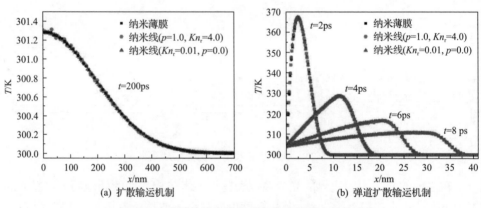

(a) 扩散输运机制　　　　　　　　　　　(b) 弹道扩散输运机制

图 5-24　弹道热波在纳米线和纳米薄膜中的传递

　　考虑到圆截面纳米线的特征参数，包括边界光滑系数 p 和径向克努森数 Kn_r，在纳米材料被制备完成并处理为实验样品后便是确定不变的，因此在本节中将纳米线特征参数对热波传递的影响称之为被动影响。声子边界散射造成的经典尺寸效应会使纳米线稳态导热中等效热导率随 Kn_r 的增大和 p 的减小而减小。本节通过模拟热脉冲在不同特征参数纳米线中长时间(200ps)地传递，研究尺寸效应在瞬态扩散导热中的表现。如图 5-25(a) 所示，其中径向克努森数 Kn_r 设置为 0.2，Kn_r 很小，声子内部散射充分，而边界声子散射频率很低，不足以影响弹道热波的传递，因此不同特征参数纳米线中热波传递的温度分布差别基本可以忽略。在这种情形下，声子以扩散机制输运，由声子阻尼散射主导，热脉冲的传递过程符合傅里叶定律的描述，同时也不需要对热导率进行修正。当 Kn_r 增大到 1.0 时，不同特征参数纳米线中的温度分布开始显示出不同，如图 5-25(b) 所示，温度峰值随着 p 的减小而随之降低。当 Kn_r 增大至 4.0 时，尽管热脉冲传递都处在扩散机制，但是温度分布由于光滑系数的不同而表现出明显的差异，p 更小纳米线中的温度分布较 p 更大纳米线中的温度分布在时间维度上发展更慢。当 p 相同且小于 1.0 时，更大 Kn_r 纳米线中的温度分布较更小 Kn_r 中发展更慢。上述纳米线瞬态导热研究的结果和稳态导热基本相同：Kn_r 更大和 p 更小的纳米线具有更小的等效热导率，表明声子边界散射增加了纳米线中瞬态导热的热阻。

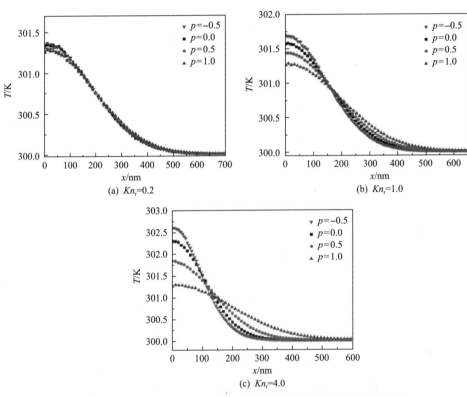

图 5-25 t_p=2ps 时，弹道热波在不同光滑系数边界纳米线中的传递

尽管声子边界散射造成纳米线的等效热导率随尺寸和边界粗糙程度变化，在对等效热导率做修正后，经典傅里叶定律在描述纳米线中瞬态扩散导热时仍然适用。当声子输运处在弹道扩散机制时，热过程和扩散机制下的热过程会完全不同。如图 5-26 (a) 所示，Kn_r=0.2，不同 p 纳米线中的温度分布基本相同，说明由于边界散射数目很少，p 此时对热输运不产生影响。随着 Kn_r 增大，p 不同纳米线中的温度分布逐渐变得不同，如图 5-26 (b) 和 (c) 所示。在图 5-26 (c) 中，当 p=1.0 (完全光滑边界) 时，热波传递伴随着一个很强的温度峰值；当 p=0.5 时，温度峰值降低同时发射边界附近温度升高；当 p=0 (完全漫散射边界) 时，温度峰值基本消失，最大温度位置在发射边界处，整体温度分布较为均匀，趋近于扩散导热的情形。

由于边界造成的额外声子散射，在大径向克努森数和小光滑系数情况下，弹道热波在纳米线中的传递被抑制，波动性质减弱，同时声子输运机制从弹道向扩散转变的过程加快。

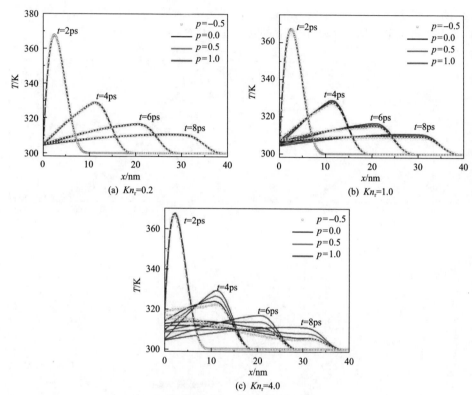

图 5-26　弹道热波在不同光滑系数边界纳米线中的传递

为研究十分粗糙的边界（比如锯齿形边界）对弹道热波传递的影响，将该种情形下的边界声子散射纳入经典描述框架，并做了半定量的计算。计算结果如图 5-26 所示。如上文所述，十分粗糙边界的声子散射主要表现为边界反向散射，在图中表示为 $p=-0.5$。如图 5-26 所示，边界声子反向散射在扩散情形下对热输运的阻碍作用是明显的，温度曲线在时间维度上的发展落后于常规粗糙边界情形，特别是光滑边界情形。在图 5-26(a) 中，$p>0$ 的三种情形温度分布已经接近一致，进一步说明在该 Kn_r 的情形下，边界声子散射对弹道热波传递的影响已经基本可以忽略。在大 Kn_r 情形下，声子反向散射除使得温度分布在时间维度上发展更慢之外，温度分布仍然是扩散形式的，并没有从根本上偏离傅里叶定律的预测，即声子反向散射的影响仍然可以通过修正等效热导率进行描述。声子弹道扩散输运中边界声子散射频率较低，声子反向散射的作用在大 Kn_r 纳米线中才表现得更为突出，如图 5-26(c) 所示。和扩散输运情形类似，声子反向散射对热输运的阻碍作用相对于普通粗糙边界的散射是显著的，温度峰值在发射边界附近，能量分布变得非常集中，整体温度分布更快趋近扩散机制导热的结果。

5.3.3　弹道热波的热输运机制

从能量输运角度，经典傅里叶定律的框架下的宏观尺度导热的特征是扩散导热。与此对应，超快导热过程中的特征时间与声子弛豫时间相当，声子处在弹道扩散机制。在研究能量扩散规律时，定义了能量均方位移[19,20]见式(1-4)。

根据能量均方位移与时间的不同指数关系，可以由式(1-5)确定能量的输运机制。

根据上述能量时间均方位移关系，可以分析超短脉冲传递过程中的热输运机制。兰贝特发射 MC 模拟和定向发射 MC 模拟计算得到的能量均方位移时间关系如图 5-27 所示。模拟情形为脉冲 2 的传递，t_p=2ps。根据式(5-89)进行数据处理，兰贝特发射 MC 模拟的时间指数分别为 1.88、1.69 和 1.58，处在 1 和 2 之间，并且随着时间增加而降低。时间指数的数值范围及其变化表明了热波传递过程中处在声子弹道扩散机制，并且随着时间的推移(意味着声子阻尼散射的增加)输运机制由弹道向扩散转变。定向发射 MC 模拟结果显示出相同的信息，都表明了声子输运的弹道扩散传递机制。

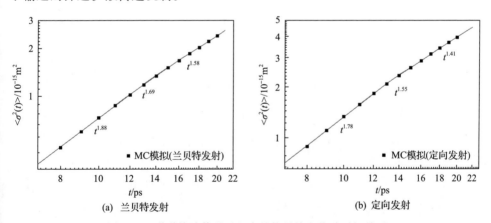

(a) 兰贝特发射　　　　　　　　　(b) 定向发射

图 5-27　弹道热波传递过程中的能量均方位移时间关系

5.4　超弹道热波

5.4.1　超弹道热波现象

超弹道热波现象和 5.2 节中的弹道热波既有联系又有区别，讨论的基本方法和 5.3.3 节相同。如图 5-28(a)所示，本小节中超快导热过程的模拟相比于 5.2 节增加了不同周期和函数形式的超短热脉冲，包括 t_p=2ps 的矩形脉冲(脉冲 1)、正弦脉冲(脉冲 2)、t_p=0.2ps 的正弦脉冲(脉冲 3) 和 t_p=0.4ps 的双正弦脉冲(脉冲 4)。这些周期为 0.2ps、0.4ps 和 2ps 的不同脉冲在模拟中被作为不同情形下 δ 函数脉冲的近似，即当脉冲传递时间大于或远大于脉冲周期时，有限长度周期的脉冲则近似视为 δ 函数脉冲。如图 5-28(b) 所示，纳米薄膜设置、热脉冲在薄膜中的传递过程以及声子性质设置均和 5.2 节相同，故不再赘述。

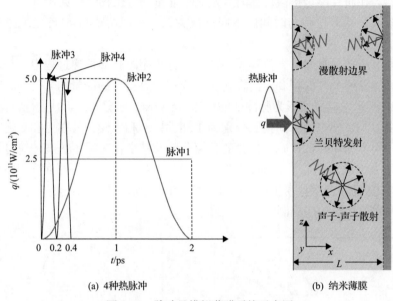

(a) 4种热脉冲　　　　　　　　　(b) 纳米薄膜

图 5-28　脉冲及模拟薄膜系统示意图

在计算超短脉冲传递过程中的能量均方位移时间关系时，实际脉冲函数对 δ 函数近似程度的不同，会使瞬态弹道扩散机制输运过程表现出不同的输运机制特征，这就是超弹道热波中"超弹道"的来源。当脉冲函数周期较大，对 δ 函数不是好的近似时，瞬态弹道扩散输运过程中会表现出超弹道特征。下面将分别介绍计算中发现的两种情形下的超弹道特征[21]。

1. 脉冲发射过程

讨论热脉冲进入薄膜过程中薄膜内部能量均方位移时间关系。在脉冲加热薄膜过程中，即时间小于脉冲周期时，脉冲不能视为 δ 函数脉冲，必须考虑其周期的有限长度。

2. 脉冲发射完成后的传递过程

讨论热脉冲进入薄膜初期进行传递时的能量均方位移时间关系。在脉冲传递初期，此时脉冲周期和脉冲传递时间相当，脉冲也不能视为 δ 函数脉冲，必须考虑脉冲周期的有限长度对结果的影响。

在对脉冲发射过程进行能量均方位移时间关系计算之前，需要解释研究脉冲发射过程时能量均方位移时间关系的计算方法。式(5-89)中的归一化处理是通过将能量和位移平方的乘积的积分值除以总输入能量进行的，由于在具体计算中总输入能量是恒定值，所以上述归一化处理对能量均方位移时间关系结果没有影响，符合归一化的条件。但是，当研究热脉冲进入薄膜过程时，总的输入能量是随时间增加的，和经典布朗运动研究的情形明显不同。在这种情况下，基于式(5-89)的能量均方位移时间关系计算结果会受到归一化步骤的影响，使脉冲输入过程中薄膜内总能量的增加无法在能量均方位移计算式中体现，则归一化过程会造成部分过程信息的丢失。实际上，不同情形下能量均方位移的计算不应以计算形式是否相同为依据，而是应以是否反映了相同的物理为依据。因此，针对脉冲 1 输入过程重新定义了能量均方位移：

$$\sigma^2(t) = \int_0^X (E(x,t) - E_0)(x - x_0)^2 \, \mathrm{d}x \tag{5-89}$$

即将归一化步骤删去，以包含过程中总输入能量随时间增加的信息。图 5-29 所示为脉冲 1 在发射进入薄膜过程中薄膜内部能量均方位移时间关系以及时间指数的统计结果，统计时间为脉冲 1 的周期长度，即 2ps。能量均方位移时间关系可以通过 Origin 软件用时间的指数函数进行拟合得到，其中时间指数为 2.96。基于式(1-5)，$\beta > 2$ 表明了热量输运过程的超弹道特征。理论上，当脉冲周期远小于声子散射弛豫时间时，声子输运应该处在接近完全弹道机制。因此，在脉冲发射过程中出现的超弹道特征需要进一步研究和解释。

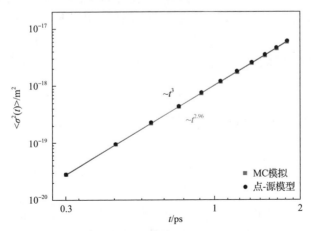

图 5-29　脉冲 1 发射过程中能量均方位移时间关系

在脉冲 2 发射进入薄膜后的传递初期（时间 $t > 2\text{ps}$），其能量均方位移及其时间指数计算结果如图 5-30 所示。对本节研究的情形，由于弹道热波的实验和模拟中通常选取正弦函数脉冲，这里选取了正弦函数脉冲 2 作为脉冲研究对象。从图中可以看出，在脉冲发射完成后脉冲传递初期，能量均方位移时间关系同样表现出超弹道特征，即时间指数大于 2。计算中选取了较长的时间范围，从与脉冲周期相当到远大于脉冲周期。因此，可以观察到能量均方位移时间关系的变化情形，时间指数从 $\beta > 2$ 变化到 $\beta < 2$，反映出超弹道特征到弹道扩散特征的变化过程。其中，时间指数处在 1～2 的结果可以理解为能量均方位移时间关系对声子弹道扩散输运机制的反映，而对于时间指数大于 2 的结果则还需要更多的讨论。

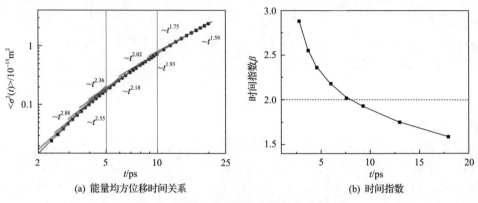

(a) 能量均方位移时间关系　　　　　　　　(b) 时间指数

图 5-30　脉冲 2 传递初期能量均分位移规律

5.4.2　超弹道热波的物理机理

上述发生在脉冲发射过程中的超弹道特征和特殊系统中电子波的超弹道传递[22]非常相似。为了对超弹道特征有更深入的理解和更具体的描述，本小节采用了描述电子波超弹道传递的唯象模型——点源模型来解释和描述上述的超弹道特征。点源模型中点源函数为[23]

$$P(t) = \exp(-\Gamma t) \tag{5-90}$$

式中，Γ 为常数。对应能量输运过程中的能量均方位移为

$$M_{\text{PS}}(t) = \int_0^\infty x^2 \mathrm{d}x \int_0^t [-\dot{P}(t')] \delta[x - v_{\text{e}}(t - t')] \mathrm{d}t' \tag{5-91}$$

式中，$-\dot{P}(t')$ 为点源发射的流密度；v_{e} 为电子速度。当 $t < 1/\Gamma$ 时，$P(t) = \exp(-\Gamma t)$ 可以近似为 $P(t) = 1 - \Gamma t$。在式（5-44）的泰勒展开中，能量均方位移中的三次方项是

主要部分，能量均方位移可以近似为

$$M_{PS}(t) = \frac{1}{3}v_e^2 \Gamma t^3 \tag{5-92}$$

该式即对电子波传递过程中的超弹道现象(时间指数为 3，大于 2)的唯象描述。简而言之，点源模型的思想是：复杂无序系统造成的电子波传递的局域化效应可以等效为普通完美晶格系统中的点源电子发射和弹道传递，该点源发射函数在传递初期设置为或近似设置为一个时间的线性函数 Γt。时间指数 3 则是线性发射函数和二次方弹道传递的叠加(弹道传递对应的时间指数为 2)。在脉冲 1 情形中，脉冲为矩形脉冲，其能量发射函数为时间的线性函数 qt，因此模型中点源的要求可以在脉冲 1 情形中得到满足。而且，在脉冲发射进入薄膜过程中，特征时间远小于声子弛豫时间而可以近似认为将声子输运处在完全弹道机制。本书分别利用点源模型式(5-92)和模拟结果计算了脉冲 1 在发射过程中的能量均方位移和时间指数，如图 5-24 所示。基于 MC 模拟结果和式(5-92)得到的时间指数 $\beta=2.96\approx 3$，和点源模型的计算结果高度一致，表明了脉冲在发射进入薄膜过程中所表现出的超弹道特征可以用包含简明物理图像的点源模型很好地描述。需要说明的是，在利用点源模型进行脉冲 1 情形的计算时，针对边界声子的兰贝特发射，将声子群速度设置为 $\sqrt{2}v_g / 2$，流密度 Γ 即为脉冲 1 的热流密度 q。

　　布朗运动的理论研究中需要设置脉冲函数为 δ 函数，本节中的模拟则都是设置较短周期脉冲进行近似处理。上一小节研究了脉冲周期长度不可忽略的第一种情形，即脉冲发射过程中的情形。本小节侧重研究第二种情形，即脉冲传递初期的情形。在下面的分析讨论中，将重点说明瞬态弹道扩散输运过程中脉冲周期的有限长度和超弹道特征的联系。

　　考虑一个能量传递过程，δ 函数脉冲 A 在 $t=0$ 时刻发射到纳米薄膜中，另一个完全相同的 δ 函数脉冲 B 在 $t=t_0$ 时刻发射到纳米薄膜中。计算 $t(t>t_0)$ 时刻薄膜内部能量均方位移时间关系。对脉冲 A，其能量均方位移为

$$\sigma_A^2(t) = \frac{\displaystyle\int_0^{X_A} [E_A(x,t) - E_{0A}](x - x_{0A})^2 \, dx}{\displaystyle\int_0^{X_A} [E_A(x,t) - E_{0A}] \, dx} = 2D_A t^{\beta_1} \tag{5-93}$$

对于脉冲 B，其能量均方位移为

$$\sigma_{\mathrm{B}}^2(t) = \frac{\displaystyle\int_0^{X_{\mathrm{B}}} [E_{\mathrm{B}}(x,t) - E_{0\mathrm{B}}](x - x_{0\mathrm{B}})^2 \, \mathrm{d}x}{\displaystyle\int_0^{X_{\mathrm{B}}} [E_{\mathrm{B}}(x,t) - E_{0\mathrm{B}}] \mathrm{d}x} = 2D_{\mathrm{B}}(t - t_0)^{\beta_2} \tag{5-94}$$

将两个脉冲作为整体进行考虑，则薄膜内部能量均方位移为

$$\sigma^2(t) = \frac{\displaystyle\int_0^{\max(X_{\mathrm{A}}, X_{\mathrm{B}})} [E(x,t) - E_0](x - x_0)^2 \, \mathrm{d}x}{\displaystyle\int_0^{\max(X_{\mathrm{A}}, X_{\mathrm{B}})} [E(x,t) - E_0] \mathrm{d}x} \tag{5-95}$$

可写为

$$\begin{aligned}
&\sigma^2(t) \\
&= \frac{\displaystyle\int_0^{\max(X_{\mathrm{A}}, X_{\mathrm{B}})} [E_{\mathrm{A}}(x,t) - E_{0\mathrm{A}}](x - x_{0\mathrm{A}})^2 + [E_{\mathrm{B}}(x,t) - E_{0\mathrm{B}}](x - x_{0\mathrm{B}})^2 \, \mathrm{d}x}{\displaystyle\int_0^{\max(X_{\mathrm{A}}, X_{\mathrm{B}})} [E_{\mathrm{A}}(x,t) - E_{0\mathrm{A}}] + [E_{\mathrm{B}}(x,t) - E_{0\mathrm{B}}] \mathrm{d}x}
\end{aligned} \tag{5-96}$$

对上式进行化简之前，需要做一些补充说明。本书的研究中，声子输运由线性声子玻尔兹曼方程描述，初始背景能量(温度)对计算结果没有影响。因此，为简化计算，将初始背景能量设置为 $E_{0\mathrm{A}} = E_{0\mathrm{B}} = 0$。脉冲输入位置(薄膜左边界位置)设置为坐标原点，即 $x_{0\mathrm{A}} = x_{0\mathrm{B}} = 0$。在脉冲传递过程中，脉冲 A 传递了更长的时间，因此脉冲 A 有更大的传递范围和更多的耗散，有 $X_{\mathrm{A}} > X_{\mathrm{B}}$ 和 $\beta_{\mathrm{A}} < \beta_{\mathrm{B}}$(弹道扩散发展的程度更深，则时间指数更小)。在 $t(t > t_0)$ 时刻，两个脉冲都已经完全发射进入薄膜，因此两个脉冲输入薄膜的总能量是相同的，有

$$\int_0^{X_{\mathrm{A}}} [E_{\mathrm{A}}(x,t) - E_{0\mathrm{A}}] \mathrm{d}x = \int_0^{X_{\mathrm{B}}} [E_{\mathrm{B}}(x,t) - E_{0\mathrm{B}}] \mathrm{d}x = \sum E \tag{5-97}$$

联合式(5-95)~式(5-98)并进行化简，可以得到两个脉冲总的能量均方位移：

$$\sigma^2(t) = D_1 t^{\beta_1} + D_2(t - t_0)^{\beta_2} \sim t^\beta \tag{5-98}$$

给定符合上述条件的指数函数，通过 Origin 软件对时间指数进行拟合，总是可以得到 $\beta > \beta_2$ 的结果。因此，在计算脉冲传递过程中的能量均方位移时间关系时，脉冲的叠加会造成更大的时间指数 β。对于完全的弹道输运，有 $\beta_1 = \beta_2 = 2$，脉冲的叠加造成总的能量均方位移时间关系指数 $\beta > 2$。为了对脉冲叠加有更量化的描述，本书定义了一个无量纲参数——相对叠加时间：

$$\text{RST} = t_s / t \tag{5-99}$$

式中，t_s 为叠加时间(在上述双脉冲例子中即为 t_0，在有限长度周期脉冲情形中则为脉冲周期 t_p)；t 为能量(脉冲)传递时间。

对于有限长度周期的脉冲，在研究脉冲发射过程时 RST 等于 1，在研究脉冲传递过程时 RST 则小于 1。对于 δ 函数脉冲，不存在脉冲叠加，因此 RST 等于 0。由式(5-98)容易看出，当 RST 趋近于 0 时，β 趋近于 β_2，两者均趋近于 β_1。当脉冲函数不能近似为 δ 函数脉冲时(脉冲周期相对传递时间不可忽略)，能量均方位移时间关系计算中的叠加效应便表现出来。换言之，叠加效应随着无量纲参数 RST 的增加而增加，当 RST 等于 0 或极小时消失。上述关于脉冲叠加效应的分析同样适用于脉冲发射过程情形中的超弹道特征解释，不同之处在于：脉冲发射情形中能量总是保持输入，使时间指数总是维持在较高的数值。

基于上述讨论和分析，现在已经清楚了瞬态弹道扩散输运过程中出现超弹道特征的原因。为了证实上述分析的正确性，对叠加效应进行验证，分别进行了脉冲 3 和脉冲 4 的模拟，其中 0.2ps 短周期脉冲近似作为 δ 函数脉冲。相应的计算结果如图 5-31 所示。脉冲 4 的时间指数总是大于脉冲 3 的时间指数，表明了脉冲

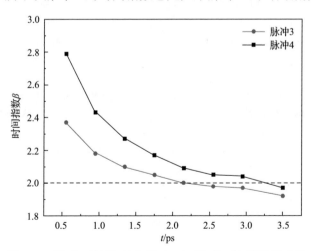

图 5-31　脉冲 3(单脉冲)与脉冲 4(双脉冲)时间指数的比较

叠加对能量均方位移时间关系的影响，证明了上述分析的合理性。随着 RST 的减小，时间指数降低到正常的弹道扩散区间，两种脉冲情形下时间指数的差别也随之减小。

5.5　本章小结

本章主要讨论了一种典型的瞬态非傅里叶导热现象——弹道热波。首先，基于声子理论阐明了热波的两种物理机制，即弹道输运主导的弹道热波和声子正态散射过程主导的第二声。弹道热波传递过程中的温度分布主要取决于声子玻尔兹曼方程中的分布函数边界条件，即 MC 模拟中的边界声子发射方式。在纳米结构传递过程中同时受到边界散射的影响，发生温度过冲现象等。CV 模型预测了热量传递过程中的波动行为，包括反射、折射及矢量特性。但是 CV 模型在描述声子弹道输运时丢失了微观信息，不是玻尔兹曼方程好的近似，只能描述特定情形的弹道热波传递，不能作为超快导热过程中的导热本构方程。

弹道热波传递过程中，能量均方位移时间关系中的时间指数处在 1 和 2 之间，表明了该过程中的声子输运处在弹道扩散机制。考虑脉冲周期的有限长度，能量均方位移时间关系则会在瞬态弹道扩散导热中表现出超弹道特征，即时间指数大于 2 的现象。理论分析表明超弹道特征起因于脉冲有限长度周期造成的脉冲叠加效应。

参 考 文 献

[1] Cattaneo C. Sulla conduzione del calore[J]. Attidel Seminario Matematicoe Fisico dell. Universita' di Modena, 1948, 3: 83-101.

[2] Vernotte P. Paradoxes in the continuous theory of the heat equation[J]. Comptes Rendus Academy of Science, 1958, 246: 3154-3155.

[3] Joseph D D, Preziosi L. Heat waves[J]. Review of Modern Physics, 1989, 61: 41-73.

[4] Tzou D Y. Macro- to Micro-scale heat transfer: The lagging behavior[J]. Washington, DC: Taylor and Francis, 1997.

[5] Guyer R A, Krumhansl J A. Solution of the linearized phonon Boltzmann equation[J]. Physical Review B, 1966, 148: 766-778.

[6] Guyer R A, Krumhansl J A. Thermal conductivity, second sound, and phonon hydrodynamic phenomena in nonmetallic crystals[J]. Physical Review, 1966, 148: 778-788.

[7] Akbarzadeh A H, Cui Y, Chen Z T. Thermal wave: from nonlocal continuum to molecular dynamics[J]. RSC Advances, 2017, 7(22): 13623-13636.

[8] Cao B Y, Guo Z Y. Equation of motion of a phonon gas and non-Fourier heat conduction[J]. Journal of Applied Physics, 2007, 102: 053503.

[9] Dong Y, Cao B Y, Guo Z Y. Generalized heat conduction laws based on thermomass theory and phonon hydrodynamics[J]. Journal of Applied Physics, 2011, 110: 063504.

[10] Guo Z Y. Energy-Mass duality of heat and its applications[J]. ES Energy & Environment, 2018, 1: 4-15.

[11] Nie B D, Cao B Y. Reflection and refraction of a thermal wave at an ideal interface[J]. International Journal of Heat and Mass Transfer, 2018, 116: 314-328.

[12] Salazar A. Energy propagation of thermal waves[J]. European Journal of Physics, 2006, 27(6): 1349.

[13] Nie B D, Cao B Y. Three mathematical representations and an improved ADI method for hyperbolic heat conduction[J]. International Journal of Heat and Mass Transfer, 2019, 135: 974-984.

[14] Tang D S, Hua Y C, Nie B D, et al. Phonon wave propagation in ballistic-diffusive regime[J]. Journal of Applied Physics, 2016, 119: 124301.

[15] Tang D S, Hua Y C, Cao B Y. Thermal wave propagation through nanofilms in ballistic-diffusive regime by Monte Carlo simulations[J]. International Journal of Thermal Sciences, 2016, 109: 81-89.

[16] Tang D S, Cao B Y. Ballistic thermal wave propagation along nanowires modeled using phonon Monte Carlo simulations[J]. Applied Thermal Engineering, 2017, 117: 609-616.

[17] Ross F M, Tersoff J, Reuter M C. Sawtooth faceting in silicon nanowires[J]. Physical Review Letters, 2005, 95: 146104.

[18] Moore A L, Saha S K, Prasher R S, et al. Phonon backscattering and thermal conductivity suppression in sawtooth nanowires[J]. Applied Physics Letters, 2008, 93: 083112.

[19] Zhang G, Li B W. Anomalous vibrational energy diffusion in carbon nanotubes[J]. The Journal of Chemical Physics, 2005, 123: 014705.

[20] Li B W, Wang J. Anomalous heat conduction and anomalous diffusion in one-dimensional systems[J]. Physical Review Letters, 2003, 91: 044301.

[21] Tang D S, Cao B Y. Superballistic characteristics of transient phonon ballistic-diffusive conduction[J]. Applied Physics Letters, 2017, 111: 113109.

[22] 张振俊. 一维复杂系统的波包扩散及量子相变[D]. 南京: 南京师范大学, 2012.

[23] Hufnagel L, Ketzmerick R, Kottos T. Superballistic spreading of wave packets[J]. Physical Review E, 2001, 64: 012301.

第6章 声子水动力学与第二声

声子的内部散射是材料热阻的重要来源之一,根据散射的不同又可以分为 N 散射和 R 散射。在 N 散射主导的传热过程中,声子散射的能量和准动量都保持守恒,其传递规律与液体流动的规律很相似,这种声子散射中 N 散射占优的行为被称为声子水动力学。声子水动力学研究于 20 世纪 80 年代迎来了第一波热潮,但是囿于实验结果匮乏,进一步研究遇到了瓶颈。近期的研究发现,即使在较高温度下,低维材料也具有较为宽广的水动力学尺寸窗口,这使得声子水动力学研究重新得到关注。本章首先从声子散射、第二声和低维材料中的声子水动力学窗口引出声子水动力学的研究,之后给出关于声子水动力学的宏观水动力学模型和唯象声子水动力学模型,最后,推导声子水动力学导热模型下瞬态和稳态导热的特征。

6.1 声子散射与声子水动力学

声子作为晶体导热中的格波的量子化,是固体导热过程中的重要热载子,其传递行为将直接影响材料的热物性[1]。爱因斯坦和德拜为了解释介电材料的比热容引入声子概念,其后派尔斯将平衡态的声子理论推广到非平衡态,类比气体动理论,提出了佩尔斯-玻尔兹曼声子输运方程:

$$\frac{\partial f^i(t, \boldsymbol{x})}{\partial t} + \boldsymbol{v}_{\mathrm{g}}^i \cdot \nabla f^i(t, \boldsymbol{x}) = \sum_j \boldsymbol{C}_{ij}(f^j - f_0^j) \tag{6-1}$$

式中,f 为声子的分布函数,是时间 t 和空间 $\boldsymbol{x}$ 的函数,其上角标 i 表示不同的波矢;C 为声子散射矩阵,表示不同波矢、频率和声子支的声子之间的相互作用;$\boldsymbol{v}_{\mathrm{g}}$ 为具有该波矢的声子群速度,其大小可根据声子色散关系给出:

$$\boldsymbol{v}_{\mathrm{g}} = \frac{\partial \omega}{\partial \boldsymbol{k}} \tag{6-2}$$

式中,$\boldsymbol{k}$ 为其波矢。在实际材料中,声子散射过程是很复杂的,而引起声子散射的因素也有很多,例如晶格之间的非谐作用势(unharmonic potential)、边界散射(boundary scattering)、同位素散射(isotopic scattering)和缺陷散射(defect scattering)等。

声子作为量子化的虚拟粒子,本身并不携带物理动量,但是可以根据德布罗意关系得到其准动量：

$$p_{\text{phonon}} = \frac{\hbar}{\lambda} = \hbar \boldsymbol{k} \tag{6-3}$$

式中，λ 为声子的波长。晶体中的热量传递过程可看作声子的动量传递过程[2]。以三声子散射过程为例，一个声子湮灭产生两个声子或者两个声子湮灭生成一个声子的过程中，其动量满足

$$\hbar \boldsymbol{k}_1 \pm \hbar \boldsymbol{k}_2 = \hbar \boldsymbol{k}_3 + \boldsymbol{G} \tag{6-4}$$

式中，$\boldsymbol{G}$ 为一个倒格子矢量(reciprocal lattice vector)，其存在使声子的波矢 $\boldsymbol{k}$ 始终保持在第一布里渊区(the first Brillouin zone)，如图 6-1 所示。当 $\boldsymbol{G}=0$ 时，声子散射过程的动量守恒，其传递过程没有阻力作用，该过程被称为声子正规散射过程(normal scattering)，简称为 N 散射；当 $\boldsymbol{G} \neq 0$ 时，声子散射的动量不守恒，其传递过程有阻力作用，该过程被称为声子倒逆散射过程(umklapp scattering)，简称为 U 散射。N 散射过程不会改变声子动量，其所形成的平衡态声子分布将会以某个迁移速度在晶体中运动，而不能形成完全的热平衡。由于所有具有物理意义的声子波矢都处于第一布里渊区，如果在声子出生过程中产生了更长的波矢，需要通过倒格矢的作用，将其折回第一布里渊区，这种作用过程就是 U 散射过程(如图 6-1 所示)。倒格矢的轴矢量可通过晶格的初基平移矢量(primitive translation vector)获得，其存在与晶格的周期性有关。除了 U 散射外，声子在粗糙边界上的散射、缺陷散射及同位素散射等因素也会造成声子的动量损失。所有导致声子动量不守恒的过程被统称为声子阻力散射过程(resistance scattering)，简称为 R 散射。当 R 散射远远强于材料中的其他导热模式时，晶体中的热量传递规律符合傅里叶导热定律，即热流与温度梯度存在线性正比关系。傅里叶导热定律是一种声子传递动量被严重破坏时的扩散近似。

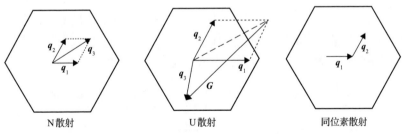

图 6-1　N 散射、U 散射与同位素散射的声子波矢被局限于第一布里渊区

　　在 N 散射主导的传热过程中，声子散射的能量和准动量都保持守恒，其传递规律与液体流动的规律很相似。这种声子散射中 N 散射占优的行为被称为声子水动力学(phonon hydrodynamics)。

　　除此之外,在声子水动力学的研究中还有另外一种广义声子水动力学提法。在这类研究中,仅仅考虑声子传递过程中的动量守恒,而不要求声子 N 散射占据主导地位,其推导得到的宏观导热方程也具有与流体力学中描述流体运动的 Navier-Stokes 方程类似的形式,包含有黏性系数、空间对流导数等概念,因为两类方程的相似性,所以有人将这些方程也称为声子水动力学方程。例如在弹道导热中虽然不存在声子散射,但是也可以用类似的水动力学方程来描述其传递规律。本章节借用文献[3]中的提法,将声子 N 散射主导的传热模式称为经典声子水动力学,而将这些广义上的宏观类 NS 方程称为唯象声子水动力学方程。在 6.2.2 节中将会对于唯象声子水动力学进行进一步的介绍。

6.1.1　声子 N 散射与 R 散射

　　根据传热过程中的主导声子的类型不同,可以将导热模式分为弹道导热模式、声子水动力学导热模式和扩散导热模式。声子在发生散射之前传递的平均距离被称为声子平均自由程,根据散射类型的不同又分为 N 散射平均自由程 l_N 和 R 散射平均自由程 l_R。声子的散射强度与平均自由程成反比,对于具有相同群速度的声子来说,平均自由程越短,散射强度越高。在弹道导热中,材料的特征尺寸 D 远小于声子 N 散射和 R 散射的平均自由程($D \ll l_N, l_R$),声子从边界上发射之后基本上不经历散射即到达另一侧边界,在这个过程中声子的动量大部分守恒。在声子水动力学导热区域中,N 散射的强度要远高于 R 散射强度,材料的特征尺寸 D 大于 N 散射平均自由程($D \gg l_N$),根据材料中 R 散射强度的不同,进一步将声子水动力学区域划分为 Poisseuille 水动力学和 Ziman 水动力学。在 Poisseuille 水动力学中,$l_R \gg D \gg l_N$,当材料的特征尺度远小于 R 散射自由程时,R 散射的强度很低,绝大部分发生的散射属于 N 散射,声子的大部分动量守恒。在 Ziman 水动力学区域,$D \gg l_R \gg l_N$,材料中的 R 散射虽然依旧弱于 N 散射,但是在声子散射中也占据了相当的份额而不可忽略,此时声子的一部分动量将会被 R 散射所破坏,N 散射与 R 散射存在复杂的耦合作用。当材料的特征尺寸进一步增加时,$D \gg l_R, l_N$,此时声子的绝大部分动量被 R 散射所耗散,导热模式处于扩散导热状态。表 6-1 中列出了四种导热模式的平均自由程关系与相对强度关系[4]。

表 6-1　四种导热模式的声子平均自由程关系与散射强度对比

导热区域	平均自由程(l_R、l_N、D)	散射强度(I_N、I_R)
弹道导热	$D \ll l_N, l_R$	$I_R \approx 0, I_N \approx 0$
Poisseuille 声子水动力学导热	$l_R \gg D \gg l_N$	$I_N \gg I_R$, 且 $I_R \approx 0$
Ziman 声子水动力学导热	$D \gg l_R \gg l_N$	$I_N \gg I_R$, 且 $I_R \neq 0$
扩散导热	$D \gg l_R, l_N$	$I_R \gg I_N$

　　材料温度对于声子自由程有很大影响。在低温下，低频声子易于被激发，声子传递过程中 N 散射往往占据很大的份额。随着温度的升高，易于发生 R 散射的高频声子逐渐占据主导，N 散射的影响逐渐被覆盖。处于水动力学区域的声子都具有较长的 R 散射声子平均自由程，这样才能保证在一定的空间尺度下声子动量不被破坏，所以声子水动力学导热模式的存在需要特定的空间特征尺寸，也将这种特征尺寸称为水动力学尺寸窗口。当特征尺寸小于尺寸窗口时，弹道导热占据主导，而当特征尺寸大于尺寸窗口时，R 散射的存在将会严重破坏材料的声子动量。图 6-2 展示了基于第一性原理计算的石墨烯和石墨中的水动力学尺寸窗口随温度的变化。在 100K 以下，在 $10\mu m$ 的量级尺寸下即可发生水动力学导热现象，

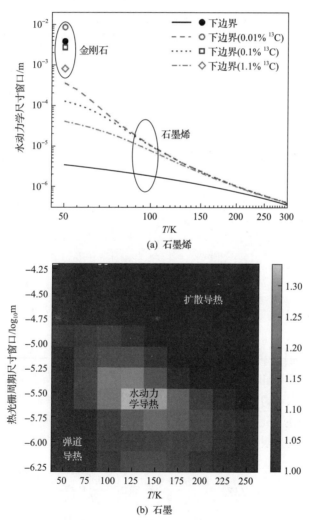

(a) 石墨烯

(b) 石墨

图 6-2　不同温度下石墨烯(考虑同位素散射)[5]和石墨[6]中的水动力学尺寸窗口

随着温度的升高，尺寸窗口逐渐变小直至接近消失。尺寸窗口的缩小是材料中 N 散射与 R 散射相对强度变化的反映。

声子散射强度与声子的弛豫时间有关，而声子的弛豫时间除了受温度的影响外，也与声子频率、波矢和声子支有关。对于特定的材料，可以通过第一性原理得到势函数的高阶（一般为三阶或者四阶）非谐作用力系数，进一步计算得到其弛豫时间（τ^{-1}）。在使用德拜模型近似声子色散曲线的定性研究中，研究者们给出了不同散射过程的弛豫时间半经验公式，其经验公式列在了表 6-2 中。这些经验公式与硅（Si）和锗（Ge）的实验结果很好相符，在对于其他材料的研究中只能提供定性规律。

表 6-2　声子散射的弛豫时间半经验公式[7]

三声子散射		弛豫时间的导数
N 散射	纵波 (longitudinal)	$\tau_{LN}^{-1} = B_L \omega^2 T^3$ （低温） $\tau_{LN}^{-1} = B_L' \omega^2 T$ （高温）
	横波 (transverse)	$\tau_{TN}^{-1} = B_T \omega T^4$ （低温） $\tau_{TN}^{-1} = B_T' \omega T$ （高温）
U 散射	Klemens	$\tau_U^{-1} = B_U \omega^2 T^3 \exp\left(-\dfrac{\theta}{\alpha T}\right)$ $\tau_U^{-1} = B_U \omega T^3 \exp\left(-\dfrac{\theta}{\alpha T}\right)$ $\tau_U^{-1} = B' \omega^2 T$
	Callaway	$\tau_U^{-1} = B_U \omega^2 T^3$
边界散射		$\tau_b^{-1} = v_s / LF$
杂质散射		$\tau_I^{-1} = A\omega^4,\ A = (V\Gamma)/4\pi v_s^3$ $\Gamma = \sum_i f_i \left(\dfrac{\Delta M}{M}\right)^2$

统计分布特征（collective distribution）是声子水动力学导热的重要特征[8]。统计分布特征指在水动力学导热过程中不同声子支、不同频率的声子可以用统一的迁移速度 v_d 来描述其定向传递行为。统计分布特征的概念源于气体分子动理论。平衡状态下，封闭有限空间中的气体分子速度分布满足麦克斯韦分布律：

$$f(v) = \left(\frac{m}{2\pi k_B T}\right)^{3/2} \exp\left(-\frac{m|v|^2}{2k_B T}\right) \tag{6-5}$$

式中，v 为分子热运动的速度；m 为分子质量；T 为体系温度。在气体分子具有统

一的迁移速度 v_d 时，所有分子具有向某一方向运动的统一趋势，其速度分布满足位移麦克斯韦分布：

$$f_d(v) = \left(\frac{m}{2\pi k_B T}\right)^{3/2} \exp\left(-\frac{m|v - v_d|^2}{2k_B T}\right) \tag{6-6}$$

麦克斯韦分布使分子速度在空间分布上各向同性，整体动量为零，而位移麦克斯韦分布则保持了系统在某一方向上的动量。同理在声子体系中，平衡状态下声子分布满足平衡普朗克分布：

$$f_0(\omega) = \frac{1}{\exp\left(\dfrac{\hbar\omega}{k_B T}\right) - 1} \tag{6-7}$$

在 N 散射主导时，声子分布趋向于位移普朗克分布：

$$f_d(\omega, v_d) = \frac{1}{\exp\left(\dfrac{\hbar\omega - \hbar k \cdot v_d}{k_B T}\right) - 1} \tag{6-8}$$

虽然声子位移普朗克分布的存在只是一种推论，但是研究表明，在 N 散射占据主导地位的真实材料中，声子分布非常接近于位移普朗克分布。当 $k \cdot v_d \ll \omega$ 时，可将位移普朗克函数线性化：

$$f_d^{\text{linear}}(\omega, v_d) = f_0 + \frac{\hbar}{k_B T} f_0(f_0 + 1) k \cdot v_d \tag{6-9}$$

对于热流进行统计：

$$q = \sum_i \iint_{V K} \hbar\omega v f_{di} \mathrm{d}k \mathrm{d}V = \left[\sum_i \iint_{V K} \frac{\hbar^2 \omega v \cdot k}{k_B T} f_{0i}(f_{0i} + 1)\mathrm{d}k\mathrm{d}V\right] \cdot v_d \tag{6-10}$$

式中，i 为不同的声子支。在发生水动力学导热时，不同的声子支、不同频率的声子具有相同的迁移速度。在小热流情况下（线性化近似），热流与迁移速度成正比。图 6-3 显示了 100K 温度下扶手椅型石墨烯声子无量纲化偏移分布与统计热流之间的关系，其中无量纲化的偏移分布定义为

$$\bar{f} = \frac{f_i - f_{0i}}{f_{0i}(f_{0i} + 1)} \tag{6-11}$$

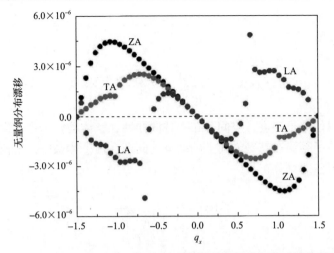

图 6-3　100K 温度时，石墨烯中无量纲分布偏移与热流的关系

　　在小热流情况下，声子的无量纲偏移分布与热流之间存在近似的线性关系，并且三个声子支具有相同的斜率。这表明，实际材料处于声子水动力学区域时的声子分布确实接近于位移普朗克分布，这种分布可以保持声子散射过程中的动量守恒，保持声子以特定迁移速度定向移动的趋势。

　　可以利用玻尔兹曼 H 定理来证明位移普朗克分布是 Poisseulle 水动力学导热区域的平衡分布。根据玻尔兹曼 H 定理，在系统达到平衡时，熵产率为零。两声子合并生成第三个声子的过程中，其熵产率为

$$\dot{S}_{\text{scatt}} \sim \sum_{ijk} (\phi_i + \phi_j - \phi_k)^2 P_{ij}^k \tag{6-12}$$

式中，P_{ij}^k 为声子散射过程的平衡转换速率；ϕ 为声子分布函数相对于平衡普朗克分布的偏移；在小热流情况下，使用线性化位移普朗克分布，则

$$\phi_i + \phi_j - \phi_k = (\boldsymbol{k}_i + \boldsymbol{k}_j - \boldsymbol{k}_k) \cdot \boldsymbol{v}_{\text{d}} \tag{6-13}$$

　　在声子发生 N 散射时，声子动量守恒，$\boldsymbol{k}_i + \boldsymbol{k}_j = \boldsymbol{k}_k$，所以 N 散射过程并不产生熵产，由此可证。

6.1.2　第二声及其实验验证

　　声子水动力学的研究与第二声 (second sound) 的观测与热波理论 (thermal wave) 密不可分[9]。傅里叶导热定律作为传热规律在扩散极限下的近似，其本质为 R 散射过程主导，不能反映出其他传热模式对于传热现象的影响，其适用范围有

局限性，例如不适用于超低温超快速传热领域和微纳结构材料导热领域等等。在有限长度材料的一侧受到超快速热冲击时，扩散导热方程会得出材料的另一侧有瞬发的热响应的结论，这与物理实际是不相符的，也是傅里叶导热定律的经典悖论。如何理解热量在材料中的传递规律以及如何修正傅里叶导热定律，引发了研究者们的兴趣。

1941 年，Landau 利用双流体模型研究低温下超流态的 He Ⅱ时，发现在受到热冲击时，He Ⅱ中温度分布以波动的形式传递，他将这种波动称之为第二声，以区别材料中的声波。Peshkov 在超低温实验中证实了这一理论，并且测量出在 1.4K 温度下第二声的速度大约为 19m/s，同时他预测第二声也可以存在于固体中。Wilk 和 Ward 采用声子气模型，重新推证了 Landau 关于液态 He 中第二声波速的推论，奠定了固体中第二声观测的理论基础[10]。他的证明过程利用了声子散射的能量和动量守恒两大定律及公式：

$$\varepsilon = pC \tag{6-14}$$

式中，ε 为声子能量；p 为声子动量（$p = \hbar K$）；C 为声速。利用光子气中的声速 Curtis 公式可以推得介质中的第二声速度：

$$v_{\mathrm{II}} = \sqrt{\frac{\partial P}{\partial \eta}} \tag{6-15}$$

式中，P 为声子气压力；η 为当地声子气能量密度。统计当地能量密度以及声子气压力：

$$\eta C^2 = \sum \varepsilon = v \int_0^\infty A\left[\exp\left(\frac{pC}{k_{\mathrm{B}}T}\right) - 1\right]^{-1} pC\mathrm{d}p \tag{6-16}$$

$$P = \iint \left(\frac{1}{2} vc\sin\theta\cos\theta\mathrm{d}\theta\right)\left\{2p\cos\theta A\left[\exp\left(\frac{pC}{k_{\mathrm{B}}T}\right) - 1\right]^{-1}\mathrm{d}p\right\}$$
$$= \frac{1}{3} vC\int_0^\infty Ap\left[\exp\left(\frac{pC}{k_{\mathrm{B}}T}\right) - 1\right]^{-1}\mathrm{d}p \tag{6-17}$$

通过对比式(6-16)和式(6-17)可以发现

$$P = \frac{1}{3}\eta C^2 \tag{6-18}$$

所以第二声的声速可由声子气推导得到：

$$v_{\mathrm{II}} = \frac{1}{3}C \qquad\qquad (6\text{-}19)$$

后续的实验者陆续在固体的 He、Bi、NaF 及 SrTiO$_3$ 中得到了第二声存在的证据。但是这些第二声观测实验大多局限于超低温，表 6-3 给出了各个实验的温度范围以及测量的第二声声速。

表 6-3　第二声实验的温度与结果汇总

实验材料	温度范围/K	第二声速度/(m/s)
固体 He[11]	0.42~0.58	160
Bi[12]	1.2~4	780
NaF[13-15]	11~22	180~300
SrTiO$_3$[16]	30~40	—
石墨[6]	50~150	—

最近一项关于石墨的研究宣布，在 100K 时观测到了第二声存在的证据，有力地证明了低维材料中声子水动力学现象的存在。研究者们利用瞬态热光栅法（transient thermal grating，TTG），研究了室温下（300K）石墨的热扩散率（$\alpha = L^2/(4\pi^2\tau)$）随着光栅周期长度变化的规律，发现热扩散率随着周期长度的增加而不断增加，并且趋于常值（图 6-4）。

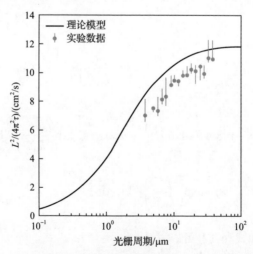

图 6-4　利用 TTG 实验方法得到的石墨热扩散率随着光栅周期的增加而增大

TTG 方法通过双缝干涉在介质中形成周期性分布的温度条纹，随着时间的增加，介质中的温度趋于平衡。利用傅里叶导热定律（扩散方程）可以推导得到温度峰值将以指数的形式衰减，指数系数 τ 与材料的热扩散率有关，$\tau = L^2/(4\pi^2\alpha)$。但是这种方法得到的热扩散率应该是一个常值，属于材料的热物性，不应与温度条纹的间距即光栅周期长度有关，所以在这种情况下，扩散导热方程不再适用。图 6-5 中的实线表示利用第一性原理得到的 $L^2/(4\pi^2\tau)$ 的理论预测值随光栅周期长度的变化规律，在这种情况下，声子处于水动力学导热区域。这一观测可以作为第二声存在的间接证据。进一步地，研究者们统计了 TTG 反射信号振幅随时间的变化，发现在 50～150K 的温度范围内，可以观测到光栅温度值先减小后增加的现象，呈现出波动的特征，并且其极小值低于环境温度。在扩散方程预测的导热现象中，热流只能从高温区域流向低温区域。而实验中温度极小值低于环境温度现象的出现说明介质中温度极大值与极小值点的位置发生了互换，呈现出波动导热的特征，是第二声现象的直接证据。TTG 反射信号是材料热膨胀率的表征，在平衡状态下材料的热膨胀率与温度变化成正比，但是非平衡状态下两者之间的关系仍然有待验证。

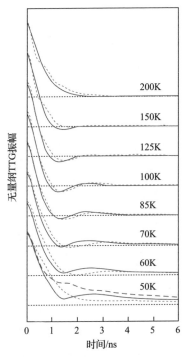

图 6-5　TTG 反射信号振幅随时间变化曲线

实线表示测量得到的 TTG 信号，虚线表示理论模拟值，点画线表示弹道极限下的理论模拟结果

除了 TTG 方法，还可以通过热脉冲实验（heat pulse experiment）和光散射实验

(light scattering method) 来验证第二声的存在。

热脉冲实验在有限长度的样品材料一侧施加超快速热脉冲，而在另一侧利用传感器记录其温度变化。当温度非常低时，弹道导热主导导热模式，声子内部散射很少，在传感器上可以记录两个脉冲峰，分别代表着介质中传递的纵波与横波。当温度上升时，声子内部散射增加，在这时易于发生 N 散射的低频声子占据很大的份额，声子水动力学导热占据主导，在传感器上会出现第三个脉冲峰，表示温度脉冲的传递，也就是第二声。当温度继续升高时，介质中高频声子逐渐增加，传热模式由 N 散射主导逐渐过渡到 R 散射主导，传热模式转变为扩散导热，此时第三个脉冲峰会消失。在热脉冲实验中，热脉冲的持续时间应该尽可能地小，以保证三个波能够区分开。同时，传感器的空间分辨率和时间分辨率要尽可能地高，以便能够反映微小的温度变化。图 6-6 是麦克内利 (McNelly) 等[13, 14]于 1970 年进行的 NaF 晶体中的热脉冲实验。随着晶体生长次数的增加，NaF 晶体的纯度不断提高。图 6-6(a) 是单次生长的晶体的实验数据，此时的晶体中含有较多的杂质。在 7.8K 时，传感器能够接收到两次脉冲信号，分别代表纵波和横波，此时观测到的峰值信号来源于弹道导热，随着温度的升高，弹道导热信号之后出现了扩散信号。图 6-6(b) 是经历了三次生长的 NaF 晶体，这时晶体中的杂质较少。在 8.1K 时，传感器能够接收到由纵波和横波传递过来的峰值信号，当温度达到 14.3K 时，除了在这两个信号之外，还能接收到一个额外的峰值信号，这就是第二声信号。

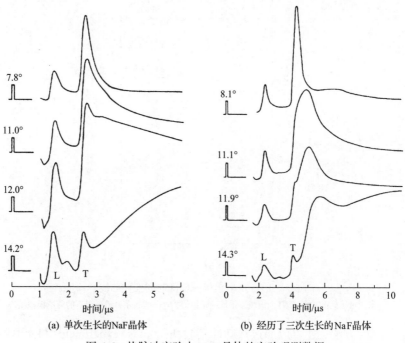

(a) 单次生长的 NaF 晶体　　　　(b) 经历了三次生长的 NaF 晶体

图 6-6　热脉冲实验中 NaF 晶体的实验观测数据

通过瞬态热脉冲的施加时间与第二声的达到时间之间的延迟可以计算第二声的传播速度。

在介质中传递的第二声(热波)会影响材料的介电常数。在光散射实验中,通过对于激光散射率的监测获得材料介电常数的变化,从而获得介质的温度变化,验证第二声的存在。当温度很低时,光的散射率对于温度波动并不敏感,为了能够得到较高的灵敏度,通常采用强光栅对于材料进行加热。利用这种方法得到的 NaF 中的第二声速度,与热脉冲实验中得到的速度相符合。图 6-7 是波尔(Pohl)等利用光散射实验得到的 NaF 晶体中的信号数据[15]。

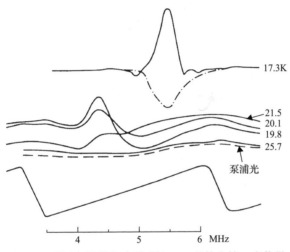

图 6-7　利用光散射实验得到的 NaF 晶体中第二声信号

6.1.3　低维材料中的声子水动力学窗口

在 6.1.1 节中分析了声子处于水动力学导热模式所需的条件,要求 R 散射强度尽可能小,即材料的特征尺寸应该远小于 R 散射平均自由程,同时 N 散射强度应该足够强,能够覆盖弹道导热模式的影响。低频声子具有更小的波矢,发生声子合并之后的声子波矢更易于落在第一布里渊区之内,因此更易于发生 N 散射而非 U 散射。因此,最初的声子水动力学研究多局限于激发低频声子的超低温环境中。最近的一些研究发现,低维材料,例如单壁碳纳米管(single-wall carbon nanotube,SWCNT)、石墨烯(graphene)与氮化硼(boron nitride,BN)中,即使在相对较高的温度下声子 N 散射也可以占据主导地位,其中的原因是多方面的。低维材料通常具有较高的德拜温度,使低频声子更易于激发。同时,弯曲模式的声子(ZA 声子支)具有较长的波长和较高的态密度,也使声子分布向低频迁移。群速度较高的声学支声子与群速度较低的光学支声子之间存在较大的能带间隙,使声学支声子与光学支声子之间的相互作用减弱，跨声子支的声子合并与分裂更加困难。低维材料中较强的 N 散射使其具有很高的热导率。

单层石墨烯是最典型的二维材料，自 2004 年由英国科学家利用微机械剥离法从石墨中得到单层石墨烯以来，由于其优越的力学、光学和热学等性质而备受关注。图 6-8 展示了单层石墨烯中不同声子支的 N 散射和 R 散射强度随声子频率的变化。在低频声子区，石墨烯中的 N 散射强度在 10^{10} 量级，而 R 散射强度在 $10^5 \sim 10^6$ 量级，两者之间存在明显的间隙，低频声子是水动力学导热过程中的重要热载子。随着声子频率的升高，N 散射强度基本保持不变，而 R 散射强度迅速提升，此时 R 散射对于声子动量的破坏不可忽略，不过此时仍然满足 N 散射强度高于 R 散射强度的条件。

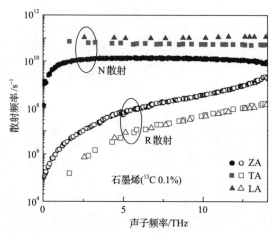

图 6-8　100K 时单层石墨烯中(同位素含量 13C 0.1%)不同声子支的 N 散射与 R 散射强度对比

石墨烯中 N 散射强度与 R 散射强度之间具有很大的间隙，所以即使在较高温度下石墨烯也可以具有较为宽松的尺寸窗口。采用平均散射强度 (average linewidths) Γ^i 来表征材料中 N 散射、U 散射和同位素散射 (isotopic scattering) 的占比，这里指的平均是在声子频域上的平均：

$$\left\langle \Gamma^i \right\rangle = \left\langle \frac{2\pi}{\tau^i} \right\rangle = \frac{\sum\limits_{v} C_v 2\pi / \tau_v^i}{\sum\limits_{v} C_v} \tag{6-20}$$

式中，字母 i 为三种不同的散射过程；C_v 为模式为 v 的声子的比热，定义为

$$C_v = f_{0v}(f_{0v} + 1) \frac{(\hbar\omega_v)^2}{k_B T^2} \tag{6-21}$$

　　图 6-9 描绘了石墨烯、石墨烷、氮化硼、氟代石墨烯和二硫化钼中三种散射的平均散射强度。其中实线、虚线和点线分别表示 N 散射、U 散射和同位素散射的强度。同位素散射强度是基于化合物中元素的自然丰度计算得到的。从图中可以发现，在低温下 N 散射占据主导地位，这时导热处于 Poisseulle 水动力学导热模式。随着温度的升高，N 散射始终保持最高的散射强度。但是这并不意味着这些温度下的导热模式为水动力学导热，温度升高时，声子 R 散射强度迅速增加，声子动量被 R 散射所破坏，导热过程受到 N 散射过程与 R 散射过程的共同影响，导热模式属于 Ziman 水动力学区域。

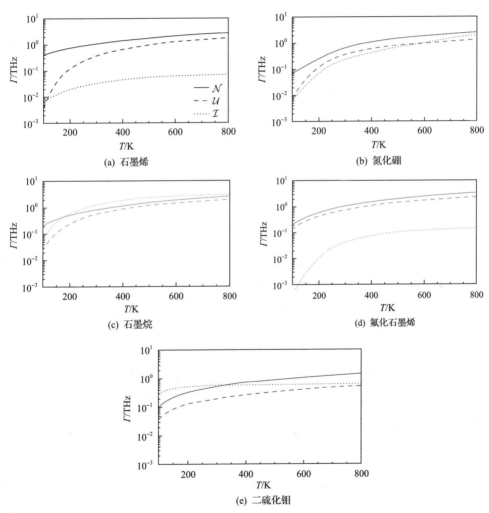

图 6-9　N 散射、U 散射和同位素散射的平均散射强度随温度变化示意图[4]

6.2　声子水动力学模型

6.2.1　宏观水动力学模型

声子玻尔兹曼方程为声子水动力学的建立奠定了基础。但是正如之前所说，声子散射矩阵的处理是求解声子玻尔兹曼方程的最主要的困难。现在主要有两种方法，弛豫时间近似法与第一性原理计算全散射矩阵法。

1959 年，Callaway 提出 U 散射和 N 散射分别使系统趋向于平衡普朗克分布与位移普朗克分布，由此建立了双弛豫时间近似模型(relaxation time approximation)[17]：

$$\left(\frac{\partial f}{\partial t}\right)_{\text{scatter}} = \left(\frac{\partial f}{\partial t}\right)_{\text{U}} + \left(\frac{\partial f}{\partial t}\right)_{\text{N}} = \frac{f_0 - f}{\tau_{\text{U}}} + \frac{f_{\text{d}} - f}{\tau_{\text{N}}} \tag{6-22}$$

式中，下角标 U 和 N 分别表示 U 散射和 N 散射。弛豫时间近似模型是简化掉声子散射矩阵非对角线元素得到的近似模型，在定量计算中不够精确。1963 年 Sussmann 和 Thellung 忽略 R 散射对于声子传递过程的影响，建立了第一个声子水动力学宏观方程[18]。1966 年，Guyer 和 Krumhansl 通过对于散射项的特征值分析，研究了 N 散射过程和 R 散射过程的特征向量，建立了 GK 方程，也是现在普遍采用的水动力学模型的雏形[2, 19]。与之前对于第二声实验和 Cattaneo 建立的第一个波动传热数学模型(Maxwell-Cattaneo 方程)不同的是，GK 方程包含热流的梯度项与散度项，分别表示热量传递过程中的非局域效应与黏性效应，这些项与描述流体运动的 Navier-Stokes 方程的项非常类似，也是名词"水动力学"的来源。

Guyer 和 Krumhansl 研究了线性化玻尔兹曼方程中的散射算子 C 的特征值与特征向量。如果满足

$$C|\mu\rangle = g_\mu|\mu\rangle \tag{6-23}$$

则称 g_μ 为算子 C 的第 μ 个特征值，$|\mu\rangle$ 为算子 C 的第 μ 个特征向量。这里采用了狄拉克符号(Dirac notation)，$|\mu\rangle$ 是特征向量的右矢(刃矢)，$\langle\mu|$ 是特征向量的左式(刀矢)，两者互为共轭：

$$\langle\mu| = |\mu\rangle^\dagger \tag{6-24}$$

算子 C 可以使用它的特征值与特征向量进行表示：

$$C = \sum_\mu g_\mu|\mu\rangle\langle\mu| \tag{6-25}$$

同时根据散射方式的不同，将 C 算子可以分裂成两部分：

$$C = N + R \tag{6-26}$$

式中，N 和 R 分别为声子 N 散射与 R 散射的散射算子。对于 N 散射来说，声子传递过程中的能量和动量守恒，而 R 散射只能保证声子传递的能量守恒。N 散射算子有 4 个特征值为 0 的特征向量，其中 1 个特征向量表示能量守恒，另外 3 个特征向量表示三个空间方向上的动量守恒。而 R 散射算子只能找到 1 个特征值为 0 的特征向量，即散射过程中的能量守恒。N 散射算子的 4 个特征向量分别为

$$|\eta_0\rangle = \mu\left[2\sinh\left(\frac{\hbar\omega}{2k_B T}\right) \right]^{-1} \tag{6-27}$$

$$|\eta_{1x}\rangle = K_x \lambda_x \left[2k_B T\sinh\left(\frac{\hbar\omega}{2k_B T}\right) \right]^{-1} \tag{6-28}$$

$$|\eta_{1y}\rangle = K_y \lambda_y \left[2k_B T\sinh\left(\frac{\hbar\omega}{2k_B T}\right) \right]^{-1} \tag{6-29}$$

$$|\eta_{1z}\rangle = K_z \lambda_z \left[2k_B T\sinh\left(\frac{\hbar\omega}{2k_B T}\right) \right]^{-1} \tag{6-30}$$

在上式中，系数 μ、λ 的值由归一化条件确定：

$$\langle\eta_\mu|\eta_{\mu'}\rangle = \delta_{\mu,\mu'} \tag{6-31}$$

在各向同性且符合德拜模型的材料中，可以得到系数值：

$$\mu^2 = \frac{k_B}{C_v},\ \lambda^2 = \left(\frac{3k_B \hbar^2 c^2}{C_v}\right) \tag{6-32}$$

这些特征向量的得出基于位移普朗克分布：

$$f_d(\delta T, \boldsymbol{v}_d) = \frac{1}{\exp\left[\dfrac{\hbar\omega - \hbar\boldsymbol{K}\cdot\boldsymbol{v}_d}{k_B(T+\delta T)}\right] - 1} \tag{6-33}$$

利用线性化假设，仅保留 f_d 展开项中的一阶项，可以得到

$$f_{\rm d}(\delta T,0) = f_{\rm d}(0,0) + \frac{\exp\left(\dfrac{\hbar\omega}{k_{\rm B}T}\right)}{\left[\exp\left(\dfrac{\hbar\omega}{k_{\rm B}T}\right)-1\right]^2}\frac{\hbar\omega}{k_{\rm B}T^2}\delta T \tag{6-34}$$

$$f_{\rm d}(0,\boldsymbol{v}_{\rm d}) = f_{\rm d}(0,0) + \frac{\exp\left(\dfrac{\hbar\omega}{k_{\rm B}T}\right)}{\left[\exp\left(\dfrac{\hbar\omega}{k_{\rm B}T}\right)-1\right]^2}\frac{\hbar\boldsymbol{K}}{k_{\rm B}T}\cdot\boldsymbol{v}_{\rm d} \tag{6-35}$$

因为 N 散射算子不改变位移普朗克分布，所以 N 散射算子有特征值为 0 的特征向量，满足

$$f_{\rm d}(\delta T,0) - f_{\rm d}(0,0) = N\left(\frac{\exp\left(\dfrac{\hbar\omega}{k_{\rm B}T}\right)}{\left[\exp\left(\dfrac{\hbar\omega}{k_{\rm B}T}\right)-1\right]^2}\frac{\hbar\omega}{k_{\rm B}T^2}\delta T\right) = N\left|\eta_0\right\rangle = 0 \tag{6-36}$$

$$f_{\rm d}(0,\boldsymbol{v}_{\rm d}) - f_{\rm d}(0,0) = N\left(\frac{\exp\left(\dfrac{\hbar\omega}{k_{\rm B}T}\right)}{\left[\exp\left(\dfrac{\hbar\omega}{k_{\rm B}T}\right)-1\right]^2}\frac{\hbar\boldsymbol{K}}{k_{\rm B}T}\cdot\boldsymbol{v}_{\rm d}\right) = N\left|\eta_1\right\rangle = 0 \tag{6-37}$$

进行归一化之后即可得到上述特征向量。相应地，因为 R 散射算子只能保证声子传递过程中的能量守恒，所以其只有特征向量 $\left|\mu_0\right\rangle$。Guyer 和 Krumhansl 认为实际声子分布可以以 N 散射算子的特征向量为基进行描述，写作

$$f = \sum_{\mu} a_{\mu}(\boldsymbol{x},t)\left|\eta_{\mu}\right\rangle \tag{6-38}$$

将其表达式代入玻尔兹曼方程：

$$\sum_{\mu'} D_{\mu,\mu'} a_{\mu'} = \sum_{\mu}(N_{\mu,\mu'} + R_{\mu,\mu'})a_{\mu'} \tag{6-39}$$

式中，D 为迁移矩阵算子。求声子真实分布的过程其实就是求解一系列系数 a_{μ} 的过程。采用分块矩阵的方法，将声子玻尔兹曼方程写作

$$\left\{ \begin{bmatrix} 0 & 0 & 0 \\ 0 & 0 & 0 \\ 0 & 0 & N_{22}^* \end{bmatrix} + \begin{bmatrix} 0 & 0 & 0 \\ 0 & R_{11}^* & R_{12}^* \\ 0 & R_{21}^* & R_{22}^* \end{bmatrix} - \begin{bmatrix} D_{00} & D_{01} & 0 \\ D_{10} & D_{11} & D_{12} \\ 0 & D_{21} & D_{22} \end{bmatrix} \right\} \begin{Bmatrix} a_0 \\ a_1 \\ a_2 \end{Bmatrix} = 0 \qquad (6\text{-}40)$$

其中，a_0 为特征向量 $|\mu_0\rangle$ 的系数；a_1 为特征向量 $|\mu_1\rangle$ 系数；a_2 为其余的未知特征向量系数。由上述矩阵可以得到三个相关等式：

$$D_{00}a_0 + D_{01}\alpha_1 = 0 \qquad (6\text{-}41)$$

$$R_{11}^* a_1 + R_{12}^* a_2 - D_{10}a_0 - D_{11}a_1 - D_{12}a_2 = 0 \qquad (6\text{-}42)$$

$$N_{22}^* a_2 + R_{21}^* a_1 + R_{22}^* a_2 - D_{21}a_1 - D_{22}a_2 = 0 \qquad (6\text{-}43)$$

式 (6-41) 其实可以看作声子的无散射输运过程，这个过程是能量守恒的。将式 (6-42) 和式 (6-43) 结合，可以消去 a_2：

$$D_{10}a_0 = [(R_{11}^* - D_{11}) - (R_{12}^* - D_{12})(N_{22}^* + R_{22}^* - D_{22})^{-1} \times (R_{21}^* - D_{21})]a_1 \qquad (6\text{-}44)$$

在各向同性的德拜模型材料中，传递中的声子能量可以写作当地温度与参考温度差值的函数：

$$\varepsilon(\boldsymbol{x},t) = C_v(T_0)\delta T(\boldsymbol{x},t) = \frac{k_B T}{\mu} f|\eta_0\rangle = \frac{k_B T}{\mu} a_0 \qquad (6\text{-}45)$$

X 方向的热流写作

$$Q_x(\boldsymbol{x},t) = \left(\frac{k_B T \hbar c^2}{\lambda_x} \right) f|\eta_{1x}\rangle = \left(\frac{k_B T \hbar c^2}{\lambda_x} \right) a_{1x} \qquad (6\text{-}46)$$

将当地能量与热流的表达式代入式 (6-44) 中，可以得到 GK 方程

$$\tau_R \frac{\partial \boldsymbol{q}}{\partial t} + \boldsymbol{q} + \lambda \nabla T = \frac{1}{5} v_g^2 \tau_N \tau_R [\nabla^2 \boldsymbol{q} + 2\nabla(\nabla \cdot \boldsymbol{q})] \qquad (6\text{-}47)$$

在上式中除了热流关于时间的导数外，还包含热流的空间的非局域效应，也被称为声子黏性效应。式 (6-47) 与 Navier-Stokes 方程：

$$\rho\left[\frac{\partial \boldsymbol{v}}{\partial t} + (\boldsymbol{v} \cdot \nabla)\boldsymbol{v} \right] = -\nabla p + \mu\nabla^2 \boldsymbol{v} + \left(\zeta + \frac{1}{3}\mu \right)\nabla(\nabla \cdot \boldsymbol{v}) \qquad (6\text{-}48)$$

相比有很多的相似性，例如黏性项与时间导数项。但是同时两个方程也有细微的

差别，例如在 GK 方程中存在热流散度的梯度项，这一项并不包含在 NS 方程中，而同时缺少 NS 方程中拥有的对流项。线性化玻尔兹曼方程的特征值分析法为声子水动力学的发展奠定了基础。

除了特征值分析法，声子水动力学方程及其衍生方程还可以通过其他的手段推导得到，例如 Chapman-Enskog 方法和 Moment 方法等。

Chapman-Enskog 方法利用微扰理论来求解声子玻尔兹曼方程，他认为声子状态分布函数可以近似地分解为

$$f = f_0 + \varepsilon f_1 + \varepsilon^2 f_2 + \cdots \tag{6-49}$$

式中，f_0、f_1、f_2 分别被称为分布函数的零阶、一阶和二阶分量，并且可以考虑到更加高阶的分量；ε 为一个小量，通常在经典流体力学中被取成系统的克努森数 Kn。克努森数定义为分子平均自由程与流动特征尺寸的比值。在声子水动力学中，也有人取为 N 散射过程弛豫时间与 R 过程弛豫时间的比值：

$$\varepsilon = \frac{\tau_N}{\tau_R} \tag{6-50}$$

因为在声子水动力学区域，$\tau_N \ll \tau_R$，所以可以保证 ε 是小量的假定。将近似后的声子分布函数代入弛豫时间近似模型中，即可得到相应的关系。

Moment 方法通过积分声子玻尔兹曼方程获得相应的传热关系。它认为物理量的变化与物理量的流变化有关，并且考虑热流的流乃至于更高阶的流从而获得这些流之间的微分方程。对于单弛豫时间近似的声子玻尔兹曼方程：

$$\frac{\partial q_i}{\partial t} + \nabla_j Q_{ij} = -\frac{q_i}{\tau_R} \tag{6-51}$$

两侧乘以 $\hbar \omega v_i$，并且在波矢空间上积分，可以得到

$$\frac{\partial q_i}{\partial t} + \nabla_j Q_{ij} = -\frac{q_i}{\tau_R} \tag{6-52}$$

式中，Q_{ij} 为一个二阶张量，表示为

$$Q_{ij} = \int_k f_i v_i v_j \mathrm{d}\boldsymbol{k} \tag{6-53}$$

继续上面的积分过程，在式 (6-51) 两侧乘以 $\hbar \omega v_i v_j$，并在波矢空间上积分可以得到 Q_{ij} 的时间演化方程：

$$\frac{\partial Q_{ij}}{\partial t} + \nabla_k M_{ijk} = -\frac{Q_{ij}}{\tau_R} \tag{6-54}$$

在这里 M_{ijk} 是一个三阶张量。为了能够得到一个封闭的方程组，这些分布函数通常在平衡状态附近展开，并且使用厄米特多项式方法（hermite polynomials truncation）进行截断。同理，可以使用双弛豫时间近似模型或者其他方法来处理声子散射项。在声子水动力学的发展过程中，有两种主流的 moment 方法，分别是基于动力学的 Grad's type 方法和基于变分原理的最大熵（maximum entropy moment method）方法。Grad's type 方法假设声子分布函数只与已考虑变量有关，通过这种假设可以将高阶流分量表示成为低阶流分量的函数，通过这种方法可以封闭方程组。最大熵方法利用拉格朗日乘子法，在现有变量和约束的条件下获得声子 Gibbs 熵的达到最大时的关系式，从而封闭整个方程组。

6.2.2　唯象声子水动力学

以上关于声子水动力学方程的求解都是基于声子 N 散射主导的传热过程，其成立的基础是 $l_N \ll l_R$ 且 $l_N \ll D$，其中 D 为介质的特征尺寸。在弹道导热过程中，声子的动量也能够得到保持，其传热现象与水动力学传热现象类似。部分研究利用声子水动力学方程来研究与弹道导热相关的现象，或者研究与声子黏性项、对流项相关的方程，其关注点并不局限于 N 散射主导的导热模式。为了区别起见，借用文献[3]中的说法将这种水动力学称为唯象声子水动力学。这里主要介绍弹道导热理论与热质理论。

当系统的 Kn 数大于 1 或者更大时，弹道声子对于传热过程影响很大。弹道声子与粗糙边界的相互作用会形成热流的边界滑移现象，这种边界滑移与声子 Poisseulle 流很像。图 6-10 是使用离散坐标法（discrete ordinate method，DOM）模

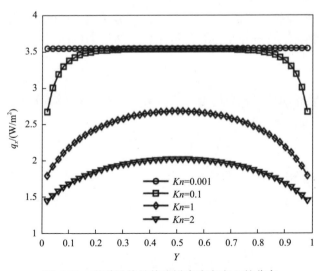

图 6-10　弹道导热的热流沿宽度方向上的分布

拟得到的弹道导热中热流沿宽度方向上的分布。在 Kn 较大的情况下，其热流分布形状类似于抛物线，并且可以用类水动力学方程来描述：

$$\tau_R \frac{\partial \boldsymbol{q}}{\partial t} + \boldsymbol{q} + \lambda \nabla T = l^2 [\nabla^2 \boldsymbol{q} + 2\nabla(\nabla \cdot \boldsymbol{q})] \tag{6-55}$$

式中，l 为声子的平均自由程。类水动力学方程与 GK 方程不同，并不是通过严格推导得到，而是用一种半经验性唯象方程。GK 方程的推导过程是基于低温环境假设的，而在室温下 R 散射影响远远大于 N 散射，N 散射影响可以忽略，使用 GK 方程来描述热量传递现象是不合适的。但是使用类水动力学方程来解释这种热流在宽度方向上的抛物型分布现象却能够很好地与结果相符，这是因为弹道导热和水动力学导热的相似性，即方程所表达的声子动量守恒规律。

在热质理论[20]中，虽然其推导出的方程也有类似于声子水动力学方程的形式，但是其没有采用声子散射的概念，不符合声子水动力学的定义，这里仍然将其称为唯象声子水动力学。热质理论认为在纯传热过程中，分子的静质量并未发生移动，而只是通过分子之间的相互作用完成了热能的传递。利用爱因斯坦的质能方程：

$$E = mc^2 \tag{6-56}$$

可以得到由于分子热运动而使得分子额外获得的质量，并将这部分质量定义为热质：

$$m_h = \frac{\sum_i \frac{1}{2} m_0 v^2}{c^2} \tag{6-57}$$

式中，c 为光速，分子的能量用一阶展开式即分子热运动的动能来表示。热质的定向运动形成热流，介质中的热流实际上就是热质的传递。将热流定义为

$$q = c^2 p = c^2 m_h u_h \tag{6-58}$$

式中，p 为热质的动量；u_h 为热质的迁移速度。若定义热质的密度为

$$\rho_h = \frac{\rho C_V T}{c^2} \tag{6-59}$$

则得到热质的连续性方程、动量方程为

$$\frac{\partial \rho_h}{\partial t} + \nabla \cdot (u_h \rho_h) = 0 \tag{6-60}$$

$$\frac{\partial (\rho_h u_h)}{\partial t} + \nabla \cdot (u_h \cdot \rho_h u_h) = -\nabla P_h + f_h \tag{6-61}$$

式中，P_h 为热质定向运动的驱动力；f_h 为热质运动过程中的阻力。

在一维问题中声子气中的压力可以表示为

$$P_h = \frac{\gamma \rho C_V^2 T^2}{c^2} \tag{6-62}$$

类比于流体在通道中和多孔介质中的流动，可认为热质运动的阻力与热质迁移速度成正比：

$$f_h = \beta_h u_h \tag{6-63}$$

动量方程的第一项和第二项分别表示热质在时间和空间上的惯性效应，或者称之为惯性力与对流效应。当热质的惯性力很小可以忽略时，热质的驱动力与阻力平衡，这时的动量方程可以退化为傅里叶导热方程：

$$q = -\frac{2c^2 \gamma \rho_h^2 C_V}{\beta_h} \frac{dT}{dx} \tag{6-64}$$

使用热导率 k 来表示方程的系数，则可以得到 β_h 的表达式：

$$\beta_h = \frac{2c^2 \gamma \rho_h^2 C_V}{k} \tag{6-65}$$

当忽略热质的空间惯性项时，动量方程可以退化为 CV 方程，当忽略时间惯性项时，可以退化为稳态非傅里叶导热模型：

$$q = -(1-b)k\nabla T \tag{6-66}$$

$$b = \frac{q^2}{\rho^2 C_V^3 T^3} \tag{6-67}$$

稳态非傅里叶导热模型描绘了本征热导率与表观热导率的关系。由于动量方程的普适性，因此也将其称为普适导热方程。

利用普适导热定律研究稳态传热情况下碳纳米管中的温度分布，得到图 6-11(a)。可以发现与傅里叶导热定律预测不同，材料中的温度分布不再是线性，而是呈现出上凸的趋势。在微纳结构中，热导率不再是材料的本征特性，而是与材料尺寸相关。纳米管的热导率随其长度的增加而增加，图 6-11(b) 是利用热质理论分析得到的硅纳米管的热导率随长度变化情况，其中虚线是理论预测值，散点图表示实验观测值。热质理论能够较好地解释热导率随长度的变化规律。

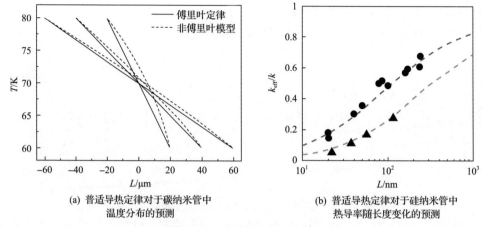

(a) 普适导热定律对于碳纳米管中　　　　　　(b) 普适导热定律对于硅纳米管中
　　温度分布的预测　　　　　　　　　　　　　热导率随长度变化的预测

图 6-11　普适导热定律的应用

6.2.3　声子玻尔兹曼方程的数值解

随着现代科学计算的发展，可以用数值的方法获得声子玻尔兹曼方程的更加精确的解：

$$\frac{\partial f_i(t, \boldsymbol{x})}{\partial t} + \boldsymbol{v}_i \nabla f_i(t, \boldsymbol{x}) = Cf \tag{6-68}$$

式 (6-68) 的主要难点在于声子散射项。散射项 Cf 是一个积分项，表示不同波矢的声子之间相互的影响。一般可以通过弛豫时间近似方法和计算全散射矩阵方法来实现散射项的处理，而在计算方法上有声子蒙特卡罗模拟算法 (phonon Monte Carlo method，MC 方法)、离散坐标法 (DOM) 和变分法等等。因为本书的其他章节重点介绍了计算方法，本节只介绍与水动力学计算相关的内容。下面将会简单介绍基于弛豫时间近似的声子蒙特卡罗模拟计算方法和基于 Ab initio 的第一性原理计算全散射矩阵的方法。

1. 基于弛豫时间近似的 MC 方法

Callaway 的双弛豫时间模型认为声子的散射会使声子趋向于平衡态分布，对于 R 散射来说，其平衡分布为平衡普朗克分布，对于 N 散射来说，其平衡分布为位移普朗克分布：

$$f_0 = \frac{1}{\exp\left(\dfrac{\hbar\omega}{k_{\mathrm{B}}T}\right) - 1} \tag{6-69}$$

$$f_{d} = \cfrac{1}{\exp\left(\cfrac{\hbar\omega - \hbar\boldsymbol{k}\cdot\boldsymbol{v}_{d}}{k_{B}T}\right) - 1} \tag{6-70}$$

在不考虑温度梯度的情况下，两个分布在波矢空间上的区别在于，f_0 认为声子在各个方向上是分布均匀的（兰贝特发射），而 f_d 则认为声子存在明显的方向选择性，即更加偏向于迁移速度的方向（定向发射），如图 6-12 所示。

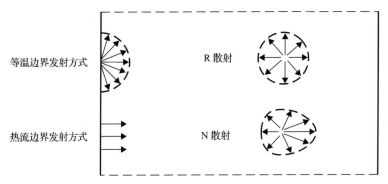

图 6-12　R 散射与 N 散射的声子波矢空间分布和两种不同的边界发射模式

利用声子 MC 方法可以进行声子玻尔兹曼方程的数值求解。MC 方法使用随机的方法在介质中产生声子，并且跟踪声子的轨迹，模拟声子散射中的出生和湮灭过程，并且通过统计来获得宏观物理量。与其他计算方法相比，MC 方法具有更大的计算尺度，更加高效的计算效率和更加灵活的边界条件。为了进一步减少计算量，可采用 Variant-Controlled Variance-Reduced 方法[21]，使用相对能量变化 e^{dev} 来代替声子分布函数变化，使用粒子束代替粒子：

$$\frac{\partial \displaystyle\iint_{V\;\boldsymbol{k}} f_i\hbar\omega\mathrm{d}\boldsymbol{k}}{\partial t} + v_i\nabla\left(\iint_{V\;\boldsymbol{k}} f_i\hbar\omega\mathrm{d}\boldsymbol{k}\right) = \frac{\displaystyle\iint_{V\;\boldsymbol{k}}(f_{i0}-f_i)\hbar\omega\mathrm{d}\boldsymbol{k}}{\tau_R} + \frac{\displaystyle\iint_{V\;\boldsymbol{k}}(f_{id}-f_i)\hbar\omega\mathrm{d}\boldsymbol{k}}{\tau_N} \tag{6-71}$$

$$\frac{\partial e_i^{dev}}{\partial t} + v_i\nabla e_i^{dev} = \frac{e_{i0}^{dev}-e_i^{dev}}{\tau_R} + \frac{e_{id}^{dev}-e_i^{dev}}{\tau_N} \tag{6-72}$$

式中，$e^{dev}=e-e_{ref}$ 为当地能量 e 与参考能量 e_{ref} 之间的差值。通过参考能量的引入，可以减少粒子数目。粒子束表示一堆具有相同频率和波矢的声子，这些声子的能量之和为常数：

$$\Delta E = \frac{E}{N} \tag{6-73}$$

式中，E 为所有声子携带的总能量；N 为能量束的数目。在散射过程中，区域中的粒子数总和不变，区域能量守恒关系自动满足。在声子水动力学传热过程中，有两个量尤为重要，分别是 N 散射概率 M_N 与声子迁移速度 v_d。将弛豫时间近似的散射项进行整理，可以得到

$$Cf_i = \frac{f_{i0} - f_i}{\tau_R} + \frac{f_{id} - f_i}{\tau_N} = \frac{\left(\dfrac{\tau_t}{\tau_R} f_{i0} + \dfrac{\tau_t}{\tau_N} f_{id} \right) - f_i}{\tau_t} \tag{6-74}$$

式中

$$\frac{1}{\tau_t} = \frac{1}{\tau_R} + \frac{1}{\tau_N} \tag{6-75}$$

在 Ziman 水动力学区域，声子散射既有 N 散射的影响也有 R 散射的影响，所以在两大散射机制的影响下，声子分布函数趋向于两者的杂糅态。将 R 散射强度在总散射强度中占据的份额称之为 R 散射强度：

$$M_R(\omega) = \frac{1}{\tau_R(\omega)} \bigg/ \left(\frac{1}{\tau_N(\omega)} + \frac{1}{\tau_R(\omega)} \right) \tag{6-76}$$

式中，M_R 为与声子频率有关的值，代表着声子在散射过程中发生 R 散射的概率。

对于处于水动力学区域的声子来说，不同频率和波矢、分属不同声子支的声子具有相同的迁移速度，所以需要通过统计获得统一的迁移速度。在声子迁移速度远小于声子群速度时，可以利用位移普朗克分布的一阶展开式使问题进一步简化：

$$f_d \approx f_d^* = f_0 + f_0(f_0 + 1) \frac{\hbar \mathbf{k} \cdot \mathbf{v}_d}{k_B T} \tag{6-77}$$

在下面的计算中将会采用 f_d^* 代替位移普朗克分布。在式 (6-71) 两端乘以 $\hbar \omega \mathbf{v}_g$，积分可以得到水动力学热流：

$$\mathbf{q} = \iint\limits_{V\,\mathbf{k}} [f_0 + f_0(f_0 + 1) \frac{\hbar \mathbf{k} \cdot \mathbf{v}_d}{k_B T}] \hbar \omega \mathbf{v}_g \mathrm{d}\mathbf{k} = \sum_N \Delta E \mathbf{v}_g \tag{6-78}$$

因为 v_d 是一个与声子频率和波矢无关的量，所以可以得到 v_d 的表达式为

$$|\mathbf{v}_d| = \left| \sum_N \Delta E \mathbf{v}_g \right| \bigg/ \iint\limits_{V\,\mathbf{k}} f_0(f_0 + 1) \frac{\hbar^2 \omega}{k_B T} \mathbf{k} \cdot \mathbf{v}_g \mathrm{d}\mathbf{k} \tag{6-79}$$

假设在同一个网格中的声子迁移速度相同。在散射过程中，首先确定波矢的模长，然后再确定波矢的方向，若设迁移速度的方向为 x 轴，则其概率分布为

$$f(\boldsymbol{k}, \theta, \beta) = \left[f_0 + f_0(1 + f_0) \frac{\hbar \boldsymbol{k} \cos \theta}{k_{\mathrm{B}} T} - f_{\mathrm{ref}} \right] D(\boldsymbol{k}) \hbar \omega \sin \theta \tag{6-80}$$

式中，$D(\boldsymbol{k})$ 为声子的态密度函数。波矢的模量概率分布为

$$P_k(\boldsymbol{k}) = \left[\int_0^\pi \mathrm{d}\theta \int_0^{2\pi} \mathrm{d}\beta f(\boldsymbol{k}, \theta, \beta) \right] \Bigg/ \left[\int_0^{k_{\max}} \mathrm{d}\boldsymbol{k} \int_0^\pi \mathrm{d}\theta \int_0^{2\pi} \mathrm{d}\beta f(\boldsymbol{k}, \theta, \beta) \right] \tag{6-81}$$

波矢的方向概率分布为

$$P_\theta(\theta) = \int_0^{2\pi} f(\boldsymbol{k}, \theta, \beta) \mathrm{d}\beta \Bigg/ \left[\int_0^\pi \mathrm{d}\theta \int_0^{2\pi} f(\boldsymbol{k}, \theta, \beta) \mathrm{d}\beta \right] \tag{6-82}$$

但是波矢的方向概率分布可能存在概率为负的情况，即存在 θ，使

$$f_0 - f_{\mathrm{ref}} + f_0(1 + f_0) \frac{\hbar \boldsymbol{k} \cos \theta}{k_{\mathrm{B}} T} < 0 \tag{6-83}$$

这时需要进行特殊处理。需要明确的是，概率不可能是负值，之所以在这里出现负概率的情况，是因为参考能量点的存在。负值概率表示该处的取值低于参考点取值。其概率累积分布函数如图所示，如果按照 $\theta < \theta_0$ 时的概率确定声子的方向，则会发现散射后的声子动量小于散射前的声子动量。为了弥补这部分动量损失，可以注意到 $\theta_0 < \theta < \theta_1$ 和 $\theta_1 < \theta < \pi$，声子概率分布是中心对称的，所以可以假设散射后产生了一对具有正的单位能量和负的单位能量的粒子束，这两个粒子束具有相同的频率，由 $\theta_0 < \theta < \theta_1$ 和 $\theta_1 < \theta < \pi$ 区域的概率分布确定其方向分布。由于粒子束是成对出现的，可以保证区域中的能量守恒。另外选择的成对的粒子束的数目，与比值 S_2/S_1 有关，粒子束的对数等于比值的整数部分，并且随机产生一个 $(0,1)$ 的随机数 g，如果 g 小于比值的小数部分，则在原来的数目的基础上再增加一对粒子束，反之则不增加。带有正的单位能量的粒子束的方向概率为

$$P_\theta(\theta^*) = \int_0^{2\pi} f(\boldsymbol{k}, \theta^*, \beta) \mathrm{d}\beta \Bigg/ \int_{\theta_0}^{\theta_1} \mathrm{d}\theta \int_0^{2\pi} f(\boldsymbol{k}, \theta, \beta) \mathrm{d}\beta \tag{6-84}$$

式中，θ^* 为散射后产生的具有正的单位能量的声子束的极角。

同理，具有负的单位能量的粒子束的方向概率为

$$P_\theta(\theta^{**}) = \int_0^{2\pi} f(\boldsymbol{k}, \theta^{**}, \beta) \mathrm{d}\beta \Bigg/ \int_{\theta_1}^\pi \mathrm{d}\theta \int_0^{2\pi} f(\boldsymbol{k}, \theta, \beta) \mathrm{d}\beta \tag{6-85}$$

式中，θ^{**} 为散射后产生的具有负的单位能量的声子束的极角。

通过这种处理手段可以实现粒子散射后的动量守恒。

在这种计算方法中，其实发生散射的粒子只需要提供两点信息：发生散射的声子束的数目和声子的迁移速度，散射后重新发射的声子只依赖于这两点信息，而与散射前声子的频率波矢无关。由于区域中正负能量声子束的存在，在散射时可以先统计绝对能量粒子束数目：

$$N_t = N_+ - N_-$$　　　　　　　　　　　　　　　　　　　　　(6-86)

式中，N_+和N_-分别为正能量声子束和负能量声子束的数目。

在 MC 方法模拟中边界条件的设定是非常重要的。在热发射边界上单位时间内的声子束能量被分成了 dN 份，其中 dN 是单位时间内边界发射出来的声子束数目。若边界为热沉形成的等温边界，则在边界上的声子束应该满足 Lambert 边界条件，即

$$I(\theta) = I_0 \cos\theta$$　　　　　　　　　　　　　　　　　　(6-87)

式中，I 为声子束能量；θ 为与界面法向的夹角；I_0 为声子束入射初始能量。若边界为热流边界，根据加热情况，可酌情采用定向边界条件或者 Lambert 边界条件。在绝热粗糙边界上，声子的动量被破坏，新出生的声子按照平衡普朗克分布重新发射。

下面介绍另一种保持声子散射动量守恒的方法[22]，将声子状态分布函数分为两部分：

$$f_1(\boldsymbol{k}, \theta, \beta) = (f_0 - f_{\text{ref}}) D(\boldsymbol{k}) \hbar\omega \sin\theta$$　　　　　　　(6-88)

$$f_2(\boldsymbol{k}, \theta, \beta) = f_0(1 + f_0) \frac{\hbar\boldsymbol{k}\cos\theta}{k_{\text{B}}T} D(\boldsymbol{k}) \hbar\omega \sin\theta$$　　　(6-89)

根据概率分布 $f_1(f_1 > 0)$ 重新发射声子，直至散射后的声子束数目等于散射前的声子束数目，但是符合概率分布 f_1 的声子其总动量为零，然后根据概率分布 $f_2(\theta)$ 重新发射成对的具有正负能量的声子束，其中具有正能量的声子束分布在 $0 < \theta < \pi/2$ 的方向角内，具有负能量的声子束分布在 $\pi/2 < \theta < \pi$ 的方向角内。因为正负声子束是同时产生的，所以并不影响局域能量。重复 f_2 的发射过程直至区域的声子动量与散射前的声子动量相等。

以上部分对于水动力学区域的 MC 方法模拟的特点及特殊处理方法进行了介绍，具体的声子 MC 方法可以参考本书第 9 章。

2. 求解全散射矩阵的变分法：弛豫子

弛豫时间近似的 MC 方法为了能够得到较大的计算空间尺度舍弃了不同波矢、频率和声子支之间的声子相互作用。随着第一性原理的发展，可以通过晶格

的高阶谐势分量计算声子 N 散射和 R 散射的强度,获得声子的全散射矩阵。声子 MC 方法是求解全散射矩阵的方法之一。除此之外,还可以通过特征矢量的方法求解包含全散射矩阵的稳态声子玻尔兹曼方程。

在稳态的声子玻尔兹曼方程

$$\boldsymbol{v}_i \cdot \nabla f_i = \sum_j G_{ij} f_{j,\mathrm{d}} \tag{6-90}$$

两侧乘以因子 $2\sinh(X_i/2)$,其中 $X_i = \hbar\omega/k_\mathrm{B}T$,得到

$$\left(2\sinh\frac{1}{2}X_i\right)\boldsymbol{v}_i \cdot \nabla f_i = \sum_j G_{ij}^* f_{j,\mathrm{d}}^* \tag{6-91}$$

$$G_{ij}^* = \left[\frac{2\sinh\left(\frac{1}{2}X_i\right)}{2\sinh\left(\frac{1}{2}X_j\right)}\right]G_{ij} \tag{6-92}$$

$$f_{j,\mathrm{d}}^* = 2\sinh\left(\frac{1}{2}X_j\right)f_j^\mathrm{d} \tag{6-93}$$

这样处理之后的散射矩阵将会有一组相互正交的特征基,散射矩阵 $\boldsymbol{G}$ 的相互正交的特征基被称为弛豫子(relaxon)。系统的状态变化可以看作弛豫子的线性叠加,声子玻尔兹曼方程是这些弛豫子之间的相互作用的方程。弛豫子的概念实际上是波矢空间向特征基张成的空间的一种映射。引入弛豫子的一个好处是,相对于声子来说,弛豫子有一个明确的自由程的概念,因此可以用简单的动力学描述来表示传热过程。而在水动力学区域,因为声子的迁移运动以及 N 散射与 R 散射复杂的相互作用,声子并没有一个很好的定义的自由程。更加详细的弛豫子的说明可以参见文献[23]。

6.3　声子水动力学区的导热

晶格导热过程中的热流可以分为两部分,一部分是由于声子密度梯度产生的扩散流,另一部分是由于声子动量迁移而产生的动量流。在通常情况下,动量流被 R 散射所严重破坏,这时导热处于扩散导热模式。N 散射并不增加动量迁移中的热阻,能够保持迁移中的动量流,所以声子 N 散射的增强可以提高材料的热导率。尽可能地提高材料中 N 散射的强度,是寻找高热导率材料的重要方向之一。

6.3.1　声子水动力学稳态导热

虽然声子 N 散射本身并不产生热阻,但是其会通过与 U 散射、边界散射或者

其他散射方式的相互作用间接影响传热，从而影响热导率。在存在边界散射时，在靠近边界的区域声子分布会经历由非统计分布到统计分布的转变，从而产生热阻；在有限宽度的介质中，粗糙边界散射会破坏声子动量，从而形成 Poiseuille 流；在界面处声子的透射与散射会形成界面热阻，声子 N 散射的存在会减小界面热阻；在 U 散射存在时，N 散射的动量会被 U 散射破坏，但是同时 U 散射形成的浓度梯度会产生新的 N 散射动量流，同时 N 散射过程会将易于发生 N 散射的低频声子转变成为易于发生 U 散射的高频声子。

　　之前讨论过 N 散射使声子分布趋向于位移普朗克分布，但是当系统达到稳态时，仍然存在传递中的热流，所以系统并非达到平衡。声子水动力学区域的导热建立在远离平衡状态的基础上，这时，温度的定义是有问题的。非平衡温度的讨论并不属于本章的内容，所以在这里采用了经典的动力学温度定义方式，即认为当地的内能是温度的单值函数：

$$U(x,t) = U(T(x,t)) = \int_k \int_V \frac{1}{\exp\left(\dfrac{\hbar\omega}{k_B T}\right) - 1} D(\boldsymbol{k}) \mathrm{d}\boldsymbol{k}\mathrm{d}V \tag{6-94}$$

通过对于内能的测量获得温度值。

　　1. N 散射与等温边界散射的相互作用

　　本小节和下一小节将考虑声子 N 散射与边界散射的相互作用。当热量在一维无限大平行平板之间传递时，声子从高温热源迁移到低温热源，如图 6-13 所示。若传热处于 Poisseulle 声子水动力学区域，仅有 N 散射影响介质内部声子行为，同时在热流方向的边界处，会发生 N 散射与边界散射的相互作用。假设边界为粗糙边界，即声子从粗糙边界发射时，其分布符合 Lambert 分布。在边界附近，由于 N 散射的影响，声子分布将由非统计分布(non-collective distribution)转变为统计分布(collective distribution)。

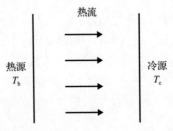

图 6-13　一维无限大平行平板中声子 Poisseulle 水动力学导热示意图

采用基于 Callaway 双弛豫时间模型的 MC 模拟方法计算单层石墨烯中的热量传递情况。材料尺寸为 20μm、$v(\text{LA})$=21.3km、$v(\text{TA})$=13.6km，不考虑声子色散与 U 散射影响，N 散射弛豫时间为 τ_{N}=0.1ns。两侧采用热沉进行加热，热沉温度分别为 305K 和 300K，声子达到热沉时会被吸收。图 6-14 是达到稳态时的材料中温度分布和能量分布。在靠近边界处，存在声子能量密度随传递方向的降低，温度也随之降低，热量传递受到热阻影响；在远离边界处，边界的影响消失，温度不随空间位置而变化，这时声子水动力学驱动的动量流成为唯一的热量传递模式。需要注意的是，在仅存在 N 散射时难以定义热导率和热阻，所以一般通过热流相对于弹道导热的衰减作为热阻的衡量标准。

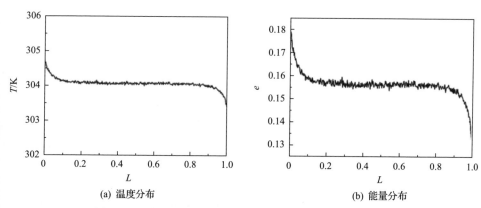

(a) 温度分布　　　　　　　　　(b) 能量分布

图 6-14　利用 Callaway 双弛豫时间模型的 MC 模拟仅考虑
N 散射过程的单层石墨烯中稳态导热结果

关于声子分布从非统计分布到统计分布过程中产生的热阻，可以从熵产的角度解释。在散射过程中的熵产表达式为

$$\dot{S}_{\text{scatt}} = \frac{1}{TNV} \sum_i \phi_i \dot{f}_{\text{scatt}i} \tag{6-95}$$

式中，N 和 V 分别为声子状态数与材料的体积；ϕ_i 为声子分布与平衡普朗克分布之间的偏差，定义为

$$f_i = f_{0i} - \phi_i \frac{\partial f_{0i}}{\partial(\hbar\omega)} \tag{6-96}$$

使用 Callaway 模型，仅考虑 N 散射的情况下，声子散射分布的时间变化率为

$$\dot{f}_{\text{scatt}i} = \frac{f_i - f_{\text{d}i}}{\tau_{\text{N}}} \tag{6-97}$$

将式(6-96)代入式(6-95)得到

$$\dot{S}_{\text{scatt}} = \frac{1}{TNV\tau_{\text{N}}} \sum_i \phi_i (f_i - f_{\text{d}i}) \tag{6-98}$$

当声子分布从非统计分布 f_i 转变成为 $f_{\text{d}i}$ 时，会产生熵产。如果在边界处声子以平衡普朗克分布的方式发射进入介质，可将其写成一阶线性展开的形式：

$$f_i = f_{0i} + \frac{\partial f_{0i}}{\partial T} \Delta T \tag{6-99}$$

利用其线性化形式，可以将熵产写为

$$\dot{S}_{\text{scatt}} = \left(\frac{\Delta T}{T}\right)^2 \frac{\hbar^2}{\tau_{\text{N}} k_{\text{B}} T^2 NV} \sum_i f_{0i}(f_{0i}+1)\omega_i |q_{xi}|(v_{xi}^* - u_x') \tag{6-100}$$

式中，v_{xi}^* 为该波矢下的声子速度：

$$v_{xi}^* = \frac{\omega_i}{|q_{xi}|} \tag{6-101}$$

$$u_x' = \frac{\sum_i |q_{xi}|\omega_i f_{0i}(f_{0i}+1)}{\sum_i q_{xi}^2 f_{0i}(f_{0i}+1)} \tag{6-102}$$

式中，u_x' 为单位温度梯度下的迁移速度，$v_{x,i}^* = u_x'/(\Delta T/T)$。

通常情况下，v_{xi}^* 在不同的声子波矢下具有不同的值，而 u_x' 对于所有的声子波矢是相同的。迁移速度 u_x' 与声子模式无关是声子统计分布的重要特征。假如 v_{xi}^* 不随声子模式而变化，$v_{xi}^* = u_x'$ 则整个过程中熵产为零，传热过程不存在热阻。但是实际情况下这是不可能的，即使在德拜模型中，仅考虑单一声子支的作用，在二维导热薄膜和三维导热材料中，由于声子方向的不同会导致 v_{xi}^* 的差异。在传递过程中熵产为零的特殊情况只可能出现在一维导热结构中。

N 散射造成的水动力学热流的衰减可以从声子传递与吸收的角度建立简单模型，如图 6-15 所示。N 散射使声子趋于位移普朗克分布，在该分布中，虽然声子的择向偏近于迁移速度方向，但是其取向可以为任意方向。与弹道声子相比较，一部分水动力学声子经过反射后重新被高温边界吸收，从而导致介质中传递的热能能量降低。

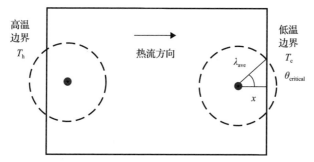

图 6-15　N 散射导致边界热流衰减的声子传递与吸收模型示意图

假设迁移速度沿 x 轴方向，利用线性化的位移普朗克分布：

$$f_\mathrm{d}^{\mathrm{linear}}(\omega, \boldsymbol{v}_\mathrm{d}) = f_0 + \frac{\hbar}{k_\mathrm{B}T} f_0(f_0+1)\boldsymbol{k}\cdot\boldsymbol{v}_\mathrm{d} \tag{6-103}$$

可以得到声子空间角度的分布：

$$f_\mathrm{d}^{\mathrm{angle}}(\theta) = f_0\sin\theta + \frac{\hbar}{k_\mathrm{B}T} f_0(f_0+1)\boldsymbol{k}\boldsymbol{v}_\mathrm{d}\cos\theta\sin\theta \tag{6-104}$$

如图 6-15 所示，在距离右边界为 $x(x<\lambda_{\mathrm{ave}}$，$\lambda_{\mathrm{ave}}$ 是声子平均自由程）的位置处，能够在一个平均自由程内到达该处的声子临界角度为

$$\theta_{\mathrm{critical}} = \arccos\left(\frac{x}{\lambda_{\mathrm{ave}}}\right) \tag{6-105}$$

即在平均自由程圆上小于临界角度的区域对于该位置的能量平衡没有贡献。因为声子的角度选择是有偏向性的，其他区域对于该处能量平衡贡献的声子份额为

$$r_\mathrm{b} = \frac{\displaystyle\int_{\boldsymbol{k}}\mathrm{d}\boldsymbol{k}\int_0^{-\theta_{\mathrm{critical}}}\hbar\omega\left(f_0\sin\theta + \frac{\hbar}{k_\mathrm{B}T}f_0(f_0+1)\boldsymbol{k}v_\mathrm{d}\cos\theta\sin\theta\right)\mathrm{d}\theta}{\displaystyle\int_{\boldsymbol{k}}\mathrm{d}\boldsymbol{k}\int_0^{\pi}\hbar\omega\left(f_0\sin\theta + \frac{\hbar}{k_\mathrm{B}T}f_0(f_0+1)\boldsymbol{k}v_\mathrm{d}\cos\theta\sin\theta\right)\mathrm{d}\theta}$$

$$= \frac{b_0\left(1+\dfrac{x}{\lambda_{\mathrm{ave}}}\right)+\dfrac{1}{2}b_1\left[1-\left(\dfrac{x}{\lambda_{\mathrm{ave}}}\right)^2\right]}{2b_0} \tag{6-106}$$

式中，b_0 和 b_1 为积分波矢之后得到的系数。因为定义域为 $x<\lambda_{\mathrm{ave}}$，当 $x/\lambda_{\mathrm{ave}}=1$ 时，当地能量密度等于介质中央区域的稳态能量密度。

式 (6-106) 用二次函数的规律来描述靠近边界区域温度的变化是比较粗糙的，因为用平均自由程取代了声子自由程进行计算，将影响区域限定在了距离边界一

个平均自由程以内。但是这种分析可以从定性的角度给出声子局域能量密度减小的原因，并且给出合理的变化趋势。在靠近左边界，即高温边界时，也有类似的分析，不过这时临界角度应该取负值。N 散射与边界散射相互作用导致的热流密度减少是因为声子在高温边界上被吸收，这种减少随着声子平均自由程的增加而减小，直至等于弹道热流密度。

另外，也可以从热流构成的角度构建稳态能量分布双热流模型(dual heat flux model)。在声子水动力学区域，存在两种声子热流，一种由于 R 散射而产生的扩散流，另一种是 N 散射而产生的水动力学的动量流。其中 R 散射使声子趋向于平衡普朗克分布，而 N 散射使声子趋向于位移普朗克分布。在 N 散射主导的导热过程中，介质中央区域的热流完全由动量流构成，而从边界上到中央区域将会经历由扩散流到动量流的转换。

从图 6-16 中可以发现，在声子迁移速度不是很大时，在介质中央区域声子角度在热流方向上的分布将会符合线性化的位移普朗克分布，即具有不同角度的声子数目随角度的余弦值 $\cos\theta$ 线性增加。而从边界上发射的声子则符合平衡普朗克分布，即具有不同角度的声子数目随着角度余弦值 $\cos\theta$ 的增加基本上保持不变。

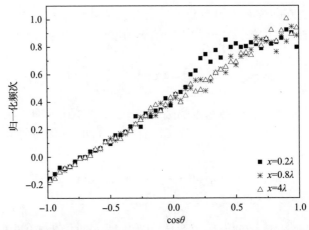

图 6-16　距离发射边界长度 x 分别为 0.2λ、0.8λ 和 4λ 时声子在热流方向的角度分布

对于单位区域内的声子数目进行统计，在 $x=0.2\lambda$ 处，$\cos\theta>0$ 的区域，随着角度余弦值的增加，声子数目基本上趋于常值，而在 $\cos\theta<0$ 的区域，声子的角度分布符合线性化的位移普朗克分布。这是因为，在 $x=0.2\lambda$ 处边界声子对于传热过程有着重要的影响，角度余弦值大于零的声子大多来源于边界，符合边界声子分布，而角度余弦值小于零的声子则来源于介质内部，相对来说其分布更加接近于线性化的位移普朗克分布。假设来源于边界的扩散流随着距离 x 的增加指数衰减，即

$$q_{\text{diff}} = q_0 \exp\left(-\frac{x}{\lambda}\right) \tag{6-107}$$

达到稳态时，介质中的热流分布是均匀的，所以动量流所占的比例为

$$q_{\text{hydro}} = q_0\left[1 - \exp\left(-\frac{x}{\lambda}\right)\right] \tag{6-108}$$

假设在 $\cos\theta<0$ 的区域，声子热流符合位移普朗克分布，全部属于水动力学动量流，而在 $\cos\theta>0$ 的区域，声子热流由扩散流和动量流组成。当声子的空间角 $\cos\theta>0$，对于有相同能量 E_1 的声子群来说，扩散流大小为

$$q_{\text{diff}} = \int_0^{\omega_D} d\omega \int_0^{2\pi} d\beta \int_0^{\frac{\pi}{2}} f_0(\omega,\theta,\beta)D(\omega)\hbar\omega v_g \cos\theta \sin\theta d\theta = \frac{1}{2}E_1 v_g \tag{6-109}$$

水动力学动量流等于

$$q_{\text{hydro}} = \int_0^{\omega_D} d\omega \int_0^{2\pi} d\beta \int_0^{\frac{\pi}{2}} f_d(\omega,\theta,\beta)D(\omega)\hbar\omega v_g \cos\theta \sin\theta d\theta = \frac{1}{2}E_1 v_g + \frac{1}{3}E_2 v_d \tag{6-110}$$

式中

$$E_2 = \int_0^{\omega_D} d\omega \int_0^{2\pi} d\beta \int_0^{\frac{\pi}{2}} f_0(1+f_0)\frac{(\hbar\omega)^2}{k_B T}D(\omega)d\theta = 4\alpha E_1 \tag{6-111}$$

在上面的推导中应用了德拜模型假设，α 是一个小于 1 的常量。所以产生相同热流所需要的声子能量符合

$$\frac{1}{2}E_{\text{diff}} v_g = \frac{1}{2}E_{\text{hydro}} v_g + \frac{4}{3}\alpha E_{\text{hydro}} v_d \tag{6-112}$$

对于同样大小的热流来说，所需要的扩散流能量要高于动量流能量，其能量之比为

$$r_E = \frac{E_{\text{diff}}}{E_{\text{hydro}}} = 1 + \frac{8}{3}\alpha\frac{v_d}{v_g} \tag{6-113}$$

而稳态情况下热流的大小不变：

$$q_0 = q_{\text{hydro}} = q_{\text{hydro}|\cos\theta<0} + q_{\text{diff}|\cos\theta>0}\exp\left(-\frac{x}{\lambda}\right) + q_{\text{hydro}|\cos\theta>0}\left[1 - \exp\left(-\frac{x}{\lambda}\right)\right] \tag{6-114}$$

所以边界处的声子能量密度 $E(x)$ 与介质中央的声子能量密度 E_0 之间的关系满足

$$E(x) = \frac{E_0 - 2\alpha E_0\, v_{\rm d}/v_{\rm g}}{2E_0} E_0 + \frac{E_0 + 2\alpha E_0\, v_{\rm d}/v_{\rm g}}{2E_0} E_0 \left[(1 - {\rm e}^{-\frac{x}{\lambda}}) + r_{\rm E} {\rm e}^{-\frac{x}{\lambda}} \right] \qquad (6\text{-}115)$$

$$\Delta E = E(x) - E_0 = \frac{4}{3}\alpha \frac{v_{\rm d}}{v_{\rm g}} \left(1 + 2\alpha \frac{v_{\rm d}}{v_{\rm g}}\right) {\rm e}^{-\frac{x}{\lambda}} E_0 \qquad (6\text{-}116)$$

由此建立了边界能量密度与介质中央能量密度的模型关系式。能量密度差与稳态情况下声子的迁移速度和局域能量密度有关，并且随距离 x 的增加指数衰减。

2. N 散射与绝热边界散射的相互作用

在上一节的讨论中，热流方向与边界垂直，边界通过热沉对于声子的发射和吸收来影响热量传递现象。在本节中，进一步讨论热流方向与边界方向不垂直时的情况。此时，倘若边界处于绝热状态，边界将会重新发射声子，新出生的声子与之前声子状态无关，会导致声子动量的损失。特别地，如果热流方向与边界方向平行时，可以观察到声子 Poisseulle 流现象，如图 6-17 所示。

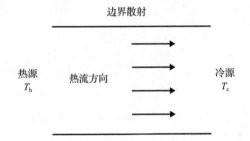

图 6-17　N 散射与粗糙边界散射的相互作用示意图

声子 N 散射与粗糙边界的相互作用将会产生另一种热阻形式：声子黏性效应 (phonon viscous effect)。在靠近粗糙边界处，边界对于声子的再发射使声子丧失了之前状态的记忆，其迁移速度要小于介质中央区域的迁移速度，故在边界法向上存在迁移速度梯度。这种梯度将会导致声子从内部到边界的迁移，从而降低整体传热热流。这种效果类似于流体力学中的黏性耗散，也是声子黏性效应名称的由来。

根据上一章节中关于宏观声子水动力学方程的推导，声子的黏度系数可以表达为

$$\mu_{\rm ph} = \frac{\sum_i q_x^2 v_{y,i}^2 f_{0i}(f_{0i}+1)\tau_{{\rm N},i}}{\sum_i q_x v_{x,i} f_{0i}(f_{0i}+1)\omega_i} \qquad (6\text{-}117)$$

在缺乏 R 散射的情况下，GK 方程式(6-47)可以写作

$$\frac{\partial \boldsymbol{q}}{\partial t} + \frac{1}{3}v_{\mathrm{g}}^2 C_{\mathrm{V}} \nabla T = \frac{1}{5}v_{\mathrm{g}}^2 \tau_{\mathrm{N}}[\nabla^2 \boldsymbol{q} + 2\nabla(\nabla \cdot \boldsymbol{q})] \tag{6-118}$$

在稳态情况下可进一步简化为

$$\frac{5C_{\mathrm{V}}}{3\tau_{\mathrm{N}}} \nabla T = \nabla^2 \boldsymbol{q} \tag{6-119}$$

在二维导热薄膜中，热流达到稳态，所以沿热流方向上，有

$$\frac{\partial^2 q_x}{\partial x^2} = 0 \tag{6-120}$$

且 $q_y=0$。根据粗糙边界设定，在边界处热流 $q_x=0$，则可以联立

$$\begin{cases} \dfrac{\partial^2 q_x}{\partial y^2} = \dfrac{5C_{\mathrm{V}}}{3\tau_{\mathrm{N}}} \nabla T \\ q_x(y = \pm L) = 0 \end{cases} \tag{6-121}$$

求解上面的方程组可以得到

$$q_x = \frac{5C_{\mathrm{V}}}{6\tau_{\mathrm{N}}} \nabla T(L^2 - y^2) \tag{6-122}$$

故材料中的热流沿着边界法向呈抛物线型分布，称之为声子 Poisseulle 流，图 6-18 显示了不同 Kn 数下沿着宽度方向上的热流分布 Poisseulle 流现象。值得注意的是，在弹道导热中，由于弹道声子与边界的相互作用，也会出现热流在边界法线方向上的梯度分布现象，可以参照 6.2.2 节中的唯象水动力学部分。但是这两种热流分布有着本质的不同。在弹道导热中，声子的平均自由程受边界约束，其热导率与边界宽度 W 成正比。在声子水动力学导热中，因为声子黏性随着宽度的平方 W^2 下降，导致其热导率随着边界宽度的增加呈现出超线性增长的趋势。在扩散导热中，热流沿边界法向分布均匀，材料热导率与其宽度无关。两种导热模式的另一个区别在于其温度依赖性。N 散射的增强会使声子沿热流梯度向边界传递的速率减慢，从而使表现出来的声子黏性减小，使材料的热导率升高。图 6-19 展示了第一性原理计算得到的悬空石墨烯中声子水动力学黏性(phonon viscosity)随温度的变化趋势，可以得到随着温度的升高，声子黏性迅速减小的结论。

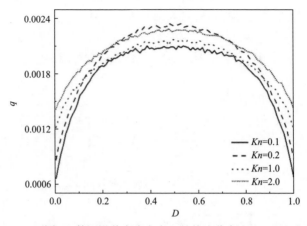

图 6-18　不同 Kn 数下沿着宽度方向上的热流分布 Poisseulle 流现象

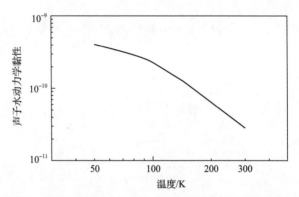

图 6-19　悬空石墨烯中声子水动力学黏性与温度的依赖关系

最初的 Poisseule 流实验由梅佐夹-德格林（Mezhov-Deglin）设计，他们测量了低温下固体氦的热导率，证实了这种热导率的温度依赖性，从而间接说明了声子 Poisseulle 流的存在。在 R 散射主导的扩散导热中，可以使用动力学理论来描述材料的热导率：

$$k = \frac{1}{3} C_V v_g l_{ave} \tag{6-123}$$

式中，l_{ave} 为声子平均自由程。

在低温下，材料的比热容与温度的立方成正比。随着温度而升高，声子之间散射频率增加，声子平均自由程减小。同时，由于材料的尺寸有限，弹道声子与边界的相互作用也会降低材料的热导率。材料的热导率应该略慢于温度的立方增加。图 6-20(a) 显示，Si 的热导率符合这一预测。而在声子水动力学区域，随着温度的升高，声子黏性逐渐降低，材料的热导率有所升高。图 6-20(c) 和 (d) ~ (f)

分别描绘了铋(Bi)和钛酸锶(SrTiO₃)的热导率随温度变化情况,可以发现其热导率增加略快于温度的立方的增长,显示出声子水动力学导热的影响。近期的一些研究认为,在二维材料例如石墨烯中,可以在更高的温度下观测到声子 Poisseulle 流的作用[24]。

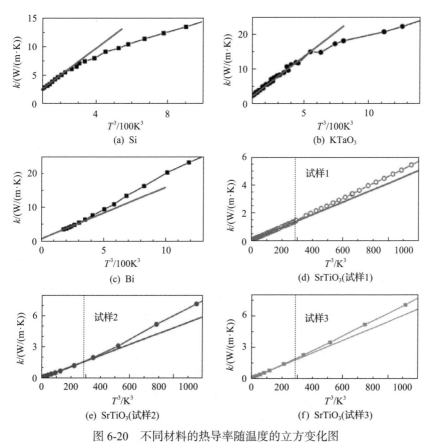

图 6-20　不同材料的热导率随温度的立方变化图

3. N 散射与介质间界面的相互作用

当声子穿过界面时,会受到界面的反射与折射(透射),这种界面作用会产生界面热阻。界面热阻是制约传热效率提高的重点因素,在实际中的热阻大部分源于界面热阻。不同的理论模型对于界面热阻的大小进行了刻画,例如声学失配模型(acoustic mismatch model,AMM)和扩散失配模型(diffuse mismatch model,DMM)[25]。在 AMM 模型中,假设介质的晶格振动满足线性叠加,即每一个声子都可以在界面处独立传播而不受其他声子影响。在这种情况下,一部分声子会透射过界面到达另一介质中,而另一部分声子则会被反射回原介质中,而这种反射与折射满足菲涅尔定律。AMM 模型预测的界面热阻适用于弹道声子主导的弹道导热区域，对于其他导热模式的预测会有较大偏差。DMM 模型则假设了完全相反的情形，声子之间具有强烈的相互作用，在界面处将经历完全的漫散射，其之前的频率、波矢信息全部被遗忘，两侧界面之间的热量传递过程类似于热辐射中的能量传递过程。

在声子水动力学导热区域，声子以统一的迁移速度向前传递，并且声子的波矢在空间分布上并不均匀，此时的界面现象将会与扩散导热界面现象迥然不同。可以使用声子透射率 $t(\omega,k,j)$ 和界面镜反射率 $\mu(\omega,k,j)$ 来描绘界面对于声子透射和反射的作用，t 和 μ 的取值范围是[0,1]。

图 6-21 是声子在界面处传递示意图。从介质 1 向介质 2 传递的声子，在抵达界面时，一部分能够穿过界面，进入另一侧介质(介质 2)，另一部分仍然留在原介质中(介质 1)，能够进入另一侧介质中的声子份额就称为声子透射率 $t(\omega,k,j)$。声子透射率是一个与声子频率、波矢和声子支都相关的函数。为了方便起见，在本节讨论中，只考虑声子透射率与声子频率之间的关系。从介质 1 到介质 2 侧的透射率 t_{1-2} 和从介质 2 到介质 1 侧的透射率 t_{2-1} 应该满足细致平衡，即

$$D_1(\omega)v_{g1}t_{1-2} = D_2(\omega)v_{g2}t_{2-1} \tag{6-124}$$

式中，$D(\omega)$ 为声子的态密度分布。细致平衡能够保证在界面两侧达到温度平衡时，界面两侧的能量传递也会达到平衡。

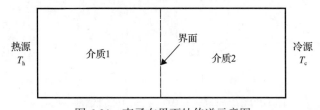

图 6-21　声子在界面处传递示意图

另一个界面特性称为界面镜反射率 $\mu(\omega,k,j)$。声子在被界面散射时，其模式将被界面改变。界面镜反射率是一个与边界粗糙度相关的量，表示声子在经过界面作用之后能够保持原来属性记忆的能力。界面镜反射率 $\mu=1$ 时，声子在界面处的透射和反射将满足菲涅尔定律，而界面镜反射率等于 $\mu=0$ 时，声子对于之前模态的记忆将会被完全清除，其频率、波矢和声子支等属性都将会发生改变。在声子透射率接近 1 时，$\mu=1$ 时，模型将趋近于 AMM 模型，$\mu=0$ 时模型将趋近于 DMM 模型。

在 N 散射主导的水动力学导热过程中，稳态情况下其温度分布如图 6-22 所示($t=1$，$\mu=0$)。随着声子透射率 t 的升高，界面热阻逐渐降低；随着界面镜反射率 μ

的升高，界面热阻逐渐降低，其变化趋势可见图。而在 Poisseulle 声子水动力学导热区域中，在界面处存在声子分布在统计分布与非统计分布之间的转换，所以在声子透射率接近 1 时，在界面处将存在反向的能量密度差，即 $E_1(\text{interface}) < E_2(\text{interface})$，这是与传统扩散导热现象不同的。但是，这并不说明热流可以自发从低温区域传递到高温区域，因为此时区域声子分布处于远离平衡态的状态，虽然采用了温度的概念，但是其定义是比较模糊的，所以使用介质能量密度的说法会更加确切。在水动力学中，除了能量密度之外，声子迁移速度 v_d 也是很关键的量。反向的能量密度差的产生，正是因为界面两侧存在从介质 1 指向介质 2 的迁移速度，而在水动力学导热区域，声子动量对于能量的搬运是尤为重要的。随着界面处声子透射率的减小，能够自由穿过界面的声子份额不断减小，界面两侧的能量密度差逐渐变成正值，即 $E_1(\text{interface}) > E_2(\text{interface})$，并且不断增大，其变化趋势在图 6-23 中可以看出。

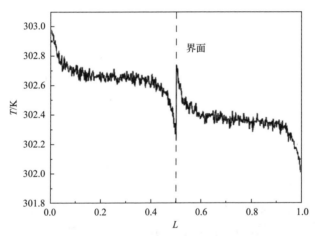

图 6-22　$t=1$，$\mu=0$ 时介质中的稳态能量密度分布

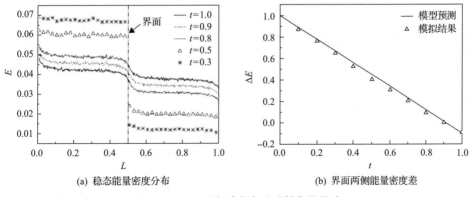

(a) 稳态能量密度分布　　　　　　　　(b) 界面两侧能量密度差

图 6-23　$\mu=1$ 时介质中声子透射率的影响

　　界面镜反射系数表示界面对于原声子动量的保持程度，随着镜反射系数的增加，界面两侧能量密度差不断减小。如果界面两侧是同种介质，当 $t=1$ 并且 $\mu=1$ 时，界面的影响消失，介质恢复成为单一介质。因为介质 1 和 2 的比热容相同，界面两侧的能量密度差与稳态温度差成正比。如果界面两侧是不同的介质，当声子从一种介质传递到另一种介质时，除了频率、波矢等信息外，声子群速度也会发生改变，同时介质的比热容也会随之变化。在德拜模型中，声子比热容与声子群速度有关。在德拜频率不变的情况下，声子群速度 v_{g} 越小，其声子比热容越大。这时，界面两侧的能量密度之差与温度差不成正比，需分别考虑能量密度差与温度差随界面镜反射率的变化情况。

　　图 6-24(a) 为 $t=1$ 时介质中界面镜反射率的影响，借助双热流模型获得界面处能量密度差的理论模型。在界面处，粗糙的界面条件将会破坏声子动量，在 $\mu=0$ 时，界面将会将声子模式重整为扩散热流，而界面镜反射率是衡量界面对于水动力学热流保持能力的物理量。

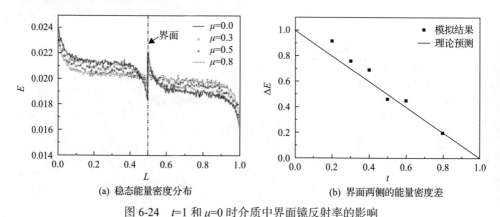

(a) 稳态能量密度分布　　　　　　　(b) 界面两侧的能量密度差

图 6-24　$t=1$ 和 $\mu=0$ 时介质中界面镜反射率的影响

　　在 $t=1$ 时，穿过界面的声子在边界处的能量密度与稳态能量密度之间的关系：

$$
\begin{aligned}
q_{\mathrm{hydro}} = {} & q_{\mathrm{hydro}|\cos\theta<0} + (1-\mu)q_{\mathrm{diff}|\cos\theta>0}\exp\left(-\frac{x}{\lambda}\right) \\
& + \mu q_{\mathrm{hydro}|\cos\theta>0} + (1-\mu)q_{\mathrm{hydro}|\cos\theta>0}\left[1-\exp\left(-\frac{x}{\lambda}\right)\right]
\end{aligned}
\tag{6-125}
$$

$$
\begin{aligned}
E(x) = {} & \frac{E_0 - 2\alpha E_0 v_{\mathrm{d}}/v_{\mathrm{g}}}{2E_0}E_0 \\
& + \frac{E_0 + 2\alpha E_0 v_{\mathrm{d}}/v_{\mathrm{g}}}{2E_0}E_0\left[(1-\mu)\left(1-\mathrm{e}^{-\frac{x}{\lambda}}\right) + (1-\mu)r_{\mathrm{E}}\mathrm{e}^{-\frac{x}{\lambda}} + \mu\right]
\end{aligned}
\tag{6-126}
$$

在 $t=1$ 的情况下，介质 1 中的稳态能量密度 E_1 约等于介质 2 中的稳态能量密度 E_2，所以在界面两侧的能量密度差为

$$\Delta E = 2\left[E(x) - E_0\right] = \frac{8}{3}\alpha\frac{v_{\mathrm d}}{v_{\mathrm g}}\left(1 + 2\alpha\frac{v_{\mathrm d}}{v_{\mathrm g}}\right)(1-\mu)\mathrm e^{-\frac{x}{\lambda}}E_0 \tag{6-127}$$

下面考虑声子透射率 t 的影响，由于在界面处只有部分声子能够穿过界面，其余声子仍然留在原介质中，这会导致介质 1 和介质 2 中的稳态能量密度不同，且满足

$$\frac{E_1}{E_2} = (2-t)/t \tag{6-128}$$

所以界面能量差是界面镜反射率和声子透射率共同影响的结果。界面两侧介质中稳态能量密度差为

$$\Delta E = (E_1 - \Delta E_1) - (E_2 + \Delta E_2)$$

$$= (2-2t)E_0 - \frac{4}{3}\alpha\frac{v_{\mathrm{d1}}}{v_{\mathrm g}}\left(1 + 2\alpha\frac{v_{\mathrm{d1}}}{v_{\mathrm g}}\right)(1-\mu)E_1 - \frac{4}{3}\alpha\frac{v_{\mathrm{d2}}}{v_{\mathrm g}}\left(1 + 2\alpha\frac{v_{\mathrm{d2}}}{v_{\mathrm g}}\right)(1-\mu)E_2 \tag{6-129}$$

式中，

$$E_1 = (2-t)E_0 \tag{6-130}$$

$$E_2 = tE_0 \tag{6-131}$$

$$E_1 v_{\mathrm{d1}} = E_2 v_{\mathrm{d2}} \tag{6-132}$$

在声子迁移速度远小于声子群速度时，有

$$\Delta E = (2-2t)E_0 - \frac{8}{3}\alpha\frac{v_{\mathrm{d1}}}{v_{\mathrm g}}(1-\mu)E_1 \tag{6-133}$$

图 6-23（b）和图 6-24（b）分别展示了模型预测的界面能量密度差与模拟结果的对比情况。在 Poisseulle 声子水动力学导热区域，热量传递的主要驱动力是声子动量，而非局域声子密度梯度，用传统的界面温差和界面热阻概念来表示界面对热量传递的阻碍作用是不合适的，可以用介质中传递的热流与边界上发射的总热流之比即热流衰减度 α 作为界面作用强弱的衡量。

4. N 散射与 R 散射的相互作用

在实际材料中，U 散射是不可避免的，而且材料中的缺陷、同位素等因素造

成的动量损失也不可忽略。破坏声子传递动量的 R 散射是材料热阻的主要来源。在 R 散射和 N 散射同时存在,并且 N 散射影响不可以忽略时,导热模式处于 Ziman 水动力学区域。R 散射在整体散射中的强度占比 M 是一个很重要的物理量,当 $M=1$ 时,导热模式为扩散导热,当 $M=0$ 时,导热模式为 Poisseulle 声子水动力学模式。M 从 0 变化为 1 的过程中,导热模式从 Poisseulle 水动力学,转变为 Ziman 水动力学,并最终变成扩散导热。在传热过程中,N 散射虽然能够保持动量的守恒,但是会改变声子的频率,从而改变其散射强度 $\tau^{-1}(\omega)$;同时 U 散射会破坏原有声子动量流,同时新的声子浓度梯度又会产生新的动量流。

Callaway 建立了双弛豫时间近似模型,认为各向同性材料的热导率可以表述为

$$k = \frac{c^2}{2\pi^2} \int \tau_c \left(1 + \frac{\beta}{\tau_N}\right) C_V \boldsymbol{k}^2 \mathrm{d}\boldsymbol{k} \tag{6-134}$$

式中,c 为介质中的声子群速度;$\boldsymbol{k}$ 为声子波矢;τ_c 为 N 散射弛豫时间 τ_N 和 U 散射的弛豫时间 τ_U 的倒数平均,定义为

$$\frac{1}{\tau_c} = \frac{1}{\tau_N} + \frac{1}{\tau_U} \tag{6-135}$$

β 为一个与声子动量相关的常数,定义为

$$\beta = \left(\int_0^{\Theta/T} \frac{\tau_c}{\tau_N} \frac{e^x}{(e^x-1)^2} x^4 \mathrm{d}x\right) \Big/ \left(\int_0^{\Theta/T} \frac{1}{\tau_N}\left(1 - \frac{\tau_c}{\tau_N}\right) \frac{e^x}{(e^x-1)^2} x^4 \mathrm{d}x\right) \tag{6-136}$$

当 τ_U 趋向于无穷时,即 U 散射可以忽略,β 趋向于无穷,即材料的热导率无穷大,这与热导率的变化趋势是相符的。当 τ_N 趋于无穷大时,即 N 散射的影响可以忽略,热导率退化为经典动力学的热导率公式。将式(6-136)代入式(6-134),热导率的公式可以简写为

$$k_{\text{callaway}} = k_{\text{RTA}} \left(1 + \frac{1}{\tau_c(\omega,T)} \frac{\overline{\tau_c(\omega,T)/\tau_N(\omega,T)}^2}{\overline{\tau_c(\omega,T)/[\tau_U(\omega,T)\tau_N(\omega,T)]}}\right) \tag{6-137}$$

式(6-137)中应用了 $\bar{\tau}$ 表示弛豫时间的平均值,下标 RTA 表示仅考虑 R 散射的单弛豫时间近似下的所预测的热导率。Allen 对于 Callaway 公式进行了修正[26],修正后的热导率模型为

$$k_{\text{allen}} = k_{\text{RTA}} \left(1 + \frac{\overline{\tau_c(\omega,T)/\tau_N(\omega,T)}}{\overline{\tau_c(\omega,T)/\tau_U(\omega,T)}}\right) \tag{6-138}$$

在灰体近似下,声子的性质与频率无关,两个热导率模型退化成相同的形式:

$$k_{gray} = k_{RTA}\left(1 + \frac{\tau_U}{\tau_N}\right) \tag{6-139}$$

若考虑声子弛豫时间随频率的变化，特别是当声子散射频率随声子本身频率的升高而升高时，Callaway 模型的预测的热导率 $k_{callaway}$ 将会低于 Allen 的改进模型所预测的热导率 k_{allen}。

在 Herring 模型中，N 散射的强度与频率 ω 的平方成正比 $\tau_N^{-1} = \gamma_N(\omega/\omega_D)^2$，U 散射的强度也与频率 ω 的平方成正比。但是，第一性原理对于散射强度的研究指出实际上 U 散射具有更强的频率依赖性，其与频率的关系更接近于 4 次方关系。在假设 U 散射强度的平方依赖关系和 4 次方依赖关系时，可以得到图 6-25 所示的热导率预测曲线，图中的虚线表示 U 散射强度具有频率平方的依赖性时的热导率随温度变化，即 $\tau_R^{-1} \propto \omega^2$：

$$\frac{\tau_N(\omega)}{\tau_U(\omega)} = \frac{\gamma_U}{\gamma_N} = A\exp\left(-\frac{\Theta}{3T}\right) \tag{6-140}$$

4 条虚线从低到高分别代表 A 值为 1、2、4、10。若假设 U 散射强度与频率的 4 次方成正比，即

$$\frac{\tau_N(\omega)}{\tau_U(\omega)} = A\exp\left(-\frac{\Theta}{3T}\right)\left(\frac{\omega}{\omega_D}\right)^2 \tag{6-141}$$

则得到图中的 4 条实线，可以发现，尤其在低温区域时两种模型的具有很大的区别，在温度趋向于德拜温度时区别逐渐减小，但是 Allen 模型预测的热导率会始终低于 Callaway 模型预测的热导率。

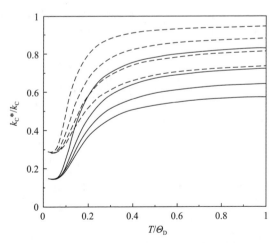

图 6-25　在 Herring 模型下，Allen 模型预测的热导率与 Callaway 模型
预测的热导率的比值随温度的变化图

6.3.2　声子水动力学瞬态导热

1. 热波与第二声

Cattaneo 在研究分子热启动现象时认为，热流的产生与温度梯度的建立存在滞后效应，他所发展的 CV 方程是第一个波动传热的数学模型：

$$\tau\frac{\partial q}{\partial t}+q=-k\nabla T \tag{6-142}$$

随着波动传热研究的发展，热量的惯性效应逐渐被人们接受，也有研究者将其称之为热流的历史效应，即热流不仅与当前状态（温度梯度）有关，也受之前状态的影响。在瞬态导热中，热量以波动的形式传递，所以也将这种现象称之为热波现象。图 6-26 和图 6-27 分别展示了在等温边界条件和热流边界条件下瞬态热量传递过程中的热波现象，其中 $Kn=0.1$。

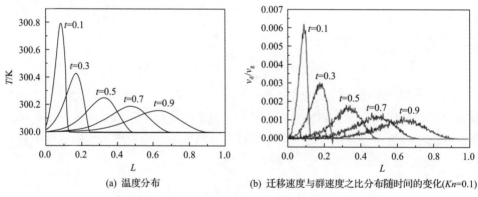

(a) 温度分布　　　　　　　(b) 迁移速度与群速度之比分布随时间的变化(Kn=0.1)

图 6-26　瞬态热量传递过程中的热波现象（等温边界条件）

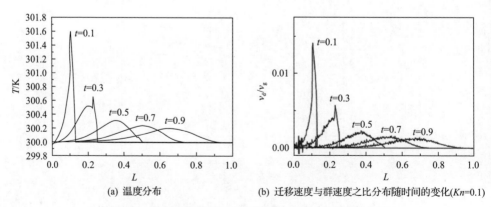

(a) 温度分布　　　　　　　(b) 迁移速度与群速度之比分布随时间的变化(Kn=0.1)

图 6-27　瞬态热量传递过程中的热波现象（热流边界条件）

　　热波现象的产生主要是因为声子传递过程中的动量守恒。根据导热模式的不同，可以将热波分为弹道热波和声子水动力学热波。在弹道热波中，弹道导热是主要的导热模式，从边界上发射到被另一侧边界吸收的过程中，不经历或者只经历很少的内部散射；在声子水动力学热波中，N 散射是主要的散射模式，在这个过程中声子动量守恒。这两种热波有着显著的区别。

　　首先是波速的不同，在弹道热波中，热波前缘速度等于介质中的声速，而在水动力学热波中，理论研究认为热波的速度等于 $1/\sqrt{3}$ 倍的声速，实际研究发现，热波是大量声子的群体性行为，其峰值的传递速度约等于声速的 1/2，其前缘的传递速度约等于声速。

　　其次，在弹道热波中，在传递过程中热波的形状保持不变，其峰值不断衰减，R 散射过程是其耗散的主要来源，在声子水动力学热波中，因为声子传递方向在空间上的散布，传递过程中热波的波长不断拉长，其峰值的衰减除了与 R 散射有关，也与声子的空间散布有关。

　　再次，由于声子散射的发生，弹道热波往往具有很快的衰减速率，一般其传递距离在 1 个声子平均自由程，而水动力学热波中，热波虽然在传递过程中不断的耗散，但是其能量传递趋势可以延伸到 10 个平均自由程乃至于更长。

　　最后，弹道热波的形状与加热方式有关，而声子水动力学热波与界面加热方式无关，随着时间的推移，其温度分布曲线形状趋于相同，并与正弦曲线类似，这是因为在水动力学热波中声子趋于相同的分布，而边界的影响逐渐会消失。

　　在实际的导热现象中，弹道热波与声子水动力学热波往往是伴随发生的。特别是在定向传热方式下，如果加热的时间小于声子散射的弛豫时间，则可以分别观测到弹道热波和水动力学热波，如图 6-27(a) 所示，在 $t=0.3$ 时可以观测到两个波峰，分别是弹道声子传递的弹道热波波峰（为尖峰）和水动力学声子传递的水动力学波峰。在水动力学热波区域，声子迁移速度也是呈现出曲线形状分布的，在温度峰值处具有最大的迁移速度。在这里，迁移速度更多代表着声子的动量，而非热波的传递速度。

　　热波叠加 (overshooting) 现象是热波的典型波动性行为之一。当热波在绝热边界发生反射或者两列相向而行的热波相遇时，在两波相遇的区域会产生 overshooting 现象，即中央区域的温度会高于两列波的峰值温度（图 6-28）。overshooting 是热波的线性叠加，当两列波相遇时，其传递性质不会相互影响。热波现象发生在远离平衡态的区域，这时，温度更确切的含义是当地能量密度，热波的传递过程实际上是热能在介质中的传递过程，温度峰值的 overshooting 实际上是热能能量密度的 overshooting。这种热量在传递过程中互不影响的现象是波动性重要体现。

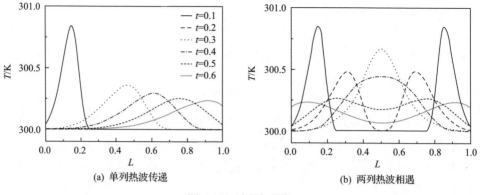

(a) 单列热波传递　　　　　　　　　　(b) 两列热波相遇

图 6-28　波叠加现象

瞬态导热过程与扩散导热相比，声子处于水动力学区域，具有某一方向上的迁移速度，热能在波矢空间上不满足能量均分定理，其能量传递方向是较为集中的，能量传递效率也会更高。与此同时，更为集中的能量也会产生更高的热点温度，所以在低维材料的应用过程中，应该更加注重考虑预防因为瞬态导热过程而产生的高温冲击。

2. Ziman 水动力学区域的瞬态导热过程

在瞬态导热过程中，当 R 散射的影响不可忽略并且逐渐增强时，其导热模式将从声子水动力学导热过渡到扩散导热。在 Ziman 导热区域内，存在两种驱动势，一种是由于声子浓度不均匀而产生的梯度势，另一种是由于声子动量迁移而产生的动量势。在瞬态导热过程中，这两种势相互影响，一方面动量势被 R 散射所衰减，随着传递距离的拉长而不断减少；另一方面在波峰到波前缘的区域内，由于梯度势又会产生新的声子流，其动量被 N 散射所保持而形成新的动量势。

图 6-29 给出了 R 散射强度比 M 分别等于 0.1、0.4、0.6 和 1.0 时 Ziman 热波的温度波形随时间的变化曲线图。图 6-29(a) 和 (d) 中可以比较发现 N 过程散射和 R 过程散射截然不同的行为特征。在 $M=0.1$ 时，介质中存在 R 散射但是 N 散射仍然是主要的散射模式。这时，热波的温度波形的峰值随着时间的推进向介质内部传递。当 $M=1.0$ 时，介质中只存在 R 散射，N 散射的影响可以被忽略，声子的迁移动量被严重破坏。此时，热波的温度波形的峰值基本上不随波前缘的移动而移动。R 过程散射使声子的速度方向不再具有偏向性，其角度分布更加均匀。温度波形的波峰的整体迁移实际上表征了声子的群体迁移特征。在扩散导热中，介质中的能量传递的主要驱动力是声子浓度梯度，在水动力学导热过程中，介质中能量传递的主要驱动力是声子宏观动量。随着散射强度比 M 的增加，R 散射的影响逐渐加强，热波的能量传递效率不断降低。由此可以得出，为了能够得到较高的能量传递效率，应该尽量使得声子在碰撞过程中发生 N 散射，而尽可能减少破坏

声子动量的 R 散射。

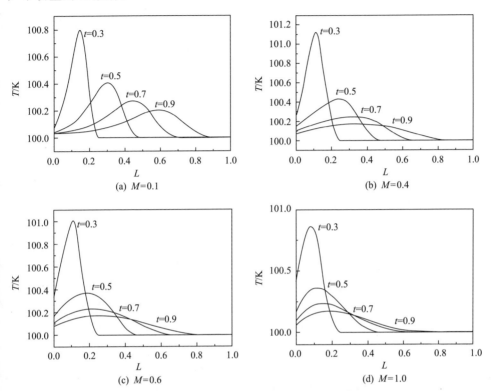

图 6-29 从 Ziman 水动力学区域到扩散导热区域转变过程中瞬态能量传递形式变化

6.4 本 章 小 结

当介质中的 N 散射主导导热过程时，传热处于 Poisseulle 水动力学区域；随着 R 散射影响的逐渐增强，以至于能够和 N 散射强度差不多乃至于更强时，传热处于 Ziman 水动力学区域；若 R 散射进一步增强，N 散射的影响可以忽略时，传热处于扩散导热区域。N 散射与 R 散射发生的一般规律是，低频声子更容易发生 N 散射而高频声子大部分散射属于 R 散射，低温下较高温情况更容易发生 N 散射，低维材料较体材料更容易发生 N 散射。在石墨烯、氮化硼及二硫化钼等二维材料中，在相对较高的温度(100K 以上)也能够有比较宽的水动力学尺寸窗口。

声子的统计分布是声子水动力学导热的重要特征。处于水动力学模式的声子，具有统一的迁移速度，这个迁移速度与声子自身的频率、波矢无关，只是时间和空间的函数。在 N 散射主导的传热过程中，声子分布趋向于位移普朗克分布。当声子从热边界发射经过 N 散射趋向于位移普朗克分布的过程中，声子分布由非统计分布转变为统计分布,这种分布函数的变化会产生熵产,形成热阻。在绝热粗糙边界上,声子的动量会被破坏,其迁移速度会缩小到零,而在远离边界的中央区域,声子的迁移速度受到的影响要小得多。这种情况下,从靠近边界的区域到远离边界的中央区域会形成迁移速度梯度,从而产生声子沿梯度的转移,这种现象被称为声子黏性效应。声子黏性类似于流体力学中的黏性,其本质是声子动量在垂直于流动方向上的迁移。声子黏性效应会使介质中的热流呈现出抛物线型分布,这种现象被称为声子 Poisseulle 流。

在瞬态导热过程中,第二声现象是热量传递波动性行为的重要证据。根据导热模式不同,将热波分为弹道热波和水动力学热波。弹道热波的传递规律类似于声波,但是弹道声子具有更高的频率,同时由于声子波矢的空间分布,弹道热波传递较之声波具有更快的衰减速率。水动力学热波发生于 Poisseulle 水动力学区域,其传递速度是弹道热波的二分之一,通常所说的热波也是指水动力学热波。在 R 散射作用逐渐增强时,热量传递的主要部分从声子动量流过渡到声子浓度梯度流。热波现象发生的基础是声子在传递过程中的动量守恒。

声子水动力学仍然有着许多有待研究的问题。①远离平衡态理论的发展。一般认为在 Poisseulle 水动力学区域,位移普朗克分布是声子的平衡分布,但是这一理论只是一种经验性的类比假设,现在还缺乏坚实的理论基础。在非平衡态热力学中,也有很多研究者引入动力学过程作为之前仅考虑耗散过程的补充,并用之描述声子水动力学过程。②实验验证。虽然二维材料极大地拓宽了声子水动力学的尺寸窗口,但是在较高温度乃至于室温下对于水动力学现象的观测仍然是一件很困难的事情。③不同散射之间的相互影响。在实际材料中,破坏声子散射动量守恒的因素有很多,其之间的相互作用复杂,例如不同频率声子之间的相互跃迁、材料的各向异性性质和声子在界面之间的传递等等。除此之外,传热现象与材料的力学性质、光学性质等的耦合也会给研究带来新的挑战和发展。

参 考 文 献

[1] Kittel C, McEuen P. Introduction to Solid State Physics[M]. New York: John Wiley & Sons, 1996.

[2] Guyer R A, Krumhansl J A. Solution of the linearized phonon Boltzmann equation[J]. Physical Review, 1966, 148(2): 766-778.

[3] Guo Y, Wang M. Phonon hydrodynamics and its applications in nanoscale heat transport[J]. Physics Reports, 2015, 595: 1-44.

[4] Cepellotti A, Fugallo G, Paulatto L, et al. Phonon hydrodynamics in two-dimensional materials[J]. Nature Communications, 2015, 6: 6400.

[5] Lee S, Broido D, Esfarjani K, et al. Hydrodynamic phonon transport in suspended graphene[J]. Nature Communications, 2015, 6: 6290.

[6] Huberman S, Duncan R A, Chen K, et al. Observation of second sound in graphite at temperatures above 100 K[J.

Science, 2019, 364(6438): 375-379.

[7] Holland M G. Analysis of lattice thermal conductivity[J]. Physical Review, 1963, 132(6): 2461-2471.

[8] Lee S, Li X. Hydrodynamic Phonon Transport Past, Present, and Prospect[M]. Bristol:IOP Publishing, 2020.

[9] Joseph D D, Preziosi L. Heat waves[J]. Reviews of Modern Physics, 1989, 61(1): 41-73.

[10] Ward J C, Wilks J. The velocity of second sound in liquid helium near the absolute zero[J]. The London, Edinburgh, and Dublin Philosophical Magazine and Journal of Science, 1951, 42(326): 314-316.

[11] Ackerman C C, Bertman B, Fairbank H A, et al. Second sound in solid helium[J]. Physical Review Letters, 1966, 16(18): 789-791.

[12] Narayanamurti V, Dynes R. Observation of second sound in bismuth[J]. Physical Review Letters, 1972, 28(22): 1461.

[13] McNelly T F, Rogers S J, Channin D J, et al. Heat pulses in NaF: Onset of second sound[J]. Physical Review Letters, 1970, 24(3): 100.

[14] Jackson H E, Walker C T, McNelly T F. Second sound in NaF[J]. Physical Review Letters, 1970, 25(1): 26.

[15] Pohl D W, Irniger V. Observation of second sound in NaF by means of light scattering[J]. Physical Review Letters, 1976, 36(9): 480-483.

[16] Koreeda A, Takano R, Saikan S. Second sound in SrTiO$_3$[J]. Phys Rev Lett, 2007, 99(26): 265502.

[17] Callaway J. Model for Lattice Thermal conductivity at low temperatures[J]. Physical Review, 1959, 113(4): 1046-1051.

[18] Sussmann J, Thellung A. Thermal conductivity of perfect dielectric crystals in the absence of umklapp processes[J]. Proceedings of the Physical Society, 1963, 81(6): 1122.

[19] Guyer R A, Krumhansl J A. Thermal conductivity, second sound, and phonon hydrodynamic phenomena in nonmetallic crystals[J]. Physical Review, 1966, 148(2): 778-788.

[20] Guo Z Y. Energy-Mass duality of heat and its applications[J]. ES Energy & Environment, 2018, 1: 4-15.

[21] Péraud J M, Hadjiconstantinou N G. Efficient simulation of multidimensional phonon transport using energy-based variance-reduced Monte Carlo formulations[J]. Physical Review B, 2011, 84(20): 205331.

[22] Lee S, Li X, Guo R. Thermal resistance by transition between collective and non-collective phonon flows in graphitic materials[J]. Nanoscale and Microscale Thermophysical Engineering, 2019, 23(3): 247-258.

[23] Cepellotti A, Marzari N. Thermal transport in crystals as a kinetic theory of relaxons[J]. Physical Review X, 2016, 6(4): 041013.

[24] Martelli V, Jiménez J L, Continentino M, et al. Thermal transport and phonon hydrodynamics in strontium titanate[J]. Phys Rev Lett, 2018, 120(12): 125901.

[25] Swartz E T, Pohl R O. Thermal boundary resistance[J]. Reviews of Modern Physics, 1989, 61(3): 605-668.

[26] Allen P B. Improved callaway model for lattice thermal conductivity[J]. Physical Review B, 2013, 88(14): 144302.

第 7 章　低维材料中的反常导热

对于三维体材料，在系统特征尺寸和特征时间分别远大于载热子平均自由程和弛豫时间时，导热过程服从傅里叶导热定律；而现有研究已表明该结论在低维材料中一般不再成立，这种现象被称为反常导热。目前已经发现的反常导热的特性有幂律型尺寸效应的等效热导率、热流自相关函数的慢衰减、反常热扩散等。虽然这些特性已经在理论、实验和计算方面被广泛地讨论过，但能够预测出这些特性的数学模型却仍缺乏研究。针对这一问题，本章给出了几类能够预测反常导热特性模型的数学形式，包括非决定性热传导方程、分数阶波尔兹曼输运方程、宏观反常热方程及福克-普朗克方程，并推导出这些模型参数与等效热导率尺寸效应指数、热流自相关函数衰减指数及反常扩散输运指数之间的理论关系。

7.1　反常导热及其特征

在三维体材料中，热传导过程符合傅里叶导热定律：

$$q = -k\nabla T \tag{7-1}$$

式中，q 为热流密度；T 为局部温度；k 为热导率。

在低维系统中，热传导存在着很多与三维系统截然不同的反常现象[1-8]，这些现象将会导致上述傅里叶导热定律失效。Lepri 等[6]将在低维系统中反常热传导现象分为 5 个类型，分别是热导率的尺寸效应(随尺寸增加而发散)、热流自相关函数的慢衰减、反常热扩散、自发涨落的快速迟豫(fast relaxation of spontaneous fluctuations)、温度场的非线性。这里主要讨论前三种反常行为。

7.1.1　热导率的尺寸效应

反常热传导现象中，热导率的尺寸效应研究最为广泛。一般来说，热导率 k 是仅由介质决定的物性参数，与几何参数等其他非介质本征的因素无关。通常来说，热导率是随着温度的变化而变化的，即 $k = k(T)$。例如对于单原子的理想气体分子来说，气体动力学理论预测 $k \propto \sqrt{T}$。在纳米尺度的热传导问题中，热导率往往会体现出一定尺寸的效应，即热导率会随着系统的尺寸 L 的变化而变化，$k = k(L)$。在三维系统中，产生这种现象的主要原因是载热子的迟豫时间 τ 和平均自由程 l 与分别与系统的时间和尺寸的量级相当。当系统的尺寸趋于宏观量级

时，其非傅里叶效应会趋于消失。例如，一类比较常见的热导率的尺寸效应可以表述为

$$\frac{k}{k_{\text{bulk}}} = \frac{1}{1 + aKn} \tag{7-2}$$

式中，k_{bulk} 为三维体材料的热导率；参数 $a > 0$ 可由理论或数值计算获得；$Kn = l/L$。不难看出，随着系统尺寸的增加，热导率越来越接近于体材料值，而当尺寸接近无限大时，二者间相差很小。但对于低维系统来说，许多理论和数值计算的结果都发现系统的热导率会随着尺寸的增加而趋于无穷，即

$$\lim_{L \to +\infty} \left[k(L) \equiv -\frac{qL}{\Delta T} \right] = +\infty \tag{7-3}$$

在一维或近似一维的系统中，上述热导率的发散通常渐进于幂次发散：

$$\lim_{L \to +\infty} \left[k(L) \right] \sim L^{\beta} \tag{7-4}$$

从上式中不难看出，只要 $\beta > 0$，那么热导率就会随着尺寸的增加而发散。需要指出的是，在目前的研究中发散指数 β 一般不会超过 1。临界情况 $\beta = 1$ 一般被认为对应着弹道扩散。在二维系统中，热导率的发散通常渐进于对数发散即

$$\lim_{L \to +\infty} \left[k(L) \right] \sim \log L \tag{7-5}$$

低维动量守恒系统就是一类经典的例子。利用非线性涨落水动力学中的重整群理论，Narayan 和 Ramaswamy[5]得到对于一维动量守恒系统，热导率的尺寸效应满足幂次发散且发散指数为 $\beta = 1/3$，而对于二维动量守恒系统，热导率的尺寸效应满足对数发散。另一类比较典型的例子是 Fermi-Pasta-Ulam（FPU）模型[2]。对于一维 FPU 模型，模式耦合理论预测热导率的尺寸效应同样满足幂次发散，但发散指数与动量守恒系统的情况有所不同，为 $\beta = 2/5$。对于二维 FPU 模型，热导率的尺寸效应依旧满足对数发散依。

7.1.2　热流自相关函数

在传统的线性响应理论中，热导率可用如下的 Green-Kubo 公式进行定义：

$$k = \lim_{t \to +\infty} \lim_{L \to +\infty} \frac{1}{k_{\text{B}} T^2 L} \int_0^t \langle J(t') J(0) \rangle \, \mathrm{d}t' \tag{7-6}$$

式中，$J = \int q \mathrm{d}x$ 为系统内的总热流。在上述 Green-Kubo 公式涉及热流自相关函

数 $C(t) = \langle J(t)J(0) \rangle$ 的广义积分，这就需要热流自相关函数需要衰减得足够快以保证积分的收敛性。如果热流自相关函数衰减得比较慢，那么 Green-Kubo 积分不收敛，此时线性响应理论框架下的热导率也就不再是良定义的。因此这种情况也会造成反常热传导现象，一类简单的例子是热流自相关函数满足幂律衰减：$C(t) \propto t^{\beta^*-1}$。对于这种反常行为，需要引入一个与系统尺寸有关的截断时间 $t_C = t_C(L)$。此时，Green-Kubo 公式被扩展为如下的广义形式：

$$k = k(t_C) = \lim_{L \to +\infty} \frac{1}{k_B T^2 L} \int_0^{t_C} \langle J(t')J(0) \rangle \, dt' \tag{7-7}$$

一个被广泛使用的截断时间是所谓的转运时间：$t_C = L/C$。通过利用转运时间截断，能够发现形如 $C(t) \propto t^{\beta^*-1}$ 的幂律衰减对应着幂律发散的热导率 $k \propto L^\beta$，$\beta = \beta^*$，而热导率对数发散则对应着临界情况 $\beta^* = 0$。必须指出的是，转运时间截断并不是一个被严格证明的理论，它只是一种近似的估计并且需要系统中存在有限的声速。一旦这一条件不能满足，那么转运时间截断也就不再适用，同时有 $\beta \neq \beta^*$。一个转运时间截断失效的粒子是一维横向运动的均匀带电系统，在此类系统中截断时间不再与尺寸成正比，而是呈幂律关系 $t_C \propto L^{1.5 \pm 0.001}$，即 $\beta = (1.5 \pm 0.001)\beta^*$。

7.1.3 反常热扩散

通常情况下，反常扩散指的是均方位移的非线性增长：

$$\langle \Delta |\boldsymbol{x}|^2 \rangle \propto t^\gamma \tag{7-8}$$

式中，γ 为输运或非布朗指数，其取值范围一般被划分为 5 个子区间。当 $0 < \gamma < 1$ 时称之为次扩散；当 $\gamma = 1$ 时称之为标准扩散或布朗运动；当 $1 < \gamma < 2$ 时称之为超扩散；当 $\gamma = 2$ 时称之为弹道扩散；当 $\gamma > 2$ 时称之为过度扩散。其中过度扩散是一个比较特殊的类型，它对于初始热化的粒子来说是不可能的。需要指出的是，$\gamma = 1$ 在一些特殊情况下也可能对应着某些反常行为，如非高斯的分布。这类反常扩散现象通常被称作"反常但布朗扩散"或者是"布朗但非高斯扩散"。目前来说，热传导问题中并没有发现该类特殊的反常扩散。

反常热扩散行为常常被与热导率的尺寸效应联系起来。例如基于无相互作用的莱维行走模型 (Lévy walk model)，Denisov 等[8]证明了标度规律 $\beta = \gamma - 1$。该标度规律说明了热导率的尺寸效应与载热子扩散机制间的关系。当 $\gamma > 1$ 时，$\beta > 0$，这说明超扩散机制将会导致热导率随着尺寸的增加而发散。而当 $\gamma = 1$ 时，$\beta = 0$，这说明布朗运动对应着无尺寸效应的傅里叶导热。当 $\gamma < 1$ 时，$\beta < 0$，这说明此机制将会导致热导率随着尺寸的增加而趋于零。该标度规律的普适性被许多理论和数值计算结果验证过，如硬球模型[9,10]、FPU-β 链[11,12] 及 poly-3,4-ethylenedioxythiophene（PEDOT）的单聚合物链[7]。一个比较一般性地证明该标度规律的方法由 Liu 等[3]在 2014 年给出。该方法不依赖于任何随机游走模型，仅假设了标准形式的能量连续性方程的：

$$\frac{\partial e}{\partial t} = -\nabla \cdot \boldsymbol{q} \tag{7-9}$$

式中，$e = e(\boldsymbol{x}, t)$ 为局部能量。通过使用自相关函数的对称性，Liu 等推出了如下的热流自相关函数与均方位移的关系：

$$\frac{\mathrm{d}^2 \left\langle \Delta \boldsymbol{x}^2 \right\rangle}{\mathrm{d}t^2} \propto C(t) \tag{7-10a}$$

将式 (7-10a) 代入到 Green-Kubo 公式就能立刻得到 $\beta = \gamma - 1$。上述推导过程并不是完全普适的，热流自相关函数还有一个更为一般性的表述[13]：

$$\frac{\mathrm{d}^2 \left\langle \Delta \boldsymbol{x}^2 \right\rangle}{\mathrm{d}t^2} \propto \left[C(t) + \frac{\mathcal{P}^2}{T} \right] \tag{7-10b}$$

式中，$\mathcal{P} = \mathcal{P}(t)$ 为温度压力项。必须注意到，热流自相关函数不仅与均方位移有关，同时也受温度压力项的影响。这就意味着在某些情况下标度规律 $\beta = \gamma - 1$ 可能不再成立。

$\beta = \gamma - 1$ 并不是唯一的反常热扩散与热导率的尺寸效应之间的标度联系，Li 和 Wang[4]在 2003 年还导出了另一个标度规律 $\beta = 2 - 2/\gamma$。该标度规律是由反常扩散中热流与平均首通时间的关系：

$$q \propto L \frac{\Delta T}{2t_{\mathrm{MFPT}}} \tag{7-10c}$$

式中，t_{MFPT} 为平均首通时间。

7.2 线性响应理论

7.2.1 非决定性热传导方程

Narayan 和 Ramaswamy[5]通过使用涨落水动力学和重整群理论得到了一个比

较普适的热流自相关函数的渐进行为:

$$C(t) \propto t^{\frac{-2d}{d+2}} \tag{7-11}$$

式中,d 为系统的维度。

Narayan 和 Ramaswamy 的推导过程是基于 Landau-Lifshitz 理论的,即在动量守恒和能量守恒方程中考虑涨落效应的影响。因此,Narayan 和 Ramaswamy 的结果并不是对于纯导热问题的,其涉及了其他不可逆过程如质量输运、动量输运、热对流。对于纯导热问题,Landau-Lifshitz 理论[14]给出的描述为

$$\frac{\partial(\delta T)}{\partial t} = D\nabla^2(\delta T) + \xi_T \tag{7-12}$$

式中,$\delta T = T - T_{eq}$ 为温度扰动;T_{eq} 为平衡温度;$D = \kappa/C_V$ 为热扩散率;C_V 为单位体积的比热容;温度白噪声 ξ_T 具有如下形式:

$$\langle \xi_T(\boldsymbol{x},t)\xi_T(\boldsymbol{x}',t')\rangle \propto T_{eq}^2\delta(\boldsymbol{x}-\boldsymbol{x}')\delta(t-t') \tag{7-13}$$

式 (7-12) 是一个关于温度的随机抛物形微分方程,也叫 Edwards-Wilkinson 方程[15]。对于处于局域平衡或者接近局域平衡的情况,局域熵密度 $s = s(\boldsymbol{x},t)$ 和熵流密度 $\boldsymbol{J}_S(\boldsymbol{x},t)$ 具有如下的经典不可逆热力学[16]表示:

$$s(\boldsymbol{x},t) = \int^{T(\boldsymbol{x},t)} C\frac{\mathrm{d}T}{T} \tag{7-14a}$$

$$\boldsymbol{J}_S(\boldsymbol{x},t) = \frac{\boldsymbol{q}(\boldsymbol{x},t)}{T(\boldsymbol{x},t)} \tag{7-14b}$$

熵产率 $\sigma = \sigma(\boldsymbol{x},t)$ 可由如下的熵平衡方程得到:

$$\sigma = \frac{\partial s}{\partial t} + \nabla \cdot \boldsymbol{J}_S = \boldsymbol{q} \cdot \nabla\left(\frac{1}{T}\right) \tag{7-14c}$$

将傅里叶定律代入到式 (7-14b) 中可导出

$$\boldsymbol{J}_S = \frac{\boldsymbol{q}}{T} = \frac{-k\nabla T}{T} = -D\frac{c\nabla T}{T} = -D\nabla s \tag{7-15}$$

进一步地,熵产率 $\sigma = \boldsymbol{q} \cdot \nabla(T^{-1})$ 可以被改写为

$$\sigma = \boldsymbol{q} \cdot \nabla\left(\frac{1}{T}\right) = \left(\frac{\boldsymbol{q}}{T}\right) \cdot \left(\frac{\nabla T}{T}\right) = -\boldsymbol{J}_S \cdot \frac{\nabla s}{c} = \frac{D}{c}|\nabla s|^2 \tag{7-16}$$

将上式代入熵平衡方程可得

$$\frac{\partial s}{\partial t} = D\nabla^2 s + \frac{D}{C}|\nabla s|^2 \tag{7-17}$$

类似地，可得熵流密度的控制方程为

$$c\frac{\partial \boldsymbol{J}_S}{\partial t} + (\boldsymbol{J}_S \cdot \nabla)\boldsymbol{J}_S = k\nabla(\nabla \cdot \boldsymbol{J}_S) \tag{7-18}$$

与温度分布类似，如果再引入一个熵随机项 ξ_S，将会得到如下的 Burgers-Kardar-Parisi-Zhang（KPZ）类方程组[17]：

$$\frac{\partial s}{\partial t} = D\nabla^2 s + \frac{D}{C}|\nabla s|^2 + \xi_S \tag{7-19a}$$

$$c\frac{\partial \boldsymbol{J}_S}{\partial t} + 2(\boldsymbol{J}_S \cdot \nabla)\boldsymbol{J}_S = k\nabla(\nabla \cdot \boldsymbol{J}_S) + k\nabla\xi_S \tag{7-19b}$$

式中，熵噪声 ξ_S 满足

$$\langle \xi_S(\boldsymbol{x},t)\xi_S(\boldsymbol{x}',t') \rangle \propto \delta(\boldsymbol{x}-\boldsymbol{x}')\delta(t-t') \tag{7-20}$$

对于温度分布的演化，关于熵的 Burgers-KPZ 类方程组相当于是在传统的 Landau-Lifshitz 理论中添加了一个乘性噪声：

$$\frac{\partial(\delta T)}{\partial t} = D\nabla^2(\delta T) + \left(1 + \frac{\delta T}{T_{\text{eq}}}\right)\xi_T \tag{7-21a}$$

这也就意味着在能量连续性方程中也存在乘性噪声：

$$\frac{\partial e}{\partial t} = -\nabla \cdot \boldsymbol{q} + C\left(1 + \frac{\delta T}{T_{\text{eq}}}\right)\xi_T \tag{7-21b}$$

必须指出的是，上述模型忽略了温度对物性参数的影响，因此必须是在足够小的温度涨落 $\delta T \ll T_{\text{eq}}$ 下才能成立。

Burgers-KPZ 类方程组被广泛应用在许多领域中，如表面增长[18]、Burgers 湍流[19]、定向聚合物[20]等。Burgers-KPZ 类的标度理论已经比较成熟，下面将其运用到热导率的 Green-Kubo 公式中。在极限 $L \to +\infty$ 下，$C(t)$ 的渐进取决于热流在无穷远处的渐进行为。对于足够小的温度涨落，熵流密度可以展开为

$$\boldsymbol{J}_S = \left[1 + O\left(\frac{\delta T}{T_{\text{eq}}}\right)\right]\frac{\boldsymbol{q}}{T_{\text{eq}}} \approx \frac{\boldsymbol{q}}{T_{\text{eq}}} \tag{7-22}$$

从而，$C(t)$ 的渐进行为就可以用熵流自相关函数 $\lim\limits_{|x|\to+\infty}\left\langle J_S(x,t)J_S(x,t=0)\right\rangle$ 来近似估计。根据 Burgers-KPZ 类方程组的标度理论[21]，该自相关算子具有如下的渐进行为：

$$\frac{C(t)}{T_{\text{eq}}^2} \sim \lim_{|x|\to+\infty}\left\langle J_S(x,t)J_S(x,t=0)\right\rangle \sim t^{2(\psi-1/z)} \tag{7-23}$$

式中，$\psi=\chi/z$ 为早期时间指数，χ 为粗糙度指数；z 为动力学指数。从而，Green-Kubo 公式将会导出如下的结果：

$$k=k(t_{\text{C}})\propto\begin{cases}t_{\text{C}}^{2(\psi-1/z)+1}, & 2(\psi-1/z)\neq-1 \\[2mm] \ln t_{\text{C}}, & 2(\psi-1/z)=-1\end{cases} \tag{7-24}$$

如果对上式使用转运时间截断，则有

$$k=k(L)\propto\begin{cases}L^{2(\psi-1/z)+1}, & 2(\psi-1/z)\neq-1 \\[2mm] \ln L, & 2(\psi-1/z)=-1\end{cases} \tag{7-25}$$

一般来说，指数对 (χ,z) 不是互相孤立的，二者之间一般满足一定的关系。一个著名的例子是伽利略协变性：$\chi+z=2$，将其代入 (7-25) 可得 $\alpha=z/z-1$。输运指数 γ 与动力学指数 z 同样存在着联系：$\gamma=2/z$。将 $\gamma=2/z$ 与 $\alpha=2/z-1$ 联立可得到我们之前提到的标度规律 $\alpha=\gamma-1$。

在一维系统中，KPZ 普适类满足 $(\chi,z,\psi)=\left(\dfrac{1}{2},\dfrac{3}{2},\dfrac{1}{3}\right)$，$\alpha=1/3$。如果在二维情况下标度指数满足 $z=2(\chi+1)$，那么就能够预测对数发散的二维热导率。满足这一条件的类型有如下几种。

(1) 动量守恒系统的重整群解[5]：

$$(\chi,z)=\left(1-\frac{d}{2},1+\frac{d}{2}\right) \tag{7-26a}$$

(2) 弱耦合解[22]：

$$(\chi,z)=\left(1-\frac{d}{2},2\right) \tag{7-26b}$$

(3) 单环重整群解[23]:

$$(\chi, z) = \left(\frac{d^2 - 4d + 4}{6 - 4d}, \frac{8 - 4d - d^2}{6 - 4d} \right) \tag{7-26c}$$

对于一维问题，上述解均预测幂次发散的热导率，而对于三维问题，则预测收敛的热导率。当然，也有一些解不能预测对数发散如[24-26]:

$$(\chi, z) = \left(\frac{2}{2d + 1}, \frac{4d}{2d + 1} \right) \tag{7-27a}$$

$$(\chi, z) = \left(\frac{1}{d + 1}, \frac{2d + 1}{d + 1} \right) \tag{7-27b}$$

$$(\chi, z) = \left(\frac{2}{d + 1}, \frac{2d + 4}{d + 3} \right) \tag{7-27c}$$

注意到，这些解在任何维度下都预测幂次发散的热导率。

对于一维问题，Burgers-KPZ 类预测了一个普适的发散指数 $\gamma = 1/3$。Burgers-KPZ 类方程组还有很多扩展的模型，这些模型能够预测连续分布的发散指数。下面的空间关联噪声模型[27]就是一个典型的例子:

$$\langle \xi_S(\boldsymbol{x}, t) \xi_S(\boldsymbol{x}', t') \rangle \sim |\boldsymbol{x} - \boldsymbol{x}'|^{2\rho - d} \delta(t - t') \tag{7-28}$$

式中，参数 ρ 满足

$$\frac{d^2 - 2d}{8d - 12} \leqslant \rho \leqslant \frac{d + 1}{2} \tag{7-29}$$

该模型对应的标度指数为

$$(\chi, z) = \left(\frac{2\rho - d + 2}{3}, \frac{d - 2\rho + 4}{3} \right) \tag{7-30}$$

类似地，还可以引入时间关联的噪声[27]:

$$\langle \xi_S(\boldsymbol{x}, t) \xi_S(\boldsymbol{x}', t') \rangle \sim |t - t'|^{2\theta - 1} \delta(\boldsymbol{x} - \boldsymbol{x}') \tag{7-31}$$

式中，参数 θ 满足 $0.167 < \theta < 0.5$。时间关联模型对应的解为

$$(\chi, z) = \left(1.69\theta + 0.22, \frac{2\chi + 1}{1 + 2\theta} \right) \tag{7-32}$$

对于一维反常导热，这些互相关联的噪声所能预测发散指数范围是 $1/3 < \beta \leqslant 1$。
$\beta < 1/3$ 可以通过其他的扩展形式得到，例如记忆模型[28]：

$$
\begin{aligned}
\frac{\partial s(\boldsymbol{x},t)}{\partial t} = {}& D\nabla^2 s(\boldsymbol{x},t) + \xi_S \\
& + \frac{D}{c}\int_0^t \nabla s(\boldsymbol{x},t+\zeta)\cdot\nabla s(\boldsymbol{x},t-\zeta)M(\zeta)\mathrm{d}\zeta
\end{aligned}
\tag{7-33}
$$

该模型的解可以看作是动量守恒系统重整群解的一个推广形式：

$$
(\chi,z) = \left(\frac{2-d}{2},\frac{2+d}{2+2\phi}\right)
\tag{7-34}
$$

显然，这个解并不满足伽利略协变性，其能预测的发散指数范围是 $-1/3 < \beta < 1/3$。

7.2.2　能量涨落模型

本章的所有内容都基于 Green-Kubo 公式。Green-Kubo 公式可以由多种不同的理论推导出来，这里介绍一种由 Dhar[1]提出的方法，该方法不但简洁而且具有清晰物理基础。考虑如下能量涨落自相关函数 C_{ee}：

$$
C_{ee} = \langle e(x,t)e(0,0)\rangle - \langle e(x,t)\rangle\langle e(0,0)\rangle
\tag{7-35}
$$

式中，e 为能量密度。

Dhar 假设上述能量涨落的自相关函数满足无外力场作用下的福克-普朗克方程（Fokker-Planck equation）：

$$
\frac{\partial C_{ee}}{\partial t} - \nabla\cdot(D\nabla C_{ee}) = 0
\tag{7-36}
$$

对于恒定不变的热扩散系数，上述福克-普朗克方程可通过如下的傅里叶变换求解：

$$
\mathcal{F}[C_{ee}] = \int_{-\infty}^{+\infty}\int_{-\infty}^{+\infty} C_{ee}(x,t)\mathrm{e}^{\mathrm{i}(kx-\omega t)}\mathrm{d}x\mathrm{d}t
\tag{7-37}
$$

将 $\mathcal{F}[C_{ee}]$ 代入福克-普朗克方程可得

$$
\mathcal{F}[C_{ee}] = \frac{2Dk^2\displaystyle\int_{-\infty}^{+\infty} C_{ee}(x,t=0)\mathrm{e}^{\mathrm{i}kx}\mathrm{d}x}{D^2k^4 + \omega^2}
\tag{7-38}
$$

基于上式，热导率可通过如下极限得到：

$$\lim_{\omega \to 0} \lim_{k \to 0} \left(\frac{\omega^2}{k^2} \mathcal{F}\left[C_{ee} \right] \right) = 2k_{\mathrm{B}} T^2 Dc \qquad (7\text{-}39)$$

将上述结果进行傅里叶逆变换即可得到 Green-Kubo 公式。在下面的章节中会讨论在反常扩散中能量涨落的推广形式。

7.3　反　常　扩　散

7.3.1　分数阶玻尔兹曼方程

这一小节主要讨论玻尔兹曼方程及其解法在反常热传导过程中的应用[29,30]。线性化的玻尔兹曼方程是估计热导率的一种重要的理论方法,例如在气体力学中,标准形式的 Bhatnagar-Gross-Krook(BGK)模型预测的热导率值为

$$k = \frac{5k_{\mathrm{B}}^2 T \rho_0 \tau}{2m^2} \qquad (7\text{-}40)$$

式中,ρ_0 为密度;m 为单个分子的质量。

而在声子热输运过程中,最简单的单迟豫时间近似可导出如下的热导率:

$$k = \frac{1}{3} \left| v_{\mathrm{g}} \right|^2 c\tau \qquad (7\text{-}41)$$

需要指出的是,在非稳态导热过程中,单迟豫时间近似并不能严格推出傅里叶定律。其对应的本构方程为如下的 Cattaneo 方程:

$$\boldsymbol{q} + \tau \frac{\partial \boldsymbol{q}}{\partial t} = -k\nabla T \qquad (7\text{-}42)$$

在常物性的情况下,联立 Cattaneo 方程和标准形式的能量连续性方程将会导出如下的关于局部温度的双曲导热微分方程:

$$\frac{\partial T}{\partial t} + \tau \frac{\partial^2 T}{\partial t^2} = D\nabla^2 T \qquad (7\text{-}43)$$

该导热微分方程能够克服由傅里叶导热定律产生的无限大的热扰动传播速度,并可由单迟豫时间近似下的玻尔兹曼方程和局域平衡假定导出。

线性化的玻尔兹曼方程也能够预测发散的热导率。一个简单的例子是如下的迟豫与声子模式有关的模型:

$$\tau = \tau(\boldsymbol{k}) \sim \boldsymbol{k}^{a_1}, \quad a_1 = \frac{1}{\beta - 1} < -1 \qquad (7\text{-}44)$$

式中,$|\boldsymbol{k}|$ 为声子波矢的模。

　　另一个例子是重整化声子和等效声子理论，该理论在传统的德拜形式中引入了一个与声子模式有关的权重系数 $\mathcal{W} = \mathcal{W}(\boldsymbol{k})$。从而热导率的表达式变为

$$\kappa = \frac{c}{2\pi} \int_0^{2\pi} \left| \boldsymbol{v}_{\mathrm{g}}(\boldsymbol{k}) \right|^2 \tau(\boldsymbol{k}) \mathcal{W}(\boldsymbol{k}) \mathrm{d}\boldsymbol{k} \tag{7-45}$$

上述权重系数必须满足归一化条件：

$$\int_0^{2\pi} \mathcal{W}(\boldsymbol{k}) \mathrm{d}\boldsymbol{k} = 2\pi \tag{7-46}$$

本章讨论主要讨论由 Goychuk 的分数阶 BGK 模型，该模型将分数阶算子引入到玻尔兹曼方程的碰撞项中。

　　首先考虑气体动力学的情况，此时分数阶玻尔兹曼方程（忽略外加势场的作用）具有如下形式：

$$\frac{\partial f_1}{\partial t} + \boldsymbol{v} \cdot \nabla f_1 = \tau^{\alpha} D_t^{\alpha} \left(\frac{f_0 - f_1}{\tau} \right) \tag{7-47}$$

式中，参数 α 满足 $0 < \alpha \leqslant 1$；$f_1 = f_1(\boldsymbol{x}, t, \boldsymbol{v})$ 为单粒子分布函数；$\boldsymbol{v}$ 为粒子的速度；D_t^{α} 为 Riemann-Liouville 分数阶算子；f_0 为平衡态时的分布函数。

　　严格地说，上面的分数阶玻尔兹曼方程对于任何的非平衡过程都不具有稳态解。在气体力学中，局域能量密度和热流密度具有如下形式：

$$e = \frac{3\rho_0 k_{\mathrm{B}} T}{2m} = \frac{m}{2} \int \left| \boldsymbol{v} - \boldsymbol{c}_{\mathrm{o}} \right|^2 f_1 \mathrm{d}\boldsymbol{v} \tag{7-48a}$$

$$\boldsymbol{k} = \frac{m}{2} \int \left| \boldsymbol{v} - \boldsymbol{c}_{\mathrm{o}} \right|^2 (\boldsymbol{v} - \boldsymbol{c}_{\mathrm{o}}) f_1 \mathrm{d}\boldsymbol{v} \tag{7-48b}$$

式中，$\boldsymbol{c}_{\mathrm{o}} = \int \boldsymbol{v} f_1 \mathrm{d}\boldsymbol{v}$ 为平均速度。

　　联立式(7-47)、式(7-48a)、式(7-48b)可得

$$\begin{aligned}
\tau^{\alpha-1} D_t^{\alpha} \boldsymbol{q} &= \frac{m}{2} \int \left| \boldsymbol{v} - \boldsymbol{c} \right|^2 (\boldsymbol{v} - \boldsymbol{c}) \tau^{\alpha-1} D_t^{\alpha} f_1 \mathrm{d}\boldsymbol{v} \\
&= \frac{m}{2} \int \left| \boldsymbol{v} - \boldsymbol{c} \right|^2 (\boldsymbol{v} - \boldsymbol{c}) \left(\tau^{\alpha-1} D_t^{\alpha} f_0 - \boldsymbol{v} \cdot \nabla f_1 - \frac{\partial f_1}{\partial t} \right) \mathrm{d}\boldsymbol{v} \\
&= -\frac{m}{2} \int \left| \boldsymbol{v} - \boldsymbol{c} \right|^2 (\boldsymbol{v} - \boldsymbol{c}) \boldsymbol{v} \cdot \nabla f_2 \mathrm{d}\boldsymbol{v} - \frac{m}{2} \int \left| \boldsymbol{v} - \boldsymbol{c} \right|^2 (\boldsymbol{v} - \boldsymbol{c}) \frac{\partial f_1}{\partial t} \mathrm{d}\boldsymbol{v} \\
&= -\frac{m}{2} \int \left| \boldsymbol{v} - \boldsymbol{c} \right|^2 (\boldsymbol{v} - \boldsymbol{c}) \boldsymbol{v} \cdot \nabla f_2 \mathrm{d}\boldsymbol{v} - \frac{\partial \boldsymbol{q}}{\partial t}
\end{aligned} \tag{7-49a}$$

根据局域平衡假定，分布函数的梯度满足 $\nabla f_1 \approx \nabla f_0$，从而上式可以化简为

$$\tau^{\alpha-1} D_t^\alpha \boldsymbol{q} + \frac{\partial \boldsymbol{q}}{\partial t} = -\frac{m}{2} \int |\boldsymbol{v} - \boldsymbol{c}|^2 (\boldsymbol{v} - \boldsymbol{c}_{\mathrm{o}}) \boldsymbol{v} \cdot \nabla f_1 \mathrm{d}\boldsymbol{v}$$
$$= -\left[\frac{m}{2} \int |\boldsymbol{v} - \boldsymbol{c}|^2 (\boldsymbol{v} - \boldsymbol{c}_{\mathrm{o}}) \boldsymbol{v} \cdot \nabla f_0 \mathrm{d}\boldsymbol{v} \right] \tag{7-49b}$$

对于纯导热问题来说，宏观速度和密度的变化率都应该为零，即 $\boldsymbol{C}_{\mathrm{o}} = \boldsymbol{0}$。从而上式可以被化简为

$$\tau^{\alpha-1} D_t^\alpha \boldsymbol{q} + \frac{\partial \boldsymbol{q}}{\partial t} = -\left[\frac{m}{2} \int |\boldsymbol{v}|^2 \boldsymbol{v}\boldsymbol{v} \cdot \frac{\partial f_0}{\partial T} \mathrm{d}\boldsymbol{v} \right] \nabla T$$
$$\Rightarrow \tau^\alpha D_t^\alpha \boldsymbol{q} + \tau \frac{\partial \boldsymbol{q}}{\partial t} = -k \nabla T \tag{7-50}$$

式中，稳态的温度分布将会导出如下的与时间有关的热流分布：

$$\boldsymbol{q} = \left[\left(\boldsymbol{q} + \tau^{\alpha-1} D_t^{\alpha-1} \boldsymbol{q} \right)\Big|_{t=0} \right] E_{1-\alpha,1} \left[-\left(\frac{t}{\tau} \right)^{1-\alpha} \right]$$
$$-k \left(\frac{t}{\tau} \right) E_{1-\alpha,2} \left[-\left(\frac{t}{\tau} \right)^{1-\alpha} \right] \nabla T \tag{7-51}$$

式中，$E_{a,b}(z)$ 为如下的 Mittag-Leffler 函数：

$$E_{a,b}(z) = \sum_{k=0}^{+\infty} \frac{z^k}{\Gamma(b+ak)} \tag{7-52}$$

不难发现，总的热流密度由两部分组成：$\boldsymbol{q} = \boldsymbol{q}_0 + \boldsymbol{q}_{\mathrm{T}}$，第一部分 $\boldsymbol{q}_0$ 反映的是初始条件的贡献：

$$\boldsymbol{q}_0 = \left[\left(\boldsymbol{q} + \tau^{\alpha-1} D_t^{\alpha-1} \boldsymbol{q} \right)\Big|_{t=0} \right] E_{1-\alpha} \left[-\left(\frac{t}{\tau} \right)^{1-\alpha} \right] \tag{7-53}$$

而第二部分 $\boldsymbol{q}_{\mathrm{T}}$ 则是由温度梯度产生的：

$$\boldsymbol{q}_{\mathrm{T}} = -k \left(\frac{t}{\tau} \right) E_{1-\alpha,2} \left[-\left(\frac{t}{\tau} \right)^{1-\alpha} \right] \nabla T \tag{7-54}$$

当时间趋于无穷时，$\boldsymbol{q}_0$ 会渐进于 $\boldsymbol{q}_0 \propto t^{\alpha-1}$，而 $\boldsymbol{q}_{\mathrm{T}}$ 则会渐进于 $\boldsymbol{q}_{\mathrm{T}} \propto t^\alpha$。因此，总

热流密度的长时间渐进行为是由温度梯度所主导的即 $q \propto t^{\alpha} \nabla T$。同时，这也意味着一个随时间变化的等效热导率：$k \propto t^{\alpha}$。如果对这一随时间变化的热导率使用转运时间截断，那么就会得到随着尺寸发散的热导率，$k \propto L^{\alpha}$。根据 Goychuk 所推导的结果，分数阶玻尔兹曼方程对应的均方位移有如下的渐进行为

$$\left\langle \Delta x^2 \right\rangle \sim \begin{cases} t^2, & t \ll \tau \\ \\ t^{\alpha+1}, & t \gg \tau \end{cases} \tag{7-55}$$

从而，能够建立起非布朗指数 γ 与热导率发散指数 β 之间的关系：$\beta = \gamma - 1$。更进一步，还可以通过引入与无规则运动速度有关的模型：

$$\tau = \tau\left(|\boldsymbol{v} - \boldsymbol{c}_0|\right) \propto |\boldsymbol{v} - \boldsymbol{c}_0|^{\Psi} \tag{7-56}$$

该模型能够导出随温度升高而呈幂律变化的热导率 $k(T) \propto T^{1-\Psi/2}$。

在声子热输运过程中，分数阶玻尔兹曼方程应具有如下的形式：

$$\frac{\partial f_2}{\partial t} + \boldsymbol{v}_{\mathrm{g}} \cdot \nabla f_2 = \tau^{\alpha} D_t^{\alpha} \left(\frac{f_0 - f_2}{\tau} \right) \tag{7-57}$$

式中，$f_2 = f_2(\boldsymbol{x}, t, \boldsymbol{k})$ 为声子分布函数；$\boldsymbol{k}$ 为波矢；ω 为角频率。此时，声子的能量密度可表示为 $e = \int f_2 \hbar \omega \mathrm{d}\boldsymbol{k}$，$\hbar$ 为退化普朗克常数；而热流密度则可以表示为 $\boldsymbol{q} = \int \boldsymbol{v}_{\mathrm{g}} f_2 \hbar \omega \mathrm{d}\boldsymbol{k}$；从而可得

$$\frac{\partial \boldsymbol{q}}{\partial t} + \int \hbar \omega \boldsymbol{v}_{\mathrm{g}} \boldsymbol{v}_{\mathrm{g}} \cdot \nabla f_2 \mathrm{d}\boldsymbol{k} = -\tau^{\alpha-1} D_t^{\alpha} \boldsymbol{q} \tag{7-58}$$

通过引入局域平衡假定（$\nabla f_2 \approx \nabla f_0$），不难发现，上式可以被简化为与气体动力学情况相同的本构方程，其对应的热导率的渐进行为也是相同的。

必须指出的是，上述结果忽略了由边界散射效应产生的非傅里叶行为。一般来说，由边界效应产生的热导率的尺寸效应会随着尺寸的增加而逐渐收敛到体材料的值，当对于 $\alpha \neq 0$ 的情况还没有深入的研究。只有当边界散射对热导率尺寸效应的贡献的增长速度慢于 L^{α} 时，L^{α} 才会在热导率的尺寸效应中占据主导地位。当标准碰撞项与分数阶碰撞项共存时，玻尔兹曼方程具有如下形式：

$$\frac{\partial f_2}{\partial t} + \boldsymbol{v}_{\mathrm{g}} \cdot \nabla f_2 = \theta_{\alpha} \tau^{\alpha} D_t^{\alpha} \left(\frac{f_0 - f_2}{\tau} \right) + (1 - \theta_{\alpha}) \left(\frac{f_0 - f_2}{\tau} \right) \tag{7-59}$$

式中，参数 θ_α 满足 $0 < \theta_\alpha < 1$。在满足局域平衡假设的条件下，这一分数阶玻尔兹曼方程预测的对应的本构模型如下：

$$(1-\theta_\alpha)\boldsymbol{q} + \theta_\alpha \tau^\alpha D_t^\alpha \boldsymbol{q} + \tau \frac{\partial \boldsymbol{q}}{\partial t} = -k\nabla T \tag{7-60}$$

当时间趋于无穷时，其预测的热导率将会渐进于 $k = (1-\theta_\alpha)^{-1} k_{\text{bulk}}$。

接下来，将会讨论分数阶玻尔兹曼方程对应的热力学问题，主要与熵密度、熵流密度和熵产率有关。在前面的内容中指出，对于一个稳态的温度分布，热流密度将会渐进于 $\boldsymbol{q} \propto t^\alpha$。在经典不可逆热力学的框架下，这一结果意味着一个稳态的热力学状态将会伴随着时间趋于无穷的熵流密度和熵产率。这些行为与通常的理解有所不同，下面将基于统计力学的观点来讨论关于熵的反常行为。以声子热输运为例，其对应的熵密度为

$$s = k_{\text{B}} \int \left[(f_2 + 1)\ln(f_2 + 1) - f_2 \ln f_2 \right] \mathrm{d}\boldsymbol{k} \tag{7-61}$$

局域熵密度的一阶级数展开为

$$s = s_0 + s_1 + k_{\text{B}} \int O(f_2 - f_0) \mathrm{d}\boldsymbol{k} \tag{7-62}$$

式中

$$s_0 = k_{\text{B}} \int \left[(f_0 + 1)\ln(f_0 + 1) - f_0 \ln f_0 \right] \mathrm{d}\boldsymbol{k} \tag{7-63a}$$

$$s_1 = k_{\text{B}} \int (f_2 - f_0) \ln \frac{f_0 + 1}{f_0} \mathrm{d}\boldsymbol{k} \tag{7-63b}$$

注意到分布函数和平衡分布函数满足

$$\int \hbar\omega f_2 \mathrm{d}\boldsymbol{k} = \int \hbar\omega f_0 \mathrm{d}\boldsymbol{k} \tag{7-64a}$$

$$\ln \frac{f_0 + 1}{f_0} = \frac{\hbar\omega}{k_{\text{B}} T} \tag{7-64b}$$

从而可以推出

$$\begin{aligned}
\frac{\partial s_0}{\partial T} &= k_{\text{B}} \int \ln \frac{f_0 + 1}{f_0} \frac{\partial f_0}{\partial T} \mathrm{d}\boldsymbol{k} \\
&= \frac{1}{T} \int \hbar\omega \frac{\partial f_0}{\partial T} \mathrm{d}\boldsymbol{k} = \frac{c}{T}
\end{aligned} \tag{7-65a}$$

$$s_1 = k_B \int (f_2 - f_0) \ln \frac{f_0 + 1}{f_0} \mathrm{d}\boldsymbol{k}$$

$$= \frac{1}{T} \int \hbar \omega (f_2 - f_0) \mathrm{d}\boldsymbol{k} = 0 \qquad (7\text{-}65\mathrm{b})$$

上述两个式子表明

$$s = s_0 + k_B \int O(f_2 - f_0)^2 \mathrm{d}\boldsymbol{k} \qquad (7\text{-}66)$$

只要二阶项可以忽略，上述结果就会与经典不可逆热力学框架下的熵密度相符。因此对于分数阶玻尔兹曼方程，适用经典不可逆热力学所需的条件为 $|f_P - f_0| \ll f_0$。然而随时间发散的热流密度 $\boldsymbol{q} \propto t^\alpha$ 意味着

$$\boldsymbol{q} = \int \boldsymbol{v}_g f_2 \hbar \omega \mathrm{d}\boldsymbol{k}$$

$$= \int \boldsymbol{v}_g (f_2 - f_0) \hbar \omega \mathrm{d}\boldsymbol{k} \sim t^\alpha \qquad (7\text{-}67)$$

当时间趋于无穷时，$(f_2 - f_0)$ 也会趋于无穷。因此，条件 $|f_2 - f_0| \ll f_0$ 是无法被满足的，同时二阶项也无法被忽略，这也意味着经典不可逆热力学不再成立。熵密度的时间导数为

$$\frac{\partial s}{\partial t} = k_B \int \frac{\partial f_2}{\partial t} \ln \frac{f_2 + 1}{f_2} \mathrm{d}\boldsymbol{k} \qquad (7\text{-}68)$$

将玻尔兹曼方程代入其中可得

$$\frac{\partial s}{\partial t} = -\nabla \cdot \left\{ \int \boldsymbol{v}_g k_B \left[(f_2 + 1) \ln (f_2 + 1) - f_2 \ln f_2 \right] \mathrm{d}\boldsymbol{k} \right\}$$

$$+ k_B \int \ln \frac{f_2 + 1}{f_2} \tau^\alpha D_t^\alpha \left(\frac{f_0 - f_2}{\tau} \right) \mathrm{d}\boldsymbol{k} \qquad (7\text{-}69)$$

从上式中可得熵流和熵产率的表达式为

$$\boldsymbol{J}_S = \int \boldsymbol{v}_g k_B \left[(f_2 + 1) \ln (f_2 + 1) - f_2 \ln f_2 \right] \mathrm{d}\boldsymbol{k} \qquad (7\text{-}70)$$

$$\sigma = k_B \int \ln \frac{f_2 + 1}{f_2} \tau^\alpha D_t^\alpha \left(\frac{f_0 - f_2}{\tau} \right) \mathrm{d}\boldsymbol{k} \qquad (7\text{-}71)$$

类似地，熵流密度也可以被展开为如下形式：

$$\boldsymbol{J}_S = \int \boldsymbol{v}_g k_B \ln \frac{f_0 + 1}{f_0} (f_2 - f_0) \mathrm{d}\boldsymbol{k} + \int \boldsymbol{v}_g k_B O(f_2 - f_0) \mathrm{d}\boldsymbol{k} \qquad (7\text{-}72)$$

注意到，当声子处于平衡态时熵流和热流都应该为零，从而可以进一步导出如下的熵流展开形式：

$$
\begin{aligned}
\boldsymbol{J}_S &= \frac{1}{T}\int \boldsymbol{v}_{\mathrm{g}}\hbar\omega(f_2 - f_0)\mathrm{d}\boldsymbol{k} + \int \boldsymbol{v}_{\mathrm{g}}k_{\mathrm{B}}O(f_2 - f_0)^2\mathrm{d}\boldsymbol{k} \\
&= \frac{\boldsymbol{q}}{T} + \int \boldsymbol{v}_{\mathrm{g}}k_{\mathrm{B}}O(f_2 - f_0)^2\mathrm{d}\boldsymbol{k}
\end{aligned}
\tag{7-73}
$$

从上面的熵流密度表达式中不难看出，由于二阶项 $O(f_P - f_0)^2$ 的存在，经典不可逆热力学的表达式依旧是不适用的。熵产率式(7-71)的展开式为

$$
\sigma = \sigma_0 + \sigma_1 + k_{\mathrm{B}}\int O(f_2 - f_0)^2\tau^\alpha D_t^\alpha\left(\frac{f_0 - f_2}{\tau}\right)\mathrm{d}\boldsymbol{k}
\tag{7-74}
$$

上式中各项的表达式如下：

$$
\sigma_0 = k_{\mathrm{B}}\int \ln\frac{f_0 + 1}{f_0}\tau^\alpha D_t^\alpha\left(\frac{f_0 - f_2}{\tau}\right)\mathrm{d}\boldsymbol{k}
\tag{7-75a}
$$

$$
\begin{aligned}
\sigma_1 &= k_{\mathrm{B}}\int \frac{\mathrm{d}}{\mathrm{d}f_0}\left(\ln\frac{f_0 + 1}{f_0}\right)(f_2 - f_0)\tau^\alpha D_t^\alpha\left(\frac{f_0 - f_2}{\tau}\right)\mathrm{d}\boldsymbol{k} \\
&= k_{\mathrm{B}}\int \frac{\mathrm{d}}{\mathrm{d}f_0}\left(\ln\frac{f_0 + 1}{f_0}\right)(f_2 - f_0)\left(\frac{\partial f_2}{\partial t} + \boldsymbol{v}_{\mathrm{g}}\cdot\nabla f_2\right)\mathrm{d}\boldsymbol{k}
\end{aligned}
\tag{7-75b}
$$

通过化简可以得出零阶项 σ_0 为零：

$$
\begin{aligned}
\sigma_0 &= k_{\mathrm{B}}\int \frac{\hbar\omega}{k_{\mathrm{B}}T}\tau^\alpha D_t^\alpha\left(\frac{f_0 - f_2}{\tau}\right)\mathrm{d}\boldsymbol{k} \\
&= \frac{1}{T}\tau^\alpha D_t^\alpha\int \hbar\omega\left(\frac{f_0 - f_2}{\tau}\right)\mathrm{d}\boldsymbol{k} = 0
\end{aligned}
\tag{7-76}
$$

而一阶项 σ_1 能够被分解为两部分之和 $\sigma_1 = \sigma_{10} + \sigma_{11}$，其中

$$
\begin{aligned}
\sigma_{10} &= k_{\mathrm{B}}\int \frac{\mathrm{d}}{\mathrm{d}f_0}\left(\ln\frac{f_0 + 1}{f_0}\right)(f_2 - f_0)\left(\frac{\partial f_0}{\partial t} + \boldsymbol{v}_{\mathrm{g}}\cdot\nabla f_0\right)\mathrm{d}\boldsymbol{k} \\
&= \frac{\partial}{\partial t}\left(\frac{1}{T}\right)\int \hbar\omega(f_2 - f_0)\mathrm{d}\boldsymbol{k} + \nabla\left(\frac{1}{T}\right)\cdot\int \hbar\omega\boldsymbol{v}_{\mathrm{g}}(f_2 - f_0)\mathrm{d}\boldsymbol{k} \\
&= \boldsymbol{q}\cdot\nabla\left(\frac{1}{T}\right)
\end{aligned}
\tag{7-77a}
$$

$$\sigma_{11} = \frac{k_B}{2} \int \frac{d}{df_0}\left(\ln \frac{f_0+1}{f_0}\right)\left[\frac{\partial(f_2-f_0)^2}{\partial t} + \boldsymbol{v}_g \cdot \nabla(f_2-f_0)^2\right]d\boldsymbol{k} \qquad (7\text{-}77\text{b})$$

从上述结果中不难看出，能够造成违反经典不可逆热力学的除了 $O(f_P - f_0)^2$ 之外，还有 σ_{11} 中导数项。

接下来讨论分数阶玻尔兹曼对应的本构方程：

$$\tau^\alpha D_t^{\alpha+1} T + \tau \frac{\partial^2 T}{\partial t^2} = D\nabla^2 T + \frac{T\big|_{t=0}\tau^\alpha}{t^{\alpha+1}\Gamma(-\alpha)} \qquad (7\text{-}78)$$

如果忽略初始条件项 $\dfrac{T\big|_{t=0}\tau^\alpha}{t^{\alpha+1}\Gamma(-\alpha)}$，上述控制方程就会退化为第二类广义 Cattaneo 方程。区别在于，第二类广义 Cattaneoz 方程是由下面的本构方程得到的：

$$\boldsymbol{q} + \tau^{1-\alpha} D_t^{1-\alpha}\boldsymbol{q} = -\tau^{-\alpha} D_t^{-\alpha}(k\nabla T) \qquad (7\text{-}79)$$

在广义 Cattaneo 方程的理论框架中，所有初始条件的影响都被忽略了，从而使分数阶算子具有了可叠加的性质，只需将算子 $\tau^\alpha D_t^\alpha$ 作用于式 (7-79) 就可得到式 (7-50)。除了上述第二类广义 Cattaneo 方程对应的本构方程外，广义 Cattaneo 方程理论还引入了其他的分数阶本构方程：

$$\boldsymbol{q} + \tau^{1-\alpha} D_t^{1-\alpha}\boldsymbol{q} = -k\nabla T \qquad (7\text{-}80\text{a})$$

$$\boldsymbol{q} + \tau^{1-\alpha} D_t^{1-\alpha}\boldsymbol{q} = -\tau^\alpha D_t^\alpha(k\nabla T) \qquad (7\text{-}80\text{b})$$

$$\boldsymbol{q} + \tau \frac{\partial \boldsymbol{q}}{\partial t} = -\tau^\alpha D_t^\alpha(k\nabla T) \qquad (7\text{-}80\text{c})$$

上述模型对应着如下的玻尔兹曼方程：

$$\tau^{-\alpha} D_t^{1-\alpha} f_2 + \boldsymbol{v}_g \cdot \nabla f_2 = \frac{f_0 - f_2}{\tau} \qquad (7\text{-}81\text{a})$$

$$\tau^{-\alpha} D_t^{1-\alpha} f_2 + \tau^\alpha D_t^\alpha(\boldsymbol{v}_g \cdot \nabla f_2) = \frac{f_0 - f_2}{\tau} \qquad (7\text{-}81\text{b})$$

$$\frac{\partial f_2}{\partial t} + \tau^\alpha D_t^\alpha(\boldsymbol{v}_g \cdot \nabla f_2) = \frac{f_0 - f_2}{\tau} \qquad (7\text{-}81\text{c})$$

值得注意的是，这些分数阶玻尔兹曼方程的碰撞项都是标准形式的，不含任何分数阶算子。对于稳态的温度分布，上述模型对应的热流如下：

$$\boldsymbol{q} = \left[\left(t^{-\alpha} D_t^{-\alpha} \boldsymbol{q} \right) \Big|_{t=0} \right] E_{1-\alpha, 1-\alpha} \left[-\left(\frac{t}{\tau} \right)^{1-\alpha} \right] - k \left(\frac{t}{\tau} \right)^{1-\alpha} E_{1-\alpha, 2-\alpha} \left[-\left(\frac{t}{\tau} \right)^{1-\alpha} \right] \nabla T \qquad (7\text{-}82a)$$

$$\boldsymbol{q} = \left[\left(t^{-\alpha} D_t^{-\alpha} \boldsymbol{q} \right) \Big|_{t=0} \right] E_{1-\alpha, 1-\alpha} \left[-\left(\frac{t}{\tau} \right)^{1-\alpha} \right] - k \left(\frac{t}{\tau} \right)^{1-2\alpha} E_{1-\alpha, 2-2\alpha} \left[-\left(\frac{t}{\tau} \right)^{1-\alpha} \right] \nabla T \qquad (7\text{-}82b)$$

$$\boldsymbol{q} = \left(\boldsymbol{q} \big|_{t=0} \right) \exp\left(-\frac{t}{\tau} \right) - k \left(\frac{t}{\tau} \right)^{1-\alpha} E_{1, 2-\alpha} \left(-\frac{t}{\tau} \right) \nabla T \qquad (7\text{-}82c)$$

当时间趋于无穷时，上述热流都会收敛到有限值。这也意味着热导率也是收敛的。根据 Compte 和 Metzler 的结论，广义 Cattaneo 方程对应着超扩散的长时间渐进行为即 $\gamma > 1$。显然，收敛的热导率是不可能满足标度率 $\beta = \gamma - 1$ 的。一个可能的原因是这些模型对应的能量连续性方程不再是标准形式的：

$$\tau^{-\alpha} D_t^{1-\alpha} e = -\nabla \cdot \boldsymbol{q} \qquad (7\text{-}83a)$$

$$\tau^{-\alpha} D_t^{1-\alpha} e = -\tau^{\alpha} D_t^{\alpha} (\nabla \cdot \boldsymbol{q}) \qquad (7\text{-}83b)$$

$$\frac{\partial e}{\partial t} = -\tau^{\alpha} D_t^{\alpha} (\nabla \cdot \boldsymbol{q}) \qquad (7\text{-}83c)$$

而在线性响应理论中，标准形式的能量连续性方程是推导 $\beta = \gamma - 1$ 的一个必要条件。这一部分工作的一个缺陷是所提出的分数阶玻尔兹曼方程无法预测二维系统中比较常见的对数发散的热导率，另一个缺陷是维度的影响没有体现在热导率尺寸效应中。

7.3.2　宏观热传导方程

这一小节主要讨论在反常热扩散中温度场应该如何描述的问题。为了解决双曲热传导方程产生的扩散波问题，Razi-Naqvi 和 Waldenstrøm[31]提出了一个描述布朗声子热输运的热传导方程，被称作新热方程(new heat equation)：

$$\frac{\partial T}{\partial t} = D \left(1 - e^{-t/\tau} \right) \nabla^2 T \qquad (7\text{-}84)$$

新热方程相当于引入了与时间有关的热导率或热扩散率：

$$\boldsymbol{q} = -k_{\text{eff}} \nabla T \qquad (7\text{-}85a)$$

$$k_{\text{eff}} = D_{\text{eff}} c = D\left(1 - e^{-t/\tau}\right)c \tag{7-85b}$$

在长时间极限下，新热方程将会退化为标准的热扩散年方程。正如 Razi-Naqvi 和 Waldenstrøm 提到的，新热方程并不是一种全新模型，其思想来自于如下的关于概率密度分布的福克-普朗克方程：

$$\frac{\partial P}{\partial t} = D\left(1 - e^{-t/\tau}\right)\nabla^2 P \tag{7-86}$$

在热传导问题中，概率密度 $P = P(\boldsymbol{x},t)$ 可由能量涨落的自相关函数定义：

$$P = \left(\int C_{ee}\mathrm{d}\boldsymbol{x}\right)^{-1} C_{ee} \tag{7-87}$$

福克-普朗克方程可看成是概率守恒方程：

$$\frac{\partial P}{\partial t} = -\nabla \cdot \boldsymbol{J}_{\text{P}} \tag{7-88a}$$

和如下的本构方程联立得到的结果：

$$\boldsymbol{J}_{\text{P}} = -D_{\text{eff}}\nabla P \tag{7-88b}$$

式中，$\boldsymbol{J}_{\text{P}} = \boldsymbol{J}_{\text{P}}(\boldsymbol{x},t)$ 为概率流密度。此时局部熵密度可表示为 $s = -k_{\text{B}}P\ln P$，其时间导数为

$$\begin{aligned}
\frac{\partial s}{\partial t} &= -k_{\text{B}}(\ln P + 1)\frac{\partial P}{\partial t} \\
&= k_{\text{B}}(\ln P + 1)\nabla \cdot \boldsymbol{J}_{\text{P}} \\
&= \nabla \cdot \left[k_{\text{B}}\boldsymbol{J}(\ln P + 1)\right] - k_{\text{B}}\boldsymbol{J}_{\text{P}} \cdot \nabla(\ln P)
\end{aligned} \tag{7-89}$$

从而可得熵流密度的表达式为

$$\boldsymbol{J}_S = -k_{\text{B}}\boldsymbol{J}(\ln P + 1) = D_{\text{eff}}k_{\text{B}}(\ln P + 1)\nabla P = -D_{\text{eff}}\nabla s \tag{7-90}$$

将经典不可逆热力学的形式代入可得如下等价关系：

$$\boldsymbol{q} = -k_{\text{eff}}\nabla T \Leftrightarrow \boldsymbol{J}_S = -D_{\text{eff}}\nabla s \tag{7-91}$$

这说明，式(7-86)与式(7-84)是等价的。注意到，该等价关系没有涉及 D_{eff} 的具体形式，因此对任何的 $D_{\text{eff}} = D_{\text{eff}}(t)$ 都是成立的。在极限 $t \ll \tau$ 下，式(7-86)变为

$$\frac{\partial P}{\partial t} = \alpha\left(\frac{t}{\tau}\right)\nabla^2 P \tag{7-92}$$

该方程对应着弹道的均方位移：$\langle \Delta \boldsymbol{x}^2 \rangle \propto t^2$。此外，等效扩散系数 $D_{\text{eff}} = D\left(1 - e^{-t/\tau}\right)$ 可被展开成如下的级数形式：

$$D_{\text{eff}} = D\left[\left(\frac{t}{\tau}\right) - \frac{1}{2!}\left(\frac{t}{\tau}\right)^2 + \frac{1}{3!}\left(\frac{t}{\tau}\right)^3 - \frac{1}{4!}\left(\frac{t}{\tau}\right)^4 + \cdots\right] \tag{7-93}$$

这意味着新热方程可以看作是一系列具有幂次等效热扩散率的导热过程的叠加。这类具有幂次增长的等效扩散系数的扩散过程通常被称为分形布朗运动（fractal Brownian motion）。在长时间极限下，分形布朗运动能够预测反常的均方位移，其对应的控制方程为

$$\frac{\partial P}{\partial t} = D\left(\frac{t}{\tau}\right)^{\gamma-1} \nabla^2 P \tag{7-94}$$

分形布朗运动的本构方程为

$$\boldsymbol{J}_{\text{P}} = -D\left(\frac{t}{\tau}\right)^{\gamma-1} \nabla P \tag{7-95}$$

该本构模型同样满足

$$\boldsymbol{J}_S = -D\left(\frac{t}{\tau}\right)^{\gamma-1} \nabla s \tag{7-96}$$

在经典不可逆热力学框架下，上式可改写为

$$\boldsymbol{q} = -k\left(\frac{t}{\tau}\right)^{\gamma-1} \nabla T \tag{7-97}$$

其对应的控制方程为

$$\frac{\partial T}{\partial t} = D\left(\frac{t}{\tau}\right)^{\gamma-1} \nabla^2 T \tag{7-98}$$

该方程描述的热扩散过程具有反常的均方位移因此称之为反常热方程（anomalous heat equation）。该模型只能够导出一个标度律 $\beta = \gamma - 1$，为了导出另一个标度率 $\beta = 2 - 2/\gamma$，考虑如下模型：

$$\frac{\partial P}{\partial t} = D\left(\frac{x}{l}\right)^{2-2/\gamma} \nabla^2 P \tag{7-99}$$

该模型的本构关系为

$$\boldsymbol{J}_P = -D\left(\frac{x}{l}\right)^{2-2/\gamma}\frac{\partial P}{\partial x} \tag{7-100}$$

对应的熵表示形式为

$$\boldsymbol{J}_S = -D\left(\frac{x}{l}\right)^{2-2/\gamma}\frac{\partial s}{\partial x} \tag{7-101}$$

在经典不可逆热力学的框架，上式等价于

$$q = -D\left(\frac{x}{l}\right)^{2-2/\gamma}\frac{\partial T}{\partial x} \tag{7-102}$$

上式将会导出如下的控制方程：

$$\frac{\partial T}{\partial t} = \frac{\partial}{\partial x}\left[D\left(\frac{x}{l}\right)^{2-2/\gamma}\frac{\partial T}{\partial x}\right] \tag{7-103}$$

对于稳态问题，该方程的解为

$$T(x) = T(x=0) + \left(\frac{x}{L}\right)^{2/\gamma-1}\left[T(x=L)-T(x=0)\right] \tag{7-104}$$

其对应的热流为

$$q = -\frac{\kappa(2/\gamma-1)L^{2-2/\gamma}}{l^{2-2/\gamma}}\frac{\Delta T}{L} \tag{7-105}$$

从上式中可以立即得到标度律 $\beta = 2-2/\gamma$。上述模型同样描述了反常的均方位移，这里称之为空间反常热方程。注意到热流应当与温差的方向相反，因此必须满足 $(2/\gamma-1)>0$ 即 $\gamma<2$。这意味着空间反常热方程仅描述从次扩散到弹道扩散之间的反常热扩散。临界情况 $\gamma=2$ 时热流恒等于零，即弹道扩散机制下即便存在温差也将不存在热输运现象。这一行为也与通常的理解相悖，因此空间反常热方程很可能无法描述弹道热输运。

7.3.3　随机游走模型

除了分形布朗运动之外，反常扩散还可以用下面的分数阶福克-普朗克方程描述：

$$\frac{\partial P}{\partial t} = D_t^{1-\gamma}(D_\gamma \nabla^2 P) \tag{7-106}$$

式中，$D_\gamma = D\tau^{1-\gamma}$ 为广义的扩散系数。与整数阶的情况不同，分数阶福克-普朗克方程对应着分数阶的本构关系：

$$J_P = -D_t^{1-\gamma}(D_\gamma \nabla P) \tag{7-107}$$

对应的熵流密度为

$$J_S = k_B(\ln P + 1)D_t^{1-\gamma}(D_\gamma \nabla P) \tag{7-108}$$

与整数阶的情况不同，该模型并不能完全由熵密度的梯度表示，而是具有如下的级数展开形式：

$$
\begin{aligned}
J_S = &-D_t^{1-\gamma}(D\tau^{1-\gamma}\nabla s) \\
&-k_B D\tau^{1-\gamma}\sum_{i=1}^{+\infty}\frac{(-1)^i}{i!}\frac{\Gamma(i+\gamma-1)}{\Gamma(\gamma-1)}\left[\frac{\partial^i(\ln P)}{\partial t^i}\right]D_t^{1-\gamma-i}(\nabla P)
\end{aligned} \tag{7-109}
$$

这意味着该模型与以下分数阶导热模型并不是等价的：

$$q = -D_t^{1-\gamma}(k\tau^{1-\gamma}\nabla T) \tag{7-110}$$

该模型对应的熵流展开形式如下：

$$
\begin{aligned}
J_S = &-D_t^{1-\gamma}(D\tau^{1-\gamma}\nabla s) \\
&+k\tau^{1-\gamma}\sum_{i=1}^{+\infty}\frac{(-1)^i}{i!}\frac{\Gamma(i+\gamma-1)}{\Gamma(\gamma-1)}\left[\frac{\partial^i}{\partial t^i}\left(\frac{1}{T}\right)\right]D_t^{1-\gamma-i}(\nabla T)
\end{aligned} \tag{7-111}
$$

上述两个展开式中只有第一项是相同的。当对于稳态问题，其余各项为零，此时二者等价，从而有

$$q = -D_t^{1-\gamma}(k\tau^{1-\gamma}\nabla T) \propto t^{\gamma-1} \Rightarrow k \propto t^{\gamma-1} \tag{7-112}$$

如果使用转运时间截断，就可以再次导出标度律 $\beta = \gamma - 1$。

反常均方位移 $\left\langle |\Delta x|^2 \right\rangle \propto t^\gamma$ 还可以用下面的空间分数阶福克-普朗克方程进行建模：

$$\frac{\partial P}{\partial t} = \frac{\partial}{\partial x}\left[Dl^{2/\gamma-1}\left(\frac{\partial^{2/\gamma-1}P}{\partial x^{2/\gamma-1}}\right)\right] \tag{7-113}$$

该方程的分数阶的本构关系为

$$J_P = -Dl^{2/\gamma-1}\left(\frac{\partial^{2/\gamma-1}P}{\partial x^{2/\gamma-1}}\right) \tag{7-114}$$

　　由于出现了空间分数阶算子，所以该本构关系不能够用熵密度表示出来。因此也就无法直接得到热流与温度场之间的本构关系并计算出热导率的尺寸效应。如果假设概率密度函数和温度场是近似线性的，那么式(7-114)可以导出如下空间分数阶本构关系和温度场的控制方程：

$$q = -Dl^{2/\gamma-1}\left(\frac{\partial^{2/\gamma-1}T}{\partial x^{2/\gamma-1}}\right) \tag{7-115a}$$

$$\frac{\partial T}{\partial t} = Dl^{2/\gamma-1}\left(\frac{\partial^{2/\gamma}T}{\partial x^{2/\gamma}}\right) \tag{7-115b}$$

　　由以上两式可发现，热导率仍满足标度律 $\beta = 2 - 2/\gamma$。这里使用的分数阶微分的定义是基于如下的 Riemann-Liouville 算子：

$$_0^{RL}D_X^\eta u(X) = \frac{1}{\Gamma(1-\eta)}\frac{\partial}{\partial X}\int_0^X \frac{u(X')}{|X-X'|^\eta}\mathrm{d}X' \tag{7-116}$$

式中，$\eta \in \mathbb{R}$；函数 $u(X)$ 至少是 $\lceil\eta\rceil$ 阶可微分的，$\lceil\eta\rceil$ 是向上取整函数。Riemann-Liouville 算子一个最大的问题就是对常数函数的非整数阶微分不为零，这意味着对于一个无温差的温度场，热流也不为零。这种"热超导"显然是非物理的，因此空间上的 Riemann-Liouville 算子是不能够用于描述热传导的过程的。为了解决这一问题，可以引入如下的 Caputo 算子：

$$_0^C D_X^\eta u(X) = \frac{1}{\Gamma(1-\eta)}\int_0^X \frac{1}{|X-X'|^\eta}\frac{\partial u(X')}{\partial X'}\mathrm{d}X' \tag{7-117}$$

发现热导率仍满足标度律 $\beta = 2 - 2/\gamma$。Caputo 算子体现了热传导过程的非局域性，即在 x 处的热流密度不完全由 x 处的温度梯度决定，而是由 $0\sim x$ 的温度梯度场决定。注意到在 x 到 L 之间的温度分布对热流是没有影响的。因此 Caputo 算子反映的非局域性是不对称的，若想反映对称的非局域性可使用下面的算子：

$$\frac{\partial^{2/\gamma-1}T(x,t)}{\partial x^{2/\gamma-1}} = \frac{1}{2\Gamma(2-2/\gamma)}\int_0^L \frac{1}{|x-x'|^{2/\gamma-1}}\frac{\partial T(x',t)}{\partial x'}\mathrm{d}x' \tag{7-118}$$

7.4　本章小结

　　本章主要讨论了低维系统中的热导率的尺寸效应与反常扩散之间的联系，提出了一些能够预测标度律 $\beta = \gamma - 1$ 和 $\beta = 2 - 2/\gamma$ 的模型，包括分数阶玻尔兹曼方程、随机热传导方程、反常热方程、空间反常热方程和分数阶热传导方程。对于标度律 $\beta = 2 - 2/\gamma$，基于空间反常热方程和分数阶热传导方程的分析都是使用非平衡方法得到的，即热导率由稳态温度差和热流定义。然而，对于标度律 $\beta = \gamma - 1$ 情况就大不相同。

Denisov 等的证明方法是基于非平衡方法的，即热导率由稳态热流和温差定义。而 Liu 等的证明方法是基于平衡方法的，即热导率由 Green-Kubo 公式定义。而 Green-Kubo 公式定义下的热导率实际上是随着时间而非尺变化的，需要通过转运时间截断才能被转化成随尺寸变化的热导率。在本章中，只有随机热传导方程能够得到基于 Green-Kubo 公式定义下的标度律 $\beta = \gamma - 1$。分数阶玻尔兹曼方程，反常热方程和分数阶热传导方程都是通过稳态热流和温差计算得到标度律 $\beta = \gamma - 1$ 的。此外，在 Crnjar 等的工作中，标度律 $\beta = \gamma - 1$ 是通过趋平衡分子动力学模拟(approach to equilibrium molecular dynamics，AEMD)的数值模拟方法得到的。这种方法既不是通过 Green-Kubo 公式也不是利用稳态热流和温差计算热导率，而是使用一个渐进于稳态的非稳态导热问题中平均温差随时间的衰减来定义热导率，因此该方法实际上计算的是热扩散率而非热导率。同时，AEMD 方法需要利用温度场的整数阶线性热扩散方程的解，而本章中分数阶玻尔兹曼方程、反常热方程、分数阶热传导方程对应的温度场的控制方程都不再是标准形式的。因此虽然本章中这些模型与 AEMD 方法都预测了相同的标度律 $\beta = \gamma - 1$，但它们在本质上是不同的。当然，分数阶玻尔兹曼方程、反常热方程、分数阶热传导方程这三种模型间的物理意义也各不相同。首先反常热方程的本构关系没有记忆性，即 t 时刻的热流密度完全由 t 时刻的温度分布决定。而分数阶玻尔兹曼方程和分数阶热传导方程都对应着热流与温度梯度之间的记忆行为。

参 考 文 献

[1] Dhar A. Heat transport in low-dimensional systems[J]. Advances in Physics, 2008, 57(5): 457-537.

[2] Lepri S, Livi R, Politi A. Thermal conduction in classical low-dimensional lattices[J]. Physics Reports, 2003, 377(1): 1-80.

[3] Liu S, Hänggi P, Li N, et al. Anomalous heat diffusion[J]. Physical Review Letters, 2014, 112(4): 040601.

[4] Li B, Wang J. Anomalous heat conduction and anomalous diffusion in one-dimensional systems[J]. Physical Review Letters, 2003, 91(4): 044301.

[5] Narayan O, Ramaswamy S. Anomalous heat conduction in one-dimensional momentum-conserving systems[J]. Physical Review Letters, 2002, 89(20): 200601.

[6] Lepri S, Livi R, Politi A. Thermal transport in low dimensions[J]. Lecture Notes in Physics, 2016, 921: 1-37.

[7] Crnjar A, Melis C, Colombo L. Assessing the anomalous superdiffusive heat transport in a single one-dimensional PEDOT chain[J]. Physical Review Materials, 2018, 2(1): 015603.

[8] Denisov S, Klafter J, Urbakh M. Dynamical heat channels[J]. Physical Review Letters, 2003, 91 (19): 194301.

[9] Cipriani P S. Denisov S, Politi A. From anomalous energy diffusion to Levy walks and heat conductivity in one-dimensional systems[J]. Physical Review Letters, 2005, 94 (24): 244301.

[10] Grassberger P, Nadler W, Yang L. Heat conduction and entropy production in a one-dimensional hard-particle gas[J]. Physical Review Letters, 2002, 89 (18): 180601.

[11] Zhao H. Identifying diffusion processes in one-dimensional lattices in thermal equilibrium[J]. Physical Review Letters, 2006, 96 (14): 140602.

[12] Wang L, Wang T. Power-law divergent heat conductivity in one-dimensional momentum-conserving nonlinear lattices[J]. Europhysics Letters, 2011, 93: 54002.

[13] Xu L, Wang L. Response and correlation functions of nonlinear systems in equilibrium states[J]. Physical Review E, 2017, 96 (5): 052139.

[14] Landau L D, Lifshitz E M. Fluid Mechanics[M]. Boston: Addison-Wesley, 1959.

[15] Edwards S F, Wilkinson D R. The surface statistics of a granular aggregate[J]. Proceedings of the Royal Society A, 1982, 381 (1780): 17-31.

[16] Jou D, Casas-Vázquez J, Lebon G, et al. Extended Irreversible Thermodynamics[M]. Berlin: Springer, 1996.

[17] Kardar M, Parisi G, Zhang Y C. Dynamic scaling of growing interfaces[J]. Physical Review Letters, 1986, 56 (9): 889-892.

[18] Takeuchi K A, Sano M. Universal fluctuations of growing interfaces: Evidence in turbulent liquid crystals[J]. Physical Review Letters, 2010, 104 (23): 230601.

[19] Forster D, Nelson D R, Stephen M J. Large-distance and long-time properties of a randomly stirred fluid[J]. Physical Review A, 1977, 16 (2): 732-749.

[20] Kardar J M, Zhang Y C. Scaling of directed polymers in random media[J]. Physical Review Letters, 1987, 58 (20): 2087-2090.

[21] Fogedby H C, Eriksson A B, Mikheev L V. Continuum limit, Galilean invariance, and solitons in the quantum equivalent of the noisy Burgers equation[J]. Physical Review Letters, 1995, 75 (10): 1883.

[22] Meakin P. Fractals, Scaling and Growth far from Equilibrium[M]. Cambridge: Cambridge University Press, 1998.

[23] Lauritsen K B. Growth equation with a conservation law[J]. Physical Review B, 1995, 75 (2): R1261-R1264.

[24] Lässig M. Quantized scaling of growing surfaces[J]. Physical Review Letters, 1998, 80 (11): 2366-2369.

[25] Wolf D E, Kertész J. Surface width exponents for three- and four-dimensional Eden growth[J]. Europhysics Letters, 1997, 4: 651-656.

[26] Kim J M, Kosterlitz J M. Growth in a restricted solid-on-solid model[J]. Physical Review Letters, 1989, 62 (19): 2289-2292.

[27] Medina E, Hwa T, Kardar M, et al. Burgers equation with correlated noise: Renormalization-group analysis and applications to directed polymers and interface growth[J]. Physical Review A, 1989, 39 (6): 3053-3075.

[28] Chattopadhyay A K. Memory effects in a nonequilibrium growth model[J]. Physical Review E, 2009, 80 (1): 011144.

[29] Chen G. Ballistic-diffusive heat-conduction equations[J]. Physical Review Letters, 2001, 86 (11): 2297-2300.

[30] Li S N, Cao B Y. Fractional Boltzmann transport equation for anomalous heat transport and divergent thermal conductivity[J]. International Journal of Heat and Mass Transfer, 2019, 137: 84-89.

[31] Li S N, Cao B Y. Anomalous heat equations based on non-Brownian descriptions[J]. Physica A, 2019, 526 (15): 121141.

第8章 声子拓扑效应

拓扑效应近年来成为凝聚态物理的热门话题，根据拓扑不变量，可以将物质分为不同的拓扑相，在不同拓扑相的边界上存在拓扑边界态，例如拓扑绝缘体中的量子自旋霍尔效应等。声子作为晶格振动的量子化，也具有拓扑效应，但是由于自旋自由度的缺失，不能简单地将声子和电子等同。本章系统地介绍声子体系的拓扑效应，首先回顾拓扑物理的基本概念及其在声子体系中的应用，包括声子角动量、圆极化和赝自旋物理。然后基于第一原理计算和对称性分析，介绍 AlN、AlGaN 中的外尔点和弧状表面态及 GaN 中的节点线和丝带状表面态。最后通过对拓扑表面态的三声子散射率计算，分析拓扑边界态的热输运性质。声子拓扑效应和边界态的存在为界面热调控提供了新的机遇。

8.1 拓扑物理的基本概念

霍尔效应是物理学中的一个经典效应，是指当固体导体放置在一个磁场内，且有电流通过时，导体内的电荷载子受到洛伦兹力而偏向一边，继而产生电压(霍尔电压)的现象，其中由于横向电荷积累产生的横向电场与电流的比值定义为霍尔电导率。1980 年，von Klitzing[1]在强磁场下发现了霍尔效应的量子版本——量子霍尔效应，其与经典霍尔效应的不同之处在于其霍尔电导率是量子化的，其原因在于二维电子气系统在强磁场中的轨道量子化，即产生了朗道能级。1982 年，Thouless 等[2]基于 Green-Kubo 公式推导了霍尔电导的表达式，给出了量子霍尔效应的拓扑解释，将霍尔电导率表示为

$$\sigma_{xy} = \frac{e^2}{2\pi h} \int \Omega_n(\boldsymbol{k}) \, \mathrm{d}^2 \boldsymbol{k}, \quad \boldsymbol{k} \in \text{B.Z.} \tag{8-1}$$

式中，e 为电子电荷；h 为普朗克常数；$\Omega_n(\boldsymbol{k}) = \nabla_k \times \langle \mu_n(\boldsymbol{k}) | \mathrm{i}\nabla_n | \mu_n(\boldsymbol{k}) \rangle$ 为占据态能带的贝里曲率，$\boldsymbol{k}$ 为波矢；n 表示第 n 条朗道能级；B.Z. 为布里渊区。

式(8-1)右侧积分部分即为 TKNN 数，为量子霍尔效应中的拓扑不变量，和动量空间的陈数相差 2π。该研究首次将拓扑概念引入物理学，在此基础上开创了电子能带拓扑研究。此后的拓扑物理研究也是建立在上述的拓扑思想之上，其中重要的物理量包括贝里联络、贝里曲率和贝里相位，贝里相位是粒子在绝热演化过程中产生的几何相位，在循环演化过程中是规范不变量，定义为贝里联络沿某一

闭合环路的积分,即贝里曲率沿着某一曲面的通量。在物理图像上,贝里曲率可以理解为动量空间的磁感应强度,贝里联络理解为磁矢势。

拓扑是一个几何概念,反映了几何体的全局特征,这里以简单几何体为例,介绍拓扑的基本图像。拓扑代表几何体在连续变化中的不变性,是一种典型的全局特征。几何体的局部性质可以用表面的 Gauss 曲率 K 表示,根据 Gauss-Bonnet 定理:

$$\int_S K \mathrm{d}^2 r = 4\pi(1 - \text{genus}) \tag{8-2}$$

可以将局部特征 Gauss 曲率和全局特征拓扑 $1 - \text{genus}$ 建立联系。其中,genus 为亏格,即几何体上的孔洞数目。图 8-1(a)所示为三组具有不同拓扑的几何体,其中箭头连接的两个几何体相互之间是可以连续变化的,具有相同的拓扑。具有相同孔洞的几何体之间可以连续变化,而增加或减少孔洞的变化则是不连续的,在于变化过程中 Gauss 曲率会发生突变。

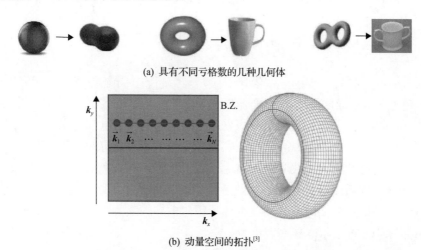

(a) 具有不同亏格数的几种几何体

(b) 动量空间的拓扑[3]

图 8-1　拓扑图像

拓扑物理中所研究的拓扑是动量空间的拓扑。图 8-1(b)中的左图为二维晶格的第一布里渊区,由于布里渊区是周期性的,可以将上下和左右接起来,形成一个如右图所示的轮胎面。在布里渊区中基于波函数 ψ 定义贝里相位 $\theta(\boldsymbol{k}_y)$[3]:

$$A e^{i\theta(\boldsymbol{k}_y)} = \left\langle \psi_{k_1} \middle| \psi_{k_2} \right\rangle \left\langle \psi_{k_2} \middle| \psi_{k_3} \right\rangle \cdots \left\langle \psi_{k_{N-1}} \middle| \psi_{k_N} \right\rangle \left\langle \psi_{k_N} \middle| \psi_{k_1} \right\rangle \tag{8-3}$$

式中,N 为离散的波矢点数目。等式左边的相位随 k_y 变化一个周期会在轮胎面上绕整数 C 圈,这里的整数 C 即相当于实空间中几何体的亏格,反映了动量空

间电子波函数的拓扑结构。对于典型的周期性晶格，其电子的定态 Schrödinger 方程为

$$H|\varphi\rangle = E|\varphi\rangle \tag{8-4}$$

式中，H 为体系哈密顿量；E 为本征值；$|\varphi\rangle$ 为本征态。通过求解该方程，可以得到体系中电子的能带关系，即能量和动量的关系。经典能带理论对电子能量的关注更多，即关注本征值方程的本征值，这是因为本征态在不同表象下有不同的表示，且不是一个可测量的物理量。拓扑物理学的重要意义就在于发现了波函数中所隐含的信息，即波函数的拓扑结构。

量子霍尔效应及基于该效应的量子霍尔绝缘体需要时间反演对称性破缺的条件，这是因为只有在时间反演对称破缺的系统中，陈数才不等于 0。然而，在实际中破缺电子体系中的时间反演对称而实现量子霍尔效应通常需要施加较强的磁场。研究人员在量子霍尔效应的基础上拓展了拓扑物理的研究，陆续发展了不需施加磁场的满足时间反演对称破缺的 Haldane 模型[4]、时间反演对称性保护的量子自旋霍尔效应及拓扑绝缘体等[5,6]。本质上，这些模型和新的拓扑态都是对动量空间波函数相因子(贝里相位)的操作。基于上述认识，同时利用体系中不同的对称性，研究人员发展了丰富的拓扑材料体系，包括谷霍尔效应、拓扑晶体绝缘体以及 Dirac 态、Weyl 态、节点线、三重拓扑简并点等无能隙的拓扑半金属态。更为详细系统的拓扑能带理论及拓扑场论可参考文献[7]、[8]。

8.2　声子拓扑效应

8.2.1　拓扑声子理论与拓扑声子态

由于声子具有的性质相对单一，不具备电子所具有的电荷、自旋等丰富的自由度，对典型外场(电场、磁场等)不产生直接响应，过去对声子的认识主要局限于包含色散和散射的粒子性图像和具有相干效应的波动性图像，声子-电子的类比研究也主要集中在声子输运领域。目前，声子体系中的拓扑物理已经得到较为深入的研究，其基本驱动力既包括声子-电子类比，也包括声子输运新现象——声子热霍尔效应的发现和研究。

本节首先通过一个简单的声子拓扑模型，介绍声子体系中拓扑效应的基本图像。对应电子拓扑研究中的经典一维 SSH (Su-Schrieffer-Heeger) 模型，声子体系中也存在类似的一维 SSH 模型[9-11]，其本质是一个一维双原子链模型，同时也可以作为一个力学模型，模型的基本结构如图 8-2 所示，其中 Ω 为无量纲角频率；γ 定义为 $\gamma = (k_1 - k_2)(k_1 + k_2)$。

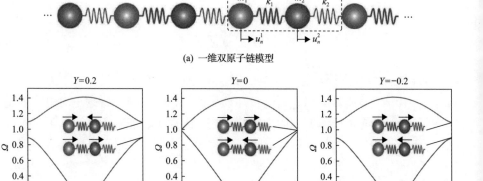

(a) 一维双原子链模型

(b) 三种不同情形下的声子色散关系及其对应的声子模态

图 8-2 一维双原子链的色散关系与声子模态示意图[9]

周期性一维原子链原胞中包含两个原子，质量分别为 m_1 和 m_2，原子间相互作用采用简谐近似，等同于弹簧连接，只考虑最近邻原子间相互作用，其中描述原胞内原子间相互作用的力常数为 k_1，原胞间的原子力常数为 k_2，则可写出原子的运动方程：

$$m_1 \frac{\partial^2 u_{1n}}{\partial t^2} = k_1(u_{2n} - u_{1n}) + k_2(u_{2,n-1} - u_{1n})$$

$$m_2 \frac{\partial^2 u_{2n}}{\partial t^2} = k_2(u_{1n} - u_{2n}) + k_1(u_{1,n+1} - u_{2n})$$

(8-5)

周期性晶格中原子位移 $u_{j,n}$ 的解满足布洛赫形式，即格波解 $u_{j,n} = B_j \exp(\mathrm{i}(nqa - \omega t))$。假设两个原子质量相同，将格波解代入原子运动方程，可以得到关于原子振动的本征值方程，对应的哈密顿量为

$$H = \begin{bmatrix} k_1 + k_2 & -k_1 - k_2 \exp(-\mathrm{i}qa) \\ -k_1 - k_2 \exp(\mathrm{i}qa) & k_1 + k_2 \end{bmatrix}$$

(8-6)

求解该本征值方程，可以得到原子振动的频谱，即声子色散关系。典型的色散关系结果如图 8-2 所示。从图中可以看到，一维双原子链存在两条声子支，分别为纵波声学声子和纵波光学声子。原胞内和原胞间原子相互作用相同时，即 $\gamma = 0$ 时，声子支不存在能隙，声学声子和光学声子在布里渊区边界上 $q = \pm\pi/a$ 简并。调整两个力常数的相对大小，可以看到 $\gamma = 0.2$ 和 $\gamma = -0.2$ 两种情况下，色散关系上是完全一致的，但是进一步考察两条声子支对应的本征态可以发现，布里渊区边界

上的声子模态和声子频率的对应关系是不同的。从图 8-2 中可以看到，$\gamma = 0.2$ 时，光学支在上，声学支在下，而 $\gamma = -0.2$ 时，能带发生反转，即光学支在下，声学支在上。这两种不同的声子色散关系表现反映了两种不同的能带拓扑。表征该体系拓扑性质的拓扑不变量为 Zak 相位或绕数，其中绕数定义为

$$\nu = \frac{1}{2\pi} \mathrm{Im} \int_{-\frac{\pi}{a}}^{\frac{\pi}{a}} \partial_q z / z = \begin{cases} 1, & k_1 < k_2 \\ 0, & k_1 > k_2 \end{cases} \tag{8-7}$$

式中，$z(q) = k_1 + k_2 \exp(\mathrm{i}qa)$。不同参数下绕数的变化可以表示在复平面 $z(q)$ 对应的曲线上，如图 8-3 所示，若曲线跨过坐标轴 $\mathrm{Re}(z) = 0$，则系统绕数为 1，不跨过则为 0。对于具有非平庸拓扑性质的有限长原子链，其边界上会出现体带隙范围内不存在的边界态(对于一维情形，称之为端态)。该模型同时可扩展至考虑次近邻原子间相互作用，声子拓扑的定义和最近邻近似下的类似[12]。

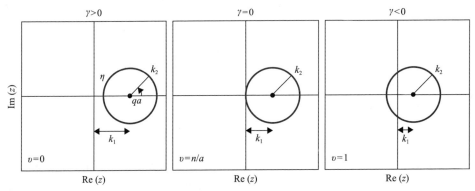

图 8-3　不同情形下复平面上的 $z(q)$ 曲线[9]

　　电子体系的拓扑物理依赖于周期性晶体中本征态的贝里相位，并不局限于费米子体系，因此直接的声子-电子类比就可以引入声子体系中的拓扑效应，其研究的主要问题是声子体系中贝里相位、贝里曲率及相关拓扑不变量的定义。在声子体系描述声子的贝里相位需要基于时间的一阶微分方程，Zhang 等[13]和 Liu 等[14,15]针对时间反演对称破缺的声子体系分别独立符合要求形式的声子类薛定谔方程。Zhang 等导出的哈密顿量形式为

$$H_{\mathrm{k}} = \mathrm{i} \begin{bmatrix} -A & -D \\ I & -A \end{bmatrix} \tag{8-8}$$

式中，A 为反对称实矩阵，表示磁场的作用，造成时间反演对称破缺；I 为单位矩阵；D 为动力学矩阵。该哈密顿量是非厄米的，因此本征频率会出现负值，实际计算中只采用其中的正值部分。Liu 等[15]提出的哈密顿量形式为

$$H_{\mathbf{k}} = \begin{bmatrix} 0 & \mathrm{i}\boldsymbol{D}_{\mathbf{k}}^{1/2} \\ -\mathrm{i}\boldsymbol{D}_{\mathbf{k}}^{1/2} & -2\mathrm{i}\eta_{\mathbf{k}} \end{bmatrix} \tag{8-9}$$

式中, η 为原子速度-位移耦合项的系数,代表体系中的时间反演对称破缺。式(8-9)是厄米的。上述两个哈密顿量不同的原因主要在于广义速度-位移空间选取的不同。由于声子体系中破坏时间反演对称很难,目前的绝大多研究都是在时间反演对称体系中开展的。在时间反演对称条件下,上述两个哈密顿量都退化到常规的声子本征值方程。基于此,贝里联络、贝里相位、贝里曲率可以得到合适的定义。下面将对通常声子体系(满足时间反演对称)中的本征值问题进行简要叙述。在晶格中,原子的晶格振动由基于牛顿定律的动力学方程组描述。在简谐近似下,代入格波解,可以得到关于声子的本征值方程:

$$D(\boldsymbol{k})\boldsymbol{u}(\boldsymbol{k}) = \omega^2(\boldsymbol{k})\boldsymbol{u}(\boldsymbol{k}) \tag{8-10}$$

式中, $\boldsymbol{u}$ 为声子本征态; ω 为声子频率,这三个量都是声子波矢 $\boldsymbol{k}$ 的函数。简谐近似下声子的所有信息都包含在上述方程中。已有的将声子视为粒子的研究中,和经典能带理论研究类似,更多关注声子的本征值,即声子色散关系和态密度,而忽略了声子的本征态及包含于其中的声子信息。即便是在将声子作为波处理的研究中,声子的本征态信息也没有被考虑。通过合理地定义声子波函数,可以定义声子体系中的拓扑物理量。贝里联络定义为[15]

$$A_{n,k} = \mathrm{i}\langle u_{nk} | \nabla_k | u_{nk} \rangle \tag{8-11}$$

贝里曲率定义为贝里联络的旋度 $\Omega_{nk} = \nabla_k \times A_{nk}$,其中 n 是能带指标。贝里相位则定义为贝里联络在特定路径或环路上的积分:

$$\gamma_n = \int_L A \cdot \mathrm{d}\boldsymbol{k} \tag{8-12}$$

对于三维体系中的声子,其陈数定义在动量空间包含该点的闭合曲面上:

$$C = \frac{1}{2\pi} \oint \Omega_{nk} \mathrm{d}^2 \boldsymbol{k} \tag{8-13}$$

第一种在时间反演体系中实现的拓扑态是二维电子体系中的量子自旋霍尔绝缘体态[5,7,8]。电子具有自旋 1/2 的属性,由 Kramer 定理保证了体系具有时间反演共轭的二重简并。因此二维电子体系中的量子自旋霍尔态可以理解为两组具有相反陈数的量子霍尔态,体系总的陈数在时间反演对称下为 0。受到体系拓扑性质的保护,边界上具有自旋极化的单向无耗散边界态。此后该思想又拓展到自旋不守恒的体系,在能带反转体系中利用自旋-轨道耦合作用打开带隙,发展了拓扑绝缘体态,其中能带反转表现为异常的能带关系,理论上由不同高对称点处的相容性关系分析得到。但是光子和声子并没有自旋 1/2 的属性，难以直接借鉴量子自旋霍尔态的理论。Fu[16]和 Liu 等[17]在电子拓扑态研究中引入了新的自由度——晶格对称性，通过时间反演对称和晶格的四重旋转对称构造了赝自旋态，可以在体系中实现类似自旋 1/2 所造成的二重简并性，获得了基于上述两种对称性的拓扑绝缘体态。

上述工作对光子和声子的研究都很有启发。声子没有本征的自旋属性，但是可以基于晶格对称性实现双重甚至多重简并，从而构造赝自旋。这里以六角晶格体系为例，介绍在经典波动系统中如何构造赝自旋。晶格系统如图 8-4 所示，质点在二维空间运动，每个原胞包含 6 个质点，只考虑最近邻原子间相互作用，等同于弹簧连接，当所有原子间相互作用力相同时，晶格原胞退化为两原子原胞，此时六角布里渊区 K 和 K' 点处均出现简并的 Dirac 锥形色散关系。通过构造超胞进行能带折叠，可以将 K 和 K' 点处的两个 Dirac 锥折叠超胞布里渊区的 Gamma 点，实现双重 Dirac 锥简并。求解该系统的本征值方程，可以得到 Gamma 点处能带折叠后的双重 Dirac 锥，对应第 5～8 条能带，其振动模式如图 8-4 所示。p 模态为反空间反演对称的，d 模态为空间反演对称的，类似于电子体系中的 p 和 d 轨道，两种模态都是线极化的。上述能带简并由体系的六重旋转对称性（C_{6v} 对称性）所保护。针对此两两简并的模态，可以构造赝时间反演算符及赝自旋[9,18]：

$$T' = \mathrm{i}\sigma_z K, \quad p^{\pm} = \frac{p_1 \pm \mathrm{i}p_2}{\sqrt{2}}, \quad d^{\pm} = \frac{d_1 \pm \mathrm{i}d_2}{\sqrt{2}} \tag{8-14}$$

式中，K 为复共轭操作。虽然 p、d 本征模态是线极化的，但构造的赝自旋态是圆极化的，至此在晶格体系中实现了设计类量子自旋霍尔效应的基础。

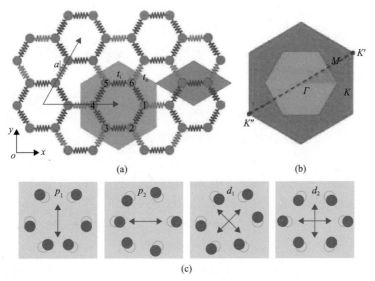

图 8-4　不同情形下复平面上的 $z(q)$ 曲线[9]

　　研究表明，通过构造声子赝自旋并实现拓扑非平庸的声子绝缘体态，不管对于模型体系还是真实材料体系，要求都很高，包括对晶格对称性的要求和力常数的要求。比如，对称性不仅要保证体内部具有赝自旋极化的二重简并态，也要保证该二重简并态在边界上仍然存在，即体内部要求的晶格对称性要在表面仍然存在，同时，需要特定的力常数保证体系具有能带反转。因此，在目前的认识水平下，实际体系中实现拓扑声子绝缘体态仍然较为困难。拓扑半金属态，包括 Dirac 半金属态、Weyl 半金属态、三重简并节点态和节点线(环)态是最近发展的半金属体系中的拓扑态[19,20]。三维体系中的 Weyl 点只需要满足 Weyl 方程的二重简并的能带交叉点，而没有对表面晶格对称性的要求，有望在更多实际体系中被发现。目前已报道或研究的拓扑声子态包括拓扑声子绝缘体态、Dirac 声子态、Weyl 声子态、节点线(环)声子态、三重简并节点态等。这些拓扑声子态都是通过类比电子体系中的拓扑物态研究发现或提出的。

　　如前所述，拓扑体系最典型的特征是体-边对应性，即体内部的非平庸拓扑性质对应了非平庸的拓扑边界态或表面态。该特征也为研究拓扑声子提供了研究角度。在实际晶格体系中寻找或判别拓扑声子态，首先需要计算体系的拓扑物理量，比如贝里相位、贝里曲率分布、陈数和 Wannier 中心演化。其次在此基础上计算可能位置、可能路径的表面态以及表面态等能面在表面方向上的投影。对于不同的拓扑声子态，其具体的特征是不同的。拓扑声子绝缘体态，需要一对二重简并的声子态，同时需要有该对声子态的能带反转。三维体系中的 Dirac 声子态可以理解为拓扑声子绝缘体态到平庸绝缘体态的相变点。在拓扑声子绝缘体态中，在特定波矢位置处，体声子色散关系存在明显的带隙，而对应点处的表面声子色散关系则是无带隙的，类似于电子体系中的拓扑绝缘体。三维体系的声子绝缘体态较为复杂，原因之一在于其拓扑不变量的定义较为繁琐。因此能带反转分析和表面态计算是一种比较常用的判别方式。Weyl 声子点是一个非平庸的二重简并能带交叉点，在包围该点的曲面上对贝里曲率积分可以得到非零陈数。该点对应的等能面在表面上的投影是一个开放的弧，这是 Weyl 点的典型特征。节点线声子态是非平庸的二重简并线，绕该路径积分得到的贝里相位是 π 的整数倍，其对应的表面态是一个鼓面。

　　在声子-电子类比之外，另一个把拓扑效应引入声子研究的重要驱动力是声子霍尔效应的实验发现及其研究。2002 年，Rikken 等[21]在顺磁介质 $Tb_3Ga_5O_{12}$ 薄膜中发现了声子霍尔效应，即在由纵向温度梯度的顺磁绝缘体薄膜上，施加垂直于薄膜平面的磁场后，会产生横向温差，当磁场方向平行于纵向温度梯度时，横向温差可以忽略。该现象于 2007 年被 Inyushkin 等[22]进一步证实。对该现象的研究引发了对声子本征性质的进一步思考，其中一个重要的认识就是声子的角动量。

声子存在不同的声子支，包括纵波声学声子、横波光学声子、纵波光学声子、横波光学声子。实际上，针对全布里渊区的声子色散关系，只有在布里渊区中心或特定的高对称路径上才可以区分不同的声子支，在此外的其他动量空间中，声子的极性并不能理想地区分为上述四种之一，而是混合的。具有明确极化特征的声子支被认为是线极化的，而没有明确极化特征的声子支则可能存在圆极化。Zhang 等[23-25]在该思考的基础上定义了声子的角动量和圆极化，其中声子角动量的定义类比力学中的角动量定义，即原子偏离平衡位置的位移矢量和速度的叉积：

$$J = \sum_{la} \boldsymbol{u}_{la} \times \dot{\boldsymbol{u}}_{la} \tag{8-15}$$

式中，$\boldsymbol{u}_{la}$ 为第 l 个原胞里的第 a 个原子的位移。

类比光子学中偏振态的定义，也可以定义声子的偏振态，给出声子的圆极化表示。结果表明，声子圆极化和声子角动量具有相同的形式，声子圆极化强度因此可以解释为声子的角动量。在同时存在时间空间反演对称性的体系中，声子角动量总是为零。根据声子极化可以定义声子的手性，该图像在声子参与电子谷间散射过程中具有重要应用。本质上，声子角动量、圆极化的物理图像和上述讨论的声子赝自旋是一致的，都是对时间反演对称条件下声子自由度的描述。

8.2.2　AlGaN 中的拓扑声子态——外尔点

本节介绍实际二维和三维材料体系中的拓扑声子态，重点讨论纤锌矿 GaN 半导体体系中的拓扑声子态及其相变。在典型的二维材料，如石墨烯、六角 BN、六角 SiC 中，均存在非平庸的拓扑声子态。Li 等[26]报道了石墨烯中存在丰富的 Dirac 声子，其中二维体系中的 Dirac 声子指具有非平庸拓扑性质的二重能带交叉点(简并点)，其中拓扑特征由在包围该点路径上的贝里相位表征，环绕 Dirac 点路径上的贝里相为 π 或–π。声子节点环是布里渊区中的一条环线，在环线外贝里相位非零的，在环线内贝里相为零。Jiang 等[27]研究了二维六方 BN 和 SiC 中的谷声子拓扑性质，在六角布里渊区的 K 点，计算得到谷陈数是非零的，且 K 和 K' 点处的谷陈数符号相反。设置 BN/BN 和 BN/NB 界面，前者是拓扑平庸界面，能量在界面上的传递性很差，后者由于界面两侧拓扑性质不同，是拓扑非平庸界面，分子动力学模拟表明能量沿界面具有很好的无耗散传递特性。

三维晶体材料具有更为丰富的空间群结构，存在更多对称性保护的拓扑声子态。Zhang 等[28]在 FeSi 晶体中发现了双 Weyl 点，即在包含该点的三维曲面上对贝里曲率积分得到数值为 2 的陈数。根据 $k \cdot p$ 微扰模型，该体系的双 Wyel 声子点由时间反演对称性、三重旋转对称以及螺旋对称性保护。Wang 等[29]在 SiO$_2$ 晶体中发现了 Weyl 复合态，即同时存在单 Weyl 点和双 Weyl 点，并理论证明该 Weyl 复合态受到非点式螺旋对称性保护。由于拓扑声子半金属态更容易在晶格体系实现，目前相关的材料数据库已经基本建立[30]。

　　现有的研究多聚焦于拓扑物理理论的发展和寻找具有拓扑物态的材料体系。从声子热输运调控研究的角度，特别是面向电子器件结构中的声子热输运，在特定材料中实现和应用拓扑声子态是最为关键的。基于上述介绍的拓扑声子理论和计算方法，对六方纤锌矿 GaN 及其相关体系进行了系统的拓扑声子分析，包括各种可能拓扑声子态(特别是 Weyl 声子态)的搜索计算和拓扑声子相变研究[31]。目前已经报道的 Weyl 声子态可大体分为两种，包括单 Weyl 点和双 Weyl 点，其陈数分别为 ±1 和 ±2。Weyl 点的计算包括体拓扑性质的计算和表面态的计算。具体来说，表面态计算是基于非平衡 Green 函数法，在开源软件 WannierTools[32] 上实现。非平衡 Green 函数法中所使用的 Wannier 形式的声子紧束缚 Hamiltonian 由二阶力常数变换得到。采用 Wilson-loop 方法计算体系 Wannier 中心的演化，其中 Wannier 中心(表示为 $\varphi(2\pi)$)定义在包围 Weyl 点的曲面上的一系列 Wilson 圈(表示为 $\theta(\pi)$)上[33]。Wannier 中心的具体定义较为复杂，实际计算中主要通过观察其相位演化进行拓扑性质的判别。基本的声子相关性质(包括二阶力常数和声子本征态)是结合第一性原理计算，通过冷冻声子法在开源软件 Phonopy[34] 上实现的。如图 8-5 所示为纤锌矿 GaN 的晶格结构和第一布里渊区示意图，其中标注了 GaN 的晶格常数和高对称点及路径。如上所述，拓扑声子绝缘体态的要求很难在实际晶体中满足，外尔类型的拓扑半金属态则在声子体系中广泛存在，本小节主要聚焦 Weyl 声子态。

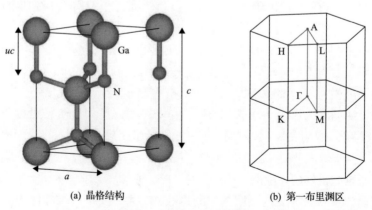

(a) 晶格结构　　　　　　　　　　(b) 第一布里渊区

图 8-5　纤锌矿 GaN 晶体

a、c、u 为晶格常数；字母标识了高对称点的位置

　　纤锌矿 GaN 的声子色散关系如图 8-6(a)所示。需要说明的是，因为目前

WannierTools 软件暂时不能很好地处理强极性晶体中的非解析修正（NAC），基于二阶力常数变换得到的声子紧束缚哈密顿量中，没有包含极化晶体色散关系计算中需要考虑的 NAC，所以本节用于拓扑声子分析的色散关系没有考虑 NAC 的影响。该修正的主要影响范围在布里渊区中心（Γ 点）附近，造成的结果主要为极性晶体中的 LO-TO 劈裂，因此该修正只会减少声子简并点，而不会增加简并点。在研究中为稳妥起见，并未讨论 Γ 点处的拓扑声子性质。对于其他位置处的声子简并点或交叉点，也进行了考虑 NAC 的声子色散关系计算，以确认考虑 NAC 后能带交叉点的稳定性。如图 8-6(b) 所示，完全色散关系（考虑 NAC）中高对称路径上的能带交叉点在不考虑 NAC 是仍然稳定存在，且交叉情形并未发生影响，详细地比较发现考虑前后色散关系只有整体性的微小移动。从色散关系看，GaN 低频声子支和高频声子支之间具有较大的带隙，对能带反转和交叉的发生是不利的。

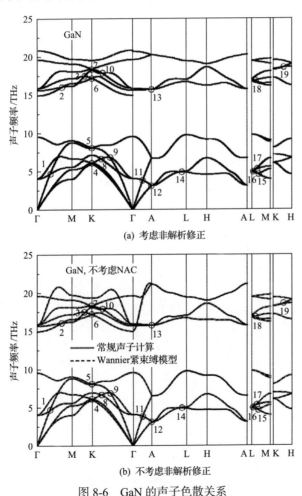

(a) 考虑非解析修正

(b) 不考虑非解析修正

图 8-6　GaN 的声子色散关系

GaN 具有六重螺旋旋转对称性，而不是六重旋转对称性，该对称性保证了声子色散关系中具有多个高对称点处存在二重简并态，但是该对称性无法在对应的表面上(垂直轴向的表面和平行轴向的两类表面)保持，表面上的能带简并性无法保证，因而在表面上不能形成对称性保护的拓扑绝缘体态对应的表面态。为了寻找 GaN 中的 Weyl 声子态，计算了高对称路径上能带交叉点的陈数和高对称面(包括面 $k_z = 0$、$k_z = 0.5$ 和 $k_y = 0$，其中波矢以倒格矢坐标表示)上的贝里曲率分布。计算结果显示 GaN 声子体系不存在非平庸的拓扑特征。这里以图 8-6(b) 中的第 14 个交叉点为例，展示了该点所在频率对应的表面态等能面在 (0001) 表面上的投影和 (0001) 表面(垂直极化轴表面)沿表面布里渊区高对称路径上的局域态密度 (local density of states，LDOS)，如图 8-7 和图 8-8 所示，同时还可以作为拓扑平庸结果和后文中的拓扑非平庸结果进行对比。从图中可以看到，表面态等能面在 (0001) 表面上的投影是一个连续的环形，而不是 Weyl 点体系中典型的开放弧形。

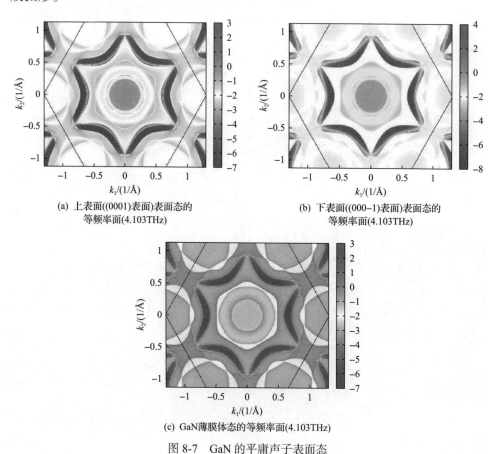

(a) 上表面((0001)表面)表面态的
等频率面(4.103THz)

(b) 下表面((000−1)表面)表面态的
等频率面(4.103THz)

(c) GaN薄膜体态的等频率面(4.103THz)

图 8-7 GaN 的平庸声子表面态

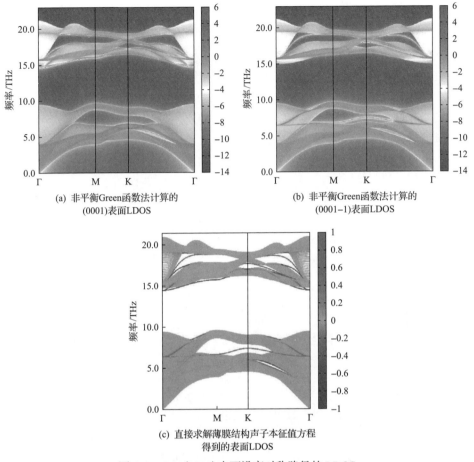

(a) 非平衡Green函数法计算的
(0001)表面LDOS

(b) 非平衡Green函数法计算的
(0001−1)表面LDOS

(c) 直接求解薄膜结构声子本征值方程
得到的表面LDOS

图 8-8　GaN(0001) 表面沿高对称路径的 LDOS

图 8-8 所示为沿 (0001) 表面高对称路径的 LDOS。图 8-8(a) 和 (b) 所示的表面态是非平衡 Green 函数法计算的，而图 8-8(c) 的表面态是对一个带有表面的平板结构进行直接声子本征值方程求解得到的，结果显示两者计算非常一致。图中结果并未显示出拓扑绝缘体声子态的表面态 (对应体带隙的无带隙能带交叉点) 和 Weyl 声子态的表面态 (声子交叉点间的连线) 特征。需要说明的是垂直轴向有两种表面，分别为 (0001) 和 (000−1) 表面，即平板结构的上表面 (N 面) 和下表面 (Ga 面)，图 8-7 和图 8-8(a) 和 (b) 分别对应了这两个表面。在后文的计算中，以更能显示拓扑非平庸的表面态为主，没有专门区分对应的两个表面的类型。

文献[29]和[35]中的结论和推论指出在纤锌矿结构中存在 Weyl 混合态和第二类型的单 Weyl 态，其中文献[29]推论中显示 Weyl 混合态可能出现在高对称点 Γ(A) 和 K(H) 处，而文献[35]则通过计算表明纤锌矿 CuI 的 Weyl 声子态出现在高对称面的非高对称路径上。尽管不同文献的讨论有所区别，但是联系 GaN 中的拓扑平庸结果可以设想，在纤锌矿 GaN 及其相关体系中可能实现拓扑声子相变。根据 1D SSH 模型及 Liu 等[36]提出的拓扑声子绝缘体态的等效哈密顿模型，决定体系拓扑声子态的因素除普遍性的晶格对称性外，主要是体系的力常数。

　　AlN 完整高对称路径上的声子色散关系如图 8-9 所示。拓扑非平庸的能带交叉点位于高对称路径 ΓM 和 ΓK 上，将在后文详细说明。系统的拓扑声子分析和上一节中对 GaN 的分析方法一致，此处不再赘述。

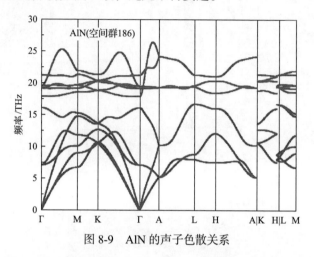

图 8-9　AlN 的声子色散关系

　　图 8-10 是第一布里渊区中 Weyl 点位置图，所在面为布里渊区中的 $k_z = 0$ 平面。在图中所示波矢点计算陈数可以得到非零的结果，其中不同形状的点表示不同的 Weyl 点，菱形点表示第一种 Weyl 点，圆点表示第二种 Weyl 点。实心和空心分别表示陈数为 1 和–1 的 Weyl 点，线连接的 Weyl 点为一对 Weyl 点。

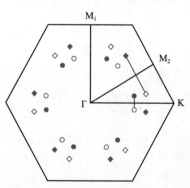

图 8-10　AlN 中 Weyl 点在第一布里渊区 $k_z = 0$ 平面上的分布

　　如图 8-11 所示为包围对应点曲面上的 Wannier 中心演化，和陈数计算一致，显示了对应点处的非平庸拓扑性质，其中在布里渊区中包围 Weyl 点的闭合曲面上，变化半周(π)所对应的 Wannier 中心发生了 2π 整数倍的演化(此处为 2π)。

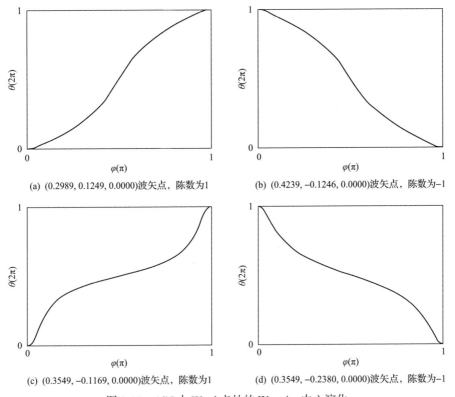

(a) (0.2989, 0.1249, 0.0000)波矢点，陈数为1 　　(b) (0.4239, −0.1246, 0.0000)波矢点，陈数为−1

(c) (0.3549, −0.1169, 0.0000)波矢点，陈数为1 　　(d) (0.3549, −0.2380, 0.0000)波矢点，陈数为−1

图 8-11　AlN 中 Weyl 点处的 Wannier 中心演化

　　Weyl 点所在高对称面上的贝里曲率分布如图 8-12 所示，黑色六边形表示第一布里渊区的 $k_z = 0$ 平面。图中标注并局部放大了源和汇的位置，其中源对应陈数为 1 的 Weyl 点，汇对应陈数为−1 的 Weyl 点，分别用圆形和方形点标注。

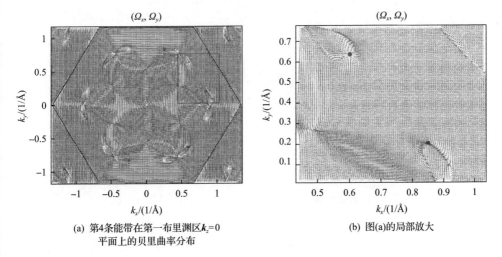

(a) 第4条能带在第一布里渊区k_z=0　　　　　　(b) 图(a)的局部放大
　　平面上的贝里曲率分布

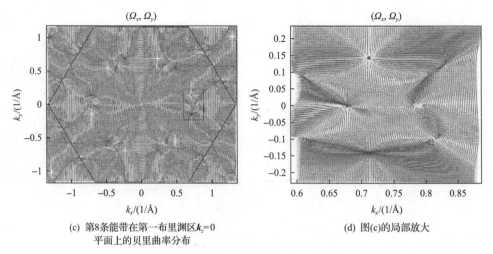

(c) 第8条能带在第一布里渊区$k_z=0$
平面上的贝里曲率分布

(d) 图(c)的局部放大

图 8-12 AlN 中的贝里曲率分布

相应地,计算了(0001)面表面态的等能面在该表面方向的投影,如图 8-13 所示,图中可以看到明显的弧形表面态,连接一对陈数相反的 Weyl 点。计算连接两个 Weyl 点路径上的 LDOS,可以看到能带交叉点之间非连续的表面态,如图 8-14 所示。上述结果证明了 AlN 声子体系的非平庸拓扑性质。尽管在高对称路径上有丰富的能带交叉点,计算并未发现非平庸的 Weyl 点。两种不同的 Weyl 点出现在第一布里渊区高对称面 $k_z = 0$ 非高对称路径的点上。

对于第一种 Weyl 点,陈数为 1 和–1 的点分别为布里渊区中位置在(0.2989, 0.1249, 0.0000)和(0.4239, –0.1246, 0.0000)的波矢点和它们各自的等价点(以倒格矢表示),这些点都在图 8-10 中由菱形点表示。第 4 条和第 5 条能带在该点交叉,交叉点频率为 12.23THz。

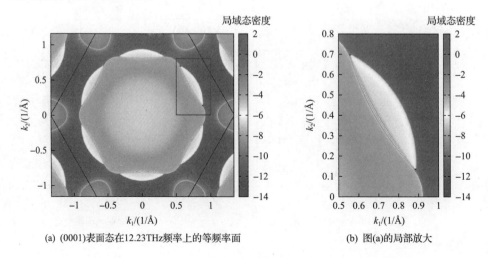

(a) (0001)表面态在12.23THz频率上的等频率面

(b) 图(a)的局部放大

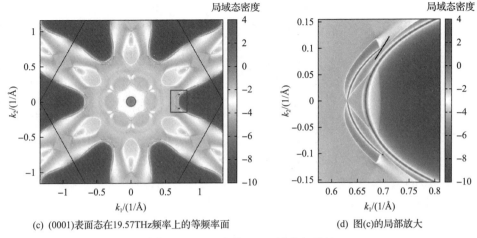

(c) (0001)表面态在19.57THz频率上的等频率面　　　　(d) 图(c)的局部放大

图 8-13　AlN 中的 Weyl 弧形表面态

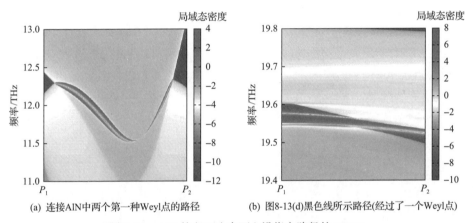

(a) 连接AlN中两个第一种Weyl点的路径　　　(b) 图8-13(d)黑色线所示路径(经过了一个Weyl点)

图 8-14　AlN 的 (0001) 表面上沿指定路径的 LDOS

对于第二种 Weyl 点，其陈数为 1 和 −1 的点分别为位置在 (0.3549, −0.1169, 0.0000) 和 (0.3549, −0.2380, 0.0000) 的波矢点以及各自的等价点。第二种 Weyl 点是第 8 条和第 9 条能带在频率 19.57THz 处交叉形成的，在图 8-10 中由圆点表示。在图 8-14(b) 中观察第二种表面态，可以发现其不如第一种表面态干净，因为第二种 Weyl 点所在的 19.57THz 频率附近还有其他平庸的表面态，所以在进行实验研究时很难识别非平庸的表面态。

计算了不同的 GaN 体系以寻找可能实现拓扑声子相变的方法，包括施加轴向单轴应变和面向双轴应变、改变维度 (二维 GaN)、引入同族氮化物 (BN 和 AlN)、引入 Al 原子形成多元结构 (AlGaN)。计算结果显示引入 Al 原子后，可以在纤锌矿 AlN 和 AlGaN 晶体 (包括纤锌矿型和非纤锌矿型) 实现 Weyl 声子态，即在 GaN 体系中实现拓扑声子相变。其余调控方式未发现体系中出现 Weyl 声子态。考虑到纤锌矿 AlN 和纤锌矿型的 AlGaN$_2$(可以通过替换 GaN 中的一个 Ga 原子为 Al 原子得到)更接近 GaN 基器件的实际材料结构,本节主要介绍这两种材料中的 Weyl 声子态,最后也介绍了立方型 AlGaN 中的 Weyl 声子态。

Al$_x$Ga$_{1-x}$N 是 GaN 基器件材料中最常见的合金,在器件中以晶体和无定型结构形式存在。材料生长时可以对 Al 原子和 Ga 原子的配比进行较为灵活的调整,但是由于原胞中原子数过多或结构建模复杂,采用第一性原理直接计算合金结构则较为困难。本节主要针对 AlGaN 晶体开展计算研究。在公开的材料数据库中,有 7 种 AlGaN 的晶体结构,其对应的空间群包括 P3m1(No.156)、P-43m(No.215)、P-4m2(No.115)和一些对称性较低的空间群。属于 P3m1 空间群的 AlGaN$_2$ 对应纤锌矿结构的 GaN,且和 AlGaN/GaN 异质结中的 Al$_x$Ga$_{1-x}$N 合金最为类似,下面系统介绍该晶体的拓扑声子性质。

纤锌矿型 AlGaN$_2$ 的声子色散关系如图 8-15 所示,计算表明该体系中也存在两种不同的单 Weyl 声子点,处在高对称面 $k_z = 0$ 的非高对称路径上。第一种 Weyl 点是第 7 条和第 8 条能带在波矢点(0.4225, 0.0776, 0.0000)交叉形成的,交叉点的频率点为 17.41THz。第二种 Weyl 点是第 9 条能带和第 10 条能带在波矢点(0.3097, −0.1668, 0.0000)交叉形成的,对应的声子频率为 18.97THz。Weyl 点在第一布里渊区的位置如图 8-16 所示。其中不同形状的点表示不同的 Weyl 点,其中菱形点表示第一种 Weyl 点,圆点表示第二种 Weyl 点。实心和空心分别表示陈数为 1 和 −1 的 Weyl 点。

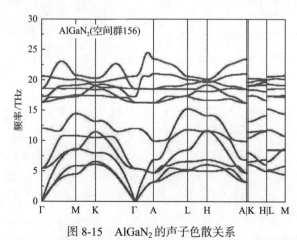

图 8-15　AlGaN$_2$ 的声子色散关系

图 8-17 和图 8-18 为非平庸的 Wannier 中心演化和贝里曲率分布,其中 Weyl 点处的 Wannier 中心演化和贝里曲率分布中的源和汇都证明了 Weyl 点处的非平庸拓扑特征。和 AlN 中的 Weyl 点有一些不同,对于第一种 Weyl 点,其成对出现的 Weyl 点分布在不同的最简布里渊区,如图 8-16 和图 8-19 所示。另一点不同在于

AlGaN₂ 中 Weyl 点在第一布里渊区的等价性是由晶格对称性和时间反演对称性共同保证的。在图 8-19 中可以看到连接一对 Weyl 点的弧形表面态，而且在图 8-20 中可以看到清晰的表面态，分别处在频率 17.41THz 和 18.79THz。

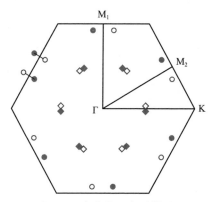

图 8-16　AlGaN₂ 中 Weyl 点在第一布里渊区 $k_z = 0$ 面上的分布

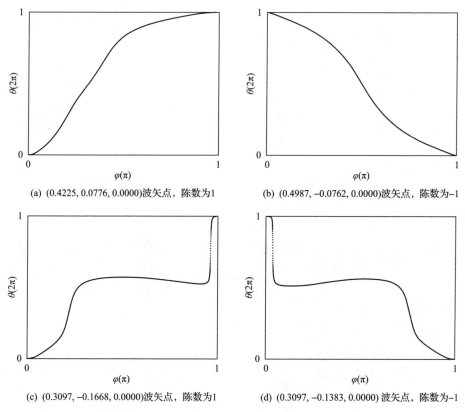

(a) (0.4225, 0.0776, 0.0000)波矢点，陈数为1　　(b) (0.4987, −0.0762, 0.0000)波矢点，陈数为−1

(c) (0.3097, −0.1668, 0.0000)波矢点，陈数为1　　(d) (0.3097, −0.1383, 0.0000) 波矢点，陈数为−1

图 8-17　AlGaN₂ 中 Weyl 声子处的 Wannier 中心演化

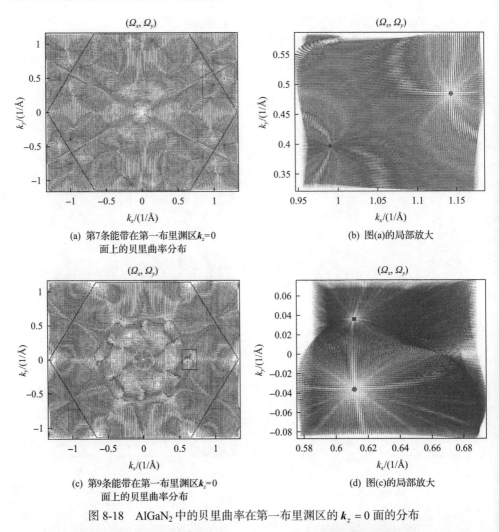

(a) 第7条能带在第一布里渊区$k_z=0$
面上的贝里曲率分布

(b) 图(a)的局部放大

(c) 第9条能带在第一布里渊区$k_z=0$
面上的贝里曲率分布

(d) 图(c)的局部放大

图 8-18 AlGaN$_2$ 中的贝里曲率在第一布里渊区的 $k_z = 0$ 面的分布

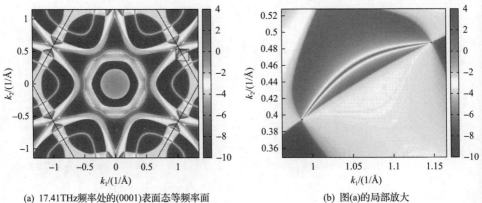

(a) 17.41THz频率处的(0001)表面态等频率面

(b) 图(a)的局部放大

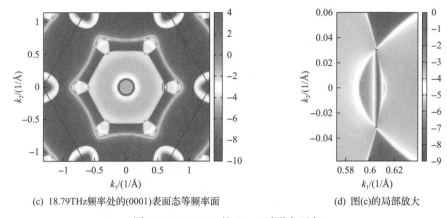

(c) 18.79THz频率处的(0001)表面态等频率面　　　　(d) 图(c)的局部放大

图 8-19　AlGaN$_2$ 的 Weyl 弧形表面态

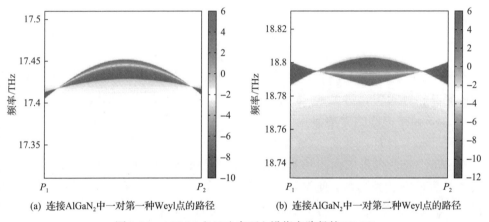

(a) 连接AlGaN$_2$中一对第一种Weyl点的路径　　　(b) 连接AlGaN$_2$中一对第二种Weyl点的路径

图 8-20　AlGaN$_2$(0001) 表面上沿指定路径的 LDOS

　　除了空间群为 P3m1 的 AlGaN$_2$，其他 AlGaN 晶体中也发现了 Weyl 点。考虑到其他类型的 AlGaN 晶体结构与实际应用中的 AlGaN 合金晶体结构差别较大，此处仅以具 P-43m 空间群的 Al$_3$GaN$_4$ 为例介绍这类体系中的 Weyl 点。P-43m 空间群的 Al$_3$GaN$_4$ 是立方结构晶体，每个原胞中有 3 个 Al 原子、1 个 Ga 原子和 4 个 N 原子。该结构和闪锌矿 GaN 类似，可以通过用 3 个 Al 原子替换闪锌矿 GaN 晶胞中的 3 个 Ga 原子得到。Al$_3$GaN$_4$ 的布里渊区也是立方型的，其高对称路径上的声子色散关系如图 8-21 所示。计算显示在 Al$_3$GaN$_4$ 中有多种单 Weyl 声子点，处在第一布里渊区 $k_z = 0$ 和 $k_z = 0.5$ 平面上。由于晶格对称性的保证，在对应的等 k_x 和 k_y 平面上也存在 Weyl 声子点。这里讨论的 Weyl 点是由第 6 条能带和第 7 条能带在波矢点 $(0.0941, -0.5000, 0.0000)$ 交叉形成的，其对应的频率为 9.82THz，处在高对称路径 X-M 上。

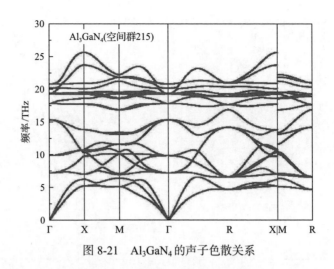

图 8-21　Al₃GaN₄ 的声子色散关系

　　体系中 Weyl 点在布里渊区中的位置如图 8-22 所示，实心和空心分别表示陈数为 1 和–1 的 Weyl 点，相邻的具有不同陈数的 Weyl 点为一对 Weyl 点。可以看到 Weyl 点都出现在布里渊区边界上，同时也处在高对称路径上。该 Weyl 点的拓扑特征首先通过 Wannier 中心和贝里曲率分布表征，如图 8-23 和图 8-24 所示，Wannier 中心的周期演化和贝里曲率分布中的源和汇都体现了 Weyl 点处的非平庸拓扑特征。从图 8-25 和图 8-26 中可以清楚地看到等能面投影中连接一对 Weyl 点的弧形表面态和表面 LDOS 中的能带交叉点间连线，但是 (001) 表面的表面态较为丰富，使得非平庸表面态和平庸表面态有重叠。特别说明的是，Al₃GaN₄ 中的这个 Weyl 点在实际中可能是不存在的，原因在于考虑 NAC 后该能带交叉点消失。

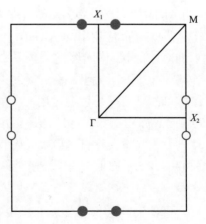

图 8-22　Al₃GaN₄ 中 Weyl 点在第一布里渊区 $k_z = 0$ 面上的分布

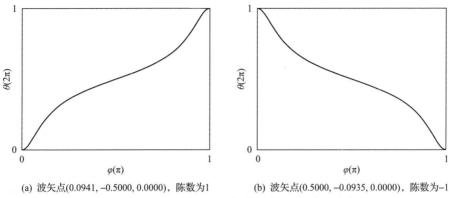

(a) 波矢点(0.0941, −0.5000, 0.0000)，陈数为1　　　　(b) 波矢点(0.5000, −0.0935, 0.0000)，陈数为−1

图 8-23　Al$_3$GaN$_4$ 中 Weyl 点处的 Wannier 中心演化

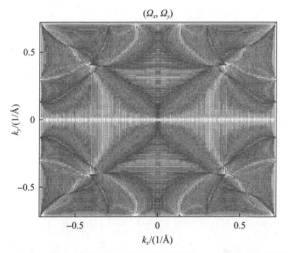

(Ω_x, Ω_y)

图 8-24　Al$_3$GaN$_4$ 中第 6 条能带在第一布里渊区 $\boldsymbol{k}_z = 0$ 面上的贝里曲率分布

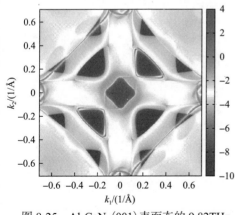

图 8-25　Al$_3$GaN$_4$(001) 表面态的 9.82THz
等频率面

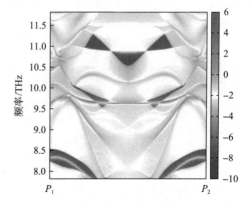

图 8-26　Al$_3$GaN$_4$(001) 表面上连接
Al$_3$GaN$_4$ 中一对 Weyl 点路径上的 LDOS

8.2.3　GaN 中的拓扑声子态——节点线和节点面

半金属材料是指价带和导带只在动量空间的一个点接触的材料，在这一点以外的任何地方，价带和导带之间都存在带隙，材料的费米面是一个孤立的点。而在拓扑半金属材料中，这一能带简并点有着特殊的拓扑性质。由于能量简并点附近的低能激发可以用相对论波动方程中的 Dirac 方程和 Weyl 方程来描述，因此将它们称为 Dirac 半金属和 Weyl 半金属[37,38]。这个非平庸的简并点称为 Dirac 点和 Weyl 点，它们的主要区别是，Dirac 点是四重简并点，Weyl 点是二重简并点。在电子系统中，由于自旋自由度的存在，导致在不考虑自旋轨道耦合，或自旋轨道耦合非常弱时，能带总是二重简并的，所以能带的交点多是四重简并，即 Dirac 点。而在声子系统中，没有自旋自由度，能带的交点多是二重简并点，因此 Weyl 点在声子系统中广泛存在。此外，电子系统中只有费米面附近的电子能够激发，对能带交叉点的能量要求非常严苛，而声子系统中，所有频率的声子都能够被激发，只需要关注能带交叉点的拓扑性质，而不需要关注它们的频率。所以，声子系统是探索和验证 Weyl 点的理想平台。

Weyl 点的稳定性是由余维（codimension）保证的。由于空间的维度是 3，Weyl 点的维度是 0，余维是 3-0=3，恰好等于哈密顿量中独立参数的个数（即三个泡利矩阵）。一个哈密顿量可以表示为

$$H\left(\boldsymbol{k}_x, \boldsymbol{k}_y, \boldsymbol{k}_z\right) = h_1 \sigma_x + h_2 \sigma_y + h_3 \sigma_z \tag{8-16}$$

式中，h_1、h_2、h_3 为 $\boldsymbol{k}_x$、$\boldsymbol{k}_y$、$\boldsymbol{k}_z$ 的函数。带隙关闭需要 $H = 0$，这要求 h_1、h_2、h_3 同时等于零，三个方程确定三个未知数，可以得到唯一的 $\boldsymbol{k}_x$、$\boldsymbol{k}_y$、$\boldsymbol{k}_z$ 的解，即一个点。当哈密顿量发生微小变化时，在一定范围内，解仍然存在，只是相对原来的位置发生了偏移。

上一节中所讨论的 Weyl 点是一个零维的能带简并点，那么能否实现连续的能带简并，例如一维的能带简并线，和二维的能带简并面呢？答案是肯定的，但是此时的余维是 2 或 1，节点线和节点面的稳定性需要额外的晶格对称性保护。在电子系统和声子系统中都发现了受拓扑保护的 Weyl 节点线（nodal lines，NLs）和节点面（nodal surfaces，NSs）[39]。节点线通常对应于一个非平凡的贝里相位 γ，其定义由 8-12 式给出。由于对称性的保护，节点线在布里渊区中总是形成一个环，或者形成一条穿越布里渊区，首尾连接的线，由于体边对应原理，节点线在表面对应着鼓膜形状的表面态[40]，如图 8-27 所示。声子系统中的节点面是一个动量空间中的一个固定平面，在晶格动量 $k_z = 0.5$ 的平面内形成二重简并的节点面，不同方向上的节点面可以同时存在，形成二重、三重节点面[41]，如图 8-28 所示。尽管

节点面不对应于拓扑保护的表面态,但是一个封闭的节点面可以导致 Weyl 点不再对应于表面费米弧[42]。上一节中已经指出了 GaN 中不存在 Weyl 点,本小节将讨论 GaN 中的节点线和节点面,以及节点线对应的表面鼓膜态。

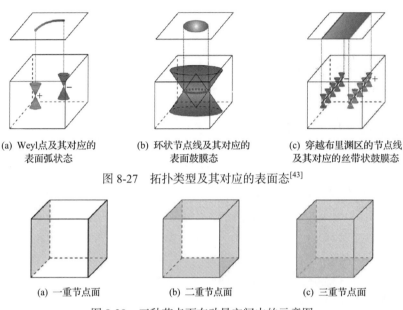

(a) Weyl 点及其对应的　　　　(b) 环状节点线及其对应的　　　(c) 穿越布里渊区的节点线
　　表面弧状态　　　　　　　　　　表面鼓膜态　　　　　　　　及其对应的丝带状鼓膜态

图 8-27　拓扑类型及其对应的表面态[43]

(a) 一重节点面　　　　　　　　(b) 二重节点面　　　　　　　　(c) 三重节点面

图 8-28　三种节点面在动量空间中的示意图

节点线需要额外的对称性保护,其中最简单的一种是镜像对称性 M。声子中没有自旋自由度,两次镜像操作将使晶格回到原来的位置,所以有 $M^2 = 1$。M 的特征值为 ±1,在镜像不变平面上,属于不同特征值的两个态之间不能发生杂化,因此形成了节点线(节点环),如图 8-29 所示。GaN 中就存在这样的镜像平面,例如 $x = 0$ 平面。

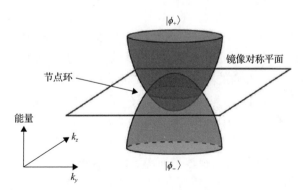

图 8-29　镜像不变平面上节点环形成的示意图

节点面的对称性保护需求则更复杂一些,其中一种是二重螺旋对称性和时间

反演对称性。二重螺旋对称性的作用效果为

$$S_z : (x,y,z,t) \mapsto (-x,-y,-z+1/2,t) \tag{8-17}$$

在倒空间中

$$S_z : \left(k_x, k_y, k_z \right) \mapsto \left(-k_x, -k_y, k_z \right) \tag{8-18}$$

而时间反演对称性可以表示为

$$T : \left(k_x, k_y, k_z \right) \mapsto \left(-k_x, -k_y, -k_z \right) \tag{8-19}$$

两者联合的作用为

$$S = TS_z : \left(k_x, k_y, k_z \right) \mapsto \left(k_x, k_y, -k_z \right) \tag{8-20}$$

只是将 k_z 变为了 $-k_z$。二重螺旋对称性作用两次等价于一个晶格常数的平移操作，因此 $S^2 = TS_z TS_z = S_z^2 = \exp(2\pi i k_z)$。当 $k_z = 0.5$ 时，$S^2 = -1$，S 造成了克莱默简并，在 $k_z = 0.5$ 平面上，每个态都是二重简并的，因此形成了节点面。

上述三个对称性 M_x、S_z、T 共同作用，会在原有的二重简并 $|\varphi_+\rangle$、$|\varphi_-\rangle$ 基础上形成四重简并态 $|\varphi_+\rangle$、$|\varphi_-\rangle$、$S|\varphi_+\rangle$、$S|\varphi_-\rangle$。在 $k_x = 0$、$k_z = 0.5$ 的高对称路径上，存在这样的四重简并点，由于它存在于镜像对称平面上，它也是多条节点环的交点，从而形成稳定的平面节点链。

GaN 沿高对称路径的声子色散如图 8-30(a) 所示，图中对二重简并的色散曲线做了标记，并指出了它们是节点线或是节点面。GaN 原胞中有 4 个原子，其色散曲线共有 12 支，但是可以发现，在 A-L-H-A 路径上的色散曲线只有 6 支，这是因为它们每一支都是二重简并的。实际上，A-L-H-A 路径处于动量空间的 $k_z = 0.5$ 平面，在这一平面内的每一点的每一条声子支都是二重简并的。这种一个平面内的二重简并性称为节点面，它由时间反演对称性和二重螺旋对称性共同保护[44]，这两种对称性在 $k_z = 0.5$ 平面内形成了类似电子系统中的克莱默简并。除了节点面外，在 K-H 路径上可以发现二重简并线，它们是受对称性保护的节点线，由三重旋转对称性和 x 方向的镜像对称性共同保证。K-H 路径是一条沿 z 方向穿越布里渊区的路径，因此这是一条直节点线，对应于图 8-27(c) 中的情形，也拥有丝带状的表面态。在图 8-30(b) 中，标注了节点面和节点线在 GaN 的第一布里渊区中的具体位置，并标注了不同的节点线对应的非平凡贝里相位。GaN 中也存在关于 $x = 0$ 平面的镜像对称性，在该平面内可以存在节点环，如图 8-30(c) 所示。三种不同的节点环相交于一点 D 形成平面节点链，这是一个四重简并点。纤锌矿 GaN 的空间群是 186#，作为一个非点式空间群，它拥有丰富的拓扑能带结构，包括节点线和节点面。186 号空间群还有拥有外尔 0 点的潜力，上一节中讨论的 AlN

和 AlGaN 就是例子。

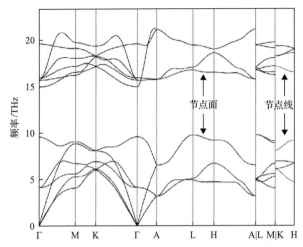

(a) GaN沿高对称路径的声子色散曲线(箭头标注了节点面和节点线的位置)

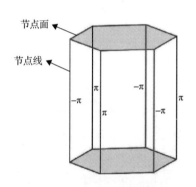

(b) 节点面和节点线在GaN
第一布里渊区中的位置

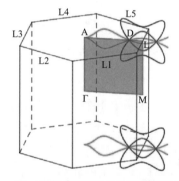

(c) 在k_z=0镜像不变平面内的三条节点环相交于
一点形成平面节点链(图中字母标识了高对称点)

图 8-30　GaN 的节点线、面在能带图及第一布里渊区中的位置

通过非平衡格林函数法，可以计算 GaN 节点线对应的鼓膜状表面态。节点线总是形成闭合的形状，鼓膜态就是以节点线为边界形成的一张"膜"。当节点线穿越布里渊区时，该鼓膜态便成为以两条节点线为边界的丝带状，GaN 中就是这种情形。在 GaN 的[1000]表面上可以观察到这种鼓膜态。图 8-31 展示了 GaN 的[1000]表面在 19THz 附近的声子表面态密度，其中实心区域为体材料的能带在表面的投影，线状区域为表面态。节点线在表面布里渊区的投影位于 Γ 与 M 之间，靠近 M 的三分点处，从图 8-31(a)可以看到其附近的体声子态形成的锥。表面态正是连接两条节点线在表面布里渊区的投影，并在 k_z 方向延伸，如图 8-31(b)所示。

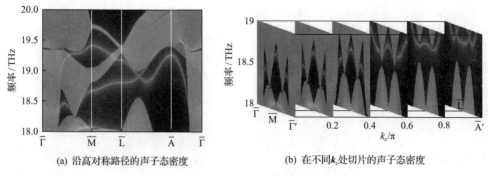

(a) 沿高对称路径的声子态密度　　　　　(b) 在不同 k_z 处切片的声子态密度

图 8-31　GaN 的 [1000] 表面声子态密度

电子系统中的节点环可以由对称性限制而具有相同的能量[45]，这一点由手征对称性保证，该手征对称性可以视为时间反演对称性和特定电子-空穴对称性的组合。当以上条件被满足，鼓膜态几乎是"平"的，这为高温表面超导提供了可能的途径[46]。此外，节点线还能够形成更加复杂的几何结构，例如节点链[47]、节点结[48]、Hopf 结[49]等。人工超晶格中的鼓膜表面态已经被实验验证[50]，但实际材料中的声子鼓膜表面态仍无实验观测。

8.2.4　拓扑声子表面态的讨论

拓扑非平庸的开放边界体系(有限长原子链、纳米带、薄膜等)通常对应具有独特输运性质且受体拓扑性质保护的端态/边界态/表面态/界面态，即体边对应性。边界处发生拓扑非平庸到平庸性质的转变，因此边界上的物态是一个转变点。在经典的拓扑能带理论框架下，拓扑性质的转变主要表现为能带间关系的变化，发生带隙的闭合、打开，因此拓扑非平庸体系的边界上总是稳定存在对应的边界态。在量子霍尔效应中，边界态是手性的，边界上只有单一群速度的边界态。在二维体系中，边界态是一维的，根据选择定则，由于不存在向后传递的边界态，单向边界态无法发生散射，所以是无耗散的。量子自旋霍尔效应中边界态是自旋极化的，边界态是螺旋态，具有上自旋(下自旋)的部分和量子霍尔效应类似，其边界态也是单向无耗散输运的，但总体上不存在净的无耗散输运。

当拓扑物理推广至光子、声子、声子晶体等体系中，其边界态的输运性质也依赖于具体的体系。在光子或声子晶体中，边界或表面态具有单向的群速度即可判定单向无耗散的输运性质，在实验中也已经得到验证。声子体系边界态输运性质的认识多来自和其他体系的类比，对于具有拓扑绝缘体态和 Weyl 态的声子体系，对应的拓扑表面态是束缚态，对表面原子无序和点缺陷免疫(二维拓扑绝缘态)或具有背散射抑制的特点(三维拓扑绝缘体态和 Weyl 声子态)，受体内部拓扑性质的保护而具有鲁棒性很强的单向输运特性。实际上，非简谐相互作用会引起声子本征的散射，单向的群速度这一单一特征并不能判定边界/表面态的输运性质，同时表面和界面是二维的，较一维边界上的声子模式数更多，拓扑声子表/界面态的输运性质问题有待系统研究。目前，不断有更新的拓扑理论得到发展，包括声子体系(固体晶格和声子晶体)中的高阶拓扑态[51-53]、非周期性晶格(准晶和非晶)中的声子拓扑态[54,55]及热扩散输运中的拓扑效应[56,57]等。

8.3　拓扑声子的热输运性质

拓扑物态自诞生起便同非平凡的输运性质联系在一起。人们第一个遇到的拓扑物态是量子霍尔效应，在强磁场的作用下，量子霍尔效应材料体内部是绝缘的，而边界存在单向传播的量子化电流。在量子自旋霍尔效应中，不依赖强磁场便能够产生自旋极化的螺旋边界态。随后，拓扑物态发展到三维拓扑绝缘体和丰富的拓扑半金属态，并从电子拓展到声子、光子甚至非晶体系。需要注意的是，电子边界态的无耗散特性来源于费米子的特性。电子作为费米子，满足费米-狄拉克分布，仅费米面附近的电子能够发生散射。以量子霍尔效应家族为例，其体内的电子态都是局域的，边界态是扩展的，边界态处于体能带的带隙内，因此能够进行无耗散的输运。如果考虑到电子声子耦合，自旋轨道耦合等作用时，边界态电子仍能够发生散射。

由于声子是玻色子，满足玻色-爱因斯坦分布，声子频谱中的任何频率声子都能被激发，一个直观的结果就是声子没有金属-绝缘体之分。声子的散射机制可以分为两种类型。第一种是三声子过程，这一过程需要满足能量和晶格动量守恒，满足条件的声子均可参与，与声子是否处于带隙内无关，更高阶的四声子过程等与之类似，这类过程是由原子间相互作用的非简谐性导致的。第二种是二声子过程，只需要满足能量守恒，相当于非弹性散射，声子与缺陷、杂质、边界的散射都属于这一类型，由于能量守恒的约束，这一过程只能在同频率的声子之间发生。按照这个分类，当某一表面声子态处于带隙内时，它的第二类散射过程将受到抑制。

实际材料中的精确声子支激发和探测都十分困难。在宏观超晶格声学材料中已经验证了 Weyl 点和 Weyl 节点线的存在，并验证了它们对应的费米弧和鼓面态[50,58]，但它们频率在千赫兹范围，尺度都在毫米以上。实际材料中的声子频率在太赫兹范围，尺度在埃量级，对声子的有效模拟手段有分子动力学和玻尔兹曼方程等。在前两节中，使用格林函数法求解了 GaN 等材料的表面态密度，而对于较薄的系统，表面态的色散可以通过直接求解薄膜系统的声子特征值方程获得，如图 8-8(c)所示。其中采用的二阶力常数是体态的二阶力常数，尽管这样会忽略表面弛豫和重构，但仍不失为一个良好的估计。类似地，可以用体材料的三阶力常数来表示薄膜系统的三阶力常数，从而表征其中的非简谐作用，使用费米黄金定则求解平衡状态下体态声子和表面态声子的散射率分布[59]。结果如图 8-32 所示，表面态声子的三声子散射率与体声子态的三声子散射率量级接近。需要注意的是，固体表面或界面都十分粗糙，并且存在表面弛豫和表面重构，GaN 等极性晶体的表面更是存在表面极化激元，所以对三声子散射率的估计是粗糙的。至于表面声子态的二声子散射率，由于它是非平衡过程，需要更多的模拟和实验手段来研究，是目前亟待解决的问题。在这些新奇物态和更广范围的拓扑热输运物态中认识拓扑边界态性质将成为拓扑效应在声子导热及其调控应用中的关键。

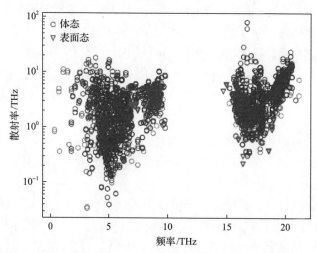

图 8-32　GaN 薄膜中体态声子和表面态声子的三声子散射率

8.4　本章小结

本章从拓扑物理学的基本概念出发，系统介绍了声子体系的拓扑效应。拓扑效应本质上是声子本征态在动量空间几何性质，反映了声子更为深层次的特征，包括声子角动量、圆极化和赝自旋物理。讨论了声子拓扑效应的经典一维模型，重点介绍了对 GaN 体系拓扑声子性质及其相变的研究。基于第一性原理计算和拓扑声子理论的研究表明，在 GaN 中没有发现 Weyl 点，但存在 Weyl 节点线和节点面。引入 Al 原子后，在 AlN 和纤锌矿型的 $AlGaN_2$ 中各发现了两种 Weyl 声子态，即在广义的 GaN 体系中实现了拓扑声子相变。考虑 NAC 后 AlN 和纤锌矿型的 $AlGaN_2$ 中 Weyl 点对应的能带交叉点仍然稳定存在。基于体拓扑性质（Chern 数、Wannier 中心演化、Berry 曲率分布）和表面态性质计算（表面态等能面和表面局域

态密度)，两种材料中的拓扑声子性质得到严格证实。该结论为进一步研究
AlGaN/GaN 异质结构中拓扑声子界面态的输运性质打下了基础。

　　拓扑效应作为经典声子框架(声子粒子性和波动性)之外的新认识，给声子研究带来新的生机，预期将极大丰富声子导热调控的理论基础，为电子器件热管理、热学功能器件设计带来新的思路和方法。

参 考 文 献

[1] von Klitzing K. The quantized Hall effect[J]. Reviews of Modern Physics, 1986, 58(3): 519-531.

[2] Thouless D J, Kohmoto M, Nightingale M P, et al. Quantized Hall conductance in a two-dimensional periodic potential[J]. Physical Review Letters, 1982, 49(6): 405-408.

[3] 戴希. 凝聚态材料中的拓扑相与拓扑相变[J]. 物理, 2016, 45(12): 757-768.

[4] Haldane F D. Model for a quantum Hall effect without Landau levels: Condensed-matter realization of the "parity anomaly"[J]. Physical Review Letters, 1988, 61(18): 2015.

[5] Hasan M Z, Kane C L. Colloquium: Topological insulators[J]. Reviews of Modern Physics, 2010, 82(4): 3045-3067.

[6] Kane C L, Mele E J. Quantum spin Hall effect in graphene[J]. Physical Review Letters, 2005, 95(22): 226801.

[7] Qi X, Zhang S. Topological insulators and superconductors[J]. Reviews of Modern Physics, 2011, 83(4): 1057-1110.

[8] Qi X, Zhang S. The quantum spin Hall effect and topological insulators[J]. Physics Today, 2010, 63: 33-38.

[9] Chen Y, Zhang Q, Zhang Y F, et al. Research progress of elastic topological materials[J]. Advances in Mechanics, 2021, 51(2): 189-256.

[10] Susstrunk R, Huber S D. Classification of topological phonons in linear mechanical metamaterials[J]. Proceedings of the National Academy of Sciences, 2016, 113(33): E4767-75.

[11] Huber S D. Topological mechanics[J]. Nature Physics, 2016, 12(7): 621-623.

[12] Chen H, Nassar H, Huang G L. A study of topological effects in 1D and 2D mechanical lattices[J]. Journal of the Mechanics and Physics of Solids, 2018, 117: 22-36.

[13] Zhang L, Ren J, Wang J S, et al. Topological nature of the phonon Hall effect[J]. Physical Review Letters, 2010, 105(22): 225901.

[14] Liu Y, Chen X, Xu Y. Topological phononics: From fundamental models to real materials[J]. Advanced Functional Materials, 2019, 30(8): 1904784.

[15] Liu Y, Xu Y, Zhang S-C, et al. Model for topological phononics and phonon diode[J]. Physical Review B, 2017, 96(6): 064106.

[16] Fu L. Topological crystalline insulators[J]. Physical Review Letters, 2011, 106(10): 106802.

[17] Liu C, Zhang R, Vanleeuwen B K. Topological nonsymmorphic crystalline insulators[J]. Physical Review B, 2014, 90(8): 085304.

[18] Liu Y, Lian C S, Li Y, et al. Pseudospins and topological effects of phonons in a kekule lattice[J]. Physical Review Letters, 2017, 119(25): 255901.

[19] Bernevig A, Weng H, Fang Z, et al. Recent Progress in the Study of Topological Semimetals[J]. Journal of the Physical Society of Japan, 2018, 87(4): 041001.

[20] Hu J, Xu S Y, Ni N, et al. Transport of topological semimetals[J]. Annual Review of Materials Research, 2019, 49(1): 207-252.

[21] Rikken G L, Strohm C, Wyder P. Observation of magnetoelectric directional anisotropy[J]. Physical Review Letters, 2002, 89(13): 133005.

[22] Inyushkin A V, Taldenkov A N. On the phonon Hall effect in a paramagnetic dielectric[J]. JETP Letters, 2007, 86(6): 379-382.

[23] Zhang L, Niu Q. Chiral phonons at high-symmetry points in monolayer hexagonal lattices[J]. Physical Review Letters, 2015, 115(11): 115502.

[24] Zhang W, Srivastava A, Li X, et al. Chiral phonons in the indirect optical transition of a MoS2/WS2 heterostructure[J]. Physical Review B, 2020, 102(17): 174301.

[25] Zhang L, Niu Q. Angular momentum of phonons and the Einstein-de Haas effect[J]. Physical Review Letters, 2014, 112(8): 085503.

[26] Li J, Wang L, Liu J, et al. Topological phonons in graphene[J]. Physical Review B, 2020, 101(8): 081403.

[27] Jiang J W, Wang B S, Park H S. Topologically protected interface phonons in two-dimensional nanomaterials: hexagonal boron nitride and silicon carbide[J]. Nanoscale, 2018, 10(29): 13913-13923.

[28] Zhang T, Song Z, Alexandradinata A, et al. Double-Weyl phonons in transition-metal monosilicides[J]. Physical Review Letters, 2018, 120(1): 016401.

[29] Wang R, Xia B W, Chen Z J, et al. Symmetry-protected topological triangular Weyl complex[J]. Physical Review Letters, 2020, 124(10): 105303.

[30] Li J, Liu J, Baronett S A, et al. Computation and data driven discovery of topological phononic materials[J]. Nature Communications, 2021, 12(1): 1204.

[31] Tang D S, Cao B Y. Topological effects of phonons in GaN and AlGaN: A potential perspective for tuning phonon transport[J]. Journal of Applied Physics, 2021, 129(8): 08502.

[32] Wu Q, Zhang S, Song H, et al. Wanniertools: An open-source software package for novel topological materials[J]. Computer Physics Communications, 2018, 224: 405-416.

[33] Liu Q, Qian Y, Fu H, et al. Symmetry-enforced Weyl phonons[J]. NPJ Computational Materials, 2020, 6(1): 95.

[34] Togo A, Tanaka I. First principles phonon calculations in materials science[J]. Scripta Materialia, 2015, 108: 1-5.

[35] Liu J, Hou W, Wang E, et al. Ideal type-II Weyl phonons in wurtzite CuI[J]. Physical Review B, 2019, 100(8): 081204(R).

[36] Liu Y, Xu Y, Duan W. Three-dimensional topological states of phonons with tunable pseudospin physics[J]. Research, 2019, 2019: 5173580.

[37] 翁红明, 戴希, 方忠. 拓扑半金属研究最新进展[J]. 物理, 2015, 44(4): 253-255.

[38] Armitage N P, Mele E J, Vishwanath A. Weyl and Dirac semimetals in three-dimensional solids[J]. Reviews of Modern Physics, 2018, 90(1): 015001.

[39] 王珊珊, 吴维康, 杨声远. 拓扑节线与节面金属的研究进展[J]. 物理学报, 2019, 68(22): 227101.

[40] Fang C, Weng H, Dai X, et al. Topological nodal line semimetals[J]. Chinese Physics B, 2016, 25(11): 117106.

[41] Xie C, Yuan H, Liu Y, et al. Three-nodal surface phonons in solid-state materials: Theory and material realization[J]. Physical Review B, 2021, 104(13): 134303.

[42] Yu Z M, Wu W, Zhao Y X, et al. Circumventing the no-go theorem: A single Weyl point without surface Fermi arcs[J]. Physical Review B, 2019, 100(4): 041118.

[43] Li J, Xie Q, Liu J, et al. Phononic Weyl nodal straight lines in MgB2[J]. Physical Review B, 2020, 101(2): 024301.

[44] Liu Q B, Wang Z Q, Fu H-H. Ideal topological nodal-surface phonons in RbTeAu-family materials[J]. Physical Review B, 2021, 104(4): L041405.

[45] Chen Y, Lu Y M, Kee H Y. Topological crystalline metal in orthorhombic perovskite iridates[J]. Nature Communications, 2015, 6(1): 6593.

[46] Kopnin N B, Heikkilä T T, Volovik G E. High-temperature surface superconductivity in topological flat-band systems[J]. Physical Review B, 2011, 83(22): 220503.

[47] Bzdušek T, Wu Q, Rüegg A, et al. Nodal-chain metals[J]. Nature, 2016, 538(7623): 75-78.

[48] Bi R, Yan Z, Lu L, et al. Nodal-knot semimetals[J]. Physical Review B, 2017, 96(20): 201305.

[49] Ezawa M. Topological semimetals carrying arbitrary Hopf numbers: Fermi surface topologies of a Hopf link, Solomon's knot, trefoil knot, and other linked nodal varieties[J]. Physical Review B, 2017, 96(4): 041202.

[50] Deng W, Lu J, Li F, et al. Nodal rings and drumhead surface states in phononic crystals[J]. Nature Communications, 2019, 10(1): 1769.

[51] Luo L, Wang H X, Lin Z K, et al. Observation of a phononic higher-order Weyl semimetal[J]. Nature Materials, 2021, 20(6): 794-799.

[52] Xu C, Chen Z G, Zhang G, et al. Multi-dimensional wave steering with higher-order topological phononic crystal[J]. Science Bulletin, 2021, 66(17): 1740-1745.

[53] Yang Y, Lu J, Yan M, et al. Hybrid-order topological insulators in a phononic crystal[J]. Physical Review Letters, 2021, 126(15): 156801.

[54] Mitchell N P, Nash L M, Hexner D, et al. Amorphous topological insulators constructed from random point sets[J]. Nature Physics, 2018, 14(4): 380-385.

[55] Silva J R M, Vasconcelos M S, Anselmo D, et al. Phononic topological states in 1D quasicrystals[J]. Journal of Physics: Condens Matter, 2019, 31(50): 505405.

[56] Xu G, Li Y, Li W, et al. Configurable phase transitions in a topological thermal material[J]. Physical Review Letters, 2021, 127(10): 105901.

[57] Li Y, Peng Y G, Han L, et al. Anti-parity-time symmetry in diffusive systems[J]. Science, 2019, 364: 170-173.

[58] Li F, Huang X, Lu J, et al. Weyl points and Fermi arcs in a chiral phononic crystal[J]. Nature Physics, 2018, 14(1): 30-34.

[59] Li W, Carrete J, A. Katcho N, et al. ShengBTE: A solver of the Boltzmann transport equation for phonons[J]. Computer Physics Communications, 2014, 185(6): 1747-1758.

第9章 纳米导热的计算模拟

纳米导热的计算模拟对于认识非傅里叶导热等物理现象和发展微纳电子等技术有重要意义。本章主要介绍几种纳米导热计算与模拟方法的特点、原理和实现过程：针对第一性原理计算，介绍密度泛函理论、声子性质与热导率计算的原理以及如何在计算中考虑电子-声子耦合的影响；针对分子动力学模拟，讨论势函数、边界条件、运动方程积分和系综统计等内容，并着重介绍计算热导率常用的平衡态和非平衡态分子动力学方法以及结合模式分解的热输运机理分析手段；就系综蒙特卡罗、声子跟踪蒙特卡罗和两步声子跟踪蒙特卡罗等三种典型的蒙特卡罗方法，介绍了其模拟流程，并比较不同方法的异同；针对耦合方法，讨论有望解决跨尺度输运问题的独立型和关联型两种耦合思路。

9.1 第一性原理计算

9.1.1 密度泛函理论

凝聚态系统是相互作用多体系统，其定态薛定谔方程为

$$\hat{H}\Psi\left(\mathbf{r}_1,\mathbf{r}_2,\cdots,\mathbf{r}_N,\mathbf{R}_1,\mathbf{R}_2,\cdots,\mathbf{R}_M\right)=E\Psi\left(\mathbf{r}_1,\mathbf{r}_2,\cdots,\mathbf{r}_N,\mathbf{R}_1,\mathbf{R}_2,\cdots,\mathbf{R}_M\right) \tag{9-1}$$

$$\hat{H}=\hat{T}_{\mathrm{e}}+\hat{T}_{\mathrm{N}}+\hat{V}_{\mathrm{ee}}+\hat{V}_{\mathrm{eN}}+\hat{V}_{\mathrm{NN}} \tag{9-2}$$

$$\hat{T}_{\mathrm{e}}=\sum_i\left(-\frac{\hbar^2}{2m}\right)\nabla_i^2$$

$$\hat{T}_{\mathrm{N}}=\sum_I\left(-\frac{\hbar^2}{2M_I}\right)\nabla_I^2$$

$$\hat{V}_{\mathrm{ee}}=\frac{1}{2}\sum_{i\neq j}\sum\frac{e^2}{\left|\mathbf{r}_i-\mathbf{r}_j\right|} \tag{9-3}$$

$$\hat{V}_{\mathrm{eN}}=\sum_{i,I}\sum\frac{Z_Ie^2}{\left|\mathbf{R}_I-\mathbf{r}_i\right|}$$

$$\hat{V}_{\mathrm{NN}}=\frac{1}{2}\sum_{I\neq J}\sum\frac{Z_IZ_Je^2}{\left|\mathbf{R}_I-\mathbf{R}_J\right|}$$

式(9-1)～式(9-3)中，$\hat{H}$ 为系统的哈密顿量，包括第一项电子动能 $\hat{T}_e$、第二项原子核动能 $\hat{T}_N$、第三项电子间的库仑相互作用 $\hat{V}_{ee}$、第四项电子和原子核的库仑相互作用 $\hat{V}_{eN}$，即电子受到的外势以及第五项原子核间的库仑相互作用 $\hat{V}_{NN}$；Ψ 为系统的波函数，是电子和原子核坐标的函数；E 为系统能量本征值；参数 m 和 M_I 分别为电子质量和第 I 个原子核的质量；i 为电子序号；N 和 M 为电子数和原子核数；$\boldsymbol{R}$ 为原子核坐标；$\boldsymbol{r}$ 为电子坐标。

　　该方程中，电子和原子核的状态是相互耦合的，都包含在总的波函数 Ψ 中。为了简化该方程，通常采用玻恩-奥本海默近似(Born-Oppenheimer approximation, BOA)[1]。根据玻恩-奥本海默近似，考虑到原子核的质量一般要比电子大 3～4 个数量级，因而在同样的相互作用下，电子的移动速度会比原子核快很多，这一速度差异的结果是使电子在每一时刻仿佛运动在静止原子核构成的势场中，即电子系统的弛豫时间尺度远小于原子核运动的时间尺度，而原子核则感受不到电子的具体位置，而只能受到平均作用力。由此，可以实现原子核坐标与电子坐标的近似变量分离，将求解整个体系的波函数的复杂过程分解为求解固定原子核坐标情形下的电子波函数 $\psi_e(\boldsymbol{r};\boldsymbol{R})$ 和求解原子核波函数 $\varphi_N(\boldsymbol{R})$ 两个相对简单得多的过程。在该近似下，体系波函数可以写为电子波函数与原子核波函数的乘积：

$$\Psi = \psi_e(\boldsymbol{r};\boldsymbol{R})\varphi_N(\boldsymbol{R}) \tag{9-4}$$

式(9-4)右边分别是电子和原子核的波函数。由于忽略原子核动能项，系统总的哈密顿量和定态薛定谔方程可以写作

$$\hat{H}_e = \hat{T}_e + \hat{V}_{ee} + \hat{V}_{eN} + \hat{V}_{NN} \tag{9-5}$$

$$\hat{H}_e \psi_e(\boldsymbol{r};\boldsymbol{R}) = E_e \psi_e(\boldsymbol{r};\boldsymbol{R}) \tag{9-6}$$

　　哈密顿量中的原子核间相互作用和原子核波函数为常量，通常在方程中忽略不写，因此上述方程就是玻恩-奥本海默近似下的电子本征值方程。同时，可以得到原子核波函数的方程：

$$\hat{H}_N \varphi_N(\boldsymbol{R}) = E\varphi_N(\boldsymbol{R}) \tag{9-7}$$

$$\hat{H}_N = \hat{T}_N + \hat{V}_{NN} + E_e(\boldsymbol{R}) \tag{9-8}$$

将该方程变换到占有数表象下，就是声子的量子力学方程。对原子核动能以外部分进一步考虑简谐近似，哈密顿量可以写成不同频率谐振子的求和形式：

$$\hat{H}_N = \sum_{q\upsilon} \hbar\omega\left(\hat{a}_{q\upsilon}^\dagger \hat{a}_{q\upsilon} + \frac{1}{2}\right) \tag{9-9}$$

式中，$\hat{a}_{q\upsilon}$ 为 $q\upsilon$ 状态声子的消灭算符，对应复共轭是产生算符；$\boldsymbol{q}$ 为声子波矢；υ

为声子支。

以上就是玻恩-奥本海默近似的基本内容。本节后面部分在上述近似下只讨论电子系统，因此省去下标 e。晶体中相互作用电子系统的定态薛定谔方程表示为

$$\hat{H}\psi(r_1, r_2, \cdots, r_N) = E\psi(r_1, r_2, \cdots, r_N) \tag{9-10}$$

$$\hat{H} = \sum_i \left(-\frac{\hbar^2}{2m}\right)\nabla_i^2 + \frac{1}{2}\sum_{i \neq j}\sum \frac{e^2}{|r_i - r_j|} + \sum_i V(r_i) \tag{9-11}$$

由于体系中电子数目 N 过于巨大，在实际中求解上述薛定谔方程仍然不可行，所以需要将多电子方程作进一步简化。将多电子耦合方程简化为单电子方程的尝试主要有哈特利福克方程[2]以及建立在霍亨伯格-孔恩(Hohenber-Kohn，HK)定理基础上的密度泛函理论[3]和孔恩-沈吕九(Kohn-Sham，KS)方程[4]。哈特利福克方程曾广泛应用在量子化学计算中，但其得到单电子方程的近似存在缺陷，形式上不严格。基于密度泛函理论，孔恩和沈吕九将相互作用多体系统中的基态问题严格转化为了在有效势中运动的独立电子基态问题。作为单电子近似的现代理论基础，密度泛函理论和 KS 方程已经成为目前第一性原理计算的主流方法。

霍亨伯格-孔恩定理可以分为两个核心定理[2]。

(1)相互作用多体系统的粒子数密度是决定系统基态物理性能的基本变量。作用在多体系统中每个电子上的定域外势与系统的基态粒子数密度之间存在着一一对应关系，即基态密度由外势唯一确定。

(2)系统的基态能，包括动能和粒子间相互作用，是基态粒子数密度的泛函，仅当粒子数密度取严格的基态密度时，系统能量泛函才可能取极小值。

根据上述定理，系统的基态能可表示成基态电子密度和外势泛函的形式，即

$$\begin{aligned}E[\rho, V] &= \langle\psi[\rho]|T + V_{ee} + V_{ext}|\psi[\rho]\rangle \\ &= T[\rho] + V_{ee}[\rho] + \int \mathrm{d}^3 r V(r)\rho(r)\end{aligned} \tag{9-12}$$

式中，V 为单个电子的定域外势；V_{ee} 为电子间相互作用势；V_{ext} 为电子系统的外扰势。

式(9-12)称为 HK 能量泛函。KS 方程则是 HK 能量泛函对基态电子密度变分求极值得到的。在进行变分之前，做两方面处理，首先将相互作用电子体系的基态密度可以写成 N 个独立的轨道贡献，即

$$\rho(r) = \sum_i \phi_i^*(r)\phi_i(r) \tag{9-13}$$

此外，将 HK 能量泛函写成

$$E[\rho, V] = T_0[\rho] + V_{\mathrm{H}}[\rho] + E_{\mathrm{XC}}[\rho] + \int \mathrm{d}^3 r V(\boldsymbol{r}) \rho(\boldsymbol{r}) \tag{9-14}$$

式中，$T_0[\rho]$ 为具有相同基态密度的无相互作用电子系统的动能项；$V_{\mathrm{H}}[\rho]$ 为电子在哈特利近似(平均场近似)下的直接库仑相互作用项：

$$V_{\mathrm{H}}[\rho] = \frac{1}{2} \int \mathrm{d}^3 r \mathrm{d}^3 r' \rho(\boldsymbol{r}) \frac{e^2}{|\boldsymbol{r} - \boldsymbol{r}'|} \rho(\boldsymbol{r}') \tag{9-15}$$

$E_{\mathrm{XC}}[\rho]$ 定义为交换关联能泛函，即相互作用电子系统的动能泛函和电子间相互作用泛函与无相互作用电子系统的动能泛函和电子间相互作用泛函的差。$E_{\mathrm{XC}}[\rho]$ 是未知的，其包含了交换与关联等多体相互作用效应。结合式(9-13)，HK 能量泛函可以写成独立轨道波函数的形式，则 HK 能量泛函对基态电子密度的变分转化为对轨道波函数的变分。变分的约束条件是波函数的正交归一性条件，即总粒子数守恒条件：

$$N = \int \mathrm{d}^3 r \rho(\boldsymbol{r}) = \int \mathrm{d}^3 r \sum_i \phi_i^*(\boldsymbol{r}) \phi_i(\boldsymbol{r}) \tag{9-16}$$

将 HK 能量泛函对 $\delta \phi_i^*$ 取变分，可以得到相互作用电子系统的等效单电子方程：

$$\left[-\frac{\hbar^2}{2m} \nabla^2 + V_{\mathrm{eff}}(\boldsymbol{r}) \right] \phi_i(\boldsymbol{r}) = \varepsilon_i \phi_i(\boldsymbol{r}) \tag{9-17}$$

式中，有效势

$$V_{\mathrm{eff}}(\boldsymbol{r}) \equiv V(\boldsymbol{r}) + V_{\mathrm{C}}(\boldsymbol{r}) + V_{\mathrm{XC}}(\boldsymbol{r}) \tag{9-18}$$

包含晶格周期势、哈特利近似下的平均直接库仑相互作用 V_{C} 以及未知的交换关联能泛函导数 V_{XC}：

$$V_{\mathrm{XC}}(\boldsymbol{r}) = \delta E_{\mathrm{XC}}[\rho] / \delta \rho(\boldsymbol{r}) \tag{9-19}$$

有效势通过依赖基态电子密度和式(9-12)而依赖轨道波函数。因此上述两式必须联立自洽求解。式(9-12)、式(9-16)、式(9-17)即为 KS 自洽方程组，对此方程组的计算称为自洽场计算。由于未知的交换关联作用泛函都包括在方程 $V_{\mathrm{XC}}(\boldsymbol{r})$ 中，KS 方程在将相互作用多体系统基态问题转化为有效势场中的单粒子问题时是严格的。进行实际的方程求解需要知道交换关联作用泛函的具体形式，最基本的近似是局域密度近似(local density approximation，LDA)[5]。

作为电子基态密度的能量泛函一般可以写成

$$G[\rho]=\int \mathrm{d}^3 r g_r[\rho] \tag{9-20}$$

式中，$g_r[\rho]$ 为 r 处的能量密度泛函，不仅依赖于 r 处的基态电子密度，而且依赖于其他位置处的基态电子密度 ρ，即泛函式地依赖于整个密度分布。只有当电子密度在空间的变化足够缓慢时，才可以作下述展开：

$$g_r[\rho]=g_0\left[\rho(r)\right] + g_1\left[\rho(r)\right]\nabla\rho(r) + \cdots \tag{9-21}$$

式中，g_0 和 g_1 等系数为电子密度的定域函数。当展开仅取首项时，就是局域密度近似，此时交换关联作用能泛函可以写成定域积分形式：

$$E_{\mathrm{XC}}^{\mathrm{LDA}}[\rho]=\int \mathrm{d}^3 r \varepsilon_{\mathrm{XC}}[\rho(r)]\rho(r) \tag{9-22}$$

式中，$\varepsilon_{\mathrm{XC}}[\rho(r)]$ 为密度等于定域密度 $\rho(r)$ 的相互作用均匀电子体系中每个电子的多体交换关联作用能。

多体交换关联作用能可以基于均匀电子体系中以求得的交换关联能进行插值获得，则根据式 (9-21) 可以得到 KS 方程中的交换关联作用势。除了最基本的 LDA 泛函，后续还发展了广义梯度近似泛函（general gradient approximation，GGA）以及采用哈特利近似下交换能的杂化泛函（hybrid functionals，HF/DFT）。交换关联作用泛函是目前密度泛函理论发展中最重要的部分，详细了解可以参阅文献[5]。

交换关联作用是一种多体效应，即多体电子相关作用，可以分为费米相关和库仑相关，其中费米相关能也称交换能，是量子力学特有的相互作用能。相关作用产生的原因包括动态相关和静态相关[6]。在单电子方程中，电子间相互作用采用哈特利的平均场近似表示，即式 (9-15) 所表达的平均库仑相互作用，但是电子-电子的瞬时排斥作用会使得在平均场近似时，近距离计入比实际过多，远距离计入过少，从而使排斥能过高，这称之为动态相关。波函数的解需要满足全同性原理的要求，具体为电子之间交换所要求的波函数的反对称性，即泡利不相容原理，也即费米相关，是一种静态相关。对于无相互作用电子体系，斯莱特（Slater）行列式波函数可以描述体系的费米相关，但对于相互作用电子体系，斯莱特行列式波函数就不是准确的波函数解，费米相关较为复杂。式 (9-22) 中的 $E_{\mathrm{XC}}[\rho]$ 即包含了相互作用多电子系统中库仑相关的校正部分和费米相关。

目前，已经发展了很多求解晶格周期势场下的单电子方程的方法，包括平面波法、正交化平面波法、赝势法、元胞法、缀加平面波法、格林函数法等，以及在赝势和缀加平面波法基础上发展的平面缀加波法（projected augmented wave，PAW）[7]，该方法已经被多种第一性计算软件所采用，详细介绍可参阅文献[7]。

9.1.2　声子性质计算

基于密度泛函理论和 KS 方程的第一性原理计算已经广泛、实际地应用于电学、光学、热学性质计算领域。在介电固体中，主导热量输运的准粒子是声子。本节主要介绍基于第一性原理计算研究晶体材料声子性质和热导率的基本方法。

在热学研究中，计算声子性质最重要的目的是研究分析材料的热导率。根据声子玻尔兹曼方程，声子热导率可以表示为[8]

$$\kappa_{\mathrm{L}}^{\alpha\beta} = \frac{1}{k_{\mathrm{B}}T^2\Omega N}\sum_{q,\upsilon} n_0\left(n_0+1\right)\left(\hbar\omega_{q,\upsilon}\right)^2 v_{\mathrm{g},q,\upsilon}^{\alpha} F_{q,\upsilon}^{\beta} \tag{9-23}$$

式中，系数项中分母依次为玻尔兹曼常数、温度、原胞体积、倒空间波矢采样数；n_0 为玻色爱因斯坦分布；v_{g} 为声子群速度；F 具有距离的量纲，可以理解为等效平均自由程。在弛豫时间近似下，可简写为

$$\kappa_{\mathrm{L}}^{\alpha\beta} = \frac{1}{k_{\mathrm{B}}T^2\Omega N}\sum_{q,\upsilon} n_0\left(n_0+1\right)\left(\hbar\omega_{q,\upsilon}\right)^2 v_{q,\upsilon}^{\alpha} v_{q,\upsilon}^{\beta}\tau_{q,\upsilon} \tag{9-24}$$

式中，τ 为声子散射弛豫时间。根据热导率的表示式可知，计算热导率需要已知声子的基本性质，包括态密度、色散关系等简谐性质和弛豫时间等非简谐性质。

简谐性质的计算需要已知原子间的二阶力常数，非简谐性质的计算需要考虑三阶甚至更高阶的力常数。下面以最简单的晶格结构一维单原子链为例，简要介绍力常数的概念及力常数与声子性质的联系。设定原子均匀排列在 x 轴上，原子间距离为 a，原胞内含有 1 个原子，质量为 m，原子限制在 x 轴上运动，考虑原子长度远大于原子间距离，且两端设置为玻恩-卡曼边界条件，即周期性边界条件。只考虑最近邻原子间的相互作用，则相互作用能可以一般地写成

$$e(a+u) = e(a) + \frac{1}{2}\beta_2 u^2 + \frac{1}{6}\beta_3 u^3 + o(u^3) \tag{9-25}$$

式中，e 为原子能量；u 为原子相对平衡位置的偏离；β_2、β_3 分别为原子间二阶、三阶力常数；$o(u^3)$ 为高阶小量。若按小振动近似将相互作用能保留到 u^2 项，即简谐近似，相邻原子间作用力为

$$F = -\frac{\mathrm{d}e}{\mathrm{d}u} \approx -\beta_2 u \tag{9-26}$$

式中，β_2 可由相互作用能表达为

$$\beta_2 = \frac{\mathrm{d}^2 e}{\mathrm{d}u^2} \tag{9-27}$$

即原子间二阶力常数。可以写出每个原子的动力学方程

$$\begin{aligned} m\ddot{\mu}_n &= \beta_2\left(\mu_{n+1} - \mu_n\right) - \beta_2\left(\mu_n - \mu_{n-1}\right) \\ &= \beta_2\left(\mu_{n+1} + \mu_{n-1} - 2\mu_n\right) \end{aligned} \tag{9-28}$$

式中，μ_n 为第 n 个原子偏离平衡位置的距离。对于包含 N 个原子的一维单原子链，有 N 个上述形式的方程。该方程有格波形式的解：

$$\mu_{nq} = A\mathrm{e}^{i(\omega t - naq)}, \quad n = 1, 2, \cdots, N \tag{9-29}$$

式中，ω 和 A 为常数。代入式(9-27)可得

$$\omega^2 = \frac{2\beta_2}{m}(1 - \cos aq) = \frac{4\beta_2}{m}\sin\left(\frac{1}{2}aq\right) \tag{9-30}$$

这就是晶格振动的色散关系。其中，ω 为晶格振动的频率，q 为格波的波矢，对应格波振动模式，q 取离散的值，这是由周期性边界条件决定的。

式(9-30)就是格波振动频率和波矢的关系，也即格波能量和准动量的关系。在简正坐标下，原子链的总能量(势能和动能)可以写成不含坐标交叉项只含平方项的形式，每个简正坐标对应一个谐振子方程，此时可以直接进行量子化，得到格波的量子—声子，周期性边界条件便是其量子化条件。从式(9-30)可以看出，色散关系取决于原子间距、原子质量和原子间二阶力常数。若同时考虑最近邻原子外的原子间相互作用，则上面的代入会得到耦合的联立方程组，即晶格振动的本征值方程。实际上，对于一维单原子链，且仅考虑最近邻原子间相互作用和简谐作用项，色散关系的形式过于简单，式(9-28)已经是对角化的本征值方程，因此可以直接得到色散关系。上述分析可以容易地推广到三维情形。根据色散关系，可以得到单位频率间隔内的格波模式数目，即态密度。对于一维单原子链，其态密度表达式为

$$g(\omega) = \frac{2N}{\pi}\sin\left(\omega_m^2 - \omega^2\right)^{-\frac{1}{2}} \tag{9-31}$$

弛豫时间反映的是声子发生两次散射的平均时间间隔，也可以理解为声子的寿命，其倒数散射率反映声子从一个状态跃迁到另一个状态的概率。三声子过程的散射率包括两部分贡献，即声子吸收(两个声子合并为一个声子)和声子发射(一

个声子分裂为两个声子)[8]：

$$\frac{1}{\tau_{\text{ph-ph}}} = \frac{1}{N}\left(\sum_{\lambda'\lambda''}^{+} \Gamma_{\lambda\lambda'\lambda''}^{+} + \sum_{\lambda'\lambda''}^{-} \frac{1}{2} \Gamma_{\lambda\lambda'\lambda''}^{-}\right) \tag{9-32}$$

根据费米黄金定则有

$$\Gamma_{\lambda\lambda'\lambda''}^{+} = \frac{\hbar\pi}{4} \frac{f_0' - f_0''}{\omega_\lambda \omega_{\lambda'} \omega_{\lambda''}} \left|V_{\lambda\lambda'\lambda''}^{+}\right|^2 \delta\left(\omega_\lambda + \omega_{\lambda'} - \omega_{\lambda''}\right)$$

$$\Gamma_{\lambda\lambda'\lambda''}^{-} = \frac{\hbar\pi}{4} \frac{f_0' + f_0'' + 1}{\omega_\lambda \omega_{\lambda'} \omega_{\lambda''}} \left|V_{\lambda\lambda'\lambda''}^{-}\right|^2 \delta\left(\omega_\lambda - \omega_{\lambda'} - \omega_{\lambda''}\right) \tag{9-33}$$

二者分别为声子吸收和声子发射散射过程的总散射率，其中 V 即为声子散射矩阵，由下式得到：

$$V_{\lambda\lambda'\lambda''}^{\pm} = \sum_{i\in u.c.} \sum_{j,k} \sum_{\alpha\beta\gamma} \Phi_{ijk}^{\alpha\beta\gamma} \frac{e_\lambda^\alpha(i) e_{\lambda'}^\beta(j) e_{\lambda''}^\gamma(k)}{\sqrt{m_i m_j m_k}} \tag{9-34}$$

式中，$\Phi_{ijk}^{\alpha\beta\gamma}$ 为三阶力常数；α、β、γ 为 x、y、z 方向坐标；i、j、k 为原子序号；e 为极化矢量，也就是声子的本征矢量；m 为原子质量。由以上叙述可知，计算声子性质最基本的是要获得原子间力常数，下面介绍第一性原理计算中获得力常数的方法。

目前计算力常数的方法主要分为两种，一种是直接法或有限位移超胞法[8]，也称作冷冻声子法，另一种是基于密度泛函微扰理论的微扰法[9]。

首先介绍第一种方法，二阶和三阶力常数的一般定义式为

$$\Phi_{ij}^{\alpha\beta} = \frac{\partial^2 U}{\partial r_i^\alpha \partial r_j^\beta}, \quad \Phi_{ijk}^{\alpha\beta\gamma} = \frac{\partial^3 U}{\partial r_i^\alpha \partial r_j^\beta \partial r_k^\gamma} \tag{9-35}$$

式中，U 为原子实系统的总势能，该势能包括原子实之间的库伦相互作用 E_{NN} 和原子实静止时的电子系统总能量 E_{e}[9,10]。有限位移超胞法其实就是将导数用差分代替，为了考虑长距离库仑相互作用，需要在计算中构建较大的超胞。其具体计算公式为

$$\begin{aligned}\Phi_{ij}^{\alpha\beta} &= \frac{\partial^2 U}{\partial r_i^\alpha \partial r_j^\beta} \\ &= \frac{1}{2h}\left[\frac{\partial U}{\partial r_i^\alpha}\left(r_j^\beta = h\right) - \frac{\partial U}{\partial r_i^\alpha}\left(r_j^\beta = -h\right)\right]\end{aligned} \tag{9-36}$$

$$
\begin{aligned}
\Phi_{ijk}^{\alpha\beta\gamma} &= \frac{\partial^3 U}{\partial r_i^\alpha \partial r_j^\beta \partial r_k^\gamma} \\
&= \frac{1}{2h}\left[\frac{\partial^2 U}{\partial r_j^\beta \partial r_k^\gamma}\left(r_i^\alpha = h\right) - \frac{\partial^2 U}{\partial r_j^\beta \partial r_k^\gamma}\left(r_i^\alpha = -h\right)\right] \\
&= \frac{1}{4h^2}\left[\begin{array}{l}\dfrac{\partial U}{\partial r_k^\gamma}\left(r_i^\alpha = h, r_j^\beta = h\right) - \dfrac{\partial U}{\partial r_k^\gamma}\left(r_i^\alpha = h, r_j^\beta = -h\right) \\ -\dfrac{\partial U}{\partial r_k^\gamma}\left(r_i^\alpha = -h, r_j^\beta = h\right) + \dfrac{\partial U}{\partial r_k^\gamma}\left(r_i^\alpha = -h, r_j^\beta = -h\right)\end{array}\right]
\end{aligned} \tag{9-37}
$$

式中，h 为无限小位移。根据晶格对称性得到最少数目的原子超胞结构，对这些超胞结构需要逐个做密度泛函计算得到系统的总能，最终进行差分得到力常数。该方法简洁明了，但是由于需要对多个结构做密度泛函计算，计算量很大。

以二阶力常数为例介绍微扰方法求解力常数的理论基础。根据 Hellmann-Feynman 定理[7]，二阶力常数可以表达为

$$
\Phi_{ij}^{\alpha\beta} = \int \frac{\partial n(\boldsymbol{r})}{\partial R_{j\beta}} \frac{\partial V_{\mathrm{ep}}(\boldsymbol{r}; R_i)}{\partial R_{i\alpha}} \mathrm{d}\boldsymbol{r} + \int n(\boldsymbol{r}) \frac{\partial^2 V_{\mathrm{ep}}(\boldsymbol{r}; R_i)}{\partial R_{i\alpha} \partial R_{j\beta}} \mathrm{d}\boldsymbol{r} + \frac{\partial^2 E_N(R_i)}{\partial R_{i\alpha} \partial R_{j\beta}} \tag{9-38}
$$

式(9-38)中需要专门求解的是第一项中的 $\partial n(\boldsymbol{r})/\partial R_{j\beta}$，即原子核小位移对电子密度的扰动。这一项的求解采用密度泛函微扰理论，其基本内容是应用于密度泛函理论框架下的线性响应理论。晶格原子实发生微小偏离可以视为小扰动，在线性响应下，总的电子基态密度变化为

$$
\Delta n(\boldsymbol{r}) = 2\,\mathrm{Re}\sum_{i=1}^{N} \phi_i^*(\boldsymbol{r})\Delta\phi_i(\boldsymbol{r}) \tag{9-39}
$$

式中，$\phi_i(\boldsymbol{r})$ 又可以由线性化的 KS 方程

$$
\left(\hat{H}_{KS} - \varepsilon_i\right)\left|\Delta\phi_i(\boldsymbol{r})\right\rangle = -\left(\Delta V_{KS} - \Delta\varepsilon_i\right)\left|\phi_i(\boldsymbol{r})\right\rangle \tag{9-40}
$$

求得，而 ΔV_{KS} 又可以根据电子基态密度的变化求得，即

$$
\Delta V_{\mathrm{KS}} = \Delta V_{\mathrm{ep}} + e^2 \int \frac{\Delta n(\boldsymbol{r}')}{|\boldsymbol{r} - \boldsymbol{r}'|}\mathrm{d}\boldsymbol{r}' + \left.\frac{\mathrm{d}V_{\mathrm{XC}}(n)}{\mathrm{d}n}\right|_{n=n(\boldsymbol{r})}\Delta n(\boldsymbol{r}) \tag{9-41}
$$

上述三式即为密度泛函微扰理论的基本方程，与 KS 方程形式类似，需要进行自

洽求解。该方法和正常的密度泛函计算量级相当，相比超胞法计算量小很多。三阶力常数及更高阶力常数也可以用该方法求得，具体原理和推导可参阅文献[9]。

对于极性晶体(离子晶体)，其色散关系有一些基本的特征，表现为长波极限下纵波光学声子和横波光学声子的频率不相同，其频率间的关系可以由著名的 Lyddane-Sachs-Teller(LST)关系表征[7]：

$$\omega_{\mathrm{L}}^2 = \frac{\varepsilon^0}{\varepsilon^\infty} \omega_{\mathrm{T}}^2 \tag{9-42}$$

式中，ω_{L} 与 ω_{T} 分别为长波极限下纵波光学声子和横波光学声子的频率；ε^0 与 ε^∞ 分别为静态和高频介电函数。纵波声学声子频率高于横波光学声子这一特点是离子晶体中离子振动产生极化电场造成的。正负离子相对位移产生的位移极化电场反过来作用于离子并且使电子产生电子极化，这使得纵波光学声子有更强的恢复力，从而声子频率升高[7]。极化所产生的宏观内电场实际反映了长程库仑相互作用。在声子色散关系计算中，周期性边界条件不能有效描述这种极化效应，因此需要对力常数或离子间势能做修正，从而二阶力常数矩阵则可以写成解析项(正常部分)和极化造成的非解析项。该非解析项和系统的极化强度相关：

$$P_\alpha = P_{e,\alpha} + P_{i,\alpha} = \frac{1}{4\pi}\left(\sum_\beta \varepsilon^\infty_{\alpha\beta} E_\beta - E_\alpha\right) + \frac{e}{\Omega}\sum_{k\beta} Z^{*k}_{\alpha\beta} u_{k\beta} \tag{9-43}$$

从而非解析项可以表示为系统高频介电函数 ε_∞ 和玻恩有效电荷 Z 的函数：

$$\tilde{C}^{\mathrm{NA}}_{k\alpha,k'\beta}(\boldsymbol{q}\to 0) = \frac{4\pi e^2}{\Omega}\frac{\left(\sum_\gamma q_\gamma Z^{*k}_{\gamma\alpha}\right)\left(\sum_{\gamma'} q_{\gamma'} Z^{*k'}_{\gamma'\beta}\right)}{\sum_{\gamma\gamma'} q_\gamma \varepsilon^\infty_{\gamma\gamma'} q_{\gamma'}} \tag{9-44}$$

式中，$\boldsymbol{q}\to 0$ 为长波极限。关于非解析项的详细推导可以参阅文献[10]。考虑这种极化效应，在实际计算离子晶体声子色散关系时需要同时计算离子晶体的高频介电函数和玻恩有效电荷。目前，色散关系的非解析项修正已经包含在主流的声子分析软件中，计算所需的高频介电函数和玻恩有效电荷可以通过密度泛函微扰理论计算得到。

9.1.3　电声耦合计算

对于无掺杂的半导体和绝缘体，研究声子输运时通常只考虑声子间散射、声子边界散射、声子同位素散射、声子缺陷散射等。而对于掺杂半导体和极性半导体，电子声子耦合效应较强，需要考虑电子声子散射对声子输运的影响。器件中的电子输运过程，电子的动量耗散主要来自于电子声子散射，同样需要细致了解电子声子的耦合作用。本节将简要介绍第一性原理计算电声耦合的基本原理和方法。

　　根据 9.1.1 节中介绍的玻恩-奥本海默近似，在原子核位置确定时，可以求得确定的电子状态。当原子核的空间位置发生变化时，电子所感受到的晶格外势场也随之发生变化，从而电子的状态（电子能级）也将发生变化。由力常数的公式可知，电子能级的变化也会对声子的行为造成影响。晶格势场的变化影响电子能级，而电子本身的运动及状态变化又对晶格振动产生扰动（电子发射或吸收声子以及电子屏蔽效应对声子色散的重构），就是电子与声子的相互作用。

　　考虑电声相互作用的一阶微扰，电子声子相互作用包含两个一级微扰过程，分别为 k 态电子吸收 q 态声子变为 $k+q$ 态上的电子的过程和 k 态电子发射 q 态声子变为 $k-q$ 态上的电子的过程，对应图 9-1。考虑二阶微扰，则有电子和声子能量的修正，即电声耦合作用下的电子和声子自能，如图 9-2 所示。后面将会看到，准粒子自能和准粒子的寿命是相关的。图 9-2(a) 为电子自能的修正，电子在晶格中运动时先发射后吸收声子，其实质是电子带着晶格畸变运动，电子自身能量被电子声子相互作用修正，其结果是电子能级和寿命发生变化。图 9-2(b) 表示声子

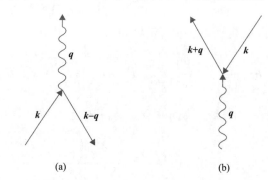

(a)　　　　　　　　　　(b)

图 9-1　电子、声子散射的一级过程示意图

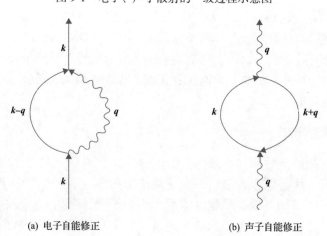

(a) 电子自能修正　　　　　　　(b) 声子自能修正

图 9-2　电子、声子散射的二级过程示意图

自能的修正，来源于电子系统对声子扰动场的屏蔽，其结果也是声子能级（色散关系）和寿命（或弛豫时间）受到影响。因为电子和声子的布里渊区相同，两者的准动量量级相当，但是声子能量为 meV 量级，远小于电子能量 eV 的量级，因此在只有声子电子参与的电声相互作用过程中，电子不会发生大的跃迁。电声耦合的主要效果是影响电子和声子寿命和能级，即电子和声子能级的变化[7,10]。

将上述电子声子的相互作用视为小扰动，以微扰论处理，根据费米黄金定则，单位时间电子跃迁或声子发射/吸收的概率取决于末态的态密度和耦合矩阵的平方。电子声子的散射矩阵 g 可写为

$$g_{mn}^{\upsilon}(\boldsymbol{k},\boldsymbol{q})=\frac{1}{\sqrt{2\omega_q^{\upsilon}}}\left\langle\psi_{m,\boldsymbol{k}+\boldsymbol{q}}\left|\partial_q^{\upsilon}V_{\mathrm{KS}}\right|\psi_{n\boldsymbol{k}}\right\rangle \tag{9-45}$$

式中，$\partial_q^{\upsilon}V_{\mathrm{KS}}$ 为电子自洽场对 $\boldsymbol{q},\upsilon$ 状态声子的导数，即 $\boldsymbol{q},\upsilon$ 状态声子对电子自洽势场造成的扰动。自洽场可以展开为如下的形式（只考虑一个原子核移动的简单情形）：

$$V_{\mathrm{KS}}(\boldsymbol{r};R)=V_{\mathrm{KS}}(\boldsymbol{r};R_0)+\frac{\partial V_{\mathrm{KS}}}{\partial R}u+\frac{1}{2}\frac{\partial V^2{}_{\mathrm{KS}}}{\partial R^2}u+\cdots \tag{9-46}$$

$\partial_q^{\upsilon}V_{\mathrm{KS}}$ 可以通过自洽势场展开并进行正则变换得到。则声子被发射或吸收的跃迁概率（对所有可能状态求和）为[11]

$$\begin{aligned}\gamma_{q\upsilon}=&\frac{2\pi}{\hbar}\sum_{mn,\boldsymbol{k}}\left|g_{mn}^{\upsilon}(\boldsymbol{k},\boldsymbol{q})\right|^2\\&\times\begin{bmatrix}f_{n\boldsymbol{k}}\left(1-f_{m,\boldsymbol{k}+\boldsymbol{q}}\right)n_{q\upsilon}\delta\left(\varepsilon_{m,\boldsymbol{k}+\boldsymbol{q}}-\varepsilon_{n\boldsymbol{k}}-\omega_{q\upsilon}\right)\\-f_{n\boldsymbol{k}}\left(1-f_{m,\boldsymbol{k}-\boldsymbol{q}}\right)\left(n_{q\upsilon}+1\right)\delta\left(\varepsilon_{m,\boldsymbol{k}-\boldsymbol{q}}-\varepsilon_{n\boldsymbol{k}}+\omega_{q\upsilon}\right)\end{bmatrix}\end{aligned} \tag{9-47}$$

电声散射贡献的声子弛豫时间和该跃迁概率的关系为

$$\gamma_{q\upsilon}=\left(\delta n_{q\upsilon}/\tau_{q\upsilon}^{\mathrm{ep}}\right) \tag{9-48}$$

则电声散射贡献的声子散射率为

$$\begin{aligned}\frac{1}{\tau_{q\upsilon}^{\mathrm{ep}}}=&-\frac{2\pi}{\hbar}\sum_{mn,\boldsymbol{k}}\left|g_{mn}^{\upsilon}(\boldsymbol{k},\boldsymbol{q})\right|^2\left(f_{n\boldsymbol{k}}-f_{m,\boldsymbol{k}+\boldsymbol{q}}\right)\\&\times\delta\left(\varepsilon_{n\boldsymbol{k}}-\varepsilon_{m,\boldsymbol{k}+\boldsymbol{q}}-\omega_{q\upsilon}\right)\end{aligned} \tag{9-49}$$

已知电声散射矩阵 g 的情况下，还可以得到电声耦合强度和 Eliashberg 谱函

数[12]:

$$\lambda_{q\upsilon} = \frac{1}{N_F \omega_{q\upsilon}} \sum_{nm,k} w_k \left| g_{mn}^{\upsilon}(\boldsymbol{k},\boldsymbol{q}) \right|^2 \delta(\varepsilon_{n,k}) \delta(\varepsilon_{m,k+q}) \tag{9-50}$$

$$\lambda = \sum_{q\upsilon} w_q \lambda_{q\upsilon} \tag{9-51}$$

$$\alpha^2 F(\omega) = \frac{1}{2} \sum_{q\upsilon} w_q \omega_{q\upsilon} \lambda_{q\upsilon} \delta(\omega - \omega_{q\upsilon}) \tag{9-52}$$

根据瑞利薛定谔微扰理论[10]，考虑二阶微扰

$$\Delta\varepsilon_{n,k} = \sum_{f \neq i} \frac{\left| \langle f | \hat{H}_{ep} | i \rangle \right|^2}{E_i - E_f} \tag{9-53}$$

电声耦合的哈密顿量可以由电声散射矩阵表示为

$$\hat{H}_{ep} = \sum_{mn,kk'} g_{mn}^{\upsilon}(\boldsymbol{k},\boldsymbol{q}) \hat{c}_{m,k+q}^{\dagger} \hat{c}_{n,k} \left(\hat{a}_q^{\upsilon} + \hat{a}_{-q}^{\upsilon\dagger} \right) \tag{9-54}$$

式中，$\hat{c}_{n,k}$ 为对应状态电子的消灭算符，对应复共轭表示产生算符。

根据式(9-53)可以得到电声耦合对电子能量的修正，即电子的电声相互作用自能。在更为严格的多体微扰理论框架下，声子的电声相互作用自能为

$$\Pi_q^{\upsilon}(\omega,T) = 2\sum_{mn} \int_{BZ} \frac{d\boldsymbol{k}}{\Omega_{BZ}} \left| g_{mn}^{\upsilon}(\boldsymbol{k},\boldsymbol{q}) \right|^2 \frac{f_{n,k}(T) - f_{m,k+q}(T)}{\varepsilon_{m,k+q} - \varepsilon_{n,k} - \omega_q^{\upsilon} - i\delta} \tag{9-55}$$

式中，BZ 为在第一布里渊区积分；ε 为对应状态的电子能量；δ 为一个正的小量，以保证积分结构的准确性和数值求解的稳定性。自能虚部为

$$\Pi_q''^{\upsilon}(\omega,T) = 2\pi \sum_{mn} \int_{BZ} \frac{d\boldsymbol{k}}{\Omega_{BZ}} \left| g_{mn}^{\upsilon}(\boldsymbol{k},\boldsymbol{q}) \right|^2 \left[f_{n,k}(T) - f_{m,k+q}(T) \right]$$
$$\times \delta\left(\varepsilon_{m,k+q} - \varepsilon_{n,k} - \omega_q^{\upsilon} \right) \tag{9-56}$$

根据量子场论，电声散射贡献的声子弛豫时间是声子自能虚部的函数[12]，即

$$\frac{1}{\tau_{q\upsilon}^{ep}} = \frac{2\Pi_{q\upsilon}''}{\hbar} \tag{9-57}$$

式(9-49)和式(9-57)的表述是一致的。处理电声耦合更为严格的理论是多

体微扰理论和强耦合情形下的非微扰理论——极化子理论，详细了解可参考文献[7]、[13]。

对于实际的电声耦合计算，都需要在电子和声子动量空间划分较密的网格，直接计算的计算量巨大，因此可行的方法是在较稀疏网格上计算少量的电声耦合散射矩阵，然后采用合理的方法在较密网格进行插值计算。目前非常有效且常用的方法是瓦尼尔(Wannier)函数插值方法[10]，该插值方法利用了瓦尼尔函数在是实空间的局域性。在晶格中运动的电子波函数是布洛赫(Bloch)波的形式，该函数在动量空间是平滑的。对布洛赫波做傅里叶变化就得到了实空间的局域的瓦尼尔函数。而且，布洛赫波在动量空间越平滑，其变化得到的瓦尼尔函数在实空间越局域。布洛赫波具有局域相位变换不变性，即可以乘以任意一个和动量相关的相位因子，不改变函数本身的性质。因此，可以通过做相位变换得到一个最局域化的瓦尼尔函数，及最大局域瓦尼尔函数。瓦尼尔插值法的基本步骤如下。

(1) 在倒空间(动量空间)较稀疏网格上计算电子哈密顿量、声子动力学矩阵和电声耦合矩阵。

(2) 将动量空间的电子哈密顿量、声子动力学矩阵和电声耦合矩阵变化到实空间，即这些量由动量和能量表示变化为由瓦尼尔函数的位置和个数表示。实空间中的电子哈密顿量和声子动力学矩阵的局域性使得实空间电声耦合矩阵也表现一定的局域性。

(3) 基于上述三个物理量的局域性，可以进行截断，然后再变换到倒空间，可以得到更致密网格上的电子哈密顿量、声子动力学矩阵和电声耦合矩阵。

在变换中需要保证电子哈密顿量、声子动力学矩阵和电声耦合矩阵在实空间是高度局域的，该部分是最大局域瓦尼尔函数最主要的部分，核心是找到合适的变换矩阵对布洛赫函数进行变换，使对应的瓦尼尔函数具有最大的局域化特征，从而保证瓦尼尔函数插值的准确性。关于最大局域瓦尼尔函数和瓦尼尔函数插值更详细的内容，可以参阅文献[14]。

对极性晶体，纵波光学声子形成周期性的宏观电场，与电子发生较强的相互作用，称之为 Fröhlich 相互作用[10]，这是一种长程相互作用，和 9.1.2 节提到的位移极化相关。该相互作用下电声耦合矩阵为

$$g_{\mathrm{F}}(\boldsymbol{q}) = \frac{i}{|\boldsymbol{q}|} \left[\frac{e^2 \hbar \omega_{\mathrm{LO}}}{2N\Omega\varepsilon_0} \left(\frac{1}{\varepsilon_\infty} - \frac{1}{\varepsilon_0} \right) \right]^{\frac{1}{2}} \tag{9-58}$$

式中，N 为波恩-卡曼超胞中的原胞数，实际中即对应晶体中的原胞数；Ω 为原胞体积；ω_{LO} 为纵波长光学声子的频率；e 为电子电荷；ε_0 和 ε_∞ 分别为静态和高频介电函数。由于光学声子在长波极限下声子能量不随波矢共同收敛，即色散很弱，

所以 Fröhlich 电声耦合矩阵在波矢趋近于 0 时是发散的。Verdi[10]提出了解决该问题的办法，具体是将电声耦合矩阵分为短程作用矩阵和长程作用矩阵：

$$g_{mn}^{\upsilon}(\boldsymbol{k},\boldsymbol{q})=g_{mn}^{\upsilon,\mathrm{S}}(\boldsymbol{k},\boldsymbol{q})+g_{mn}^{\upsilon,\mathrm{L}}(\boldsymbol{k},\boldsymbol{q}) \tag{9-59}$$

同时，将长程作用矩阵表示为波恩有效电荷和高频介电函数矩阵的函数：

$$
\begin{aligned}
g_{mn}^{\upsilon,\mathrm{L}}(\boldsymbol{k},\boldsymbol{q}) &= i\sum_{k}\left(\frac{\hbar}{2M_{k}\omega_{q}^{\upsilon}}\right)^{1/2} \\
&\times \sum_{\boldsymbol{G}\neq-\boldsymbol{q}}\frac{(\boldsymbol{q}+\boldsymbol{G})\boldsymbol{Z}_{k}^{*}e_{k}^{\upsilon}(\boldsymbol{q})}{(\boldsymbol{q}+\boldsymbol{G})\boldsymbol{\varepsilon}^{\infty}(\boldsymbol{q}+\boldsymbol{G})}\langle\psi_{mk+q}\left|e^{i(\boldsymbol{q}+\boldsymbol{G})r}\right|\psi_{nk}\rangle
\end{aligned}
\tag{9-60}
$$

其中，短程作用矩阵没有长波极限发散的问题，因此可以正常采用瓦尼尔函数插值方法。具体实施步骤如下。

（1）基于密度泛函微扰理论在初始稀疏的 $\boldsymbol{k}$ 空间及 $\boldsymbol{q}$ 空间网格上计算完整的电声耦合矩阵。

（2）根据式计算电声耦合矩阵部分中的长程部分 $\boldsymbol{g}^{\mathrm{L}}$，利用第一步计算的电声耦合矩阵减去长程部分得到电声耦合矩阵中的短程部分 $\boldsymbol{g}^{\mathrm{S}}$。

（3）对短程部分在较密的 $\boldsymbol{k}$ 空间及 $\boldsymbol{q}$ 空间网格上进行瓦尼尔插值计算。

（4）在较密网格上计算电声耦合矩阵中的长程部分，并将其和由插值得到的短程部分相加，最终得到在较密网格上的电声耦合矩阵。

9.2　分子动力学模拟及模式分解

9.2.1　分子动力学模拟概述

分子动力学(molecular dynamics，MD)是一种对多原子体系动力学演化的计算方法。在经典分子动力中，系统所有原子间相互作用基于经验势函数，并且每个原子的运动遵循牛顿运动定律。当量子效应不可忽略时(系统温度远低于材料本征的德拜温度)，经典牛顿力学方程不再适用，最好采用从头算分子动力学(ab-initio molecular dynamics)模拟描述粒子的运动。从头算分子动力学基于量子力学理论求解所有粒子耦合的薛定谔方程，然而由于计算资源需求量极大，目前只能解决原子数目不超过几百的情形。本书着重介绍经典的分子动力学模拟，因为它的适用性更广，可以计算几千至几百万原子的体系。另外，经典分子动力学模拟的架构比较成熟，理论基础牢固。分子动力学主要包含势函数、边界条件、运动方程积分和系综统计等内容，由于篇幅的限制本节只做总结性概述。关于分子动力学模拟的更多细节，读者可参看相关文献[15,16]。

1. 势函数

粒子间相互作用常用经验势函数来描述，而势函数的选择是决定计算时间和精度的关键因素。虽然可以将第一性原理计算和经典分子动力学模拟结合起来，采用精度较高的密度泛函理论计算粒子间相互作用，但是计算能力的不足限制了该方法的实现。大多数分子动力学模拟基于经验势能模型，模型中的待定参数由模拟结果与实验数据或第一性原理计算结果拟合确定。对于一个 N 粒子体系，势能函数可分解为单体、二体、三体等，即

$$U(\boldsymbol{r}_1, \boldsymbol{r}_2, \cdots, \boldsymbol{r}_N) = \sum_i U_1(\boldsymbol{r}_i) + \sum_i \sum_{j>i} U_2(\boldsymbol{r}_i, \boldsymbol{r}_j)$$
$$+ \sum_i \sum_{j>i} \sum_{k>j>i} U_3(\boldsymbol{r}_i, \boldsymbol{r}_j, \boldsymbol{r}_k) + \cdots + U_N(\boldsymbol{r}_1, \boldsymbol{r}_2, \cdots, \boldsymbol{r}_N) \tag{9-61}$$

式中，$\boldsymbol{r}_i$ 为第 i 个粒子的位置；U_1 为每个粒子受到的外部势能，例如来自外加电场或容器壁的势能；U_2 为二体势能，也称为对势。最常用的对势模型是 Lennard-Jones（LJ）势能：

$$U_{ij}(r) = \begin{cases} 4\varepsilon \left[\left(\dfrac{\sigma}{r_{ij}} \right)^{12} - \left(\dfrac{\sigma}{r_{ij}} \right)^6 \right], & r_{ij} \leqslant r_{\mathrm{c}} \\ 0, & r_{ij} > r_{\mathrm{c}} \end{cases} \tag{9-62}$$

式中，r_{ij} 为粒子间的距离；ε 为能量参数；σ 为尺寸参数；r_{c} 为截断半径。因为计算所有长程作用力非常耗时，通常需要人为设定截断半径，一个典型值为 2.5σ。LJ 势能可以较好地描述分子晶体（如氩气）、某些有机物和液体的性质。然而对于大部分固体材料，二体势无法使晶体结构稳定，因此需要使用形式更为复杂的三体势 U_3 描述原子间相互作用。常用的三体势模型有描述碳材料的 Tersoff 势，描述硅晶的 Stillinger-Weber 势和描述金属晶体的嵌入原子势（embedded atom method，EAM）等。

2. 运动方程积分

利用势能函数计算了粒子间的相互作用力之后，需要使用合适的算法对牛顿运动方程积分，从而获得粒子速度和位置的演化。目前常用算法有 Verlet 算法、速度 Verlet 算法、蛙跳算法和预估-校正法等。Verlet 算法基于粒子位置的泰勒展开：

$$r_i(t + \Delta t) = 2r_i(t) - r_i(t - \Delta t) + \frac{\mathrm{d}^2 r_i(t)}{\mathrm{d}t^2}\Delta t^2 + O(\Delta t^4) \tag{9-63}$$

$$v_i(t + \Delta t) = \dot{r}_i(t) = \frac{r_i(t + \Delta t) - r_i(t - \Delta t)}{2\Delta t} + O(\Delta t^2) \tag{9-64}$$

Verlet 算法对位置的计算具有三阶精度，但是对速度的计算仅有一阶精度。Verlet 算法拥有许多显著的优点：轨迹准确度高，短时间内逼近真实轨迹；运算速度快，占用内存少，适合大型运算；短时间能量守恒性好，很少有长时间能量漂移现象。蛙跳算法与 Verlet 算法的轨迹相同，但速度和位置的算法不同：

$$\dot{r}_i\left(t + \frac{\Delta t}{2}\right) = \dot{r}_i\left(t - \frac{\Delta t}{2}\right) + \Delta t \cdot \frac{\mathrm{d}^2 r_i(t)}{\mathrm{d}t^2} + O(\Delta t^3) \tag{9-65}$$

$$r_i(t + \Delta t) = r_i(t) + \Delta t \cdot \dot{r}_i\left(t + \frac{\Delta t}{2}\right) + O(\Delta t^3) \tag{9-66}$$

因此，速度和位置的计算精度均为二阶。值得注意的是，蛙跳算法中位置和速度不是在同一时刻计算得到的，那么动能和势能也并非同时定义的，所以不能直接得出系统的总能量[15]。

3. 边界条件

针对特定问题需要选择恰当的边界条件。当边界的粒子可以不受约束地运动时选用自由边界条件，当需要固定边界上的原子时选用固定边界条件，当需要消除边界效应的影响时选用周期性边界条件。对于周期性边界条件，计算边界附近原子间作用力的时候等价于将模拟区域在边界法向复制，可以克服边界效应的影响，从而模拟接近体材料的性质。

4. 系综统计

在统计物理中，系综用于描述热力学系统的统计规律性，可以理解为大量系统的集合，每个系统代表满足宏观约束的一个微观态。分子动力学模拟中常用的是固定 N、V、E 的微正则系综和固定 N、V、T 的正则系综，其中 N 表示系统粒子数，V 是系统体积，E 是总能量，T 是系统温度。根据统计热力学的结论，如果系统满足各态遍历的条件，那么系综平均和时间平均等价。在分子动力学模拟中，各态遍历假设成立的条件是采样时间远大于系统中声子最大的弛豫时间，此条件满足时直接对系统热力学或热输运参数时间平均即可。在分子动力学模拟中，系统的温度由热浴（NVT 正则系综）控制，常用的热浴主要有基于随机过程的 Langevin 热浴和直接标定温度的 Berendsen 热浴和 Nosé-Hoover 热浴。

经典分子动力学模拟可以有效解决大部分纳米尺度的能量输运和转化问题，按照计算方法可划分为平衡态分子动力学(equilibrium molecular dynamics，EMD)和非平衡态分子动力学(non-equilibrium molecular dynamics，NEMD)。EMD 研究的系统处于平衡态，根据线性响应理论[17]计算热输运性质，而 NEMD 则是在非平衡态下根据系统温度和热流的变化研究热输运的规律。声子是半导体和绝缘体材料中主要的热输运载子，采用分子动力学模拟可以很好地捕捉晶格振动的特性。分子动力学模拟广泛用于研究尺寸缺陷、应力、晶界和化学修饰等因素对于纳米材料或纳米结构中导热规律的影响，并可以结合简正模式分解理论揭示微观声子输运的机制。接下来就这两种模拟方法和对应的模式分解进行介绍。

9.2.2 非平衡态分子动力学和模式分解

NEMD 模拟纳米体系的热输运问题时，有两种方法建立非平衡导热条件。

(1)直接施加温差，然后统计稳态时热流。

(2)直接施加热流，然后计算稳态时温度梯度。

当系统温度分布和热流基本不随时间变化时，根据傅里叶导热定律计算材料的热导率：

$$k = -\frac{\boldsymbol{q}}{\nabla T} \tag{9-67}$$

模拟系统一般划分为多个区域，每个局域的温度由能量均分原理导出，即

$$T_N = \frac{\left\langle \sum_{i=1}^{n} m_i \boldsymbol{v}_i \cdot \boldsymbol{v}_i \right\rangle}{3N k_{\mathrm{B}}} \tag{9-68}$$

式中，T_N 为第 N 个区域的温度；n 为该区域的原子数；<>表示系综平均。

非平衡态分子动力学模拟的一个重要用途是研究纳米材料的尺寸效应。在纳米材料导热中，系统特征尺寸往往小于材料本征的平均自由程，因此热输运处于弹道-扩散输运阶段，傅里叶导热定律不再适用。对于声子自由程较大的材料(例如金刚石、碳纳米管和石墨烯)，热导率的尺寸依赖性相对较强。如图 9-3 所示，石墨烯的热导率随着尺寸的增加显著增大，这是因为随着尺寸的增加声子边界散射的作用减弱。为了获取材料的本征热导率，可以通过双参数拟合粗略估算。根据 Matthiessen 法则，考虑有限系统尺寸导致的边界散射的影响，声子平均自由程 Λ 的变化规律满足

$$\frac{1}{\Lambda} = \frac{1}{\Lambda_{\mathrm{U}}} + \frac{1}{l} \tag{9-69}$$

式中，Λ_{U} 为 U 散射声子平均自由程；l 为系统特征尺寸。从稳态声子玻尔兹曼方

程推导热导率模型：

$$k = \frac{1}{3} C_V v_g \varLambda \tag{9-70}$$

式中，C_V 为体积比热容。

　　基于式(9-69)和式(9-70)，对图9-3中模拟结果进行双参数拟合，可以获得石墨烯的声子平均自由程和体材料热导率。值得注意的是，这种拟合方法计算误差很大，因为式(9-69)并非总是成立的。

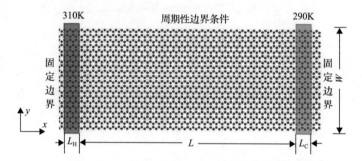

(a) 非平衡态分子动力学(固定温差法)计算石墨烯热导率的系统示意图

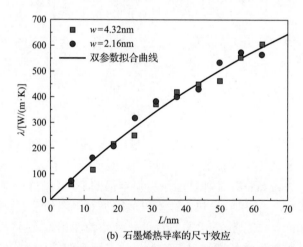

(b) 石墨烯热导率的尺寸效应

图9-3　非平衡态分子动力学模拟方法研究石墨烯热导率

1. 温度分解法

　　在NEMD的框架下，Feng等[18]提出模态温度分解法(spectral phonon temperature，SPT)计算每个模态的温度。首先，第 l 晶胞中第 j 原子的位移方程通过傅里叶变换可以表示为倒易空间中不同模态声子振动的叠加，即

$$u(jl,t)=\sum_{k,\lambda}A(j,k,\lambda)\exp\{i[k\cdot r(jl)-\omega(k,\lambda)\cdot t]\} \tag{9-71}$$

式中，λ 为声子支；$A(j,k,\lambda)$ 为模态 (k,λ) 的振幅矢量；ω 为声子频率。引入简正坐标后原子运动分解为独立的简谐振动，位移方程可重新表示为

$$u(jl,t)=\frac{1}{\sqrt{N_c m_j}}\sum_{k,\lambda}e(j,k,\lambda)\exp(ik\cdot r_{jl})Q(k,\lambda,t) \tag{9-72}$$

式中，N_c 为元胞数；$e(j,k,\lambda)$ 为极化矢量；Q 为简正坐标。

对式 (9-72) 进行离散反傅里叶变换得到简正坐标的表达式：

$$Q(k,\lambda,t)=\sqrt{\frac{m_j}{N_c}}\sum_{jl}\exp(-ik\cdot r_{jl})e^*(j,k,\lambda)\cdot u(jl,t) \tag{9-73}$$

式中，上标*表示取共轭。简正坐标是晶格振动的数学描述，只与研究对象的晶格特性和原子位置有关，物理上描述每个模态简谐振动的振幅和相位信息。

在分子动力学模拟中，根据能量均分原理，每个声子的总能量为 $k_B T$，其中动能为总能量的一半。由倒易空间声子的动能与实空间原子的动能相等可得

$$E_K=\frac{1}{2}k_B T(k,\lambda)=\frac{1}{2}m_j\left|\dot{u}(jl,t)\right|^2=\frac{1}{2}\left|\dot{Q}(k,\lambda,t)\right|^2 \tag{9-74}$$

因此，每个模态的温度为

$$T(k,\lambda)=\left\langle\left|\dot{Q}(k,\lambda,t)\right|^2\right\rangle\bigg/k_B \tag{9-75}$$

模态温度分解法的一个重要应用是分析系统中局域非平衡现象，因为在纳米导热体系中不同模态的声子温度通常难以达到平衡。Feng 等[18]采用 SPT 研究了纳米尺度硅中的非平衡导热过程，发现在稳态导热下，硅中弹道声子和扩散声子的温度分布不同，弹道声子在导热过程中不与其他声子发生散射，因此其温度分布是介于高温热源与低温热汇之间的水平直线，而扩散声子在导热过程中与其他声子充分散射，其温度分布与整体 MD 温度分布相近。另外，模态温度分解法也是研究界面处温度跳跃微观机制的工具。如图 9-4 所示，石墨烯纳米结处的温度跳跃可以分解为不同声子支的贡献，由于 ZA 声子的温度跳跃最小，因此其对于纳米结处的热输运占主导作用。

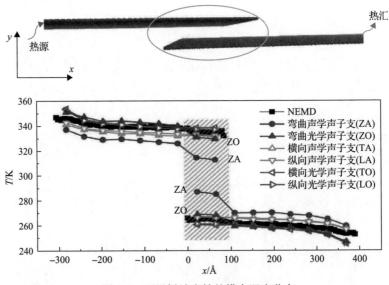

图 9-4　石墨烯纳米结的模态温度分布

2. 热流分解法

Zhou 等[19,20]提出热流分解的方法，根据是否对时间进行傅里叶变换分为频域和时域分解两种。频域的热流分解法将热流分解为不同声子频率的贡献，而时域的热流分解法将热流进一步分解为不同模态的贡献。第 i 个原子和第 j 个原子间热流可以写为

$$q_{ij} = \frac{1}{2} \left\langle F_{ij} \cdot (v_i + v_j) \right\rangle \tag{9-76}$$

进一步地，由于热流与力和速度的相关函数有关，因此可以定义辅助函数

$$C_{ij}(\tau) = \frac{1}{2} \left\langle F_{ij}(t_1) \cdot [v_i(t_2) + v_j(t_2)] \right\rangle \tag{9-77}$$

式中，$\tau = t_2 - t_1$。原子间热流可以重新写为

$$\begin{aligned}
q_{ij} &= \frac{1}{2} \lim_{t_2 \to t_1} \left\langle F_{ij}(t_1) \cdot [v_i(t_2) + v_j(t_2)] \right\rangle \\
&= \frac{1}{2} \lim_{\tau \to 0} \left\langle F_{ij}(\tau) \cdot [v_i(0) + v_j(0)] \right\rangle = \frac{1}{2} \lim_{\tau \to 0} C_{ij}(\tau)
\end{aligned} \tag{9-78}$$

结合式(9-76)和式(9-78)可得

$$q_{ij}(\omega) = \text{Re}\left[\int_{-\infty}^{+\infty} C_{ij}(\tau)\exp(\mathrm{i}w\tau)\mathrm{d}\tau\right] \tag{9-79}$$

同时，分子动力学模拟中的热流写为

$$\begin{aligned}
q &= \left\langle \sum_i (E_i \boldsymbol{v}_i - \boldsymbol{S}_i \boldsymbol{v}_i)\right\rangle \\
&= \sum_i \langle E_i \boldsymbol{v}_i \rangle \\
&\quad + \sum_n \sum_{S_1} \sum_{S_1<S_2}\cdots\sum_{S_{n-1}<S_n}\left[\sum_{\alpha=1}^{n-1}\sum_{\beta=\alpha+1}^{n}\left\langle \boldsymbol{F}_{S_\alpha S_\beta}\cdot(P_{S_\alpha}^n \boldsymbol{v}_{S_\alpha}+P_{S_\beta}^n \boldsymbol{v}_{S_\beta})\cdot(\boldsymbol{r}_{S_\alpha}-\boldsymbol{r}_{S_\beta})\right\rangle\right]
\end{aligned} \tag{9-80}$$

式中，E_i 为每个粒子的能量；$\boldsymbol{S}_i$ 为二阶弹性张量；P 为势能分配给单个粒子的比例并满足 $\sum_n P_i^n = 1$。在一般情况下，假设每个粒子均分势能，即 $P_i^n = 1/n$。对于固体晶格，原子仅在平衡位置附件振动，因此原子间的相对距离与初始位置偏离很小，可近似认为

$$\boldsymbol{r}_{S_\alpha}-\boldsymbol{r}_{S_\beta} \approx \boldsymbol{r}_{S_\alpha}^0 - \boldsymbol{r}_{S_\beta}^0 \tag{9-81}$$

式中，上标 0 表示初始位置。除此以外，晶格振动不会产生宏观的能量输运，因此式(9-80)中扩散项 $< E_i \boldsymbol{v}_i >$ 可忽略。在这些近似简化后，结合式(9-79)～式(9-81)可得

$$q(\omega) = \sum_n \sum_{S_1} \sum_{S_1<S_2}\cdots\sum_{S_{n-1}<S_n}\left\{\sum_{\alpha=1}^{n-1}\sum_{\beta=\alpha+1}^{n}\frac{1}{n}\text{Re}\left[\int_{-\infty}^{+\infty}C_{ij}(\tau)\exp(\mathrm{i}\omega\tau)\mathrm{d}\tau\right]\cdot\left(\boldsymbol{r}_{S_\alpha}^0-\boldsymbol{r}_{S_\beta}^0\right)\right\} \tag{9-82}$$

式(9-82)可以计算不同频率声子对热流的贡献。时域的热流分解由式(9-80)的空间傅里叶变换得到，即

$$q(\boldsymbol{k},\lambda) = \frac{1}{V}\sum_{jl}\left\langle\frac{1}{\sqrt{N_c m_j}}\left\{[E(jl,t)-\boldsymbol{S}(jl,t)e(j,\boldsymbol{k},l)]\cdot\exp(\mathrm{i}\boldsymbol{k}\cdot\boldsymbol{r}_{jl})\dot{Q}(\boldsymbol{k},\lambda,t)\right\}\right\rangle \tag{9-83}$$

时域的热流分解法可以揭示材料中不同模式声子对能量输运贡献的差异，结合傅里叶导热定律可定义模态热导率 $k(\boldsymbol{k},\lambda) = q(\boldsymbol{k},\lambda)/\nabla T$。时域的热流分解相比频域的热流分解可以进一步获取模态的信息，因而前者的计算量显著高于后者。热流分解法是研究 NEMD 尺寸效应的重要工具，可以与温度分解法相结合研究边界散

射、界面热输运和热导率尺寸效应等问题。

9.2.3　平衡态分子动力学和模式分解

　　EMD方法是基于涨落耗散理论和线性响应理论的模拟方法。具体过程是给系统施加一个微小热流的扰动后，记录不同时刻的瞬态热流，然后计算微观热流的自相关函数，最后利用 Green-Kubo 关系式对自相关函数积分得到热导率。Green-Kubo 关系式的表达式为

$$k_{\alpha\beta} = \frac{V}{k_{\mathrm{B}}T^2} \int_0^\infty \left\langle \boldsymbol{q}_\alpha(0)\boldsymbol{q}_\beta(t) \right\rangle \mathrm{d}t \tag{9-84}$$

式中，V 为系统体积；$\boldsymbol{q}_\beta(t)$ 为系统沿着 β 方向的瞬态热流。

　　通过式(9-84)可以得到热导率张量，因此能够计算不同方向上热导率的值。对于宏观体材料，常常取三个方向上热导率的平均值作为整体的热导率，对于低维材料如碳纳米管，通常只需要计算轴向的热流自相关函数 HAF。如图 9-5(a)所示，碳纳米管的热流自相关函数随着时间快速衰减至零附近，然后基本保持不变。图 9-5(b)是热流自相关函数的积分，对于悬空碳纳米管，积分收敛较慢，因为悬空碳纳米管的弛豫时间较长；对于嵌入氩中的碳纳米管，积分很快收敛，因为碳管中声子弛豫时间受到环境声子散射作用的抑制而降低[21]。

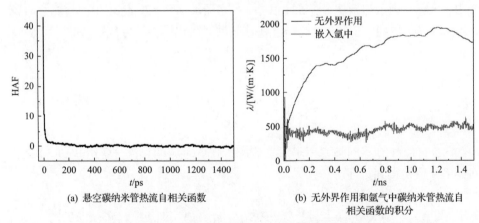

(a) 悬空碳纳米管热流自相关函数　　(b) 无外界作用和氩气中碳纳米管热流自相关函数的积分

图 9-5　平衡态分子动力学模拟方法研究碳纳米管热导率

　　EMD可以计算热导率和材料时域的性质，但是无法直接导出声子弛豫时间、声子群速度和平均自由程等频域的信息。这些性质虽然可以基于简谐和非简谐力常数从晶格动力学或玻尔兹曼输运方程计算中获得，但是由于计算的复杂性，这些方法仅限于三声子散射或四声子散射过程。声子谱能量密度(spectral energy density，SED)分析通过 EMD 输出的信息计算声子弛豫时间，考虑了所有非简谐

作用的影响，因此是纳米导热研究中重要的分析工具之一。SED 同样是基于简正模式分解，由简正坐标计算声子能量密度[22]：

$$\Phi(\boldsymbol{k},\omega)=\sum_{\lambda}^{3n}\left|\int \dot{Q}(\boldsymbol{k},\lambda,t)\exp(-\mathrm{i}\omega t)\,\mathrm{d}t\right|^{2} \tag{9-85}$$

进一步地，采用洛伦兹(Lorentz)函数拟合式(9-85)中的谱峰可得

$$\Phi(\boldsymbol{k},\omega)=\frac{I}{1+[(\omega-\omega_{0})/\gamma]^{2}} \tag{9-86}$$

式中，I 为谱峰强度；ω_0 为谱峰中心位置；γ 为半峰半宽。通过计算不同波矢对应的 ω_0，可以描绘出材料的色散关系。声子弛豫时间由 γ 导出，即

$$\tau(\boldsymbol{k},\omega)=\frac{1}{2\gamma} \tag{9-87}$$

将所得的声子弛豫时间代入弛豫近似的 BTE 方程，可以计算不同模态的热导率：

$$k(\boldsymbol{k},\omega)=C_{\mathrm{V}}v(\boldsymbol{k},\omega)^{2}\tau(\boldsymbol{k},\omega) \tag{9-88}$$

式中，$v(\boldsymbol{k},\omega)$ 为声子群速度，可以通过计算色散关系的斜率得到。经典分子动力学模拟中声子满足玻尔兹曼分布，因此声子比热为

$$C_{\mathrm{V}}=k_{\mathrm{B}}/V \tag{9-89}$$

　　SED 分析能够分析不同声子支的弛豫时间，材料的平均自由程和模态声子对导热的贡献等。如图 9-6 所示，采用 SED 计算了单层石墨烯的声子弛豫时间[23]，图中虚线标示了谱峰位置，对应于石墨烯六支声子支的特征频率。以 ZA 声子为例，对其能量密度谱洛伦兹拟合后算得 ZA 声子的弛豫时间为 28.6ps。Zou 和 Cao[24]

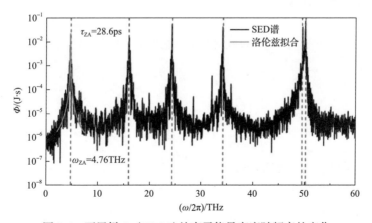

图 9-6　石墨烯 $\boldsymbol{k}=(1/4,0,0)$ 处声子能量密度随频率的变化

通过 SED 分析发现氮化硼基底对石墨烯的色散关系影响很小，但是会显著降低石墨烯的声子弛豫时间，尤其是 ZA 模式声子的弛豫时间。

9.3　声子蒙特卡罗模拟

蒙特卡罗模拟是求解声子玻尔兹曼方程的重要方法，它可以很好地处理涉及复杂几何形状、多次散射及热波效应的输运问题。两种典型的蒙特卡罗方法——系综蒙特卡罗和声子跟踪蒙特卡罗常被用于模拟纳米结构中的声子输运过程。系综声子蒙特卡罗方法，也称为直接模拟蒙特卡罗方法，可以解决各种形式的声子玻尔兹曼方程，包括具有全散射矩阵的精确形式和具有或不具有弛豫时间近似的线性化形式[25,26]。早在 20 世纪 90 年代，Peterson[25]用它来模拟德拜近似下的声子热传导过程，之后，该方法被用于计算各种纳米结构的等效热导率，包括复合材料[27]、纳米多孔硅[28]等。与系综蒙特卡罗方法不同，在声子追踪蒙特卡罗方法中，单个声子的轨迹是独立模拟的，这能够显降低计算时间[28-33]。Klitsner 等[29]使用声子追踪蒙特卡罗模拟来研究在极低温度下硅晶体中的弹道热传导过程，其中内部声子散射的影响可以忽略不计，该方法也被扩展到模拟涉及内部声子散射的声子传输过程。

构建一套声子蒙特卡罗算法一般包括以下三个基本步骤。

(1)分析声子输运的物理过程：明确声子发射、反射和散射所满足的基本规律。

对于从恒温热沉发射的声子，一般认为其频率分布与热沉所处温度下的平衡分布相同，即热沉发射声子满足对应热沉温度下的 Bose-Einstein 分布：

$$f_{\text{Em}\omega} = \frac{1}{\exp\left(\dfrac{\hbar\omega}{k_B T_{\text{s}}}\right) - 1} \tag{9-90}$$

式中，$f_{\text{Em}\omega}$ 为热沉发射声子满足的概率密度函数；T_{s} 为热沉温度。此时，单位时间边界发射声子的总能量流为

$$E_{\text{Em}} = \frac{1}{4}\sum_j \int_0^{\omega_{\text{max},j}} v_{\text{g}}\hbar\omega f_{\text{Em}\omega}\text{DOS}(\omega)\text{d}\omega \tag{9-91}$$

式中，j 为不同的声子支；DOS 为声子态密度。

声子的空间坐标表示为

$$\vec{r} = (x, y, z)^{\perp} \tag{9-92}$$

声子的方向坐标为

$$\vec{s} = \left(\cos(\theta), \sin(\theta)\cos(\varphi), \sin(\theta)\sin(\varphi)\right)^{\perp} \tag{9-93}$$

发射声子的传播角度与发射表面的性质有关，对于一个漫发射表面，发射角度分布应该满足 Lambert 余弦定律，即

$$f_{\mathrm{Em}\theta} \propto \cos(\theta) \tag{9-94}$$

$$f_{\mathrm{Em}\varphi} = 1 \tag{9-95}$$

式中，$f_{\mathrm{EM}\theta}$ 为发射声子的锥角概率密度函数；$f_{\mathrm{Em}\varphi}$ 为发射声子的圆周角概率密度分布函数（圆周角一般是均匀分布）。

在声子输运过程中，声子间的相互作用和缺陷的存在会导致声子散射，声子发生散射的概率与自由程相关，一般表示为

$$p_{\mathrm{s}} = 1 - \exp\left(-\frac{\Delta r}{l}\right) \tag{9-96}$$

式中，p_{s} 为声子在 Δr 的距离里发生散射的概率；l 为对应散射机制的自由程，其等于声子群速度 v_{g} 与散射时间 τ 的乘积：

$$l = v_{\mathrm{g}}\tau \tag{9-97}$$

散射会导致声子输运方向的改变，可以使用散射核函数来描述。一般对于声子输运过程，各向同性散射是一个很好的近似。

当声子到达边界时，根据边界性质的不同，会发生吸收、反射和透过。反射方式又分为镜面反射和漫反射两种基本形式。对于镜面反射，声子传递方向向量垂直于边界方向的分量反向，平行于边界的分量不变。透射的方式较为复杂，与界面粗糙度和声子性质的不匹配程度同时相关。计算中为了简化，可以处理为镜面透射（也称弹道透射）和漫透射（也称扩散透射）。镜面透射不改变声子输运方向；漫透射则需根据 Lambert 余弦定律重新选择传递方向。

（2）构建对应的概率分布函数：根据输运规律构建相应的概率分布函数。

在声子蒙特卡罗模拟中，声子束的频率、方向和传播距离，都是由随机数抽样决定的。因此，为了反映相应的物理规律，这些随机数列必须满足一定的分布函数。对于概率分布函数较为简单的情况（如 Lambert 发射、均匀介质中的散射距离，和各向同性散射角度），如表 9-1 所示，可以直接得到随机数与目标变量之间的关系[34]。对于声子的频率分布，函数形式较为复杂，此时可以使用 Rejection 算法[34]。

表 9-1 随机数抽样规则

物理过程	抽样对象	随机数抽样规则
Lambert 发射	极角 θ	$\theta = \arcsin(\text{Rand})$
	圆周角 φ	$\varphi = \dfrac{\text{Rand}}{2\pi}$
各向同性散射	极角 θ	$\theta = \arccos(1 - 2\text{Rand})$
	圆周角 φ	$\varphi = \dfrac{\text{Rand}}{2\pi}$
声子散射	穿透距离 Δr	$\Delta r = l\ln(1 - \text{Rand})$

(3)随机数抽样模拟输运过程:根据概率分布函数取样随机数,模拟声子输运过程。

在随机数的抽样规则确定之后,就可以使用随机数抽样对声子输运进行跟踪。由于声子数量是巨大,模拟中并不是跟踪真实的单个声子,而是跟踪具有一定能量的代表了一群声子集合的声子束。单个声子束的能量 W 定义为

$$W = \frac{E_{\text{Em}}}{N} \tag{9-98}$$

式中,N 为模拟中的跟踪声子束的数目。MC 模拟的随机误差随跟踪声子数目 N 的增加而减小。以为了减小误差,N 必须足够大。

以上步骤对于系综 MC 和声子追踪 MC 方法是相同的,两者不同点体现在追踪声子的方式。

9.3.1 系综声子蒙特卡罗

执行系综 MC 模拟的第一步是基于频率分布、极化概率以及温度和声子数之间的关系来初始化每个计算单元中的声子。然后,声子以群速度漂移并经历内部和边界散射。声子边界散射的处理与声子追踪 MC 方法的处理相同,为了模拟具有全散射矩阵的精确形式的声子输运方程的物理过程,以及具有温度依赖弛豫时间的线性化形式,下一步的声子散射应该由当前步骤中的所有声子态即声子分布来确定。因此,应该同时记录所有声子的信息,这与声子追踪 MC 模拟中的声子散射对于每个声子是独立的不同。这里应该注意,只要弛豫时间与温度无关,整体 MC 仿真方法与声子追踪 MC 仿真几乎相同。图 9-7 示出了系综 MC 方法的声子跟踪算法,可以将此过程分为 6 个过程。

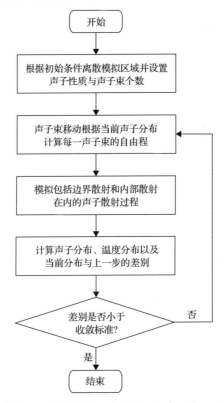

图 9-7　系综声子蒙特卡罗声子束追踪流程

(1)初始化：输入声子属性，将模拟盒分离成几个小区域，并根据每个模拟区域的初始温度分布设置声子束的总数。

(2)声子束移动：移动声子束直到第一次散射事件发生，并更新声子的位置。在此步骤中，如果声子自由程或弛豫时间取决于温度和声子分布，则应记录当前状态下声子的所有信息。

(3)边界散射：当声子束与边界碰撞时，如果边界不吸收，则应将声子束反射回模拟区域，如果边界是吸收的，则声子束被边界吸收，然后根据边界的温度重置该声子束的特性。

(4)声子束内部散射/再发射：如果声子束不与边界碰撞，声子应该经历内部散射，然后重新发射，继续执行(2)。

(5)迭代过程：由于声子自由路径或弛豫时间取决于局部温度或局部声子分布，因此需要迭代以确保正确的温度分布和声子自由程的选择，将从当前模拟过程获得的声子和温度分布设置为初始条件，并继续模拟。

(6)模拟的终止：一旦当前声子分布与最后一个之间的差异小于设定标准，则终止模拟。

9.3.2　声子跟踪蒙特卡罗方法

在声子跟踪 MC 方法中，声子束的追踪流程如图 9-8 所示，可以分为以下 6 个步骤。

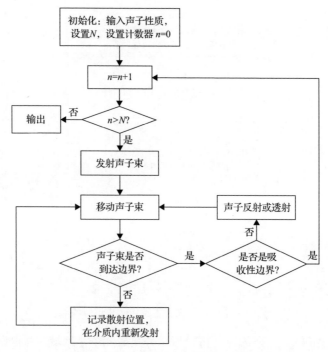

图 9-8　声子追踪 MC 声子束追踪流程

(1) 初始化：输入声子信息，设置追踪声子束 N，设置计数器 $n = 0$。

(2) 声子束发射：根据发射边界的性质，使用随机数抽样确定发射声子的位置、输运方向、频率等性质。

(3) 声子束移动：移动声子束直到第一次散射事件发生（移动距离为 Δr），更新声子位置。

(4) 与边界（界面）作用：当声子束与边界（界面）碰撞时，更新声子束位置；首先判断界面类型（穿透或反射），再判断作用模式（镜面或扩散）。

(5) 声子束重新发射：如果声子束未与任何边界或界面发生碰撞，声子束在发生内部散射的位置重新发射，继续执行(3)。

(6) 追踪终止：如果声子束到达吸收边界，则该声子束的跟踪过程结束，开始追踪下一个声子束，继续执行(2)。

通过追踪声子束，可以统计得到介质内部的声子散射情况和通过某一界面或边界的热流。通过某一界面的热流等于单位时间穿过该界面的声子束的能量之和。

介质内部等效温度的计算，需要引入局域平衡假设，即，在单元 dV 位置散射的全部声子束的总能量要等于处于热平衡温度 T_{dV} 的单元 dV 向外发射的能量，即

$$WN_{abdV} = dV \sum_p \int_0^{\omega_{max,p}} \frac{v_g \hbar \omega}{\text{MFP}} \frac{1}{\exp\left(\dfrac{\hbar \omega}{k_B T_{dV}}\right) - 1} \text{DOS}(\omega) d\omega \tag{9-99}$$

式中，N_{abdV} 为 dV 内散射声子束数目；T_{dV} 为该单元的等效温度。在纳米结构中，局域平衡假设是不成立的，所以 T_{dV} 只是一个等效温度的概念，可以用来反映介质内部声子能量的分布情况。

9.3.3　两步声子跟踪蒙特卡罗方法

声子 MC 方法可以用来计算包括多孔、多晶等具有复杂结构的大面积纳米材料的等效热导率。大面积纳米材料内部的纳米结构一般都具有周期性或者近似周期性，图 9-9(a) 所示就是一个典型的大面积周期性多孔纳米材料。在等效热导率的计算中，最常用的方法是在研究对象两端施加给定的温差，模拟得到通过结构的热流 Q，然后使用傅里叶导热定律计算等效热导率，即

$$k_{eff} = \frac{Q}{A} \frac{L}{\Delta T} = q \frac{L}{\Delta T} = E_{Em} p_t \frac{L}{\Delta T} \tag{9-100}$$

式中，A 为截面积；ΔT 为给定温差；L 为热沉间的距离；$q = Q/A$ 为热流密度，此外，还可以表示为 $q = p_t E_{Em}$，p_t 为声子的穿透概率。只要得到整个结构的声子穿透概率，就可以计算等效热导率。

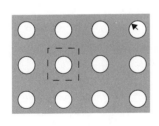

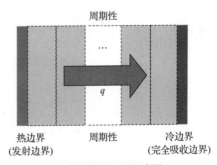

(a) 典型的大面积周期性多孔纳米材料示意图　　(b) 等效热导率计算示意图

图 9-9　声子蒙特卡罗方法计算多孔纳米材料的等效热导率

模拟中，一般通过在结构两端设置等温热沉的方式施加温差。然而，等温热沉会带来端部效应[28,35-37]，影响等效热导率计算的准确性。在声子蒙特卡罗算法中，声子束是被单个独立追踪的，单个声子束追踪的停止条件要求必须有吸收性

边界的存在。因此, 声子 MC 模拟中很难在温度梯度方向上设置周期性边界条件。对于大面积纳米结构材料, 为了尽量消除端部效应的影响, 如图 9-9(b)所示, 需要不断地在温差施加的方向上增加模拟单元的数量, 直到等效热导率结果不再变化。实际应用中, 这将导致巨大的计算量。

　　为了更高效地使用声子 MC 方法计算大面积纳米结构材料的等效热导率, 需要对原有算法进行改进。在施加温差计算大面积纳米结构材料等效热导率时, 模拟系统可以被视作如图 9-10 所示的一维声子输运系统。该模拟系统由两种类型的单元组成: 与热发射边界直接接触的被称为初始单元, 其对应的声子正向穿透概率为 p_0; 不与热发射边界直接接触的单元为内部单元, 其正向穿透概率设为 p_i。由于结构具有周期性, 可以假设所有的内部单元的穿透率相等。

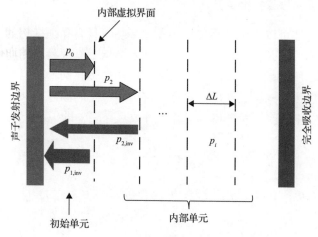

图 9-10　一维声子输运系统的示意图

可以得到总声子穿透率与各个单元声子穿透率之间的递推关系:

$$NN = 1: \quad p_1 = p_0$$

$$NN = 2: \quad p_2 = p_1 p_i \sum_{j=1}^{\infty} \left[\left(1 - p_{1,\text{inv}}\right)\left(1 - p_i\right) \right]^{j-1} = \frac{p_1 p_i}{1 - \left(1 - p_{1,\text{inv}}\right)\left(1 - p_i\right)}$$

$$\vdots$$

$$NN: \quad p_{NN} = p_{NN-1} p_i \sum_{j=1}^{\infty} \left[\left(1 - p_{NN-1,\text{inv}}\right)\left(1 - p_i\right) \right]^{j-1} = \frac{p_{NN-1} p_i}{1 - \left(1 - p_{NN-1,\text{inv}}\right)\left(1 - p_i\right)}$$

$$(9\text{-}101)$$

式中, $p_{1,\text{inv}}, \cdots, p_{NN-1,\text{inv}}$ 为描述声子从内部虚拟边界回到热发射边界的概率的反向穿透率。反向穿透率的递推关系为

$$NN = 1: \quad p_{1,\text{inv}} = p_i$$

$$NN = 2: \quad p_{2,\text{inv}} = p_{1,\text{inv}} p_i \sum_{j=1}^{\infty} \left[\left(1 - p_{1,\text{inv}}\right)\left(1 - p_i\right) \right]^{j-1} = \frac{p_{1,\text{inv}} p_i}{1 - \left(1 - p_{1,\text{inv}}\right)\left(1 - p_i\right)}$$

$$\vdots$$

$$NN: \quad p_{NN,\text{inv}} = p_{NN-1,\text{inv}} p_i \sum_{j=1}^{\infty} \left[\left(1 - p_{NN-1,\text{inv}}\right)\left(1 - p_i\right) \right]^{j-1} = \frac{p_{NN-1,\text{inv}} p_i}{1 - \left(1 - p_{NN-1,\text{inv}}\right)\left(1 - p_i\right)}$$

$$(9\text{-}102)$$

根据上式，可以得到包含 NN 个单元的纳米结构的反向声子穿透率公式：

$$p_{NN,\text{inv}} = \frac{p_i}{1 + (NN-1)(1 - p_i)} \tag{9-103}$$

进一步，结合反向穿透率的公式，可以得到总穿透率的表达式，即

$$p_{NN} = \frac{p_0}{1 + (NN-1)(1 - p_i)} \tag{9-104}$$

则结构的等效热导率可以被表示为

$$k_{\text{eff},NN} = \frac{p_0 NN}{1 + (NN-1)(1 - p_i)} \frac{E_{\text{Em}} \Delta L}{\Delta T} \tag{9-105}$$

当 $NN \to \infty$（$L_x \to \infty$），可以得到一维声子输运系统的极限热导率，即

$$k_{\text{eff},\text{lim}} = \frac{p_0}{1 + (NN-1)(1 - p_i)} \frac{E_{\text{Em}} \Delta L}{\Delta T} \tag{9-106}$$

理论上此时端部效应已经完全消除，极限热导率可以作为大面积纳米结构材料等效热导率的一个估计。

根据极限热导率的计算公式可知，只要知道初始单元的穿透率 p_0 和内部单元的穿透率 p_i 就可以对整个结构的等效热导率进行一个有效的估计。因此，可以设计如图 9-11 的两步计算流程实现 p_0 和 p_i 的计算。

(1) 声子束从热发射边界发射，模拟声子在初始单元中的输运过程，可以得到 p_0 和声子离开初始单元到达内部虚拟边界时的分布(包括空间、角度和频率分布)。

(2) 模拟声子在内部单元中的输运，由上一步得到的声子在虚拟边界上的分布可以作为内部单元模拟的边界条件，可以得到 p_i。

此时，利用极限热导率公式就可以计算整个结构的等效热导率。需要指出的是，模拟的单元不一定是最小重复单元，为了减小估计偏差，模拟单元中可以包括若干个最小重复单元。尽管如此，模拟单元的长度依然可以很小(一个或者几个平均自由程)。实际上，当模拟单元长度较大时，声子输运过程将被内部结构的散

射主导，p_0 与 p_i 将十分接近。此时，使用 p_0 代替 p_i，两步法甚至可以被简化为一步，从而进一步降低计算时间。

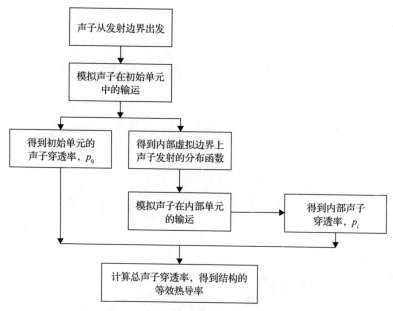

图 9-11　两步声子蒙特卡罗法的流程

9.4　耦合模拟方法

　　本章前几节介绍了常用的纳米尺度导热的计算模拟方法，并详细讨论了第一性原理计算、分子动力学和声子蒙特卡罗模拟。这些方法尽管都能较好地刻画非傅里叶导热过程，但各自都有适用的空间尺度和时间尺度，如图 9-12 所示。

　　求解薛定谔方程的第一性原理计算局限于原子尺寸。从原子运动的角度出发描述导热过程的非平衡格林函数和分子动力学则最多可处理接近微米量级的问题。介观的声子玻尔兹曼输运方程的数值解适用范围相对较广，但在处理宏观导热过程时仍然是低效的。受制于方法本身的计算精度和计算代价，目前并不存在统一的适合于多个尺度导热过程的公式或方法。然而，纳米结构在实际中通常不是单个使用，而是多个集合起来，组成尺寸在宏观量级的设备，导热过程所涉及的空间和时间尺度都跨越多个量级。

　　以 GaN 基高电子迁移率晶体管为例，导热的空间尺寸从 10nm 左右(芯片内绝缘层厚度)变化到 1mm 左右(基底厚度)，横跨 5 个量级；时间尺寸则从 1ns 左右(门级附近的产热区域)变化到几个毫秒(封装)，横跨 6 个量级[38]。对这样的多尺度导热过程，单独使用某个计算方法难以实现准确、高效的数值模拟。前几节

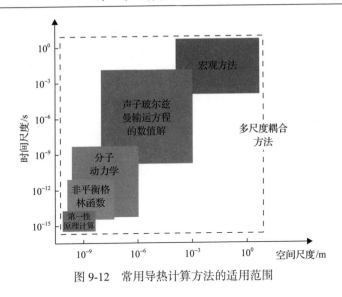

图 9-12　常用导热计算方法的适用范围

介绍的方法，虽然能够有效描述非傅里叶导热过程，但由于考虑因素较多，计算复杂度和计算耗时随着尺度的增大急剧增加，所以只适合用于微纳米量级的单个部件，而难以用于处在宏观量级的整个系统。传统的基于傅里叶定律的宏观方法虽然可以进行芯片-封装级的热仿真，但其无法考虑微纳米结构中的非傅里叶效应，数值计算的精度不足。为了更准确地模拟纳米结构在实际应用中的多尺度导热过程，人们提出了结合适用不同尺度计算方法的耦合方法[39-41]，通过各个方法间的优势互补来兼顾模拟计算的精度和效率。

发展耦合方法的关键是找到具有物理意义的耦合方式。耦合方法根据具体的实现方式，大体上可以分为两类[42]：①独立型耦合方法，即适用不同尺度的计算方法在相应的尺度独立求解，不同方法间的信息传递通过特定的参数或模型来实现；②关联型耦合方法，即信息传递发生在不同方法求解的过程中，当不同方法的结果收敛到相同值时得到最终结果。本节将简要介绍这两类耦合方法在纳米结构导热中的应用，包括它们的基本思想、主要优点及局限。

1. 独立型耦合方法

独立型耦合方法主要用于微观方法和介观方法的耦合，因为微观方法和介观方法都根据载热子的运动来获得热性质，能够较为容易地通过一些参数或公式来耦合。最常见的方法是将第一性原理计算和分子动力学模拟或声子玻尔兹曼输运方程的数值解相结合，把第一性原理计算得到的原子间势函数或力常数作为信息传递参数，用于进行分子动力学或求解声子玻尔兹曼输运方程。例如，9.2.2 节提到的基于第一性原理计算的声子性质计算，便可被视作独立型耦合方法。

分子动力学的模拟结果受原子间势函数的影响较大,不同的势函数会对模拟结果产生较大的影响;声子玻尔兹曼输运方程的解则高度依赖于声子的色散关系。和第一性原理计算相耦合,避免了对势函数、声子色散等重要参数进行经验性的设置,显著提高了计算模拟方法的准确度。但是,分子动力学模拟很难处理处于微米量级的系统;即使是介观的声子玻尔兹曼输运方程,系统尺寸超过 $10\mu m$ 后求解过程也变得十分缓慢。为了模拟涉及尺度范围更大的多尺度导热过程,必须将微观或介观方法和宏观方法进行耦合,这促使人们发展关联型耦合方法。

2. 关联型耦合方法

不同于使用特定参数来传递信息的独立型耦合方法,关联型耦合方法在求解中同时运行适合于不同尺度的计算方法,每一步迭代中都进行信息交换,直至不同方法的结果在交换区收敛。以声子玻尔兹曼输运方程为例,在多尺度导热过程中全部采用声子玻尔兹曼输运方程的数值解来描述导热过程是非常困难的,这是因为解声子玻尔兹曼输运方程对处于扩散机制的声子来说是十分低效的。为提高计算速度,人们发展了耦合声子玻尔兹曼输运方程数值解和扩散导热方程的新计算方法。

一种耦合声子玻尔兹曼输运方程和扩散导热方程的思路是对声子进行分类,并对不同类型的声子采用不同的求解方法。Mittal 和 Mazumder[43]将声子强度分为弹道分量和扩散分量,然后用离散坐标法或控制角度的离散坐标法求解弹道分量,用一阶球谐近似(P_1)解扩散分量。Loy 等[44]提出了截断克努森数 Kn_c 的概念,对 $Kn \leqslant Kn_c$ 的声子支用修正的傅里叶导热定律描述,对 $Kn > Kn_c$ 的声子支则用声子玻尔兹曼输运方程描述。Allu 和 Mazumder[45]也采用了截断克努森数的概念,对大克努森数的声子支求解全角度离散的声子玻尔兹曼输运方程,对其他声子支则用球谐近似。这种对声子分类的耦合方法利用了宏观方法求解速度快和微观方法求解精度高的优点,在不影响精度的前提下,计算速度可显著提高数倍。然而,这种耦合方法的结果受声子分类方式的影响较大,而声子的分类标准仍然是完全凭经验的。此外,声子的性质受到许多散射机制的影响,每一次散射后都需要重新确定声子的类型,耦合过程较为冗长。

另一种耦合声子玻尔兹曼输运方程和扩散导热方程的思路是划分计算域并在不同区域用不同的求解方法。如图 9-13 所示,整个计算域通常被分为 3 类:使用微纳米尺度的计算方法的微观区域(下标"M")、使用傅里叶导热定律或者扩散近似的宏观区域(下标"D"),以及发生信息交换、确认解是否收敛的重叠区域。

在划分区域时,微观区域要涵盖微纳米尺度的元件,以便使用详细的计算方法来刻画非傅里叶导热的特点;那些受非傅里叶效应影响较小的区域,则设置为

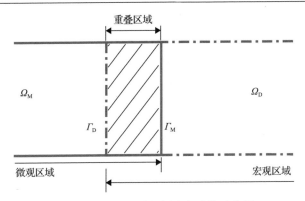

图 9-13　划分区域的耦合方法的示意图

宏观区域，使用以傅里叶导热定律为代表的简单方法来代替复杂的微观方法。实际上，这种"分区计算，重叠区耦合"的思路在流动和辐射的快速模拟中已有广泛应用。O'Connell 和 Thompson[46]利用不同区域间的界面来传递信息，最早实现针对流动的耦合分子动力学和连续介质模拟的方法。Hash 和 Hassan[47]则比较了在直接 MC 模拟和 N-S 方程耦合模拟流动的过程中不同界面条件对结果的影响，发现 Marshak 条件性能最佳。Wang 和 Jacques[48]在模拟光子运动时，对靠近热源或边界的光子使用蒙特卡罗方法，对周围介质中的光子用带源项的扩散理论。Hayashi 等[49]利用光子散射率来划分计算区域，低散射率区用光子 MC 模拟，高散射率区用扩散理论，并用区域界面处的热流作为信息交换的载体。由于声子的运动和分子、光子的运动有许多相似性[16]，区域划分的耦合方法对导热问题也有较好的性能。Li 等[50]针对微纳米结构中的弹道-扩散导热提出了蒙特卡罗-扩散耦合方法，其基本思想是：声子-边界散射是微纳米结构中发生弹道-扩散导热的主要原因，靠近边界区域设置为使用声子 MC 模拟求解的微观区；系统内部远离边界的区域内，声子仍然按照扩散方式运动，设置为求解扩散导热方程的宏观区；在重叠区设置恰当的信息交换条件，声子 MC 模拟的结果和解扩散导热方程的结果收敛，两种方法成功耦合。与标准的声子 MC 模拟相比，这种耦合方法最高可缩减 90%的计算耗时。Vallabhaneni 等[51]在模拟晶体管中的多尺度导热过程时，同时采用了划分区域和声子分类的耦合方法。在远离热点的区域求解傅里叶导热定律，在热点区域附近用一种自适应模型求解声子玻尔兹曼输运方程，此模型将小克努森数声子支的声子玻尔兹曼输运方程替换为傅里叶定律形式的方程。使用这两种加速技术后，耦合方法在保证精度损失较小的前提下可减少 85%以上的计算耗时。划分区域的耦合方法避免了在计算过程中反复对声子分类，但区域的划分方式和重叠区内信息的交换方式存在着较多凭直觉的选择，缺乏统一的标准。

　　提出耦合方法的动机是结合不同方法在准确度和计算效率上的优势，实现多尺度导热过程的快速模拟。按实现方式不同，耦合方法分为两类：独立型和关联型。因为不同尺度方法间的信息交换频率更高，所以关联型耦合方法的应用潜力比独立型更高。实现耦合方法的关键是在不同方法间找到具有物理意义的信息交换方式。基于划分声子或划分区域的耦合方法都能有效加速声子玻尔兹曼输运方程的求解，但这些耦合方法也存在着自身的局限。针对多尺度导热过程的耦合模拟是一个新兴的研究方向，仍然存在许多需要改进完善的地方。

9.5 本 章 小 结

(1)基于第一性原理解玻尔兹曼输运方程不需要任何经验参数，只需要物质结构信息就可以预测材料的导热性质。直接求解薛定谔方程很不现实，因此需要密度泛函理论和其他简化假设近似求解。第一性原理不仅可以计算非金属材料的晶格热导率，还可以考虑声子-电子、电子-电子散射过程，计算金属中电声耦合和输运问题。然而，第一性原理计算十分复杂且耗时，目前最多考虑几百个原子体系。

(2)分子动力学模拟分为非平衡态分子动力学和平衡态分子动力学两类。非平衡态分子动力学常用于研究纳米材料热导率的尺寸效应，并且在该框架下可以使用模态温度分解和热流分解解释声子热输运的机制。模态温度/热流分解法均是基于简正模式分解方法，将宏观的温度/热流分解至每个模态的贡献，可以用于研究局域非平衡、弹道-扩散输运、界面热输运、模态热导率等问题。平衡态分子动力学基于线性响应理论计算热导率，并且在该框架下可以使用声子能量密度谱分析计算声子色散关系和弛豫时间。声子能量密度谱分析广泛用于研究声子导热贡献、环境对声子性质的影响等问题。

(3)声子蒙特卡罗方法是基于随机过程解玻尔兹曼方程的算法，常用于解决介观输运问题。本章主要介绍了系综声子 MC 方法、声子跟踪 MC 方法和两步跟踪声子 MC 方法，三种方法在原理上相同，但是两步跟踪声子 MC 方法可以较好地设置周期性边界条件。蒙特卡罗方法需要在计算前输入材料物性、声子散射率、界面声子穿透系数等信息，这些信息可以从第一性原理计算或分子动力学模拟得到。

(4)耦合方法用于解决跨尺度热输运问题，由于单独一种方法要么计算时间过长，要么计算误差较大，而采用耦合方法能够较好地平衡计算精度和计算时间。耦合方法主要分为独立型和关联性两类。独立型耦合方法，即适用不同尺度的计算方法在相应的尺度独立求解，不同方法间的信息传递通过特定的参数或模型来实现。关联型耦合方法，即信息传递发生在不同方法求解的过程中，当不同方法的结果收敛到相同值时得到最终结果。耦合方法的研究尚不成熟，还需要更为深入的研究。

参 考 文 献

[1] Born O. Zur quantentheorie der molekeln[J]. Anual Physik, 1927, 84: 457.

[2] 谢希德, 陆栋. 固体能带理论[M]. 上海: 复旦大学出版社, 2007.

[3] Hohenberg P, Kohn W. Inhomogeneous electron gas[J]. Physical Review, 1964, 136(3B): B864-B871.

[4] Kohn W, Sham L J. Self-Consistent equations including exchange and correlation effects[J]. Physical Review, 1965, 140(4A): A1133-A1138.

[5] Hafner J. Ab-initio simulations of materials using VASP: Density-functional theory and beyond[J]. Journal Computational Chemstry, 2008, 29(13): 2044-2078.

[6] 胡英, 刘洪来. 密度泛函理论[M]. 北京: 科学出版社, 2016.

[7] 李正中. 固体理论[M]. 北京: 高等教育出版社, 2002.

[8] Li W, Carrete J A, Katcho N, et al. ShengBTE: A solver of the Boltzmann transport equation for phonons[J]. Computer Physics Communications, 2014, 185(6): 1747-1758.

[9] Baroni S, de Gironcoli S, Dal Corso A, et al. Phonons and related crystal properties from density-functional perturbation theory[J]. Review of Modern Physics, 2001, 73: 515-562.

[10] Verdi C. First-principles Fröhlich electron-phonon coupling and polarons in oxides and polar semiconductors[D]. Oxford: University of Oxford, 2017.

[11] Liao B, Qiu B, Zhou J, et al. Significant reduction of lattice thermal conductivity by the electron-phonon interaction in silicon with high carrier concentrations: A first-principles study[J]. Physics Review Letters, 2015, 114(11): 115901.

[12] Poncé S, Margine E R, Verdi C, et al. EPW: Electron–phonon coupling, transport and superconducting properties using maximally localized Wannier functions[J]. Computer Physics Communications, 2016, 209: 116-133.

[13] Mahan G D. Many-Particle Physics[M]. 3rd ed. New York: Springer Science & Business Media, 2000.

[14] Marzari N, Mostofi A A, Yates J R, et al. Maximally localized Wannier functions: Theory and applications[J]. Reviews of Modern Physics, 2012, 84(4): 1419-1475.

[15] Frenkel D, Smit B. 分子模拟: 从算法到应用[M]. 北京: 化学工业出版社, 2002.

[16] 陈刚. 纳米尺度能量输运和转换: 对电子, 分子, 声子和光子的统一处理[M]. 北京: 清华大学出版社, 2014.

[17] Kubo R. The fluctuation-dissipation theorem[J]. Reports on Progress in Physics, 1966, 29(1): 255.

[18] Feng T, Yao W, Wang Z, et al. Spectral analysis of nonequilibrium molecular dynamics: Spectral phonon temperature and local nonequilibrium in thin films and across interfaces[J]. Physical Review B, 2017, 95(19): 195202.

[19] Zhou Y, Zhang X, Hu M. Quantitatively analyzing phonon spectral contribution of thermal conductivity based on nonequilibrium molecular dynamics simulations. I. From space Fourier transform[J]. Physical Review B, 2015, 92(19): 195204.

[20] Zhou Y, Zhang X, Hu M. Quantitatively analyzing phonon spectral contribution of thermal conductivity based on nonequilibrium molecular dynamics simulations. II. From time Fourier transform[J]. Physical Review B, 2015, 92(19): 195205.

[21] 李元伟. 低维纳米结构导热性质的分子动力学模拟与实验研究[D]. 北京: 清华大学, 2012.

[22] Thomas J A, Turney J E, Iutzi R M, et al. Predicting phonon dispersion relations and lifetimes from the spectral energy density[J]. Physical Review B, 2010, 81(8): 081411.

[23] Zou J H, Ye Z Q, Cao B Y. Phonon thermal properties of graphene from molecular dynamics using different potentials[J]. The Journal of Chemical Physics, 2016, 145(13): 134705.

[24] Zou J H, Cao B Y. Phonon thermal properties of graphene on h-BN from molecular dynamics simulations[J]. Applied Physics Letters, 2017, 110(10): 103106.

[25] Peterson R B. Direct simulation of phonon-mediated heat transfer in a Debye crystal[J]. Journal of Heat Transfer, 1994, 116(4): 815-822.

[26] Mazumder S, Majumdar A. Monte Carlo study of phonon transport in solid thin films including dispersion and polarization[J]. Journal of Heat Transfer, 2001, 123(4): 749-759.

[27] Jeng M S, Yang R, Song D, et al. Modeling the thermal conductivity and phonon transport in nanoparticle composites using Monte Carlo simulation[J]. Journal of Heat Transfer, 2008, 130(4): 042410.

[28] Jean V, Fumeron S, Termentzidis K, et al. Monte Carlo simulations of phonon transport in nanoporous silicon and germanium[J]. Journal of Applied Physics, 2014, 115(2): 024304.

[29] Klitsner T, VanCleve J E, Fischer H E, et al. Phonon radiative heat transfer and surface scattering[J]. Physical Review B Condensed Matter, 1988, 38(11): 7576.

[30] Péraud J P M, Hadjiconstantinou N G. An alternative approach to efficient simulation of micro/nanoscale phonon transport[J]. Applied Physics Letters, 2012, 101(15): 205331.

[31] Hua Y C, Cao B Y. Phonon ballistic-diffusive heat conduction in silicon nanofilms by Monte Carlo simulations[J]. Acta Physica Sinica, 2014, 78(24): 755-759.

[32] Hua Y C, Cao B Y. Ballistic-diffusive heat conduction in multiply-constrained nanostructures[J]. International Journal of Thermal Sciences, 2016, 101: 126-132.

[33] Tang D S, Hua Y C, Nie B D, et al. Phonon wave propagation in ballistic-diffusive regime[J]. Journal of Applied Physics, 2016, 119(12): 793.

[34] Moglestue C. Monte Carlo Simulation of Semiconductor Devices[M]. Breisgau: Springer Science & Business Media, 2013.

[35] Hua Y C, Cao B Y. An efficient two-step Monte Carlo method for heat conduction in nanostructures[J]. Journal of Computational Physics, 2017: 342.

[36] Hao Q, Chen G, Jeng M S. Frequency-dependent Monte Carlo simulations of phonon transport in two-dimensional porous silicon with aligned pores[J]. Journal of Applied Physics, 2009, 106(11): 793.

[37] Wolf S, Neophytou N, Kosina H. Thermal conductivity of silicon nanomeshes: Effects of porosity and roughness[J]. Journal of Applied Physics, 2014, 115(20): 718-721.

[38] Bagnall K R, Wang E N. Theory of Thermal Time Constants in GaN High-Electron-Mobility Transistors[J]. IEEE Transactions on Components Packaging and Manufacturing Technology, 2018, 8(4): 606-620.

[39] Murthy J Y, Narumanchi S V J, Pascual-Gutierrez J A, et al. Review of multiscale simulation in submicron heat transfer[J]. International Journal for Multiscale Computational Engineering, 2005, 3(3): 5-32.

[40] Sinha S, Goodson K E. Review: Multiscale thermal modeling in nanoelectronics[J]. International Journal for Multiscale Computational Engineering, 2005, 3(1): 107-133.

[41] Katsoulakis M A, Zabaras N. Special Issue: Predictive multiscale materials modeling[J]. Journal of Computational Physics, 2017, 338: 18-20.

[42] Bao H, Chen J, Gu X K, et al. A review of simulation methods in micro/nanoscale heat conduction[J]. ES Energy and Environment, 2018, 1: 16-55.

[43] Mittal A, Mazumder S. Hybrid discrete ordinates-spherical harmonics solution to the Boltzmann Transport Equation for phonons for non-equilibrium heat conduction[J]. Journal of Computational Physics, 2011, 230 (18): 6977-7001.

[44] Loy J M, Murthy J Y, Singh D. A fast hybrid Fourier-Boltzmann transport equation solver for nongray phonon transport[J]. Journal of Heat Transfer, 2013, 135 (1): 011008.

[45] Allu P, Mazumder S. Hybrid ballistic-diffusive solution to the frequency-dependent phonon Boltzmann Transport Equation[J]. International Journal of Heat and Mass Transfer, 2016, 100: 165-177.

[46] O'Connell S T, Thompson P A. Molecular dynamics-continuum hybrid computations: A tool for studying complex fluid flows[J]. Physical Review E Statistical Physics Plasmas Fluids & Related Interdisciplinary Topics, 1995, 52 (6): R5792.

[47] Hash D B, Hassan H A. Assessment of schemes for coupling Monte Carlo and Navier-Stokes solution methods[J]. Journal of Thermophysics & Heat Transfer, 1996, 10 (2): 242-249.

[48] Wang L, Jacques S L. Hybrid model of Monte Carlo simulation diffusion theory for light reflectance by turbid media[J]. Journal of the Optical Society of America A, 1993, 10 (8): 1746-52.

[49] Hayashi T, Kashio Y, Okada E. Hybrid Monte Carlo-diffusion method for light propagation in tissue with a low-scattering region[J]. Applied Optics, 2003, 42 (16): 2888-2896.

[50] Li H L, Hua Y C, Cao B Y. A hybrid phonon Monte Carlo-diffusion method for ballistic-diffusive heat conduction in nano- and micro- structures[J]. International Journal of Heat and Mass Transfer, 2018, 127: 1014-1022.

[51] Vallabhaneni A K, Chen L, Gupta M P, et al. Solving nongray Boltzmann transport equation in gallium nitride[J]. Journal of Heat Transfer, 2017, 139 (10): 1027.

第 10 章 纳米导热的实验测试

实验测试是研究纳米结构中非傅里叶导热不可或缺的手段，正如伽利略的格言："可测者，测之；不可测者，使之可测"。在纳米尺度下，由于非傅里叶效应的作用，材料热物性将会显示出显著的尺寸效应。通过对纳米结构热物性尺寸效应的研究可以更好地阐明纳米尺度热输运的机制。模拟和理论可以用来解释实验现象，实验测试则能够验证和促进相关理论的进一步发展。随着微纳加工和分析技术的快速发展，人们已经能够表征微米到纳米尺度的材料和结构的特性。目前应用于纳米结构热物性测量的方法主要分为接触式和非接触式两类。接触式测量方法主要有谐波测试方法以及单臂和双臂微器件测试方法等；非接触式方法则包括基于超快激光的时域热反射方法（time domain thermoreflectance，TDTR）和频域热反射方法（frequency domain thermoreflectance，FDTR）、反射热成像方法以及拉曼探测方法等。本章将对上述纳米导热的主要实验测试方法的基本原理和步骤进行介绍。

10.1 谐 波 测 试

10.1.1 标准 3ω 方法

3ω 谐波测试技术是一类利用系统温度响应的频域特性进行热物性表征的接触式测量方法，待测样品表面制备的金属膜同时作为加热器与温度传感器，通过加热输入与温度响应的关系进行热导率、热扩散系数等热物性的确定，其中 ω 为信号的角频率。

Cahill 等[1]最早利用 3ω 测试方法测量了厚度在微米量级的薄膜热导率，为了测量纳米薄膜的热导率，差分 3ω 方法被提出，可以用于基底上纳米薄膜的热导率测量，Raudzis 等[2]和 Borca-Tasciuc 等[3]还发现基于 3ω 方法导热解析解和非线性拟合方法能够同时获取薄膜-基底样品的多个物性参数，近些年来，3ω 谐波测试技术被广泛用于材料微纳米尺度导热性质的测量与分析中[4]。

图 10-1(a)为典型的一个 3ω 测试样品通过电极加热的示意图，四线制电极则如图 10-1(b)所示。通过向电极两端施加角频率为 1ω 的交流电流，即

$$I(t) = I_{1\omega} \cos(\omega t) \tag{10-1}$$

式中，$I_{1\omega}$ 为电流的幅值；t 为时间。

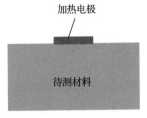

(a) 3ω测试样品示意

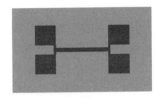

(b) 四线制电极示意

图 10-1 3ω 方法测试样品示意图

则电极以 2ω 角频率对薄膜样品进行加热，即

$$Q(t) = I_{1\omega}^2 R_0 \cos^2(\omega t) = \frac{1}{2} I_{1\omega}^2 R_0 \left[1 + \cos(2\omega t)\right] \tag{10-2}$$

进而可将样品表面温升表示为

$$\Delta T = \Delta T_{DC} + |\Delta T_{AC}| \cos(2\omega t + \varphi) \tag{10-3}$$

式中，ΔT_{DC} 为直流温升部分；ΔT_{AC} 为交流温升部分；φ 为相位角。通常假设电极的平均温升与加热位置的薄膜表面温度相等，加热电极的电阻由于温度升高而变化，即

$$R = R_0 \left(1 + \beta_h \Delta T\right) \tag{10-4}$$

式中，β_h 为电阻温度系数，即

$$\beta_h = \frac{1}{R_0} \frac{dR}{dT} \tag{10-5}$$

结合式 (10-3)、式 (10-4) 可以得到加热电极的电阻变化，即

$$R = R_0 \left[1 + \beta_h \Delta T_{DC} + \beta_h |\Delta T_{AC}| \cos(2\omega t + \varphi)\right] \tag{10-6}$$

交流加热和电极电阻的变化导致了加热器两端的电压中包含了以 3ω 角频率变化的成分，即

$$V(t) = I_{1\omega} R_0 \left[\begin{array}{l} (1 + \beta_h \Delta T_{DC}) \cos(\omega t) + \dfrac{1}{2} \beta_h |\Delta T_{AC}| \cos(\omega t + \varphi) \\ + \dfrac{1}{2} \beta_h |\Delta T_{AC}| \cos(3\omega t + \varphi) \end{array}\right] \tag{10-7}$$

从式 (10-7) 可以看出，通过电压 $V(t)$ 的 3ω 频率变化部分可以直接计算交流

温升，即

$$V_{3\omega} = \frac{1}{2}V_{1\omega}\beta_{\mathrm{h}}\Delta T_{\mathrm{AC}} \qquad (10\text{-}8)$$

实验中可以利用锁相放大器测量样品加热电极两端电压的 3ω 变化成分 $V_{3\omega}$，进而可以求解得到薄膜表面的交流温升。

对于图 10-1 所示的样品，在交流加热的情形下可以定义加热的热作用深度：

$$\left|\frac{1}{q}\right| = \left|\left(\frac{D}{\mathrm{i}\omega}\right)^{1/2}\right| \qquad (10\text{-}9)$$

式中，D 为热扩散系数。在满足样品半无限大和 $|qb| \ll 1$（b 为加热电极宽度）的假设条件下，可以得到样品表面温度波动的近似解[5,6]为

$$\Delta T = \frac{P_l}{\pi k}\left[-\frac{1}{2}\ln(2\omega) + \frac{1}{2}\ln\frac{k}{\rho c_p b^2} + \eta - \mathrm{i}\frac{\pi}{4}\right] \qquad (10\text{-}10)$$

式中，P_l 为单位长度加热电极的加热功率；η 为常数；c_p 为样品比热。结合式 (10-8) 可以得到

$$k = \frac{\beta_{\mathrm{h}}P_l U_{1\omega}}{4\pi}\frac{\ln\dfrac{\omega_1}{\omega_2}}{U_{3\omega 2} - U_{3\omega 1}} \qquad (10\text{-}11)$$

利用式 (10-11) 结合测量得到电压 3ω 信号 $U_{3\omega 1}$ 和 $U_{3\omega 2}$ 可以计算半无限大样品的热导率。

对于图 10-2(a) 所示的基体表面薄膜热导率的测量，则可以采用差分-3ω 方法得到纳米薄膜的热导率。当薄膜内部的热扩散时间小于加热周期时，可以将薄膜作为一个整体来考虑其温度波动，因此对于整个样品有

$$\Delta T_{\mathrm{f}} = \Delta T_{2\omega} - \Delta T_{\mathrm{s}} = \frac{P_l d_{\mathrm{f}}}{2b k_{\mathrm{f}}} \qquad (10\text{-}12)$$

式中，ΔT_{f} 为薄膜的温度波动；d_{f} 为纳米薄膜的厚度；k_{f} 为薄膜的热导率；P_l 为单位长度电极的加热功率；b 为加热电极的宽度；$\Delta T_{2\omega}$ 为测量得到的加热膜温升，ΔT_{s} 为基底的温升，在已知基底材料物性的情况下可由式 (10-13) 确定[6]，k_{s} 为基底的热导率：

$$\Delta T_{\mathrm{s}} = \frac{P_l}{\pi k_{\mathrm{s}} l}\left[\frac{1}{2}\ln\left(\frac{k_{\mathrm{s}}}{C_{\mathrm{s}}(b/2)^2}\right) + \eta - \frac{1}{2}\ln(2\omega) - \mathrm{i}\frac{\pi}{4}\right] \qquad (10\text{-}13)$$

式中，C_s 为薄膜材料的比热容；l 为电极长度；常数 η 可以采用文献中已有的理论分析求解结果 $\eta=0.923$[7]；也有学者通过数值模拟的方法确定 η 的取值[8]，当 $|qb|<0.1$ 时 $\eta=1.27$，当 $0.1<|qb|<0.5$ 时 $\eta=1.28$。

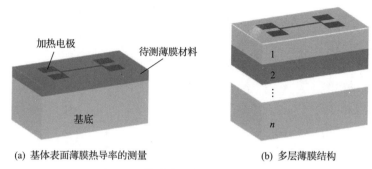

(a) 基体表面薄膜热导率的测量　　　　　(b) 多层薄膜结构

图 10-2　薄膜热导率测试样品示意图

在已知基底材料热物性数据时可以利用测量结果结合式 (10-12)、式 (10-13) 得到薄膜的热导率。实验中可以同时准备目标待测样品与参考样品，先测量得到基底材料的热导率，再进行目标样品的测量，根据差分 3ω 方法原理得到薄膜样品的热导率。

采用斜率 3ω 和差分 3ω 方法能够测量薄膜与体材料的热导率，无法实现多层薄膜的热导率测量，也无法区分薄膜面向和法向的热导率，因此在实际测量中也受到了一定限制。

Raudzis 等[2]发现结合 3ω 方法导热解析解和非线性拟合方法，可以同时确定测量样品的多个物性参数，但需要扩大测量的截止频率。对于图 10-2(b) 所示的多层薄膜结构，Borca-Tasciuc 等[3]给出了多层薄膜测试结构的加热膜温升的解析求解结果：

$$\Delta T = \frac{-P_l}{\pi k_{y_1}} \int_0^\infty \frac{1}{A_1 B_1} \frac{\sin^2(b\lambda)}{b^2\lambda^2} \mathrm{d}\lambda \tag{10-14}$$

式中，k_{y_1} 为多层薄膜最顶层材料的法向热导率；A_1 与 B_1 根据式 (10-15)~式 (10-17) 所示的递推关系确定，即

$$A_{i-1} = \frac{A_i \dfrac{k_{yi}B_i}{k_{y_{i-1}}B_{i-1}} - \tanh(\varphi_{i-1})}{1 - A_i \dfrac{k_{yi}B_i}{k_{y_{i-1}}B_{i-1}} \tanh(\varphi_{i-1})}, \quad i=2,\cdots,n \tag{10-15}$$

$$A_n = \begin{cases} -1, & \text{BC}_1 \\ -\tanh(B_n d_n), & \text{BC}_2 \\ -1/\tanh(B_n d_n), & \text{BC}_3 \end{cases} \quad (10\text{-}16)$$

$$B_i = \left(k_{xyi}\lambda^2 + \frac{\mathrm{i}2\omega}{\alpha_{yi}}\right)^{1/2} \quad (10\text{-}17)$$

式(10-15)～式(10-17)中，数字下标为 n 层薄膜从最顶层($i=1$)起的层编号；x/y 下标为法向/面向参数；$\varphi_i = B_i d_i$；$k_{xy} = k_x / k_y$；BC_1、BC_2 和 BC_3 分别为半无穷大、绝热和等温边界条件。

利用上述解析求解结果能够建立多层薄膜结构表面加热电极温升与体系热物性、几何结构以及电信号等参数的关系，实验中通过测量得到不同频率下的薄膜温升，再进行非线性拟合，即可得到所需的物性参数，但需要注意采用这一方法进行热导率测量时需要提高测试的截止频率，才能确保拟合得到的物性参数较为可靠。

Raudzis 等[2]通过分析利用解析求解得到的图 10-3 所示的温度波动、无因次斜率随频率的变化关系，将 $10\sim10^6$Hz 频率范围划分为了四个区域。

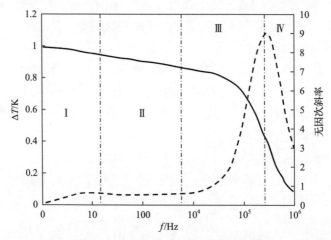

图 10-3　解析求解得到的温度波动、无因次斜率随频率的变化关系[2]

在区域 I，热作用深度与样品厚度相当，边界条件对于样品的温度响应影响较大，不适合用于实验测量；在区域 II，温度响应随频率升高基本呈线性变化，无因次斜率基本为常数，基底热导率起主导作用，因此这一区域是斜率 3ω 方法适用的区域；在区域 III，随着频率增加，热作用深度进一步降低，与薄膜厚度相当，对于多层结构来说，温度响应由基底和薄膜的热导率共同决定；在区域 IV，如果能够满足线热源条件(加热电极无限窄)，则温度波动变化曲线将再次出现一平坦区域，不过实际中由于制备工艺的限制，加热电极宽度有限，会使得温度波动和斜率减小为 0。上述分析表明了斜率 3ω 方法适用的频率范围有限，使用时需要小心分析，尤其是对于热导率较高、薄膜厚度较大的样品，区域 II 可能较短，甚至消失，此时采用传统的斜率 3ω 测试方法可能带来较大的误差，而数值拟合方法能够取得更准确的实验结果，但需要注意选取合适的测量频率范围。

典型的 3ω 测试系统如图 10-4 所示[9]，通常包括真空恒温腔、测试电路和计算机控制等几个主要组成部分。采用真空泵对样品腔体进行真空条件控制能够有效减小对流换热对材料热物性测量的干扰，利用外部的冷却系统和温度控制仪(如 Cryocon 22C)等设备能够实现对腔体内温度的控制，实现不同温度下的测量，结合多层热屏蔽罩能够保持腔体内温度的稳定，减少对实验测量信号的干扰。测试电路主要包括可调电阻、锁相放大器和电源等部分，是 3ω 实验测试中的核心，在测量过程中提供输入电信号，并通过锁相放大器测量采集所需的电信号。

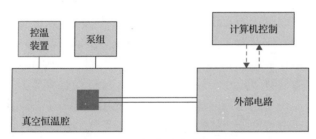

图 10-4　3ω 实验测试系统示意图

一种 3ω 测试方法的外部电路如图 10-5 所示，R_s 和 R_r 分别为测量样品和参考电阻，R_b 为在实验时调节较大的保护电阻。测试时，先将参考电阻调节至与测量样品电阻基本一致，之后可将利用差分放大器得到二者间的 3ω 电压信号差作为测量结果进行数据处理和结果的导出，参考电阻的引入能够减小电路中其他因素对实验结果的影响。在实际测试中，采用电压源为电路供电更加方便，但在模型中均按照电流源假设进行计算和结果导出，当样品电阻相比于整个电路的电阻较大时，会产生较大的误差。调节保护电阻 R_b 能够在一定程度上减小电压源供电所带来的影响，Dames 和 Chen[10]提出式(10-18)能够对这一影响进行较好的修正，如果采用较大的保护电阻，也能够较好地避免这一影响，无需采用修正，即

$$Z_{\text{true}} = Z_{\text{apparent}} \left(1 - \frac{R_{\text{sample}}}{R_{\text{total}}}\right)^{-1} \tag{10-18}$$

式中，Z_{true} 为真实阻抗；Z_{apparent} 为表观阻抗；R_{sample} 为样品电阻；R_{total} 为整个电路的电阻。

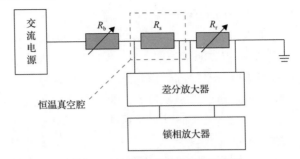

图 10-5　一种实验测试电路示意图

常见的样品结构如图 10-6(a) 所示，样品制备是进行测试的重要一环，薄膜和金属加热膜的制备工艺和材料选择对测试结果有很大影响。常见的金属加热膜材料有金、铂、银、铝等，实际中常常会在加热电极层和薄膜材料间增加镍、钛、铬等黏附层，解决电极材料与样品薄膜黏附性能不够好的问题。在低于室温的测试中，常常使用银电极材料，高于室温的测试可以采用金、铂、铝等材料，但铝电极可能会存在表面氧化的问题，会为后续的焊线焊接带来麻烦，铂的黏附性能较好，但其熔点较高，蒸发较为困难，对制备工艺要求较高[8]。样品接入电路通常可以采用导电银胶粘贴、探针接触和引线键合等方法，银胶粘贴需要人工进行，较为耗费时间，容易造成接线与焊盘接触不良，探针接触容易滑动和损坏薄膜，而引线键合能够实现稳定可靠的连接，被广泛使用。但对于非绝缘材料导热性质的测试需要在加热电极和待测材料之间增加一层绝缘薄膜，如图 10-6(b) 所示，在焊接引线至焊盘时需要小心选取焊接功率等参数，绝缘层破损带来的漏电会导致测试失败[11,12]。可以采用加厚绝缘层的方法来减小破损的可能性，但绝缘层厚度增加会带来测量精度下降、电极材料脱落等问题，因此受到限制。在实际中需要综合考虑测量可靠性、测量准确性及加工工艺等因素进行加热电极材料的选择和样品接入电路的方式。此外，在 3ω 测试中，需要加热电极的电阻保持在几到几百欧姆，因此需要根据选取电极材料的电阻率确定加热电极的几何尺寸，同时还需要符合所采用传热模型的假设，例如在 Cahill 提出的斜率 3ω 测试中，为满足

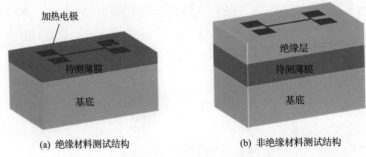

(a) 绝缘材料测试结构　　　　　　　　(b) 非绝缘材料测试结构

图 10-6　3ω 测试样品示意图

样品半无穷大的假设，加热电极的宽度至少要小于薄膜厚度的 1/5[5]。

3ω 方法被广泛用于微纳米尺度下各类材料热导率、热扩散系数等热物性的实验测试，包括碳纳米管等丝状材料、微/纳米孔隙材料或涂层、微纳米尺度薄膜和液体等[8]，是研究微纳米尺度下材料导热性质和导热机理的重要手段。

碳纳米管因结构、形态与合成方法的不同，热导率会有很大的差异，对其热物性进行准确表征非常重要，3ω 方法可以用于单壁碳纳米管、碳纳米管阵列等的热导率测试[13-15]，通过悬空丝状材料，3ω 方法还可以测量碳蛛丝[16]、纳米线[17,18]等的热导率。

热管理、热电转化等方面的应用需求使许多材料因其热导率较高或可调控的性质受到了关注，3ω 实验测试方法为研究其导热性质和调控规律提供了重要支持，如 AlN 薄膜[19]、超晶格材料[20-22]、孔隙材料[23]等。相变存储技术的发展也使得以 $Ge_2Sb_2Te_5$ 为代表的一类具有可逆相变性质的硫系化合物受到了关注，利用 3ω 方法，学者们研究和分析了掺杂、结构缺陷等因素对于晶相、非晶相相变存储材料导热性质的影响[11,24-28]。

除了能够测量固体材料的热物性，3ω 方法也能够用于液体热物性的测试，近年来也被广泛用于纳米流体的热导率测试和相关研究[29-31]。通过改造测试方法中的加热器/传感器，结合有限元等分析手段，3ω 测试手段还能够用于生物组织[32,33]、水凝胶聚合物[34]等软材料的热导率测试，在医学诊断治疗、柔性电子与机械等领域有很大的应用价值。

10.1.2　多电极 3ω-2ω 方法

尽管上一节介绍的系列标准 3ω 方法已广泛用于各类微纳米材料的热导率、界面热阻等热物性的测量研究中，但是面对被测样品结构更复杂、精度要求更高以及在某些情况下必须在同一样品内完成热导率和界面热阻同时测定等挑战时，标准 3ω 方法已无法胜任。总体而言，这主要归因于标准 3ω 方法的下列主要局限。

（1）对于斜率 3ω 方法：受限于加热电流较低的频率，热作用深度较深（一般大于 10μm），导致斜率 3ω 方法仅适用于块体材料或厚膜（大于 10μm）的热导率测量，对界面热阻及纳米薄膜的热导率，测试灵敏度很差。

（2）对于差分 3ω 方法：首先，该方法通过拟合加热膜温升 $\Delta T_{2\omega}$ 随薄膜厚度的变化趋势得到薄膜热导率，原则上仅适用于热导率基本不随厚度变化的非晶材料组成的纳米薄膜，对热导率具有显著尺寸效应的各类晶体材料，该方法完全失效；其次，该方法测量界面热阻需要事先知道基底热导率；最后，该方法显然无法在单个样品内同时测定热导率和界面热阻。

（3）对于 Raudzis 等提出的基于非线性拟合的 3ω 方法：首先，这类方法需要将测试频段扩展至高频，这会大幅增加电路复杂性，并且加热电流波形容易失真；其次，拟合过程中采用的解析解基于二维导热微分方程求解，与实际的三维导热存在系统性偏差；最后，对于多层结构，拟合参数自由度过高，初值敏感性高导致难以收敛至全局最优解。

总体而言，导致上述局限性的一个关键因素是标准 3ω 方法测试过程中仅利用了单个金属电极的信息。为了能够满足多层结构复杂样品的高精度测量需求，实现在同一样品内完成热导率和界面热阻同时测定的目标，Hua 和 Cao[35]提出了多电极 3ω-2ω 方法，通过在样品表面制备多个金属电极用于加热样品和探测信号，引入更多有效信息，提高了信号灵敏度，不仅能够胜任标准 3ω 方法所能完成的测量任务，还适合于各类由薄膜和基底组成的异质结材料中薄膜热导率、基底热导率以及二者间界面热阻同时测定的需求，拓宽了谐波测试方法的适用范围。

图 10-7 为多电极 3ω-2ω 方法的被测试样(device under test, DUT)典型结构以及实验系统布局示意图。如图 10-7(a)所示，该方法主要用于异质结样品的测试，首先需要在被测材料上表面采用光刻、溅射与剥离等工艺加工三个宽度不等的平行金属电极，其中外侧的两个电极均为加热电极，较宽的记为 Heater 1(H1)，较窄的记为 Heater 2(H2)，探测电极 Sensor(Sv)置于两加热电极之间，从而构成一个有效的 DUT。图 10-7(b)展示了三电极布局的 5 个特征几何参数：H1 宽度 w_{H1}、H1 和 S 间距 d_{H1S}、S 宽度 w_{S}、H2 宽度 w_{H2}、H2 和 S 间距 d_{H2S}，以及热作用深度 λ_{H}(同式(10-9))与异质结膜厚的定性关系。通过改变加热电极宽度、间距及加热频率，可直接调整热作用深度，令各电极测试信号对不同深度上的特征热物性具有相异的灵敏度，从而使得在一次测试中同时导出薄膜热导率 k_{f}、基底热导率 k_{sub} 及二者间界面热阻 R_{I} 成为可能。

在图 10-7(a)、(b)所展示 DUT 的三电极构型基础上，搭建实验系统及电路如图 10-7(c)所示。首先将 DUT 装配在真空恒温腔中，避免测试过程中的对流、辐射引入误差，并可实现准确的温度控制。然后通过引线键合工艺将三个电极与外部电路连接，用交流电流源依次向两个加热电极供电，同时用直流电流源向探测电极供电，加热电极 3ω 信号和探测电极 2ω 信号($U_{2\omega} = I_s R_s \beta_s \Delta T_{\mathrm{AC}} / \sqrt{2}$)分别由两台锁相放大器读取，锁相放大器的参考频率、相位由交流电流源提供。注意由于锁相

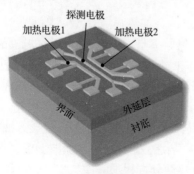

(a) DUT的异质结构及表面电极布局

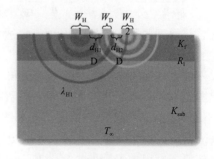

(b) 不同宽度的加热电极加热样品

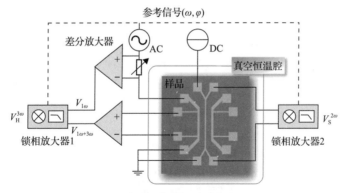

(c) 实验测试系统及电路构成

图 10-7　多电极 3ω-2ω 方法的试样（DUT）典型结构与实验系统布局

放大器有限动态存储的限制，需要在加热电极前串联一个阻值相等的可变电阻器，用于减除 1ω 共模电压信号[2]，然后加热电极和可变电阻器的电压信号分别经由差分放大器通过差分输入模式输入锁相放大器中。由于样品上表面一般有绝缘层覆盖（非晶 SiO_2、非晶 Al_2O_3 等），或样品外延层薄膜自身即为绝缘性很好的材料，因此探测电极上由于加热电极漏电产生的 1ω 电压信号很小，无需额外的共模电压减除电路。

　　本实验方法导出目标热物性的基本思路为反问题方法，通过优化算法最小化测试中通过锁相放大器读取的加热电极/探测电极热响应信号与有限元仿真结果，通过最优拟合得到待测热物性。

　　与图 10-7 展示的实验系统相对应，该方法实验流程如图 10-8 所示。具体地，实验流程如下。

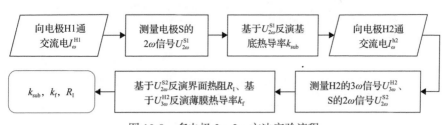

图 10-8　多电极 3ω-2ω 方法实验流程

　　（1）向宽度较宽的加热电极 H1 接入交流电流（I_ω^{H1}），同时向探测电极 S 通直流电流（I_{S1}），测量 S 的 2ω 信号（$U_{2\omega}^{S1}$）。根据 $U_{2\omega}^{S1}$ 测量数据，基于有限元仿真求解反问题拟合基底热导率 k_{sub}。

　　（2）向宽度较窄的加热电极 H2 接入交流电流（I_ω^{H2}），同时向探测电极 S 通直流电流（I_{S2}），测量 H2 的 3ω 信号（$U_{3\omega}^{H2}$）及 S 的 2ω 信号（$U_{2\omega}^{S2}$）。根据 $U_{2\omega}^{S2}$ 测量数据，并代入上一步得到的 k_{sub}，基于有限元仿真求解反问题拟合界面热阻 R_I。

(3) 根据 $U_{3\omega}^{\rm H2}$ 测量数据，并代入前两步得到的 $k_{\rm sub}$ 和 $R_{\rm I}$，基于有限元仿真求解反问题拟合薄膜热导率 $k_{\rm f}$。

此外，需要注意上述实验流程并非一成不变，原则上导出 $k_{\rm f}$、$k_{\rm sub}$ 和 $R_{\rm I}$ 的先后顺序以及具体采用哪一个电极信号由灵敏度决定，信号灵敏度会随着 DUT 材料实际热物性的不同而改变，因此这套流程中的参数导出流程也应根据实际情况做针对性的微调。

从实验流程容易发现，相比于标准 3ω 方法，多电极 3ω-2ω 方法能够满足由薄膜和基底组成的异质结材料的热物性高精度测量需求，并且能够在单个样品内实现薄膜热导率、基底热导率以及二者间界面热阻的同时测定，这对基于宽禁带半导体异质结的 HEMT 等功率器件的热管理与热设计至关重要。

利用该方法，在室温下针对典型的 GaN/AlN/Si、GaN/AlN/SiC 两种宽禁带半导体异质结样品开展了测试，被测样品实际结构如图 10-9 所示，最终测量结果如表 10-1 所示。

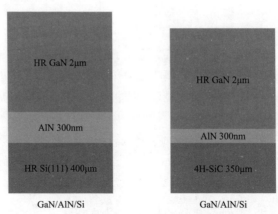

图 10-9　两种异质结测试样品结构

表 10-1　GaN/AlN/Si 和 GaN/AlN/SiC 两种样品测试结果

样品	$k_{\rm GaN}$ /(W/m·K)	$k_{\rm sub}$ /(W/m·K)	$R_{\rm I}$ /(m²K/GW)
GaN/AlN/Si	153.1±6.5	112.8±2.2	16.5±4.1
GaN/AlN/SiC	162.5±16.4	323.3±12.0	8.4±2.9

10.2　单臂和双臂微器件测试

10.2.1　单臂微器件法：T 形法

Zhang 等[36]基于热线法提出了一种利用 T 形几何结构的热物理特性表征方

法，通过比较热电特性已知的白金丝在搭接待测样品前后平均温升的变化，能够测量各类导电或不导电丝状材料的热导率，图 10-10 为 T 形法测量原理的示意图。

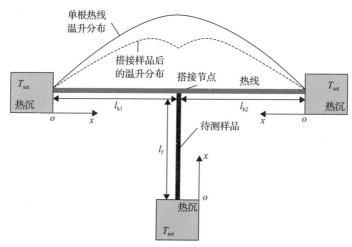

图 10-10　T 形法测量原理示意图

将已知热电性质的白金热线焊在两个热沉之间，由于热沉的比热容远远大于热线，可以认为热沉的温度始终保持在设定好的温度 T_{set}，不随热线温度变化。测试时，通过向热线施加小电流，在焦耳加热的作用下，热线轴向温度为抛物线分布，通过测量热线电阻并依据热线的电阻温度关系可以得到热线的平均温升。在同样的加热功率下，搭接样品后的热线温度沿轴向为马鞍型，测量搭接待测样品后的热线电阻，也可以得到热线的平均温升，通过比较搭接待测样品前后热线的平均温升就可以得到待测样品的热导率。

为了得到平均温升的定量关系，需要建立热线导热过程的数学模型，对于热线 1 段、2 段及待测样品，分别建立图 10-10 所示的坐标系，L_{h1} 和 L_{h2} 分别表示搭接节点到两个热沉的距离。其无因次一维导热微分方程如式(10-19)所示：

$$\frac{\partial \theta_{h1}}{\partial Fo} = \frac{\partial^2 \theta_{h1}}{\partial X_{h1}^2} - 2Bi\theta_{h1} + \frac{1}{R_c}$$

$$\frac{\partial \theta_{h2}}{\partial Fo} = \frac{\partial^2 \theta_{h2}}{\partial X_{h2}^2} - 2Bi\theta_{h2} + \frac{1}{R_c} \qquad (10\text{-}19)$$

$$\frac{\partial \theta_f}{\partial Fo} = \frac{1}{R_p}\frac{\partial^2 \theta_f}{\partial X_f^2} - 2\frac{R_c R_d}{R_p R_t}Bi\theta_f$$

式中，Fo 为傅里叶数；θ 为无因次温升，下标 h1、h2、f 分别为热线 1、热线 2

号和待测样品；R_c、R_p、R_t、R_d 分别为热线与待测样品热导率、热扩散系数、换热系数以及半径的比值：

$$R_c = \frac{k_h}{k_f}, \quad R_p = \frac{\alpha_h}{\alpha_f}, \quad R_t = \frac{h_h}{h_f}, \quad R_d = \frac{r_h}{r_f}$$

其他无量纲参数定义为

$$\theta = \frac{T - T_{set}}{q_v r_h^2 / k_f}$$
$$Fo = \frac{\alpha_h t}{r_h^2}, \quad Bi = \frac{h_h r_h}{k_h} \tag{10-20}$$
$$X_{h1} = \frac{x_{h1}}{r_h}, \quad X_{h2} = \frac{x_{h2}}{r_h}, \quad X_f = \frac{x_f}{r_h}$$

式中，q_v 为单位体积的电加热功率；Bi 为热线的比渥数。初始条件和边界条件为
当 $Fo>0$ 时，

$$\theta_{h1} = \theta_{h2} = \theta_f = 0, \quad Fo = 0 \tag{10-21}$$

$$\theta_{h1}\big|_{X_{h1}=0} = 0, \quad \theta_{h2}\big|_{X_{h2}=0} = 0, \quad \theta_f\big|_{X_f=0} = 0$$
$$\theta_{h1}\big|_{X_{h1}=L_{h1}} = \theta_{h2}\big|_{X_{h2}=L_{h2}} = \theta_f\big|_{X_f=L_f} \tag{10-22}$$
$$\frac{\partial \theta_f}{\partial X_f}\bigg|_{X_f=L_f} = -R_c R_d^2 \left[\frac{\partial \theta_{h1}}{\partial X_{h1}}\bigg|_{X_{h1}=L_{h1}} + \frac{\partial \theta_{h2}}{\partial X_{h2}}\bigg|_{X_{h2}=L_{h2}} \right]$$

通过求解稳态情况下的上述方程，可以得到热线的无量纲平均温度，即

$$\theta_{vh} = \frac{1}{m_h(L_{h1}+L_{h2})} \left[\begin{array}{l} -B_1 e^{-m_h L_{h1}} + B_2 e^{m_h L_{h1}} + B_1 - B_2 - C_1 e^{-m_h L_{h2}} \\ + C_2 e^{m_h L_{h2}} + C_1 - C_2 + \dfrac{m_h}{2R_c Bi}(L_{h1}+L_{h2}) \end{array} \right] \tag{10-23}$$

式中，$m_h = \sqrt{2Bi}$；B_1、B_2、C_1、C_2 为简化求解结果表达式所引入的常数，具体计算公式可参考文献[36]。实验中通过测量热线的平均温升 $\Delta T = T_{vh} - T_{set}$ 与加热功率 q_v 的关系，根据式(10-23)即可得到待测样品的热导率 k_f。

　　上述分析过程中假定了热线和待测样品均为一维导热过程，通常需要长径比约为 10^3 量级，同时也忽略了热线、待测样品同环境的自然对流和辐射散热以及搭接处的接触热阻。通常来说，搭接处的接触热阻相比于样品本身的热阻较小，

可以忽略，但若待测样品的热阻较小时，搭接节点处的接触热阻将对结果产生较大影响，则不能忽略，必须对模型或测量方法进行修正。在稳态 T 形法的基础上，人们发展了变长度稳态 T 形法、3ω-T 形法来进一步克服上述问题，同时也拓展了T 形法的应用空间。

　　图 10-11 显示了变长度稳态 T 形法的测量原理[2]。测量过程中保持热线与待测样品节点不变，首先将测线搭接在远离热线的热沉 1 上，然后依次搭接在热沉2、3 等热沉上，从而可以测量得到不同长度待测样品对应的热线平均温升，进而可以得到不同待测样品长度 l_f 对应的总热阻 $\chi(l_f)$，样品总热阻包括样品与热线间接触热阻 R_c、样品本身热阻 R_f 以及样品与热沉间的热阻 R_{hf}(由于样品与热沉间接触面积较大，通常可以忽略)三部分，如式(10-24)所示：

$$\chi(l_f) = R_c + R_f + R_{hf} \tag{10-24}$$

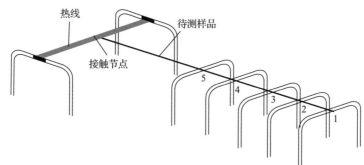

图 10-11　变长度稳态 T 形法测试原理示意图

样品总热阻与搭接待测样品后热线平均温升的关系如式(10-25)所示：

$$\Delta T_{vh} = \frac{U_{line}^2 R_h}{48 Re_0}\left\{1 + 12\frac{\chi(l_f)}{R_h + 4\chi(l_f)}\right\} \tag{10-25}$$

式中，U_{line} 为热线两端电压；Re_0 为初始设定温度下热线的电阻；R_h 为热线热阻。为了保证变长度稳态 T 形法测量的精度，一方面要准确测量每段待测样品的总热阻，需要使热线热阻、待测样品热阻以及节点接触热阻之间尽量匹配；另一方面要使待测样品长度变化所引起的热线平均温升变化尽量明显。

　　稳态 T 形法测试对环境温度稳定性要求较高。对于变长度 T 形法，当环境温度波动同待测样品长度变化造成的温度变化效应相当时，测量会很不稳定，且改变样品长度的操作难度也较高，而结合 3ω 方法和 T 形法的非稳态 3ω-T 形法能够较好地避免上述问题。当对 T 形法测量系统中的热线施加角频率为 1ω 的交流电流信号时，热线轴向温度以 2ω 角频率波动，在小温度范围内，白金热线的电阻同温度呈正比关系，因此电阻会以同样的频率波动，最终导致热线两端产生频率为 3ω 的电压信号波动。通过该信号随频率的变化关系，可以得到待测样品的热物性信息，改变测量的频率范围，还能够影响温度波动作用于与待测样品内的影响区域，从而分离待测样品和搭接点接触热阻。实验中，测量搭接待测样品前后不同频率下热线两端 3ω 电压信号波动的幅值，采用非线性最小二乘拟合方法可以同时得到热线和样品的热物性和搭接节点处的接触热阻[37,38]。此外，3ω-T 形法能够得到测量系统无量纲热阻抗与无量纲频率的线性关系，用于反推待测样品的吸热系数[39]。

Miao 等[40]在直流 T 形法的基础上提出了交流加热-直流探测 T 形法，通过解耦用于加热的交流电动势和待测线两端稳态的塞贝克电动势，能够进行待测样品塞贝克系数的测量，测量表达式如式(10-26)所示：

$$S_{\mathrm{f}} = S_{\mathrm{h}} - \frac{2 \times \mathrm{slope}\left(P_{\mathrm{h+f}}, U_{\mathrm{s}}\right)}{4R_{\mathrm{t,h+f}} - R_{\mathrm{t,h-f}}} \tag{10-26}$$

式中，S_{h} 为热线的塞贝克系数；slope 为热线加热功率 $P_{\mathrm{h+f}}$ 和待测线两端稳态塞贝克电压 U_{s} 进行线性拟合的斜率；$R_{\mathrm{t,h+f}}$ 与 $R_{\mathrm{t,h-f}}$ 分别为搭接待测样品前后系统的总热阻。

对于稳态 T 形法中环境散热的问题，能够通过采用真空环境测量、加热屏蔽罩等方法来减小自然对流和辐射散热的影响。通过将自然对流和辐射同外界环境进行的热交换简化为对流辐射换热系数与热线温升的乘积而引入数学模型中，并利用热导率已知的样品进行测试计算得到辐射对流换热系数，能够对测量结果进行修正，并对环境散热的影响进行分析，顾明[38]指出发射率和测量温度会直接影响热线辐射的强弱，而待测样品的表观热阻越小，热线辐射的影响越小，热线直径越和热线长度越小，热线辐射引起表观热组的测量误差就越小。

此外，热电效应是 T 形法用于变温测量时遇到的另一个问题。由于测量电路连接恒温槽腔体内的热线和外部环境的电源或电表上，当腔体温度和外界环境温度相差较大时，会在回路引线上产生一个方向、大小不变的电动势，影响测量，但通过不同电流方向的测量或在测量前进行电压表归零能够避免这一问题的影响[38]。在实际测试中，引起测量热导率等物性不确定度的因素主要包括样品长度测量、直径测量、接点位置测量、平均温升测量、换热系数测量等，在进行测量不确定度分析时需要考虑到这些因素[41]。

总体来说，T 形法具有适用性广、系统装置简单、操作方便、测量精度高等特点，因此被广泛用于微米尺度纤维样品的热导率测量中，如单根碳纤维[36]等，也被发展用于许多纳米尺度材料的测量，如不同温度条件下不同直径的单根碳纳米管[42]、ZnO 纳米条带[43]等。在稳态 T 形法基础上发展起来的变长度 T 形法、3ω-T 形法、交流加热-直流探测 T 形法等方法扩展了 T 形法的使用范围，除热导率之外，还能够对吸热系数[44]、塞贝克系数[40,45]等物性进行测试。

通过集成四线制-T 形法、直流稳态 T 形法、3ω-T 形法和交流加热-直流探测等方法，张兴等[39]还发展了能够综合测量微纳米线材热物性、电物性和热电转化性能的综合表征系统，能够实现在同一平台上对同一样品的多物性参数自动综合测量，对纳米尺度材料的导热、导电及热电性质的研究提供了有力手段。

10.2.2　双臂微器件法

双臂微器件法最早由 Hone 等[46,47]和 Shi 等[48]用于测量单根多壁碳纳米管和纳米线的热导率，其后 Zheng 等[49-51]进一步改进了该方法，极大提高了测试的灵敏度。双臂微器件法的测量基本原理如图 10-12(a) 所示。图 10-12(b) 则给出了双臂微器件的一般结构的扫描电子显微镜图。测量用的悬臂梁一般长约 100μm，宽约 2μm，厚约 500nm。加热臂和感应臂都沉积了约 100nm 厚的金属铂(Pt)电极，进行电加热和温度感应。对加热臂施加频率为 1ω 的低频交流电信号，此时系统中会产生频率为 2ω 的热流和温度变化。由于沉积在加热臂上的 Pt 电阻随着温度线性变化，只要测量加热臂中 3ω 的电压信号 $V_{h3\omega}$ 就可以得到加热臂的温升。此外，在加热臂产生的频率为 2ω 的热流将通过待测样品传递到感应臂，导致感应臂上产生一个频率为 2ω 的温度变化，在感应臂一端施加直流电源信号 I_s。因此只要测量频率为 2ω 的电压信号 $U_{s,2\omega}$，就可以得到感应臂上的温升信息。

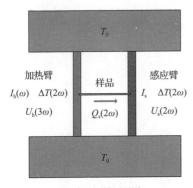

(a) 实验测量原理图　　　　　　　(b) 双悬臂微器件的扫描电子显微镜图

图 10-12　双臂微器件方法测量原理

为了保证精度，惠斯通电桥法被用来测量感应臂上的 $U_{s2\omega}$ 信号。惠斯通电桥的基本电路如图 10-13 所示。R_s 为感应臂的电阻，其放置于真空恒温腔内，R_{sp}、

R_1 和 R_2 是与 R_s 配对的电阻，放置在腔外。

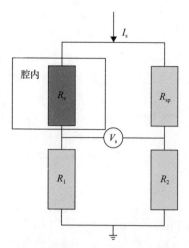

图 10-13　感应臂端电压信号测量电路图

实验中使用锁相放大器测量出感应臂端的频率为 3ω 的电压信号 $U_{h3\omega}$ 和加热臂端的频率为 2ω 的电压信号 $U_{s2\omega}$，再根据整个系统的热平衡关系计算得到待测样品的热导。首先，待测样品的热导 C_n 与通过样品的热流 Q_s 之间的关系表示为

$$Q_s = C_n \left(\Delta T_h - \Delta T_s \right) \tag{10-27}$$

式中，ΔT_h 和 ΔT_s 分别为加热臂和感应臂上的温升。根据文献[50]、[51]，当测量样品的长度小于 50μm 时，对流和辐射的热损失可以忽略不计，所以可以认为通过样品的热流 Q_s 全部是由感应臂传导到热沉(温度为 T_0)，即

$$Q_s = C_s \Delta T_s \tag{10-28}$$

式中，C_s 为感应臂的热导。在加热臂上产生的总热流 Q_h 则分别通过加热臂本身和样品导走，即

$$Q_h = I_h^2 R_h = C_h \Delta T_h + Q_s \tag{10-29}$$

式中，I_h 为流经加热臂的电流；R_h 为加热臂的热阻；C_h 为加热臂热导，加热臂上产生的总热流就是其焦耳热。由于加热臂和感应臂的设计参数和制作工序都是一样的，两者的热导之间的差异可以被忽略，因此，结合式(10-28)和式(10-29)，可以得到

$$C_h = C_s = \frac{Q_h}{\Delta T_h + \Delta T_s} \tag{10-30}$$

则结合式(10-28)～式(10-30)可以得到

$$C_n = C_s \frac{\Delta T_s}{\Delta T_h - \Delta T_s} = \frac{Q_h \Delta T_s}{\left(\Delta T_h + \Delta T_s\right)\left(\Delta T_h - \Delta T_s\right)} \qquad (10\text{-}31)$$

所以只要得到加热臂和感应臂上的温升，就可以得到样品的热导。当施加在加热臂中信号足够低时(对于文中使用的微器件，信号频率小于 10Hz 时可以满足上述条件)，加热臂的温升为

$$\Delta T_h = \frac{3V_h(3\omega)}{I_h(\omega)}\left(\frac{\mathrm{d}R_h}{\mathrm{d}T}\right)^{-1} \qquad (10\text{-}32)$$

感应臂的温升可以使用惠斯通电桥原理得到[49]，即

$$\Delta T_s = \frac{\sqrt{2}U_s(2\omega)\left(R_1 + R_2 + R_s + R_{sp}\right)}{I_s R_2}\left(\frac{\mathrm{d}R_h}{\mathrm{d}T}\right)^{-1} \qquad (10\text{-}33)$$

图 10-14 则分别给出了纳米线样品放置在测量悬臂上以及其局部放大扫描电子显微镜图。纳米线样品的长度和直径，可以使用电子显微镜图测量得到的。一般而言，一个未放置样品的空器件也在同样的条件下作为参照组被测量，通过测量参照组可以得到双悬臂之间的背景热导[49]。

图 10-14　纳米线样品被放置在测量悬臂上

10.3　激光 TDTR 和 FDTR

超快(皮秒/飞秒)激光的发明使人们能够在纳米尺度上观测超快输运过程。基

于激光技术，瞬态热反射技术(transient thermoreflectance，TTR)被发明用于热物性测量。TTR 技术应用于纳米结构导热的研究始于 1980 年代。1983 年，美国 GM 实验室的 Paddock 和 Eesley[52]利用 TTR 方法研究了金属铜中的非平衡导热现象。如图 10-15 所示，TTR 技术的基本原理是通过泵浦光束(pump beam)对金属层进行加热，金属表面温度升高导致表面反射率随温度的线性变化。然后，使用较弱的探测光束(probe beam)对这种表面反射率变化进行测量，从而导出表面温度变化。TTR 方法一经发明，就显示出了极高的价值，经过多年的发展，目前已经被广泛应用于纳米结构中热输运过程的研究。

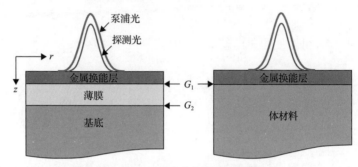

图 10-15　泵光束和探测光束[53]

TTR 实验中测量多层结构(图 10-16)时的基本控制方程如下[54]：

$$C_V \frac{\partial T}{\partial t} = \frac{k_r}{r} \frac{\partial}{\partial r}\left(r \frac{\partial T}{\partial r}\right) + k_z \frac{\partial^2 T}{\partial z^2} \tag{10-34}$$

式中，C_V 为体积热容；k_r 和 k_z 分别为材料的面向 r 和法向 z 的热导率。对上述方程的时间项 t 使用傅里叶变换，空间项 r 使用汉克变换(Hankel transform)，可以得到

$$\frac{\partial^2 \Theta}{\partial z^2} = \lambda^2 \Theta \tag{10-35}$$

式中，Θ 为频域内的温度；参数 λ^2 为

$$\lambda^2 = 4\pi^2 k^2 \frac{k_r}{k_z} + i\omega C_V / k_z \tag{10-36}$$

式中，k 为汉克变换对应的变量；ω 为角频率。式(10-35)具有一般解：

$$\Theta = B^+ \exp(\lambda z) + B^- \exp(-\lambda z) \tag{10-37}$$

$$Q = -k_z \, \mathrm{d}\Theta/\mathrm{d}z = k_z \lambda \left[-B^+ \exp(\lambda z) + B^- \exp(-\lambda z) \right] \tag{10-38}$$

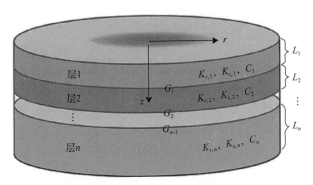

图 10-16　多层模型[53]

可以将上述式子写为矩阵的形式：

$$\begin{bmatrix} \Theta \\ Q \end{bmatrix} = \begin{bmatrix} 1 & 1 \\ -\gamma_i & \gamma_i \end{bmatrix} \begin{bmatrix} \exp(\lambda L) & 0 \\ 0 & \exp(-\lambda L) \end{bmatrix}_i \begin{bmatrix} B^+ \\ B^- \end{bmatrix}_i = [N]_i \begin{bmatrix} B^+ \\ B^- \end{bmatrix}_i \tag{10-39}$$

式中，Q 为热流；$\gamma = K_z \lambda$；L 为 i 层材料所对应厚度；B^+ 和 B^- 为 i 层材料所对应的参数，它们可以通过表面施加的热流密度和温度变化得到（此时 $L = 0$）：

$$\begin{bmatrix} B^+ \\ B^- \end{bmatrix}_i = \frac{1}{2\gamma_i} \begin{bmatrix} \gamma_i & -1 \\ \gamma_i & 1 \end{bmatrix}_i \begin{bmatrix} \Theta \\ Q \end{bmatrix}_{i,z=0} = [M]_i \begin{bmatrix} \Theta \\ Q \end{bmatrix}_{i,z=0} \tag{10-40}$$

界面对应的矩阵则为

$$\begin{bmatrix} \Theta \\ Q \end{bmatrix}_{i+1,z=0} = \begin{bmatrix} 1 & -1/G \\ 0 & 1 \end{bmatrix}_i \begin{bmatrix} \Theta \\ Q \end{bmatrix}_{i,z=L} = [R]_i \begin{bmatrix} \Theta \\ Q \end{bmatrix}_{i,z=L} \tag{10-41}$$

式中，G 为两层之间的界面热导。

因此，表面的温度和热流密度与以下多层材料和基底的温度和热流密度联系为

$$\begin{bmatrix} \Theta \\ Q \end{bmatrix}_{i=n,z=L_n} = [N]_n [M]_n \cdots [R]_1 [N]_1 [M]_1 \begin{bmatrix} \Theta \\ Q \end{bmatrix}_{i=1,z=0} = \begin{bmatrix} A & B \\ C & D \end{bmatrix} \begin{bmatrix} \Theta \\ Q \end{bmatrix}_{i=1,z=0} \tag{10-42}$$

使用基底边界条件 $Q_{z \to \infty} = 0$，可以得到

$$0 = C\Theta_{i=1,z=0} + DQ_{i=1,z=0} \tag{10-43}$$

因此，可以得到该问题的格林函数，即

$$\hat{G}(k,\omega) = \frac{\Theta_{i=1,z=0}}{Q_{i=1,z=0}} = -\frac{D}{C} \tag{10-44}$$

在得到温度效应的格林函数之后，只要确定加热源就可以得到表面温度，即

$$\Theta(k,\omega) = P(k,\omega)\hat{G}(k,\omega) \tag{10-45}$$

式中，$P(k,\omega)$ 为表面激光加热源的汉克与傅里叶变换结果。通过对 $\Theta(k,\omega)$ 的逆汉克与逆傅里叶变换就可以到处位置和时间空间下的表面温度响应。需要指出的是，一般而言，在实验中导出目标值都是通过拟合温度响应对应的面向与法向信号之间的相位值 ψ。

上文介绍的瞬态热反射技术的一般原理和控制方程。实践中，瞬态热反射技术主要被分为 TDTR(时域热反射) 和 FDTR(频域热反射) 两类。两者的基础原理和控制方程相同，但是具体构型和操作具有差异。

10.3.1　TDTR 技术

图 10-17 所示为一个典型的 TDTR 测量系统。主要部件为模式锁定的 Ti:sapphire 超快激光器(ultrafast laser)，作为光源它能产生重复频率为 80MHz 的 150fs 激光脉冲，波长大约为 800nm。一个宽带法拉第隔离器被放置在激光器出口

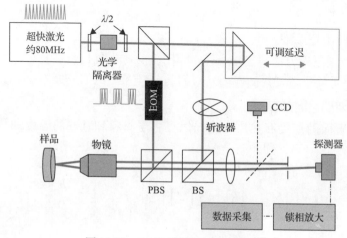

图 10-17　TDTR 测量系统光路图[53]

用于防止光束反射回激光器，$\lambda/2$ 为半波片。在隔离器前放置半波片用于调整实验中的光强。通过偏振分光镜(polarization beam splitter，PBS)可以将激光束分成泵光束和探测光束，两者偏振方向垂直。放置在 PBS 之前的另一个半波片可用于调节泵和探测光束之间的功率比。泵光束通常使用电光调制器(electro-optic modulator，EOM)进行 0.2～20MHz 的频率调制，然后通过物镜导向样品。在通过相同的物镜引导到样品上之前，探测光束通过延迟器相对于泵光束进行延迟处理。由样品表面反射的探测光束通过快速响应光电二极管检测器进行收集，并使用射频(radio frequency，RF)锁定放大器从背景噪声中拾取设定频率下的信号。为了保证探测的精度，需要阻止反射的泵光束进入光电二极管检测器。由于泵和探测光束的偏振方向相互垂直，物镜和探测器之间的 PBS 可以抑制超过 99% 的反射泵光束。为了进一步抑制反射的泵光束进入探测器。一种常用的方法是使得泵和探测光束实现空间分离。当进入物镜时，泵和探测光束平行并垂直分开约 4mm，这样反射的泵浦光束就可以被光圈阻挡，只有镜面反射的探测光束才能通过光束。

10.3.2　FDTR 技术

FDTR 技术是 TDTR 技术的一种变形。在 TDTR 技术中，测量的热反射信号是时间的函数，而在 FDTR 方法中收集的热反射信号则是泵光束调制频率的信号。实际操作中，FDTR 技术更容易实现，因为它无需复杂的光束延迟系统，并且可以使用更廉价的 CW(continuous wave，连续波长)激光源。FDTR 技术的实验台与 TDTR 技术的类似。如图 10-18 所示，CW FDTR 的实验台更为简单，但 CW FDTR 技术的主要困难在于准确确定热反射的相位信号 ψ_{real}。因为探测器得到的信号除了所需的热相位信号之外，还会包括通过相关设备和组件引入额外的相位变化 $\psi_{instrument}$。在使用超快激光器光源的情况下，可以根据法向信号在零延迟时间时保持恒定的这一现象来方便地校正相位。对于 CW FDTR，常用的方法是设置一个参考信号，来消除仪器带来的影响。具体的做法如图 10-18 所示，在 EOM 之后分离一部分泵光束，将其发送到与主光电探测器相同的参考光电探测器上。"相同"意味着相同的探测器型号和相同的设置参数。此外，EOM 和参考探测器之间的光程长度也应该与从 EOM 到样品以及从样品到探针检测器的路径长度的总和相同。在这种情况下，主探测器的信号为 $\psi_{detector}$，参考探测器的信号为 $\psi_{instrument}$，则真实的热反射信号为

$$\psi_{real} = \psi_{detector} - \psi_{instrument} \tag{10-46}$$

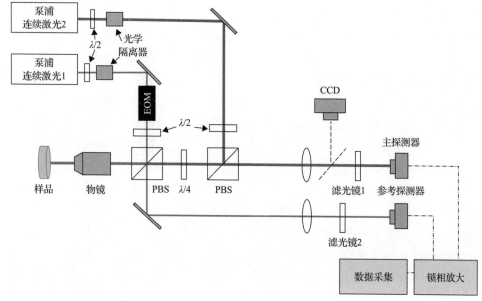

图 10-18　FDTR 光路图[53]

10.4　反射热成像

反射热成像法(thermoreflectance thermal imaging, TTI)利用了材料反射率随温度变化的原理,具有空间分辨率高、能够获得详细稳态和瞬态温度场分布等特点。

1999 年,Grauby 等[55]发表了第一篇关于反射热成像方法的论文,展示了使用电耦合元件(charge coupled device, CCD)和多通道锁定方案在"高频"下工作的电子元件的热图像。在此之后,反射热成像方法作为一种强大的非破坏性光学技术,被成功地用于研究多种器件中的温度分布和传热性能,包括微电子器件、晶体管、互连器件和太阳能电池等[56]。与其他微尺度温度场测试技术相比,基于 CCD 的反射热成像系统拥有较高的空间分辨率(小于 300nm),其可成像的材料范围包括电子器件常用的金属和半导体。该方法能够准确测试 HEMT、FET 及光电子器件的温度分布及瞬态热过程,对热仿真结果进行验证,同时也能进行热点区域检测,快速定位芯片表面的缺陷,进行器件的失效表征。

光束照射材料表面时会发生反射,当材料的温度发生变化时,反射光的强度也会随之改变,如图 10-19 所示。材料反射率变化和温度变化的函数关系为

$$\frac{\Delta R}{R} = \left(\frac{1}{R} \frac{\partial R}{\partial T} \right) \Delta T = C_{\mathrm{TR}} \Delta T \tag{10-47}$$

式中，R 为材料反射率；C_{TR} 为反射率温度系数，C_{TR} 与材料种类、照射光波长以及样品表面粗糙度有关。对于常见的金属以及半导体材料，C_{TR} 的大小通常在 $10^{-5}K^{-1} \sim 10^{-2}K^{-1}$ 范围内[57]。借助光学手段测量样品表面不同位置对特定波长光源的反射率，代入式(10-47)就能获得样品表面的温度分布。而根据衍射极限的定义：

$$d = \frac{\lambda}{2NA} \tag{10-48}$$

式中，λ 为光源波长；NA 由物镜自身性质决定。因此，在相同物镜的情况下，降低光的波长，可以提高光学成像技术的最高分辨率。由于 C_{TR} 在大多数波长下都是非零的，所以反射热成像的探测光可采用可见光乃至紫外光波段，与红外成像技术相比，使用相同的物镜时，反射热成像方法的分辨率可以大幅提高，最高可达百纳米量级，因此能够准确探测电子器件栅极附近的高温热点。

　　反射热成像实验系统的主要结构如图 10-19 所示，包括功能不同的 5 个子系统。实验测试时，激励子系统对待测器件施加激励信号，照明光源子系统提供稳定的入射光，入射光经显微子系统照射到 DUT 表面，DUT 表面的反射光再经显微子系统回到 CCD 探测器。激励信号的时序设置、入射光的控制及 CCD 探测器的数据分析都由计算机完成，并输出测量结果。激励信号使 DUT 表面产生温升，温升使 CCD 探测到的反射光强度发生变化，再结合相应材料的反射率温度系数 C_{TR} 就能提取出表面温度分布。由于 C_{TR} 的值相对较小，为了避免采集信号时的噪声干扰，测试时使用锁相放大技术来提高信噪比、改善温度分辨率。

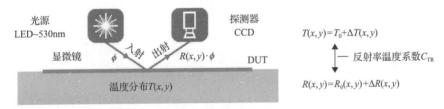

图 10-19　反射热成像基本原理[58]

　　图 10-20 为反射热成像系统结构示意图，图 10-21 为反射热成像瞬态实现方法。在脉冲照明下，通过时序配合的脉冲激励可以获得高速瞬态的温度分布图像。在 CCD 的热帧中，DUT 激励在开关状态之间循环多次，LED 脉冲序列与 DUT 激励序列相锁，具有可调的精确延迟，在 CCD 曝光时间内，不断地积累同一瞬态时间点的采样，从而提供该点的热态数据。在 CCD 的冷帧中，LED 脉冲在时序上先于 DUT 激励，这样就可以在脉冲开始前对温度进行采样，从而提供冷态数据。通过在不同的延迟值上重复这个过程，可以得到激励信号在整个周期的瞬态数据。

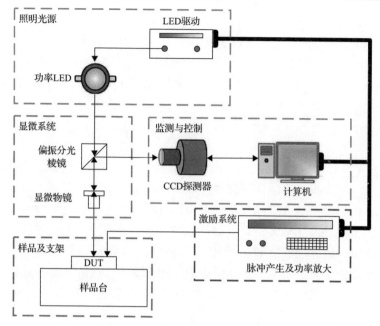

图 10-20　反射热成像系统结构示意图

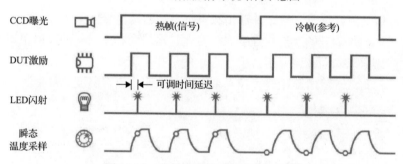

图 10-21　反射热成像瞬态实现方法[58]

　　若使用放大倍率较高的物镜，在校准加热过程中，受器件热膨胀的影响，可能会出现图像偏移和失焦的问题。为了克服这个问题，在样品台中使用 x-y-z 三轴压电平台及其控制器，对实时 CCD 图像执行均方根误差算法，将当前图像与初始定义的参考图像之间的误差反馈给压电控制器，该控制器将控制压电平台在 x-y 方向移动。为了控制失焦问题，在每个周期内实时计算光学图像亮度的总体标准差，比较序列图像中相应值之间的差异，当差异超出预定义的容差时，对图像进行 z 方向补偿[59]。

　　正式测量温度之前，需要先对热反射率系数 C_{TR} 进行校正。以 GaN HEMT 器件为例，其 GaN 沟道层对波长 365nm 的紫外光具有较高的 C_{TR}；其栅、漏、源极表面为金属，对波长 530nm 的绿光的反射率变化更敏感。校正反射率温度系数，需要对压电平台设置起始温度和终止温度，平台进行控温，在样品的选定区域放置一个热电偶(其直径通常为 25μm)，可以直接测量实际温度的变化。经过多个加热循环，仪器分别探测器件在不同温度下的反射率，从而计算得到目标温度区间内的 C_{TR}。

在标定之后，可分别进行稳态和瞬态测试。对于稳态测试，需设置平台基准温度、外加电压、占空比等参数，经过数个循环，得到器件稳态下的热反射图像；对于瞬态测试，还需设置加热周期和采样点，得到在不同采样点的系列热反射图像。在器件开关的过程，LED 光源和 CCD 同步进行测试。

得到热图像后，进行后处理。结合最初得到的 C_{TR} 分布，有 3 种处理方法：①point-to-point calibration(点对点校准)：用一个反射率温度系数校准图像文件校准热反射图像中的每个单独的点；②coefficient mask(反射率温度系数掩膜)：可以设置多个反射率温度系数，同时也可以消除阴影和其他没有有效热数据的区域；③single coefficient(单一反射率温度系数)：如果不需要 coefficient Mask，可以选择对整个热反射图像应用同一个反射率温度系数。经过后处理后，可得到所需温度分布图。

对加工于 GaN 表面上的 2μm 宽度金电阻进行加热，功率为 0.0067W，利用反射热成像系统给出温度分布图。由于金对 530nm 波长的光源具有较高的 C_{TR}，因此采用该 LED 进行照射。反射热成像系统给出的样品表面 CCD 图像和温升分布结果如图 10-22 所示。加热电极所在的位置温度较周围金材料明显更高，形成了热点区域，热点区域的最大温升接近 25℃。由于 GaN 区域对 530nm 波长的光源灵敏度很低，形成较多噪点，在后处理中进行了屏蔽。

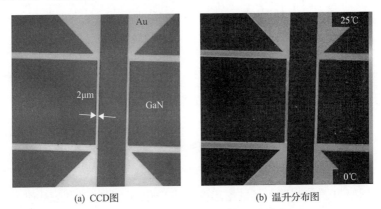

(a) CCD图　　　　　　　　(b) 温升分布图

图 10-22　2μm 宽度金电阻加热得到的反射热成像结果

10.5　拉 曼 探 测

拉曼(Raman)光谱方法被广泛应用于物理、材料和化学领域。研究者发现，材料表面的拉曼光谱与材料的温度和压力等宏观物理参数相关，基于这一原理，可以利用拉曼光谱对特定材料表面温度进行探测，从而导出材料的热物性[60,61]。作为非接触式方法，拉曼探测不会造成样品不同程度的破坏，具有广泛的应用前景。入射光子与原子发生非弹性散射，发生能量交换而产生拉曼信号。当产生的散射光频率小于原入射光频率时称为斯托克斯(Stokes)偏移，反之则称为反斯托克斯(anti-Stokes)偏移。由于处于基态的原子数目远远大于处于激发态原子，因此斯托克斯散射强度高于反斯托克斯散射。光的电磁场会使被照射材料产生振荡的电偶极子。材料温度的变化会引起极化率的改变，从而改变影响拉曼信号。基于这一原理可以进行温度的探测。在实验中，拉曼光谱的测温方法有 3 种[60]。

(1)根据拉曼强度测温：拉曼信号产生于光子的非弹性散射。当处于不同温度时，原子在不同激发态下的分布是不同的，因此对于同一入射光源，拉曼信号强度会随温度的变化而变化。斯托克斯峰随着温度的升高而降低，而反斯托克斯峰则反之，可以利用这一特性进行温度的测量。一些文献将斯托克斯与反斯托克斯峰的比值作为温度判定的依据[62]。图 10-23 给出了硅晶体的斯托克斯和反斯托克斯峰位置随着温度变化。

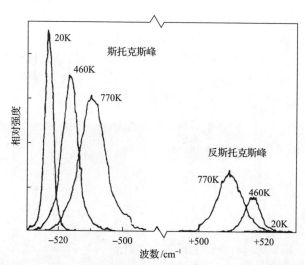

图 10-23　硅晶体的斯托克斯与反斯托克斯峰分别随温度变化[63]

(2)根据峰位偏移测温：当材料温度发生变化时，晶格常数发生变化，这会导致拉曼信号的频率的改变。对于一般材料，随着温度升高，其拉曼峰位会向低波数端偏移[63,64]。由于斯托克斯的信号比较强，其偏移被认为是较稳定和精确的拉曼测温方法[65]。图 10-24 给出了石墨烯的 Raman 峰位随温度的偏移。

(3)根据拉曼峰半高宽测温：有的情况下，测量样品中的应力会显著地影响材料晶格的振动，从而造成拉曼信号的偏移，导致温度的测量偏差。由于拉曼光谱峰的宽度也和温度有关，因此在材料内部应力比较大的情况下，也可以利用拉曼

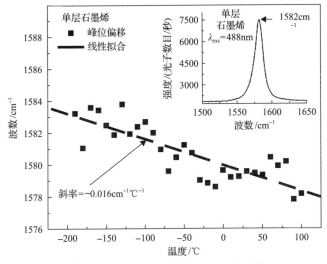

图 10-24　Raman 峰位随温度的偏移[66]

峰宽进行温度测量。一般而言，拉曼峰的宽度随着温度的升高而变大，通常用半高宽(full width at half maximum，FWHM)表征峰的宽度。根据拉曼峰半高宽与温度的关系可以得到温度[60]。然而，此方法的缺点是当拉曼信号不强或拉曼峰不对称的时候，测量的半高宽存在比较大的误差，从而对结果造成影响，因此该方法并不常用。图 10-25 给出了硅材料拉曼峰的半高宽随温度的变化。

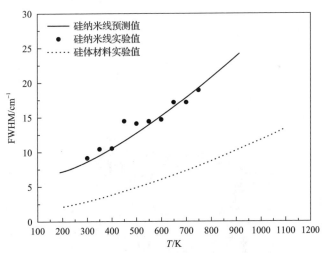

图 10-25　硅纳米线及体材料拉曼峰的半高宽随温度的变化[67]

拉曼探测中的测温方法的选择主要需要考虑测试样品的品质及实验条件。根据拉曼强度测温的方法要求样品在实验过程中保持静止；根据峰位偏移测温法要求准确定位峰位，因此对拉曼信号的强度和拉曼仪的精度要求较高；半宽高测温法主要应用在较高温度范围以及存在应力的测量中。当样品的品质较高(晶格缺陷少)及激光强度足够高时,斯托克斯峰较强,以上 3 种方法均可。如果样品发生比较明显的热膨胀,会对激光的聚焦程度产生影响,因此只能选择频率或者半宽高法。

Raman 探测方法测量样品热导率如图 10-26 所示。一般在实验中,样品被搭放在多孔栅上,实现样品部分悬空,使用激光照射样品悬空部分进行加热,然后通过 Raman 信号得到样品表面温升,并通过热传递模型得出目标热物性。

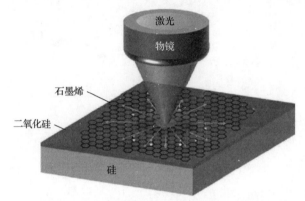

图 10-26　Raman 测量石墨烯样品的示意图[68]

图 10-27 给出了稳态 Raman 探测中传热过程示意图。实验中激光加热被视为柱坐标系(径向为 r,法向为 z)下高斯分布的体热源[61],即

$$\dot{q}(r,z) = (1-\rho)q''\alpha_{\mathrm{L}} \exp(-\alpha_{\mathrm{L}} z) \exp\left(-\frac{4r^2 \ln 2}{\Gamma^2}\right) \tag{10-49}$$

式中,q'' 为入射激光加热的最大热流;ρ 为探测激光的反射率;α_{L} 为激光吸收率;Γ 为拉曼峰的半高宽。

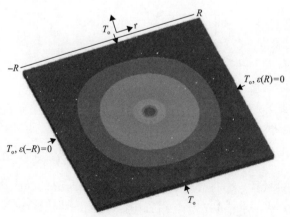

图 10-27　稳态 Raman 探测中传热过程示意图[61]

热传递的控制方程为

$$\frac{1}{r}\frac{d}{dr}\left(r\frac{dT(r)}{dr}\right)+\frac{\dot{q}(r)}{k}=0 \tag{10-50}$$

式中，等效平面热源 $\dot{q}(r)$ 可以通过对体积热源 $\dot{q}(r,z)$ 在厚度方向上积分得到。上述方程的边界条件一般设置为

$$r=0: \left.\frac{dT}{dr}\right|_{r=0}=0 \tag{10-51}$$

$$r=R: T(R)=T_0$$

考虑光的吸收与反射，测量得到的材料表面温度 T_m 与真实温度 T_{sim}（也就是模拟得到的温度）之间存在如下的关系：

$$T_m=\frac{\int_0^t\int_0^R T_{sim}(r,z)\exp\left(-\frac{4r^2\ln 2}{\Gamma^2}\right)\exp(-\alpha_L z)rdrdz}{\int_0^t\int_0^R\exp\left(-\frac{4r^2\ln 2}{\Gamma^2}\right)\exp(-\alpha_L z)rdrdz} \tag{10-52}$$

以上介绍了最基本的稳态拉曼热导率测试方法。事实上，随着拉曼探测技术的发展，研究者基于拉曼测温的基本原理，发展了包括增强拉曼方法，瞬态拉曼方法等在内的热导率测量技术[66]。

10.6　本章小结

(1)谐波测试技术是利用系统温度响应的频域特性进行热物性测量的接触式测量方法，主要包括标准 3ω 方法和新发展的多电极 3ω-2ω 方法，通过在待测样品表面制备金属膜电极作为加热器与温度传感器，测量电极的温度波动信号导出相应的热物性。标准 3ω 方法适用于块体、厚膜及热导率无尺寸效应的材料薄膜的热导率测量；多电极 3ω-2ω 方法不仅能够胜任标准 3ω 方法所能测量的对象，同样适用于异质结样品的薄膜热导率、基底热导率及界面热阻的同时测量。

(2)单臂微器件法(T形法)基于热线法的基本原理利用 T 形几何结构的热物理特性表征方法，通过比较热电特性已知的白金丝在搭接待测样品前后平均温升的变化，能够测量各类导电或不导电丝状材料的热导率。双臂微器件法使用两个对称的悬臂(加热臂和感应臂)测量一维结构材料的热导率，具有极高的灵敏度。

(3)基于激光技术的瞬态热反射方法(主要包括 TDTR 和 FDTR)是测量纳米薄膜和界面热阻的重要方法。其使用泵光束对表面金属层进行加热，然后，使用较

弱的探测光束对这种表面反射率变化进行测量，导出表面温度变化，从而导出相应的热物性。

(4)反射热成像系统提供了百纳米级的空间分辨率(约 250nm)以及较高的时间分辨率(约 50ns)和温度分辨率(100~500mK)。在测试对象方面，反射热成像法适用范围材料更广，包含了常见金属和半导体，可对多种类型器件进行温度探测。通过对不同部位使用不同波长的光源，可得到器件表面和沟道内部温度分布。

(5)在拉曼光谱方法中，材料表面的拉曼光谱与材料的温度相关，因此可以利用拉曼光谱对特定材料表面温度进行探测，从而导出材料的热物性；作为非接触式方法，拉曼探测不会造成样品的破坏。

参 考 文 献

[1] Cahill D G, Fischer H E, Klitsner T, et al. Thermal conductivity of thin films: Measurements and understanding[J]. Journal of Vacuum Science & Technology A: Vacuum, Surfaces, and Films, 1989, 7(3): 1259-1266.

[2] Raudzis C E, Schatz F, Wharam D. Extending the 3ω method for thin-film analysis to high frequencies[J]. Journal of Applied Physics, 2003, 93(10): 6050-6055.

[3] Borca-Tasciuc T, Kumar A R, Chen G. Data reduction in 3ω method for thin-film thermal conductivity determination[J]. Review of Scientific Instruments, 2001, 72(4): 2139-2147.

[4] Dames C. Measuring the thermal conductivity of thin films: 3 omega and related electrothermal methods[J]. Annual Review of Heat Transfer, 2013, 16: 7-49.

[5] Cahill D G, Pohl R O. Thermal conductivity of amorphous solids above the plateau[J]. Physical Review B, 1987, 35(8): 4067-4073.

[6] Lee S M, Cahill D G. Heat transport in thin dielectric films[J]. Journal of Applied Physics, 1997, 81(6): 2590-2595.

[7] Cahill D G. Thermal conductivity measurement from 30 to 750 K: The 3ω method[J]. Review of Scientific Instruments, 1990, 61(2): 802-808.

[8] 唐大伟, 王照亮. 微纳米材料和结构热物理特性表征[M]. 北京: 科学出版社, 2010.

[9] 华钰超. 微观与宏观结合的声子弹道扩散导热研究[D]. 北京: 清华大学, 2018.

[10] Dames C, Chen G. 1ω,2ω, and 3ω methods for measurements of thermal properties[J]. Review of Scientific Instruments, 2005, 76(12): 124902.

[11] Risk W P, Rettner C T, Raoux S. Thermal conductivities and phase transition temperatures of various phase-change materials measured by the 3ω method[J]. Applied Physics Letters, 2009, 94(10): 2007-2010.

[12] 童浩. 超晶格相变材料研究[D]. 武汉: 华中科技大学, 2013.

[13] Kumanek B, Janas D. Thermal conductivity of carbon nanotube networks: A review[J]. Journal of Materials Science, 2019, 54(10): 7397-7427.

[14] Choi T Y, Poulikakos D, Tharian J, et al. Measurement of thermal conductivity of individual multiwalled carbon nanotubes by the 3-ω method[J]. Applied Physics Letters, 2005, 87(1): 1-4.

[15] Choi T Y, Poulikakos D, Tharian J, et al. Measurement of the thermal conductivity of individual carbon nanotubes by the four-point three-ω method[J]. Nano Letters, 2006, 6(8): 1589-1593.

[16] Xing C, Munro T, Jensen C, et al. Thermal characterization of natural and synthetic spider silks by both the 3ω and transient electrothermal methods[J]. Materials and Design, 2017, 119: 22-29.

[17] Rocci M, Demontis V, Prete D, et al. Suspended InAs nanowire-based devices for thermal conductivity measurement using the 3ω method[J]. Journal of Materials Engineering and Performance, 2018, 27(12): 6299-6305.

[18] Lee S Y, Kim G S, Lee M R, et al. Thermal conductivity measurements of single-crystalline bismuth nanowires by the four-point-probe 3-ω technique at low temperatures[J]. Nanotechnology, 2013, 24(18): 185401.

[19] Bogner M, Hofer A, Benstetter G, et al. Differential 3ω method for measuring thermal conductivity of AlN and Si_3N_4 thin films[J]. Thin Solid Films, 2015, 591: 267-270.

[20] Tong H, Miao X S, Cheng X M, et al. Thermal conductivity of chalcogenide material with superlatticelike structure[J]. Applied Physics Letters, 2011, 98(10): 1-4.

[21] Liu C K, Yu C K, Chien H C, et al. Thermal conductivity of Si/SiGe superlattice films[J]. Journal of Applied Physics, 2008, 104(11): 114301.

[22] Chavez-Angel E, Reuter N, Komar P, et al. Subamorphous thermal conductivity of crystalline half-heusler superlattices[J]. Nanoscale and Microscale Thermophysical Engineering, 2019, 23(1): 1-9.

[23] Valalaki K, Nassiopoulou A G. Application to porous Si thermal conductivity in the temperature range 77-300 K[J]. Journal of Physics D: Applied Physics, 2017, 50(19): 195302.

[24] Giraud V, Cluzel J, Sousa V, et al. Thermal characterization and analysis of phase change random access memory[J]. Journal of Applied Physics, 2005, 98(1): 013520.

[25] Risk W P, Rettner C T, Raoux S. In situ 3ω techniques for measuring thermal conductivity of phase-change materials[J]. Review of Scientific Instruments, 2008, 79(2): 026108.

[26] Fallica R, Varesi E, Fumagalli L, et al. Effect of nitrogen doping on the thermal conductivity of GeTe thin films[J]. physica status solidi(RRL) - Rapid Research Letters, 2013, 7(12): 1107-1111.

[27] Huang Y H, Hsieh T E. Effective thermal parameters of chalcogenide thin films and simulation of phase-change memory[J]. International Journal of Thermal Sciences, 2015, 87: 207-214.

[28] Siegert K S, Lange F R L, Sittner E R, et al. Impact of vacancy ordering on thermal transport in crystalline phase-change materials[J]. Reports on Progress in Physics, 2015, 78(1): 013001.

[29] Lee S M. Thermal conductivity measurement of fluids using the 3ω method[J]. Review of Scientific Instruments, 2009, 80(2): 024901.

[30] Karthik R, Harish Nagarajan R, Raja B, et al. Thermal conductivity of CuO-DI water nanofluids using 3-ω measurement technique in a suspended micro-wire[J]. Experimental Thermal and Fluid Science, 2012, 40: 1-9.

[31] Oh D W, Jain A, Eaton J K, et al. Thermal conductivity measurement and sedimentation detection of aluminum oxide nanofluids by using the 3ω method[J]. International Journal of Heat and Fluid Flow, 2008, 29(5): 1456-1461.

[32] Tian L, Li Y, Webb R C, et al. Flexible and stretchable 3ω sensors for thermal characterization of human skin[J]. Advanced Functional Materials, 2017, 27(26): 1-9.

[33] Bauer M L, Norris P M. General bidirectional thermal characterization via the 3ω technique[J]. Review of Scientific Instruments, 2014, 85(6): 064903.

[34] Tang N, Peng Z, Guo R, et al. Thermal transport in soft PAAm hydrogels[J]. Polymers, 2017, 9(12): 1-12.

[35] Hua Y C, Cao B Y. A two-sensor 3ω-2ω method for thermal boundary resistance measurement[J]. Journal of Applied Physics, 2021, 129(12): 125107.

[36] Zhang X, Fujiwara S, Fujii M. Measurements of thermal conductivity and electrical conductivity of a single carbon fiber[J]. International Journal of Thermophysics, 2000, 21(4): 965-980.

[37] 王建立. 微纳米线热物性测量方法及其应用[D]. 北京: 清华大学, 2010.

[38] 顾明. 改进"T"形法测量单根碳纤维热导率[D]. 北京: 清华大学, 2009.

[39] 张兴, 施徐国, 马维刚. 微纳米线材多物性参数综合表征系统的研发[J]. 中国科学: 技术科学, 2018, 48(4): 403-414.

[40] Miao T, Ma W, Zhang X, et al. Significantly enhanced thermoelectric properties of ultralong double-walled carbon nanotube bundle[J]. Applied Physics Letters, 2013, 102(5).

[41] 段文晖, 张刚. 纳米材料热传导[M]. 北京: 科学出版社, 2017.

[42] Fujii M, Zhang X, Xie H, et al. Measuring the thermal conductivity of a single carbon nanotube[J]. Physical Review Letters, 2005, 95(6): 65502.

[43] Dames C, Chen S, Harris C T, et al. A modified high-resolution TEM for thermoelectric properties measurements of nanowires and nanotubes[J]. Nanomaterial Synthesis and Integration for Sensors, Electronics, Photonics, and Electro-Optics. SPIE, 2006, 6370: 33-41.

[44] Wang J, Gu M, Zhang X, et al. Measurements of thermal effusivity of a fine wire and contact resistance of a junction using a T type probe[J]. Review of Scientific Instruments, 2009, 80(7): 076107.

[45] Ma W G, Miao T T, Zhang X, et al. A T-type method for characterization of the thermoelectric performance of an individual free-standing single crystal Bi_2S_3 nanowire[J]. Nanoscale, 2016, 8(5): 2704-2710.

[46] Hone J, Ellwood I, Muno M, et al. Thermoelectric power of single-walled carbon nanotubes[J]. Physical Review Letters, 1998, 80(5): 1042.

[47] Hone J, Whitney M, Piskoti C, et al. Thermal conductivity of single-walled carbon nanotubes[J]. Physical review B, 1999, 59(4): R2514.

[48] Shi L, Li D, Yu C, et al. Measuring thermal and thermoelectric properties of one-dimensional nanostructures using a microfabricated device[J]. Journal of Heat transfer, 2003, 125(5): 881-888.

[49] Zheng J, Wingert M C, Dechaumphai E, et al. Sub-picowatt/kelvin resistive thermometry for probing nanoscale thermal transport[J]. Review of Scientific Instruments, 2013, 84(11): 114901.

[50] Zheng J, Wingert M C, Moon J, et al. Simultaneous specific heat and thermal conductivity measurement of individual nanostructures[J]. Semiconductor Science and Technology, 2016, 31(8): 084005.

[51] Kwon S, Zheng J, Wingert M C, et al. Unusually high and anisotropic thermal conductivity in amorphous silicon nanostructures[J]. ACS Nano, 2017, 11(3): 2470-2476.

[52] Paddock C A, Eesley G L. Transient thermoreflectance from metal films[J]. Optics letters, 1986, 11(5): 273-275.

[53] Jiang P, Qian X, Yang R. Tutorial: Time-domain thermoreflectance(TDTR) for thermal property characterization of bulk and thin film materials[J]. Journal of Applied Physics, 2018, 124(16): 161103.

[54] Cahill D G. Analysis of heat flow in layered structures for time-domain thermoreflectance[J]. Review of scientific instruments, 2004, 75(12): 5119-5122.

[55] Grauby S, Forget B C, Holé S, et al. High resolution photothermal imaging of high frequency phenomena using a visible charge coupled device camera associated with a multichannel lock-in scheme[J]. Review of Scientific Instruments, 1999, 70(9): 3603-3608.

[56] Pierścińska D. Thermoreflectance spectroscopy-analysis of thermal processes in semiconductor lasers[J]. Journal of Physics. D, Applied Physics, 2017, 51(1): 13001.

[57] Farzaneh M, Maize K, Lüerßen D, et al. CCD-based thermoreflectance microscopy: Principles and applications[J]. Journal of Physics. D, Applied Physics, 2009, 42(14): 143001.

[58] Vermeersch B, Bahk J, Christofferson J, et al. Thermoreflectance imaging of sub 100 ns pulsed cooling in high-speed thermoelectric microcoolers[J]. Journal of Applied Physics, 2013, 113(10): 104502.

[59] Shakouri A, Ziabari A, Kendig D, et al. Stable thermoreflectance thermal imaging microscopy with piezoelectric position control[C]. 2016 32nd Thermal Measurement, Modeling & Management Symposium(SEMI-THERM). IEEE, 2016: 128-132.

[60] 岳亚楠, 王信伟. 基于拉曼散射的传热测量和分析[J]. 上海第二工业大学学报, 2011, 28(3): 9.

[61] Beechem T, Yates L, Graham S. Invited review article: Error and uncertainty in Raman thermal conductivity measurements[J]. Review of Scientific Instruments, 2015, 86(4): 041101.

[62] Lo H W, Compaan A. Raman measurement of lattice temperature during pulsed laser heating of silicon[J]. Physical Review Letters, 1980, 44(24): 1604-1607.

[63] Hart T R, Aggarwal R L, Lax B. Temperature dependence of Raman scattering in silicon[J]. Physical Review B, 1970, 1(2): 638.

[64] Richter H, Wang Z P, Ley L. The one phonon Raman spectrum in microcrystalline silicon[J]. Solid State Communications, 1981, 39(5): 625-629.

[65] Serrano J R, Kearney S P. Time-resolved micro-Raman thermometry for microsystems in motion[J]. Journal of Heat Transfer, 2008, 130(12): 122401.

[66] Malekpour H, Balandin A A. Raman-based technique for measuring thermal conductivity of graphene and related materials[J]. Journal of Raman Spectroscopy, 2018, 49(1): 106-120.

[67] Chen Y, Peng B, Wang B. Raman spectra and temperature-dependent Raman scattering of silicon nanowires[J]. The Journal of Physical Chemistry C, 2007, 111(16): 5855-5858.

[68] Lee J U, Yoon D, Kim H, et al. Thermal conductivity of suspended pristine graphene measured by Raman spectroscopy[J]. Physical Review B, 2011, 83(8): 081419.